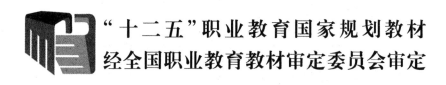

"十二五"职业教育国家规划教材

经全国职业教育教材审定委员会审定

建筑力学与结构

第4版

主　编　牛少儒　李永光

副主编　飞　虹　张　娜

参　编　丁　锐　韩淑芳

　　　　宁艳红　冯培霞

机械工业出版社

本书为"十二五"职业教育国家规划教材,经全国职业教育教材审定委员会审定。全书结合专业特点,依照建筑结构对建筑力学的要求,精选了理论力学、材料力学和结构力学中的相关内容,与建筑结构中的钢筋混凝土结构、砌体结构相配套,形成简练而相对完整的教学体系。

本书主要内容为:建筑结构选型,静力学基本概念,物体的受力分析及结构计算简图,平面一般力系的简化及平衡方程,平面杆件体系的几何组成分析,静定结构的内力计算,截面的几何性质,杆件的应力和强度计算,杆件变形和结构的位移计算,压杆稳定,混凝土结构的基本设计原理,钢筋混凝土材料的力学性能,受弯构件承载力计算,受压构件承载力计算,钢筋混凝土平面楼盖概述,钢筋混凝土高层建筑结构简介,砌体结构等。

本书是依据高职高专建筑力学与建筑结构课程教学基本要求而编写的,适用于土木建筑大类各专业教学使用,也可供从事相关专业的技术人员参考。

图书在版编目(CIP)数据

建筑力学与结构/牛少儒,李永光主编. —4 版. 北京:机械工业出版社,2019.9 (2023.6重印)

"十二五"职业教育国家规划教材

ISBN 978-7-111-63918-3

Ⅰ.①建… Ⅱ.①牛… ②李… Ⅲ.①建筑科学—力学—高等职业教育—教材②建筑结构—高等职业教育—教材 Ⅳ.①TU3

中国版本图书馆 CIP 数据核字(2019)第 214575 号

机械工业出版社(北京市百万庄大街22 号 邮政编码100037)

策划编辑:李 莉 责任编辑:李 莉 沈百琦

责任校对:申春香 封面设计:陈 沛

责任印制:刘 媛

涿州市般润文化传播有限公司印刷

2023 年 6 月第 4 版第 7 次印刷

184mm×260mm·22 印张·513 千字

标准书号:ISBN 978-7-111- 63918-3

定价:57.00 元

电话服务 网络服务

客服电话:010 – 88361066 机 工 官 网:www.cmpbook.com

010 – 88379833 机 工 官 博:weibo.com/cmp1952

010 – 68326294 金 书 网:www.golden – book.com

封底无防伪标均为盗版 机工教育服务网:www.cmpedu.com

前　　言

根据教育部《职业院校教材管理办法》的要求，结合职业院校人才培养目标定位，落实党的二十大科教兴国战略，推进产教融合，深化教育领域综合改革的需求，本书基于岗课赛证相结合的思路，依据国家颁布的建筑工程技术专业教学标准的要求，结合《建筑工程施工工艺实施与管理职业技能等级标准》、《工程结构通用规范》（GB 55001—2021）、《混凝土结构通用规范》（GB 55008—2021）、《混凝土结构设计规范》（GB 50010—2010）等相关规范、标准编写。本书内容基于工作过程进行组织，同时结合当前的高职学情分析，合理选择教学内容，理论教学以够用为原则，强化知识的应用，以职业能力培养为目标，注重学生的实操能力，服务学生的成长成才和就业创业。

本书主要特色包括以下几方面内容：

1. 以学生为中心，依据学情分析，选取教学内容

转变编写思路，从学生的角度出发进行编写。本书在内容的组织和选取上考虑学生的认识能力和学习能力，将力学中较难的理论推导部分略去，以够用为原则组织内容，立足学生就业，分析岗位能力，从岗位职业能力需求出发选取内容，构件内力分析以应用为主、计算为辅，构件设计突出构造处理和图集资料融入。

2. 岗课赛证融通，紧扣标准，基于工作工程，组织教学内容

本书内容组织基于工作过程分析，将工作过程与学习情景相结合确定典型工作任务，依据典型工作任务组织教学内容。

在内容选取上对接建筑工程技术专业教学标准、建筑工程施工职业技能标准、建筑工程施工工艺实施与管理职业技能等级标准、混凝土结构设计规范等，增加"职考链接"版块，引入八大员、一级建造师、二级建造师历年真题，有机融合学历教育和职业等级能力教育，实现课证融通，教学内容体现了新标准、新规范、新图集、新知识。

3. 以能力培养为目标，学做合一

本书引入福州小城镇住宅楼项目，以该工程案例为载体，并以"工程案例解析"贯穿全书，实现学做合一、理实一体。

"课后巩固与提升"既关注知识吸收，又关注知识应用和职业素养，将知识传授、技能培养和价值塑造融为一体。

4. 强调规范意识，弘扬职业精神，增强绿色发展理念

本书内容结合最新规范要求，凸显规范作用，树立规范意识，弘扬精益求精的专业精神、职业精神和工匠精神。落实党的二十大推动绿色发展，促进人与自然和谐共生，推进建筑领域清洁低碳转型的要求，在"课后巩固与提升"环节设置案例分析，以深化绿化理念。

5. 立体化学习模式，提供大量数字资源

为落实党的二十大推动教育数字化，建设全民终身学习的学习型社会、学习型大国和数字中国的要求，本书在编写中有效融入数字化信息技术，配套资源有微课视频、电子教案、教学 PPT、习题答案等，凡使用本书作为教材的教师可登录机械工业出版社教育服务网 www.cmpedu.com 下载。并且，本课程正在建设开放课程平台，提供视频课程讲解、习题库、课前测试、课后提升训练等线上配套服务，规范、图集等工具书，以满足教师组织分层次教学的需求和线上线下相结合教学的需求。

本书由内蒙古建筑职业技术学院牛少儒、李永光担任主编，由内蒙古建筑职业技术学院飞虹、张娜担任副主编，内蒙古建筑职业技术学院韩淑芳、冯培霞、内蒙古和利工程项目管理有限公司杨曙光参与编写。

由于编者水平有限，书中错误及不当之处在所难免，欢迎广大读者批评指正。

编 者

目　录

工程项目导入

如图 0-1 所示为福州小城镇住宅项目效果图（选自《小城镇住宅通用设计》），该住宅项目的全套建筑施工图详见二维码。

福州小城镇住宅楼
项目建筑施工图

图 0-1　福州小城镇住宅项目效果图

【工程项目分析】

住宅楼从无到有，需要经过建筑设计、结构设计和施工建设。在"建筑构造"课程中，已经学习了如何设计住宅楼的平面、立面、剖面以及细节处理，详见福州小城镇住宅项目建筑施工图二维码。要将该住宅楼建成，我们还需确定住宅楼采用的结构形式和基本组成构件，分析构件之间的联系，确定各构件选用的材料及截面和尺寸，以保证在使用过程中建筑物是安全可靠的，这些都属于结构设计要解决的问题。而结构形式、构件材料、尺寸等又与构件受力息息相关。所以，学习建筑力学知识，分析构件受力，保证结构的强度、刚度和稳定，完成构件设计就是本课程的主要任务。

按照工作工程，结构设计工作包括：

1. 结构方案确定。
2. 作用的确定及作用效应分析。
3. 结构及构件的设计。
4. 结构及构件的构造、连接措施。
5. 结构耐久性的设计。
6. 施工可行性分析。

本书将逐一解决以上问题，完成该项目的设计。

第一章　建筑结构选型

第一节　认识建筑结构

一、结构的概念及组成

1. 结构的概念

建筑结构是由多个单元，按照一定的组成规则，通过有效的连接方式连接而成的具有承受并传递荷载的骨架体系。组成骨架体系的单元即为建筑结构的基本构件。

2. 结构的组成构件

构件是指组成建筑结构的每一个基本受力单元。以图1-1的多层房屋为例，属于建筑结构的基本构件有楼板、梁、墙、楼梯、基础等。在这些构件中，板、梁、楼梯等构件承受竖向荷载并将荷载水平传递到墙或柱，所以梁、板、楼梯等构件称为水平受力构件。墙和柱承受梁板传来的荷载并将荷载沿竖直方向传给基础，基础将荷载传给地基，所以墙、柱和基础又称为竖向受力构件。

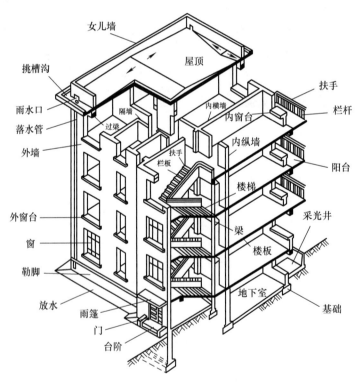

图 1-1　多层房屋透视图

（1）板　板承受施加在楼板板面上并与板面垂直的重力荷载（包括楼板、地面层、顶棚层的永久荷载和楼面上的人群、设备、家具等可变荷载）。建筑物中的阳台板、雨篷板、楼梯板等都属于板。

（2）梁　梁承受板传来的荷载及梁的自重。荷载方向垂直于梁轴线。建筑物中的大梁、次梁、悬臂梁、楼梯梁、雨篷梁等都属于梁。

（3）墙　墙承受梁板传来的荷载及墙的自重。荷载作用方向与墙面平行。墙的作用效应主要为受压（当荷载作用于墙的形心轴线时），有时为压弯（当荷载偏离形心轴线时）。

（4）柱　柱承受梁传来的压力以及柱的自重。荷载平行于柱的轴线。

（5）基础　基础承受墙、柱传来的荷载并将它扩散到地基。

3. 构件的分类

构件根据其几何尺寸关系可分为杆件、薄板或薄壳、实体构件三类。

1）杆件是指长度方向比其他两个方向尺寸大得多（5 倍以上）的构件。根据形状不同又可分为直杆和曲杆，如图 1-2 所示。建筑结构中的梁、柱等都属于杆件。

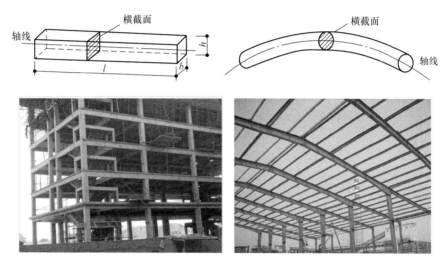

图 1-2　杆件

2）板和壳是指构件的某两个方向的尺寸远远大于另外一个方向的尺寸，构件宽而薄，如图 1-3 所示。建筑结构中的楼板、薄壳等都属于此类构件。

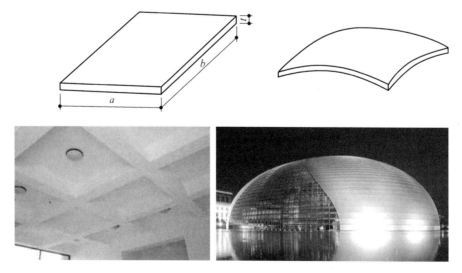

图 1-3　板和壳

3）实体构件是指三个方向的尺寸比较接近的构件，如图1-4所示。建筑结构中的独立基础等属于此类构件。

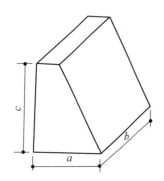

图1-4　实体构件

二、结构的分类

建筑结构有多种分类方法，最常见的是根据组成结构的材料分类和根据承重结构的类型分类。

1. 根据组成结构的材料分类

根据组成结构构件的材料不同，结构可以分为木结构、砌体结构、混凝土结构以及钢结构等。

（1）木结构　木结构是指组成承重构件的材料为木材。故宫是木结构建筑的典型代表（图1-5），是世界上最大最复杂的木结构，是中华民族智慧在建筑中的完美体现。木结构的榫卯结构既保证了结构的整体性，又为构件之间的相对位移留有一定空间，使木结构具有良好的抗震性能。在故宫建成的600多年里，共经历了200多场地震，但它仍然安然无恙，保存至今。

（2）砌体结构　砌体结构是指组成承重构件的材料为砖石材料。长城是砌体结构的典型代表（图1-6）。长城是我国古代人民创造的奇迹，体现了因势利导的建筑理念，记录了我国古代先进的砖瓦烧制技术，标志着当时建筑技术的高度成就。

图1-5　故宫太和门　　　　　　　　　　　图1-6　长城

（3）混凝土结构　混凝土结构是指组成承重构件的材料为混凝土和钢筋等材料。混凝土结构包括素混凝土结构、钢筋混凝土结构、预应力混凝土结构、纤维筋混凝土结构和其他各种类型的加筋混凝土结构。本书主要介绍钢筋混凝土结构。钢筋混凝土结构充分利用了钢筋的抗拉性能和混凝土的抗压性能，将两者有机结合，得到广泛应用。

（4）钢结构　钢结构是指组成承重构件的材料为钢材。"鸟巢"是典型的钢结构建筑（图1-7）。"鸟巢"的建设体现了我国强大的经济实力和建筑能力。"鸟巢"钢结构的钢板厚达

110mm，外部钢结构顶部几乎为直角，边缘构件承受最大的扭矩。当时国内现有的钢材无法满足结构的需求，我国科研人员自主创新，历经半年技术攻关，为"鸟巢"量身打造了Q460钢。"鸟巢"在建设中采用良好的自然通风和自然采光、雨水的全面回收、可再生地热能源的利用、太阳能光伏发电技术的应用等先进的节能设计和环保措施，充分践行了绿色、节能、环保的建筑理念。

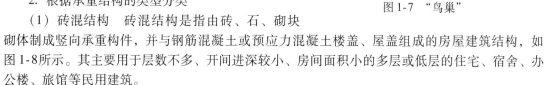

图 1-7　"鸟巢"

2. 根据承重结构的类型分类

（1）砖混结构　砖混结构是指由砖、石、砌块砌体制成竖向承重构件，并与钢筋混凝土或预应力混凝土楼盖、屋盖组成的房屋建筑结构，如图 1-8 所示。其主要用于层数不多、开间进深较小、房间面积小的多层或低层的住宅、宿舍、办公楼、旅馆等民用建筑。

（2）框架结构　框架结构是指由梁和柱以刚接或铰接相连接成承重体系的结构，即由梁和柱组成框架共同抵抗使用过程中出现的水平荷载和竖向荷载，如图 1-9 所示。框架结构的房屋墙体不承重，仅起到围护和分隔作用，一般用预制的加气混凝土、膨胀珍珠岩、空心砖或多孔砖、浮石、蛭石、陶粒等轻质板材等材料砌筑或装配而成。

混凝土框架结构空间分隔灵活，自重轻，节省材料，但侧向刚度小，属于柔性结构，在强烈地震作用下，结构所产生水平位移较大。其广泛用于住宅、学校、办公楼，常用于大跨度的公共建筑、多层工业厂房和一些特殊用途的建筑物中，如剧场、商场、小型体育馆、火车站、展览厅、轻工业车间等。

图 1-8　砌体结构房屋

图 1-9　框架结构房屋

（3）框架 – 剪力墙结构　框架 – 剪力墙结构是指在框架结构中的适当部位增设一定数量的钢筋混凝土剪力墙，形成的框架和剪力墙结合在一起共同承受竖向和水平力的体系，如图 1-10 所示。框架 – 剪力墙体系的侧向刚度比框架结构大，大部分水平力由剪力墙承担，而竖向荷载主要由框架承受，因而用于高层房屋比框架结构更为经济合理；同时由于它只在部分位置上有剪力墙，保持了框架结构易于分割空间、立面易于变化等优点。

框架 – 剪力墙结构广泛应用于多层及高层办公楼、旅馆等建筑中，适用高度为 15～25 层，一般不宜超过 30 层。

（4）剪力墙结构　剪力墙结构是指利用建筑物的钢筋混凝土墙体作为竖向承重和抵抗侧力的结构，如图 1-11 所示。剪力墙实质上是固结于基础的钢筋混凝土墙片，具有很高的抗侧移能力。墙体既是承重构件，又起围护、分隔作用。剪力墙结构横墙多，侧向刚度大，整体性好，对

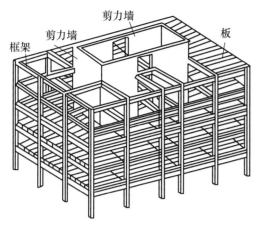

图 1-10 框架-剪力墙结构房屋

图 1-11 剪力墙房屋

承受水平力有利；无凸出墙面的梁柱，整齐美观，特别适合居住建筑；并可使用大模板、隧道模、桌模、滑升模板等先进施工方法，缩短工期，节省人力。但剪力墙体系的房间划分受到较大限制。剪力墙结构一般用于住宅、旅馆等开间要求较小的建筑，适用高度为 15～50 层。

（5）筒体结构 筒体结构是指由竖向悬臂的筒体组成能承受竖向和水平作用的高层建筑结构。筒体分剪力墙围成的薄壁筒和由密柱框架围成的框筒等。根据开孔的多少，筒体有实腹筒和空腹筒之分。实腹筒一般由电梯井、楼梯间、管道井等形成，开孔少，因其常位于房屋中部，又称核心筒。空腹筒又称框筒，由布置在房屋四周的密排立柱和截面高度很大的横梁组成。根据房屋高度及其所受水平力的不同，筒体体系可以布置成核心筒结构、框筒结构、筒中筒结构、框架-核心筒结构、成束筒结构和多重筒结构等形式。筒中筒结构通常用框筒作外筒，实腹筒作内筒。筒体结构一般常用于 45 层左右甚至更高的建筑。上海中心大厦是截至 2021 年 12 月世界第三高楼，如图 1-12 所示。它创新性采用了巨型框架-核心筒-伸臂桁架结构。大楼建造过程中，面临软土地基、工作面小、超厚超长超大混凝土一次性浇筑等技术问题，中国工程师们发明了摆式电涡流调谐质量技术阻尼器技术，首创五种类型的柔性链接滑移支座，创造了建筑工程大体积混凝土一次连续浇筑的世界纪录，研制出世界上最大混凝土拖泵等。上海中心大厦的建造展现了我国建筑的新技术、新材料，也是工程师们严谨工作的全面体现。该建筑还采用了分布式能源利用技术、变风量空气调节技术、热回收利用技术、涡轮式风力发电技术等绿色节能技术，体现了绿色节能的环保意识。在施工过程中全面引入 BIM 技术，为工程建设的顺利开展提供了技术手段。

图 1-12 上海中心大厦

除上述常用结构体系外，建筑结构中尚有悬挂结构、巨型框架结构、巨型桁架结构、悬挑结构、大跨结构等新的结构体系。

三、结构方案确定

结构方案确定包括结构选型、构件布置及传力途径设计。结构方案对建筑物的安全有决定性的影响。结构方案在与建筑方案协调时要考虑结构形体（高宽比、长宽比）适当，传力路径和构件布置能保证结构的整体稳定性。结构方案的确定应符合以下要求：

1）选择合理的结构体系、构件形式和布置。根据建筑物的特点选择适合的结构形式。

2）结构的平、立面布置宜规则，各部分的质量和刚度宜均匀、连续；与建筑方案协调考虑结构的高宽比、长宽比等结构体形。

　　3）结构传力路径应简捷、明确，竖向构件宜连续、对齐。

　　4）结构设计应符合节省材料、方便施工、降低能耗和环境保护的要求。根据工程经验，板的经济跨度为1.5～3m，次梁的经济跨度为4～6m，主梁的经济跨度为5～8m。

【工程案例解析——福州小城镇住宅楼选型】

　　根据福州小城镇住宅项目的建筑施工图和设计资料可知：平面为一层前店面坊联排式村镇住宅，平面布局采用小面宽、大进深，底层房屋较大，选用钢筋混凝土框架结构。结合建筑平面和构件经济跨度，横向柱距取5.1m，纵向柱距取3.9m和4.5m，结构平面布置图如图1-13所示。

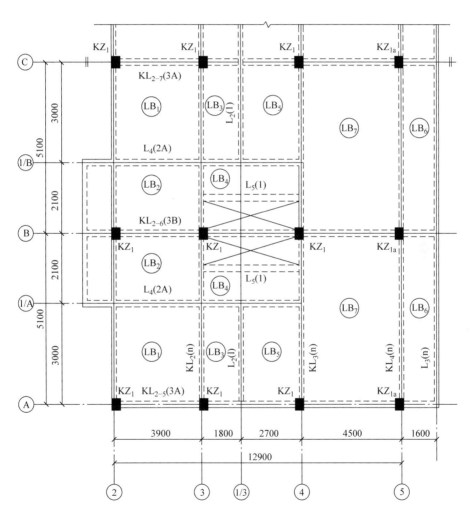

结构平面布置图 1:100

图1-13　福州小城镇住宅楼结构平面布置图

第二节　认识建筑力学

一、建筑力学的研究对象

建筑力学是力学在建筑结构中的应用，它包括静力学、材料力学和结构力学三个部分的内容，它为土木工程中的结构设计、施工现场等许多问题的解决提供基本的力学知识和计算方法，为进一步学习土木工程相关专业课打下基础。建筑力学主要研究的就是建筑结构中杆件的受力，以及在力的作用下杆件的反应。

1. 变形固体

工程中的所有构件都是由固体材料组成的，如钢材、混凝土、砖、石等，这些材料在外力作用下或多或少都会产生变形，我们把外力作用下产生变形的固体称为变形固体。变形固体在外力作用下会发生弹性变形和塑性变形。工程中的常用材料既发生弹性变形又发生塑性变形，但在外力不超过一定范围时，塑性变形很小，可忽略不计，认为只发生弹性变形，这种只有弹性变形的变形固体成为完全弹性体。本书力学部分主要讨论弹性范围内的受力及变形。

2. 变形固体的假设

变性固体多种多样，组成和性质比较复杂。在研究建筑中构件的受力及其反应时，为了使问题得到简化，常常略去一些次要性质。所以，研究变形固体一般基于以下几点假设。

（1）变形固体的连续、均质、各向同性假设　假设变形固体的整个体积是由同种介质毫无空隙的充满物体；且沿各个方向的力学性能均相同。实际上，变形固体的微观结构是由很多微粒和晶体组成，内部是不连续、不均匀的，有些材料不同方向的力学性能也是不同的，但建筑力学研究的是构件的宏观方面的性能，材料的微观性能对建筑力学的研究影响较小，所以有此假设。

据此假设，可以从物体内部任意位置取一部分来研究材料的性质，其结果可代表整个物体，也可将大尺寸构件的试验结果应用于物体的任何微小部分上去。

工程中使用的大部分材料，如钢材、玻璃、混凝土、砖石等，上述假设是合理的。但也有一些材料，如木材等，其力学性能是有方向性的，用上述理论研究，只能得到近似的结果，但能满足工程所需的精度。

（2）结构及构件的小变形假设　在实际工程中，构件在荷载作用下，其变形与构件的原尺寸相比通常很小，可以忽略不计，这一类变形称为小变形。所以在研究构件的平衡和运动时，可按变形前的原始尺寸和形状按理想弹性体进行计算。在研究和计算变形时，按变形体计算。

所以，建筑力学所研究的构件都是连续、均质、各向同性的理想弹性体，且限于小变形范围。

二、建筑力学的任务

杆系结构是杆件根据一定的组成规律形成的结构形式，能保持结构稳定并承受各种作用，使结构安全可靠地工作。要确保杆系结构安全可靠地工作，必须研究结构在外力作用下的平衡规律，必须保证在外力作用下结构能够保持其强度、刚度及稳定性。

结构在规定的荷载作用下能安全工作而不破坏，则结构具有足够的强度。研究结构的安全问题通常称为强度问题。结构抵抗破坏的能力称为结构的强度。

在荷载作用下，结构或构件的形状和尺寸均会发生改变，称为变形，构件变形过大，会影响构件的正常使用，如水池有裂缝会渗水等，所以结构在荷载作用下产生的变形不允许超过一定的限值，研究此类问题，通常称为刚度问题。结构抵抗变形的能力称为结构的刚度。

细长的受压杆，在力的作用下，会发生侧向弯曲，当力的大小超过一定的数值时，杆件将因变形过大突然被压溃，不能保持原有的平衡状态，导致杆件破坏，称为结构失去稳定。研究如何避免受压构件失去稳定称为稳定性问题。结构保持其原有平衡形式的能力称为结构的稳定性。

工程上要求结构或构件具有足够的承载能力，就是指结构满足强度、刚度、稳定性三个性能要求。

建筑力学的任务是研究各类建筑结构或构件在荷载作用下的平衡条件以及强度、刚度和稳定性，为构件选择合理的材料、确定合理的截面形式和尺寸、配置适量的钢筋提供计算理论和计算方法。

三、杆件的基本变形

杆件体系是建筑力学研究的主要对象，杆件在不同形式荷载作用下将发生不同形式的变形，形成不同类型的结构构件。杆件的变形有下列四种基本形式。

杆件的基本变形

1. 轴向拉伸或压缩

当一直杆在一对大小相等、方向相反、作用线与杆轴线重合的外力作用下（拉力或压力），杆件将产生沿轴线方向的长度的改变（伸长与缩短），此变形称为轴向拉伸或压缩，如图 1-14 所示。框架结构的中柱、屋架结构中的杆件发生的就是此类变形。

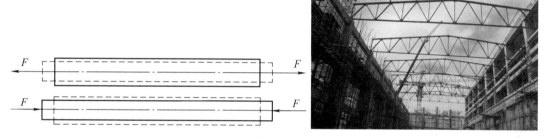

图 1-14　轴向拉伸或压缩

2. 剪切

当构件在两相邻的横截面处受一对相距很近、大小相等、方向相反、作用线垂直于杆轴线的外力作用时，杆件的横截面沿外力方向发生错动，此变形称为剪切变形，简称剪切，如图 1-15 所示。钢结构中螺栓连接的螺栓杆在水平力作用下发生此类变形。

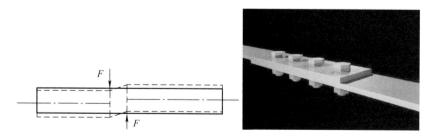

图 1-15　剪切

3. 扭转

当杆件在两端承受一对大小相等、方向相反、位于垂直于杆轴线的平面内的力偶作用时，杆的任意两横截面将发生绕轴线的相对转动，此变形称为扭转变形，简称扭转，如图 1-16 所示。框架结构的边梁有时会发生此变形。

4. 弯曲

当杆件在横向力或一对大小相等、方向相反、位于杆的纵向平面内的力偶作用下，杆的轴线

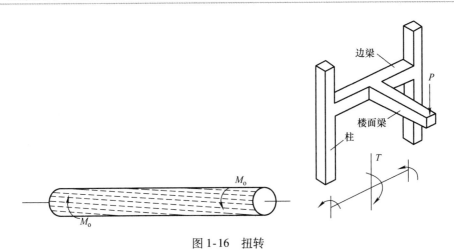

图 1-16　扭转

由直线弯曲成曲线，此类变形称为弯曲变形，简称弯曲，如图 1-17 所示。建筑结构中的梁、板一般会发生此类变形。

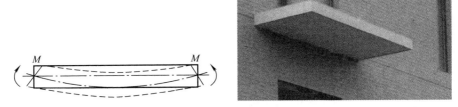

图 1-17　弯曲

　　工程实际中的杆件，可能同时承受多种荷载而发生复杂的变形，但都可以看作上述基本变形的组合。

【工程案例解析——福州小城镇住宅楼构件变形类型分析】

　　在福州小城镇住宅楼结构平面布置图（图 1-13）中，位于 1/3 轴上的 L_2 在荷载作用下，杆件的轴向会由直线变成曲线，发生弯曲变形。

第三节　建筑荷载

一、荷载概念

　　结构构件在力的作用下才会产生反应，要确定构件截面形式和尺寸、配置适量的钢筋，首先需分析构件上受到的力。作用于结构构件上的力分为两种，一种是直接作用在结构构件上的力，称为荷载，如构件自重、楼面上的家具重量等；另一种是间接作用于构件上的力，称为间接作用，如混凝土收缩、温度的变化、基础不均匀沉降等对构件产生的力。我们主要研究的是直接作用于结构上的力，即荷载。

二、荷载的分类

　　工程中常见的荷载根据分类依据不同，有不同的类型，我们主要研究两类。

　　1. 按荷载在结构上的分布形式分

　　按荷载在结构上的分布形式分为集中荷载和均布荷载。

1）集中荷载是指荷载在一点处的力，单位为 N、kN，如主次梁交接处次梁传给主梁的荷载，如图 1-18 所示。

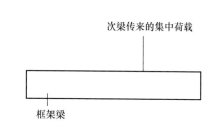

次梁传来的集中荷载

框架梁

图 1-18 集中荷载

2）均布荷载是指荷载作用在一条线、一个平面或一个体积范围内。体荷载是指在体积上分布的荷载，单位为 N/m^3、kN/m^3，如材料的单位体积重量等。面荷载是指在面积上分布的荷载，单位为 N/m^2、kN/m^2，如教学楼楼板的重量等。线荷载是指在长度上分布的荷载，单位为 N/m、kN/m，如砌筑在梁上的墙体传给梁的荷载等。

2. 按荷载随时间的变异分

按荷载随时间的变异分为永久荷载、可变荷载和偶然荷载。

1）永久荷载是指在设计基准期内量值不随时间变化，或其变化与平均值相比可以忽略不计的荷载，如构件自重、土压力等。

2）可变荷载是指在设计基准期内其量值随时间变化，且其变化与平均值相比不可忽略的荷载，如楼面活荷载、风荷载、雪荷载等。

3）偶然荷载是指在设计基准期内不一定出现，而一旦出现其量值很大且持续时间很短的荷载，如撞击、爆炸等。

以框架结构教学楼的一间教室为例，人群在楼板上活动，人群的重量直接作用在楼板上，楼板还有自重，人群荷载属于可变荷载，楼板自重属于永久荷载，楼板上的永久荷载和可变荷载都会传递给楼板的支撑构件——梁；梁上的荷载包括板传来的荷载和梁的自重，梁上的全部荷载将传给梁的支撑——柱，柱上的荷载包括梁传来的荷载和柱的自重；柱上的全部荷载将传给柱的支撑——基础，基础把全部荷载传给地基。

小 结

这一章的内容明确结构的概念和类型，讨论力学对结构设计的支撑作用。

一、结构的概念和类型

1）结构：由多个单元，按照一定的组成规则，通过有效的连接方式连接而成的具有承受并传递荷载的骨架体系。

2）构件类型：板、梁、柱、墙、基础等。

3）结构的类型：按承重结构类型的分为砌体结构、框架结构、框架－剪力墙结构、剪力墙结构等。

4）结构方案确定需考虑的影响因素。

二、建筑力学的研究对象和任务

1）建筑力学的研究对象：结构中构件。

2) 建筑力学的任务是研究各类建筑结构或构件在荷载作用下的平衡条件以及强度、刚度和稳定性，为构件选择合理的材料、确定合理的截面形式和尺寸、配置适量的钢筋提供计算理论和计算方法。

三、杆件的变形

杆件的基本变形有轴向拉压变形、剪切、扭转和弯曲。

四、建筑荷载

1. 荷载的概念　直接作用在结构构件上的力。

2. 荷载的分类

1) 按荷载在结构上的分布形式分：集中荷载和均布荷载。

2) 按荷载随时间的变异分：永久荷载、可变荷载和偶然荷载。

课后巩固与提升

一、填空题

1. 结构是指_____。

2. 结构的水平受力构件包括_____、_____、_____等，竖向受力构件包括____、____等。

3. 构件的基本变形包括_____、_____、_____和_____。

4. 结构根据承重类型可分为_____、_____、_____、_____和_____等。

二、选择题

1.【多项选择题】下列属于构件的是（　　）。

A. 框架结构中的梁　　B. 板　　　　C. 框架结构中的隔墙　　D. 框架结构中的柱

E. 砌体结构中的外墙

2.【多项选择题】下列构件属于板或壳的是（　　）。

A. 国家大剧院的外墙　　　　　　　B. 教学楼的楼板

C. 柱子　　　　　　　　　　　　　D. 梁

E. 雨篷

3.【单项选择题】下列不属于结构构件的是（　　）。

A. 框架结构中的梁　　B. 板　　　　C. 框架结构中的隔墙　　D. 框架结构中的柱

4.【单项选择题】框架结构是指（　　）。

A. 由剪力墙和板承重的结构体系　　　B. 由梁、板、柱承重的结构体系

C. 由柱和板承重的结构体系　　　　　D. 由砌体墙片和预制板承重的结构体系

三、案例分析

北京中信大厦占地面积 $11478m^2$，总建筑面积 43.7 万 m^2，其中地上 35 万 m^2，地下 8.7 万 m^2，建筑总高 528m，集甲级写字楼、会议、商业、观光以及多种配套服务功能于一体。请同学们查阅相关资料阐述下面几个问题：

① 北京中信大厦采用什么结构形式？

② 其在建筑设计上有什么特点？

③ 在绿色可持续发展方面做了哪些考虑？在"碳达峰，碳中和"方面有哪些贡献？

④ 在科技应用方面有哪些突破？

同学们也可以以小组为单位介绍你想推荐给大家的其他建筑物。

职 考 链 接

1. 【单项选择题】常用建筑结构体系中，应用高度最高的结构体系是（　　）。
A. 筒体　　　　　　　　B. 剪力墙　　　　　　C. 框架剪力墙　　　　　D. 框架结构

2. 【多项选择题】关于剪力墙结构优点的说法，正确的有（　　）。
A. 结构自重大　　　　　　　　　　　　B. 水平荷载作用下侧移小
C. 侧向刚度大　　　　　　　　　　　　D. 间距小
E. 平面布置灵活

3. 【单项选择题】建筑构造重要构件受力构件有（　　）。
A. 梁　　　　　　　　　B. 板　　　　　　　　C. 柱　　　　　　　　　D. 墙
E. 楼梯

4. 【单项选择题】装饰工程中宴会厅安装的大型吊灯，其荷载类别属于（　　）。
A. 面荷载　　　　　　　B. 线荷载　　　　　　C. 集中荷载　　　　　　D. 特殊荷载

5. 【单项选择题】下列装饰构造中，通常按线荷载考虑的是（　　）。
A. 分区隔墙　　　　　　B. 地砖饰面　　　　　C. 大型吊灯　　　　　　D. 种植盆景

6. 【多项选择题】属于偶然作用（荷载）的有（　　）。
A. 雪荷载　　　　　　　B. 风荷载　　　　　　C. 火灾　　　　　　　　D. 地震
E. 吊车荷载

7. 【单项选择题】结构梁上砌筑砌体隔墙，该梁所受荷载属于（　　）。
A. 均布荷载　　　　　　B. 线荷载　　　　　　C. 集中荷载　　　　　　D. 活荷载

第二章　静力学基本概念

静力学是研究物体在力系作用下的平衡条件的科学。在静力学中具体讨论物体的受力分析、力系的简化和各种力系的平衡条件及其应用。本章是静力学部分的基础，介绍静力学的基本概念及基本公理，这些基本概念及公理是静力分析的基础，而力在坐标轴上的投影以及力的等效平移是力系简化的基础。

第一节　力与平衡的概念

一、力的概念

力是物体间相互的机械作用，这种作用的效果会使物体的运动状态发生变化（外效应），或者使物体发生变形（内效应）。力是物体与物体之间的相互作用，不可能脱离物体而单独存在。有受力物体时必定有施力物体。

在建筑力学中，力的作用方式一般有两种情况，一种是两物体相互接触时，它们之间相互产生的拉力或压力；一种是物体与地球之间相互产生的吸引力，对物体来说，这吸引力就是重力。

实践证明，力对物体的作用效果取决于力的大小、方向和作用点，即力的三要素。力的大小表示力对物体作用的强弱。力的单位是牛（N）或千牛（kN）。力的方向包括力作用线在空间的方位以及力的指向。力的作用点表示力对物体的作用位置。力的作用位置实际上有一定的范围，不过当作用范围与物体相比很小时，可近似地看作是一个点。作用于一点的力，称为集中力。

在力的三要素中，有任一要素改变时，都会对物体产生不同的效果。

力是一个有大小和方向的量，所以力是矢量。通常可以用一段带箭头的线段来表示力的三要素，如图 2-1 所示。线段的长度（按选定的比例）表示力的大小；线段与某定直线的夹角表示力的方位，箭头表示力的指向；带箭头线段的起点或终点表示力的作用点。按比例量出图 2-1 中力 F 的大小是 20kN，力的方向与水平线成 45°角，指向右上方，作用在物体的 A 点上。

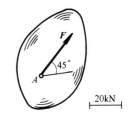

图　2-1

用字母符号表示力矢量时，常用黑体字如 F 表示，而 F 只表示力矢量的大小。

二、平衡的概念

静力学中的平衡是指相对于地面保持静止或作匀速直线运动。如桥梁、机床的床身、房屋、作匀速直线飞行的飞机等，都是处于平衡状态。平衡是物体运动的一种特殊形式。

静力学是研究物体在力系作用下的平衡条件的科学。

物体平衡时，作用在物体上的各种力系所需满足的条件，称为力系的平衡条件。力系是指作用于物体上的一群力。

力系的平衡条件，在工程实际中有着十分重要的意义。在设计建筑物的构件、工程结构时，需要先分析构件的受力情况，再应用平衡条件计算所受的未知力，最后按照材料的性能确定几何尺寸或选择适当的材料品种。有时当机械零件的运动虽非匀速，但速度较低或加速度较小时，也可近似地应用平衡条件进行计算。因此，力系的平衡条件是设计构件、结构和机械零件时进行静力计算的基础。由此可知，静力学在工程实际中有着广泛的应用。

满足平衡条件的力系称为平衡力系。

第二节　静力学基本公理

为研究力系的简化和平衡条件，以及物体的受力分析等问题，先研究两个力的合成和平衡，以及两个物体间相互作用的最基本的力学规律。这些规律是人们在生活和生产活动中长期积累的经验总结，又经过实践的反复检验，证明是符合客观实际的普遍规律，称为静力学公理。

公理 1　力的平行四边形公理

作用在物体上同一点的两个力，可以合成为一个合力，合力的作用点也在该点，合力的大小和方向，由这两个力为邻边构成的平行四边形的对角线确定，如图 2-2 所示。

这个公理说明力的合成是遵循矢量加法的，只有当两个力共线时才能用代数加法，即

$$F_R = F_1 + F_2$$

F_R 称为 F_1、F_2 的合力，F_1、F_2 称为合力 F_R 的分力。

在工程实际问题中，常把一个力 F 沿直角坐标轴方向分解，可得出两个互相垂直的分力 F_x 和 F_y，如图 2-3 所示。F_x 和 F_y 的大小可由三角公式求得：

$$\begin{cases} F_x = F\cos\alpha \\ F_y = F\sin\alpha \end{cases}$$

式中，α 为力 F 与 x 轴所夹的锐角。

这个公理总结了最简单力系简化的规律，它是复杂力系简化的基础。

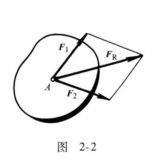

图　2-2

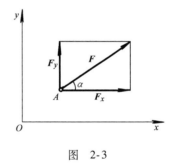

图　2-3

公理 2　二力平衡公理

作用在同一刚体上的两个力，使刚体处于平衡的必要和充分条件是：这两个力的大小相等，方向相反，且作用在同一条直线上。如图 2-4 所示，即 $F_A = -F_B$。

这个公理总结了作用于刚体上最简单的力系平衡时所必须满足的条件。对于刚体这个条件是既必要又充分的；但对于变形体，这个条件是必要但不充分的。例如，软绳受两个等值反向的拉力作用可以平衡，而受两个等值反向的压力作用就不能平衡。

在两个力作用下处于平衡的构件称为二力构件，也称为二力杆件。二力构件所受二力的作用线一定是沿着此二力作用点的连线、大小相等、方向相反，如图 2-5 所示，$F_A = -F_B$。

公理 3　加减平衡力系公理

在作用于刚体的已知力系中，加上或减去任意的平衡力系，并不改变原力系对刚体的作用效应。就是说，如果两个力只相差一个或几个平衡力系，则它们对刚体的作用效果是相同的，因此可以等效替换。

这个公理对于研究力系的简化问题很重要。根据上述公理可以导出下述推论：

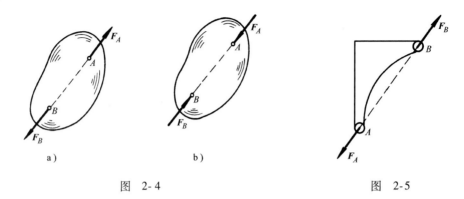

图 2-4 　　　　　　　　　　　　　　　　　图 2-5

推论1　力的可传性

作用于刚体上某点的力，可以沿其作用线移到刚体内任意一点，而不改变该力对刚体的作用效应。

证明：1）有力 **F** 作用在刚体上的 A 点，如图 2-6a 所示。

2）根据加减平衡力系公理，可以在力的作用线上任取一点 B，在 B 点加上一个平衡力系 F_1 和 F_2，并使 $F_1 = -F_2 = F$（图 2-6b）。

3）由于力 **F** 和 F_2 也是一个平衡力系，根据加减平衡力系公理可以去掉，这样只剩下一个力 F_1，如图 2-6c 所示。

4）力 F_1 和原力 **F** 等效，就相当于把作用在刚体上 A 点的力 **F** 沿其作用线移到 B 点。

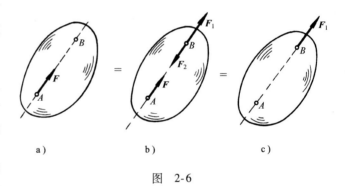

图　2-6

由此可见，对于刚体来说，力的作用点已不是决定力的作用效果的要素，它已被作用线所代替。因此，作用于刚体上的力的三要素是：力的大小、方向和作用线。

作用于刚体上的力矢可以沿着作用线移动，这种矢量称为滑动矢量。

应当指出，加减平衡力系公理和力的可传性原理只适用于刚体而不适用于变形体，即只适用于研究力的外效应（运动效果），而不适用于研究力的内效应（变形效应）。例如，直杆 AB 的两端受到等值、反向、共线的两个力 F_1、F_2 作用而处于平衡状态，如图 2-7a 所示；如果将这两个力各沿其作用线移到杆的另一端，如图 2-7b 所示。显然，直杆 AB 仍然处于平衡状态，但是直杆的变形不同了；图 2-7a 的直杆变形是拉伸，图 2-7b 的直杆变形是压缩。这就说明当研究物体的变形效应时，力的可传性原理就不适用了。

图　2-7

推论2　三力平衡汇交定理

一刚体受共面不平行的三个力作用而平衡时，则此三力的作用线必汇交于一点。

证明：1）设有共面不平行的三个力 F_1、F_2、F_3，分别作用在一刚体上的 A_1、A_2、A_3 三点而处于平衡状态，如图 2-8 所示。

2）根据力的可传性原理，将力 F_1、F_2 沿其作用线移到两力作用线的交点 A，并按力的平行四边形公理合成为合力 F_R，合力 F_R 也作用在 A 点。

3）因为 F_1、F_2、F_3 三力成平衡状态，所以力 F_R 应与力 F_3 平衡，由二力平衡公理可知，力 F_3 和 F_R 一定是大小相等、方向相反且作用在同一直线上，就是说，力 F_3 的作用线必通过力 F_1 和 F_2 的交点 A，即三力 F_1、F_2、F_3 的作用线必汇交于一点。于是定理得证。

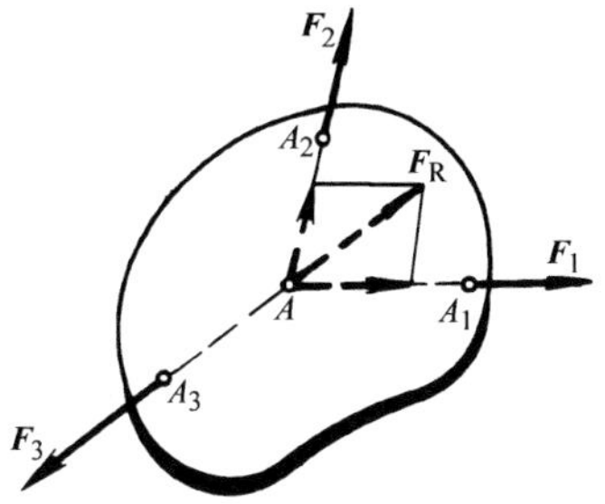

三力平衡汇交定理常用来确定物体在共面不平行的三个力作用下平衡时其中未知力的方向。

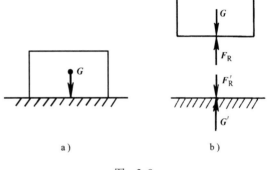

图　2-8

公理4　作用和反作用公理

作用力和反作用力总是同时存在，两力的大小相等、方向相反、沿着同一直线，分别作用在两个相互作用的物体上。

这个公理概括了两个物体间相互作用力的关系，物体间的作用总是相互的，有作用力就有反作用力，两者总是同时存在又同时消失。

如图 2-9a 所示为一放置在光滑水平面上的物块。该物块受重力 G 和支承平面给予的反力 F_R 的作用而平衡。如图 2-9b 所示，其中 $G = -G'$，互为作用与反作用力，

同理 F_R 与 F_R' 也是作用与反作用力。而 F_R 和 G 是作用于同一物体上的一对平衡力，且满足二力平衡公理。另外值得指出的是，不论物体静止或运动，作用与反作用公理都成立。

必须注意，不能把作用与反作用的关系与二力平衡问题混淆起来。二力平衡公理中的两个力是作用在同一物体上的；作用与反作用公理中的两个力是分别作用在两个物体上，虽然是大小相等、方向相反、作用在同一直线上，但不能平衡。

图　2-9

第三节　力在坐标轴上的投影·合力投影定理

一、力在坐标轴上的投影

设在刚体上的点 A 作用一力 F，如图 2-10 所示，在力 F 作用线所在平面内任取坐标系 xOy，过力 F 的两端点 A 和 B 分别向 x、y 轴作垂线，则所得两垂足之间的直线就称为力 F 在 x、y 轴上的投影，记作 F_x、F_y。

力在轴上的投影是代数量，有大小和正负，其正负号的规定为：从力的始端 A 的投影 $a(a')$ 到末端 B 的投影 $b(b')$ 的方向与投影轴正向一致时，力的投影取正值；反之，取负值。

通常采用力 F 与坐标轴 x 轴所夹的锐角来计算投影，设力 F 与 x 轴的夹角为 α，投影 F_x 与 F_y 可用下列式子计算。

力在坐标轴上的投影

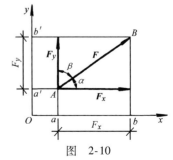

图　2-10

$$F_x = \pm F\cos\alpha$$

$$F_y = \pm F\sin\alpha \tag{2-1}$$

当力与坐标轴垂直时，投影为零；力与坐标轴平行时，投影的绝对值等于该力的大小。

反之，若已知力 $\boldsymbol{F}$ 在坐标轴上的投影 F_x、F_y，也可求出该力的大小和方向角，即

$$F = \sqrt{F_x^2 + F_y^2} \qquad \tan\alpha = \left|\frac{F_y}{F_x}\right| \tag{2-2}$$

式中　α——力 $\boldsymbol{F}$ 与 x 轴所夹的锐角，其所在象限由 F_x、F_y 的正负号决定。

若将力 $\boldsymbol{F}$ 沿 x、y 轴分解，可得分力 $\boldsymbol{F}_x$、$\boldsymbol{F}_y$，如图 2-10 所示。应当注意：投影和分力是两个不同的概念，投影是代数量，分力是矢量。只有在直角坐标系中，分力 $\boldsymbol{F}_x$ 与 $\boldsymbol{F}_y$ 大小才分别与投影 F_x、F_y 的绝对值相等。

力在坐标轴上的投影是力系合成以及研究力系平衡的基础，引入力在轴上的投影的概念后，就可将力的矢量计算转化为标量计算。

例 2-1　试分别求出图 2-11 中各力在 x 轴和 y 轴上的投影。已知：$F_1 = F_2 = 200\mathrm{N}$，$F_3 = F_4 = 300\mathrm{N}$，各力的方向如图 2-11 所示。

解：由式（2-1）可得出各力在 x、y 轴上的投影为

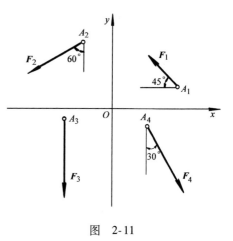

$$F_{1x} = -F_1\cos45° = -200\mathrm{N} \times 0.707 = -141.4\mathrm{N}$$

$$F_{1y} = F_1\sin45° = 200\mathrm{N} \times 0.707 = 141.4\mathrm{N}$$

$$F_{2x} = -F_2\cos30° = -200\mathrm{N} \times 0.866 = -173.2\mathrm{N}$$

$$F_{2y} = -F_2\sin30° = -200\mathrm{N} \times 0.5 = -100\mathrm{N}$$

$$F_{3x} = -F_3\cos90° = 300\mathrm{N} \times 0 = 0$$

$$F_{3y} = -F_3\sin90° = -300\mathrm{N} \times 1 = -300\mathrm{N}$$

$$F_{4x} = F_4\cos60° = 300\mathrm{N} \times 0.5 = 150\mathrm{N}$$

$$F_{4y} = -F_4\sin60° = -300\mathrm{N} \times 0.866 = -259.8\mathrm{N}$$

图　2-11

二、合力投影定理

合力投影定理建立了合力的投影与分力的投影之间的关系。

如图 2-12 所示的平面力系，$\boldsymbol{F}_R$ 为合力，$\boldsymbol{F}_1$、$\boldsymbol{F}_2$、$\boldsymbol{F}_3$、$\boldsymbol{F}_4$ 为四个分力，将各力投影到 x 轴上，由图 2-12 可见

$$ae = ab + bc + cd - de$$

由投影定义，上式左端为合力 $\boldsymbol{F}_R$ 的投影，右端为四个分力的投影代数和，即

$$F_{Rx} = F_{1x} + F_{2x} + F_{3x} + F_{4x}$$

显然，上式可推广到任意多个力的情况，即

$$F_{Rx} = F_{1x} + F_{2x} + \cdots + F_{nx} = \sum F_x \tag{2-3}$$

于是得到结论：合力在任一轴上的投影等于各分力在同一轴上投影的代数和，即合力投影定理。

据此，求出合力 $\boldsymbol{F}_R$ 的投影 F_{Rx} 及 F_{Ry} 后，即可按式（2-2）求出合力 $\boldsymbol{F}_R$ 的大小及方向角。

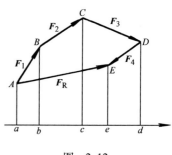

图　2-12

$$F_R = \sqrt{F_{Rx}^2 + F_{Ry}^2} = \sqrt{\left(\sum F_x\right)^2 + \left(\sum F_y\right)^2}$$

$$\tan\alpha = \left| \frac{F_{Ry}}{F_{Rx}} \right| = \left| \frac{\sum F_y}{\sum F_x} \right| \tag{2-4}$$

式中　α——合力 $\boldsymbol{F}_R$ 与 x 轴所夹锐角，合力的指向由 $\sum F_x$ 与 $\sum F_y$ 的正负号决定。

例 2-2　吊环上套有三根绳，其位置如图 2-13 所示。已知三条绳的拉力分别为：$F_1 = 500\text{N}$，$F_2 = 1000\text{N}$，$F_3 = 2000\text{N}$，试求此三力的合力。

解：建立坐标系 xOy，如图 2-13 所示，由合力投影定理得

$$F_{Rx} = \sum F_x = F_{1x} + F_{2x} + F_{3x}$$
$$= (500\cos60° + 1000\cos0° + 2000\cos45°)\text{ N}$$
$$\approx 2664\text{N}$$

$$F_{Ry} = \sum F_y = F_{1y} + F_{2y} + F_{3y}$$
$$= (500\sin60° + 1000\sin0° - 2000\sin45°)\text{ N}$$
$$\approx -981\text{N}$$

图　2-13

故合力的大小和方向分别为

$$F_R = \sqrt{F_{Rx}^2 + F_{Ry}^2} = \sqrt{2664^2 + (-981)^2}\text{ N} = 2839\text{N}$$

$$\alpha = \arctan\left|\frac{F_{Ry}}{F_{Rx}}\right| = \arctan\left|\frac{-981\text{N}}{2664\text{N}}\right| = 20°13'$$

因 $\sum F_x$ 为正，$\sum F_y$ 为负，故合力 $\boldsymbol{F}_R$ 在第四象限，且与 x 轴所夹锐角为 $20°13'$。

第四节　力矩、力偶的概念和力的等效平移

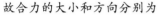

力矩的概念

一、力矩

经验告诉我们，要使物体绕某一点（或轴）发生转动，必须使所作用的力的作用线与该点（或轴）之间有一定的垂直距离，称为力臂。

在平面问题中，由试验知，力使物体转动的效果，既与力的大小成正比，又与力臂的大小成正比。为了度量力使物体绕某点转动的效应，将力的大小与力臂的乘积 Fd 并冠以适当的正负号称为力对点之矩，记作 $m_0(\boldsymbol{F})$，即

$$m_0(\boldsymbol{F}) = \pm Fd \tag{2-5}$$

被选定计算力矩的参考点叫做矩心，力臂就是力作用线到矩心的垂直距离。矩心和力作用线所决定的平面称为力矩作用面，过矩心而与此平面垂直的直线是该力矩使物体转动的轴线。

力矩的单位为牛·米（N·m）或千牛·米（kN·m）。

顺着力矩使物体转动的转动轴线看力矩所在平面，如图 2-14 所示从上往下看，物体绕矩心转动的方向有逆时针和顺时针两种，通常规定：顺负逆正。

力矩的性质：

1) 力矩的值与矩心位置有关，同一力对不同的矩心，其力矩不同。

2) 力沿其作用线任意移动时，力矩不变。

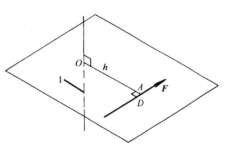

图　2-14

3）力的作用线通过矩心时，力矩为零。

4）合力对平面内任一点之矩等于各分力对同一点之矩的代数和，即

$$m_0(\boldsymbol{F}_R) = \sum m_0(\boldsymbol{F})$$

此即平面力系的合力矩定理。

应用合力矩定理可以简化力矩的计算。在求一个力对某点的矩时，若力臂不易计算，就可将该力分解为两个相互垂直的分力，两分力对该点的力臂如比较容易计算，就可方便地求出两分力对该点之矩的代数和来代替原力对该点的矩。

合力矩定理的证明，参见本书第四章平面一般力系。

例2-3 如图2-15所示，刚架上作用力 $\boldsymbol{F}$，试分别计算力 $\boldsymbol{F}$ 对点 A 和点 B 的力矩。$\boldsymbol{F}$、α、a、b 为已知。

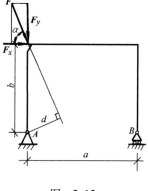

解：1）计算力 $\boldsymbol{F}$ 对点 A 之矩，可直接按力矩的定义求得，即

$$m_A(\boldsymbol{F}) = -Fd$$

其中，$d = b\cos\alpha$，故

$$m_A(\boldsymbol{F}) = -Fb\cos\alpha$$

也可以根据合力矩定理，求得力 $\boldsymbol{F}$ 对点 A 的矩。即将力 $\boldsymbol{F}$ 分解为 $\boldsymbol{F}_x$ 和 $\boldsymbol{F}_y$，如图2-15所示，则

$$m_A(\boldsymbol{F}) = m_A(\boldsymbol{F}_x) + m_A(\boldsymbol{F}_y)$$

由于 $\boldsymbol{F}_y$ 通过矩心 A，故 $m_A(\boldsymbol{F}_y) = 0$

于是得

$$m_A(\boldsymbol{F}) = m_A(\boldsymbol{F}_x) = -Fb\cos\alpha$$

图 2-15

2）计算力 $\boldsymbol{F}$ 对点 B 的矩，根据合力矩定理计算，即

$$m_B(\boldsymbol{F}) = m_B(\boldsymbol{F}_x) + m_B(\boldsymbol{F}_y) = -Fb\cos\alpha + Fa\sin\alpha$$

二、力偶

力偶的概念

平面内一对等值反向且不共线的平行力称为力偶，它是一个不能再简化的基本力系。它对物体的作用效果是使物体产生单纯的转动。例如用手拧开水龙头、用钥匙开锁、用旋具上紧螺钉、两手转动方向盘等，往往就是利用力偶工作。如图2-16中两人推动绞盘横杆的力 $\boldsymbol{F}$ 与 $\boldsymbol{F}'$ 如果平行且相等，就构成一个力偶，记作 $(\boldsymbol{F}, \boldsymbol{F}')$。

力偶对物体的转动效应与组成力偶的力的大小和力偶臂的长短有关，力学上把力偶中一力的大小与力偶臂（二力作用线间垂直距离）的乘积 Fd 并加上适当的正负号，称为此力偶的力偶矩，用以度量力偶在其作用面内对物体的转动效应，记作 $m(\boldsymbol{F}, \boldsymbol{F}')$ 或 m，如图2-17所示。力偶矩的大小为：

$$m(\boldsymbol{F}, \boldsymbol{F}') = m = \pm Fd \tag{2-6}$$

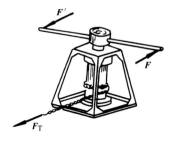

图 2-16

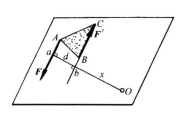

图 2-17

力偶矩与力矩一样，也是代数量。正负规定：力偶使物体逆时针转动时，力偶矩为正，反之为负。由图2-17可见，力偶矩也可采用三角形面积表示，即

$$m = \pm 2\triangle ABC \tag{2-7}$$

综上所述，力偶对物体的转动效应取决于力偶矩的大小、力偶的转向及力偶的作用面，此即为力偶的三要素。

力偶有如下的重要性质：

1. 力偶没有合力

力偶既不能用一个力代替，也不能与一个力平衡。

如果在力偶作用面内任取一投影轴，则有：力偶在任一轴上的投影恒等于零。

既然力偶在轴上的投影为零，可见力偶对于物体不会产生移动效应，只产生转动效应。

力偶和力对物体作用的效应不同，说明力偶不能和一个力平衡，力偶只能与力偶平衡。

2. 力偶对其所在平面内任一点的矩恒等于力偶矩

如图2-17所示，在力偶作用面内任取一点 O 为矩心，以 $m_o(\boldsymbol{F}, \boldsymbol{F}')$ 表示力偶对点 O 之矩，则

$$m_o(\boldsymbol{F}, \boldsymbol{F}') = m_o(\boldsymbol{F}) + m_o(\boldsymbol{F}') = F(x + d) - Fx = Fd$$

因为矩心 O 是任意选取的，由此可知，力偶的作用效果决定于力的大小和力偶臂的长短，与矩心的位置无关。

3. 同一平面内的两个力偶，只要其力偶矩（包括大小和转向）相等，则此两力偶彼此等效

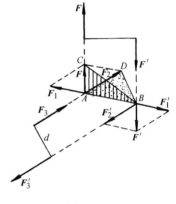

图　2-18

证明：如图2-18所示，设在同平面内有两个力偶（$\boldsymbol{F}$，$\boldsymbol{F}'$）和（$\boldsymbol{F}_3$，$\boldsymbol{F}_3'$）作用，它们的力偶矩相等，且力的作用线分别交于点 A 和点 B，现证明这两个力偶是等效的。

将力 $\boldsymbol{F}$ 和 $\boldsymbol{F}'$ 分别沿它们的作用线移到点 A 和点 B，然后分别沿连线 AB 和力偶（$\boldsymbol{F}_3$，$\boldsymbol{F}_3'$）的两力的作用线方向分解，得到 $\boldsymbol{F}_1$、$\boldsymbol{F}_2$ 和 $\boldsymbol{F}_1'$、$\boldsymbol{F}_2'$ 四个力，显然，这四个力与原力偶（$\boldsymbol{F}$，$\boldsymbol{F}'$）等效。由于两个力平行四边形全等，于是力 $\boldsymbol{F}_1'$ 与 $\boldsymbol{F}_1$ 大小相等，方向相反，并且共线，是一对平衡力，可以除去；力 $\boldsymbol{F}_2$ 与 $\boldsymbol{F}_2'$ 构成一个新力偶（$\boldsymbol{F}_2$，$\boldsymbol{F}_2'$），与原力偶（$\boldsymbol{F}$，$\boldsymbol{F}'$）等效。连接 CB 和 DB，根据式（2-7）计算力偶矩，有

$$m(\boldsymbol{F}, \boldsymbol{F}') = -2\triangle ACB, \quad m(\boldsymbol{F}_2, \boldsymbol{F}_2') = -2\triangle ADB$$

由于 $\triangle ACB$ 和 $\triangle ADB$ 同底等高，它们的面积相等，于是得

$$m(\boldsymbol{F}, \boldsymbol{F}') = m(\boldsymbol{F}_2, \boldsymbol{F}_2')$$

即力偶（$\boldsymbol{F}$，$\boldsymbol{F}'$）与（$\boldsymbol{F}_2$，$\boldsymbol{F}_2'$）等效时，它们的力偶矩相等（定理的必要性得证）。

由假设知 $m(\boldsymbol{F}, \boldsymbol{F}') = m(\boldsymbol{F}_3, \boldsymbol{F}_3')$，因此 $m(\boldsymbol{F}_2, \boldsymbol{F}_2') = m(\boldsymbol{F}_3, \boldsymbol{F}_3')$，即 $-F_2 d_2 = -F_3 d_2$，于是得：$F_2 = F_3，F_2' = F_3'$。

可见力偶（$\boldsymbol{F}_2$，$\boldsymbol{F}_2'$）与（$\boldsymbol{F}_3$，$\boldsymbol{F}_3'$）完全相等。由于力偶（$\boldsymbol{F}_2$，$\boldsymbol{F}_2'$）与（$\boldsymbol{F}$，$\boldsymbol{F}'$）等效，所以力偶（$\boldsymbol{F}_3$，$\boldsymbol{F}_3'$）与（$\boldsymbol{F}$，$\boldsymbol{F}'$）等效（定理的充分性得证）。

由上述等效定理的推证，得出如下推论：

推论1　力偶可以在其作用面内任意移转，而不影响它对刚体的效应。

推论2　只要力偶矩保持不变，可以同时改变力偶中力的大小和力偶臂的长度，而不改变它对刚体的效应。

上述推论告诉我们，在研究有关力偶的问题时，只须考虑力偶矩，而不必论究其力的大小，

力臂的长短。正因为如此，在受力图中常用一个带箭头的圆弧线⟳或⟲来表示力偶矩，并标上字母 m，其中 m 表示力偶矩的大小，箭头表示力偶在平面内的转向。

4. 在同一个平面内的 n 个力偶，其合力偶矩等于各分力偶矩的代数和

证明：设在刚体同一平面内有三个力偶 $(\boldsymbol{F}_1，\boldsymbol{F}_1')$、$(\boldsymbol{F}_2、\boldsymbol{F}_2')$、$(\boldsymbol{F}_3，\boldsymbol{F}_3')$，它们的力偶臂分别为 d_1、d_2、d_3，如图2-19a 所示，并用 m_1、m_2、m_3 分别表示这三个力偶的力偶矩，即 $m_1 = F_1 d_1$、$m_2 = F_2 d_2$、$m_3 = -F_3 d_3$，现求其合成结果。

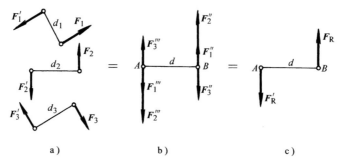

图 2-19

根据推论2，将三个力偶转化为力偶臂均等于 d 的等臂力偶 $(\boldsymbol{F}_1''，\boldsymbol{F}_1''')$、$(\boldsymbol{F}_2''，\boldsymbol{F}_2''')$、$(\boldsymbol{F}_3''，\boldsymbol{F}_3''')$，如图2-19b 所示。它们的力偶矩分别与原力偶矩相等，即 $m_1 = F_1'' d$、$m_2 = F_2'' d$、$m_3 = -F_3'' d$。然后，任取一线段 $AB = d$，再将变换后的各力偶在作用面内移动和转动，使它们的力偶臂都与 AB 重合，如图2-19b 所示。将作用在 A、B 点的三个共线力合成，可得合力 $\boldsymbol{F}_R$ 和 $\boldsymbol{F}_R'$，设 $F_1'' + F_2'' > F_3''$、$F_1''' + F_2''' > F_3'''$，则 $\boldsymbol{F}_R$、$\boldsymbol{F}_R'$ 的大小为

$$F_R = F_1'' + F_2'' - F_3'' \qquad F_R' = F_1''' + F_2''' - F_3'''$$

显然，力 $\boldsymbol{F}_R$ 和 $\boldsymbol{F}_R'$ 大小相等、方向相反、作用线平行但不共线，组成一力偶 $(\boldsymbol{F}_R，\boldsymbol{F}_R')$，如图2-19c 所示，这个力偶与原来的三个力偶等效，称为原来三个力偶的合力偶，其力偶矩为

$$M = F_R d = (F_1'' + F_2'' - F_3'')d = F_1'' d + F_2'' d - F_3'' d = m_1 + m_2 + m_3$$

若有 n 个力偶，仍可用上述方法合成，即

$$M = m_1 + m_2 + \cdots + m_n \tag{2-8}$$

例2-4 如图2-20 所示，在刚体的某平面内受到三个力偶的作用。已知 $\boldsymbol{F}_1 = 300\text{N}$，$\boldsymbol{F}_2 = 600\text{N}$，$M = 200\text{N} \cdot \text{m}$，求合力偶。

解：三个共面力偶合成一个合力偶。

各分力偶矩为

$m_1 = F_1 d_1 = (300 \times 1)\text{N} \cdot \text{m}$
$\quad = 300\text{N} \cdot \text{m}$

$m_2 = F_2 d_2 = (600 \times 0.25 \div \sin 30°)\text{N} \cdot \text{m}$
$\quad = 300\text{N} \cdot \text{m}$

$m_3 = -m = -200\text{N} \cdot \text{m}$

由式（2-8）得合力偶矩为

$M = m_1 + m_2 + m_3 = (300 + 300 - 200)\text{N} \cdot \text{m}$
$\quad = 400\text{N} \cdot \text{m}$

即合力偶矩的大小等于400N·m，转向为逆时针方向，与原力偶系共面。

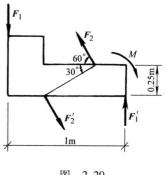

图 2-20

三、力的等效平移

定理：作用于刚体上的力可平行移动到刚体内的任一点，但必须同时附加一个力偶，这个附加力偶的矩等于原来的力对新作用点之矩。这样，平移前的一个力与平移后的一个力和一个力偶对刚体的作用效果等效。

证明：图 2-21a 中的力 F 作用于刚体的点 A，在同一刚体内任取一点 B，并在点 B 上加两个等值反向的力 F' 和 F''，使它们与力 F 平行，且 $F' = F = -F''$，如图 2-21b 所示。显然，三个力 F、F'、F'' 与原来 F 是等效的；而这三个力又可视为过 B 点的一个力 F' 和作用在点 B 与力 F 决定平面内的一个力偶 m（F，F''），如图 2-21c 所

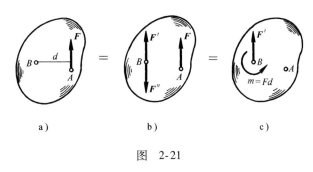

图　2-21

示。所以作用在点 A 的力 F 就与作用在点 B 的力 F' 和力偶矩为 m 的力偶（F，F''）等效，其力偶矩为 $m = Fd = m_B(F)$，证毕。

这表明，作用于刚体上的力可平移至刚体内任一点，但不是简单的平移，平移时必须附加一力偶，该力偶的矩等于原力对平移点之矩。

根据该定理，可将一个力分解为一个力和一个力偶；反过来，也可以将同一平面内的一个力和一个力偶合成为与原力平行，且大小、方向都与原力相同的一个力。

力的平移定理及其逆定理不仅是力系简化的基本依据，也是分析力对物体作用效应的一个重要手段。

例 2-5　如图2-22所示，在柱子的 A 点受有吊车梁传来的荷载 $F_P = 100$kN，求将这个力 F_P 平移到柱轴上 B 点时所应附加的力偶矩。

解：根据力的平移定理，力 F_P 由 A 点平移到 B 点，必须附加一力偶，如图 2-22b 所示，它的力偶矩 m 等于 F'_P 对 B 点之矩，即

$$m = m_B(F_P)$$
$$= (-100 \times 0.4)\text{kN} \cdot \text{m}$$
$$= -40\text{kN} \cdot \text{m}$$

负号表示转向为顺时针转向。

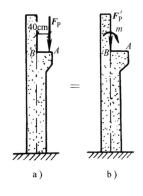

图　2-22

小　结

本章讨论了静力学的基本概念、静力学基本公理；介绍了力矩、力偶的概念及其性质；讨论了力在坐标轴上的投影、合力投影定理。

一、静力学的基本概念

（1）力　力是物体间相互的机械作用，这种作用使物体的运动状态改变（外效应），或使物体变形（内效应）。力对物体的外效应取决于力的三要素：大小、方向和作用点（或作用线）。

（2）平衡　物体相对于地球保持静止或作匀速直线运动的状态称为平衡。

（3）力矩　力矩是力使物体绕矩心转动效应的度量，它等于力的大小与力臂的乘积，在平面问题中它是代数量。一般规定，力使物体绕矩心逆时针方向转动为正，反之为负，即

$$m_O(\boldsymbol{F}) = \pm Fd$$

可见力矩的大小和转向与矩心的位置有关。

（4）力偶　由等值、反向、作用线平行而不重合的两个力组成的力系，称为力偶。力偶不能简化为一个力，也不能和一个力成平衡状态，力偶只能和力偶平衡；力偶对物体的转动效应取决于力偶的作用面、力偶矩的大小和力偶的转向；在同一平面内的两个力偶，如果它们力偶矩的代数值相等，则这两个力偶是等效的，或者说，只要保持力偶矩的代数值不变，力偶可在其作用面内任意移转，也可以改变组成力偶的力的大小和力偶臂的长短。

（5）力在坐标轴上的投影　力在某轴上的投影，等于力的大小乘以力与该轴正向间夹角的余弦，即

$$F_x = F\cos\alpha$$

式中　α——力与 x 轴间的夹角，$\alpha < 90°$ 时力的投影值为正，$\alpha > 90°$ 时力的投影值为负，$\alpha = 90°$ 时力的投影值等于零。

二、静力学基本公理及一些定理

1）力的平行四边形公理反映了两个力合成的规律。

2）二力平衡公理说明了作用在一个刚体上的两个力的平衡条件。

3）加减平衡力系公理是力系等效代换的基础。

4）作用与反作用公理说明了物体间的相互作用关系。

5）力的可传性原理说明了作用于刚体上的力可沿其作用线在刚体内移动而不改变作用效果。

6）合力投影定理说明合力及其分力在同一轴上的投影关系。

7）合力矩定理说明合力对平面内任一点的力矩等于力系中各分力对同一点力矩的代数和。

8）力的平移定理说明当一个力平行移动时，必须附加一个力偶才能与原力等效，附加力偶的力偶矩等于原力对新作用点之矩。力的平移定理是平面一般力系简化的依据。

课后巩固与提升

一、填空题

1. 荷载随时间变异可分为_____、_____、_____和_____。

2. 力的三要素是_____、_____和_____。

3. 在作用于刚体的已知力系中，加上或减去任意的_____，并不改变原力系对刚体的作用效应。

4. 一刚体受共面不平行的三个力作用而平衡时，此三力的作用线_____。

5. 力与轴平行，投影是_____；力与轴垂直，投影是_____。

6. 力的作用线通过矩心时，力矩为_____。

7. 力偶的大小与矩心位置_____。

二、单项选择题

1. 次梁传给主梁的荷载是（　　）。

A. 均布面荷载　　B. 均布线荷载　　C. 均布体荷载　　D. 集中荷载

2. 在楼板上的人群属于（　　）。

A. 可变荷载　　B. 永久荷载　　C. 偶然荷载　　D. 动荷载

3. 地震属于（ ）。

A. 永久荷载　　　　B. 可变荷载　　　　C. 偶然荷载　　　　D. 静荷载

4. 下面不属于力的三要素的是（ ）。

A. 力的大小　　　　B. 力的作用点　　　　C. 力的转角　　　　D. 力的方向

5. 下列关于力的作用形式说法正确的是（ ）。

A. 力只能作用于重心　　　　　　　　　B. 力一定是集中于一点的

C. 力一定是分布在构件整体上的

D. 力可能是集中于一点的，也有可能是分布在整体上的

6. 关于合力和分力的关系，下列说法正确的是（ ）。

A. 合力一定大于分力　　　　　　　　　B. 合力一定小于分力

C. 合力等于分力　　　　　　　　　　　D. 合力有时大于分力，有时小于分力

7. 图 2-23 中物体受到两个力作用，在该组力作用下，物体（ ）。

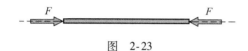

图　2-23

A. 处于平衡状态　　　B. 处于运动状态　　　C. 处于静止状态　　　D. 不确定

8. 图 2-24 中力 F 在 y 轴的投影为（ ）。

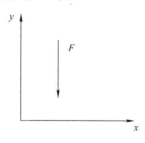

图　2-24

A. F　　　　　　　B. 0　　　　　　　C. $-F$　　　　　　　D. $\dfrac{F}{2}$

9. 图 2-25 中均布荷载在 y 轴的投影为（ ）。

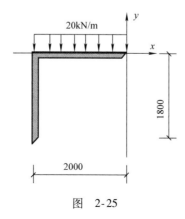

图　2-25

A. 20　　　　　　　B. 40　　　　　　　C. -40　　　　　　D. 0

10. 图 2-26 中力 F 对 A 点的力矩是 (　　)。

A. 60kN/m　　　　　B. -60kN/m　　　　　C. 120kN/m　　　　　D. -120kN/m

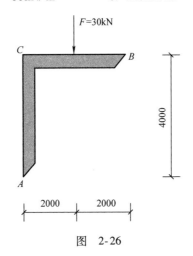

图 2-26

三、多项选择题

1. 对结构来讲，下列属于荷载的是 (　　)。

A. 地震
B. 楼板自重
C. 温度变化引起的力
D. 工业区的厂房屋顶积灰
E. 行走在吊车梁上的吊车

2. 力作用在物体上可能使物体 (　　)。

A. 移动　　　　　B. 转动　　　　　C. 一边移动一边转动　D. 静止不动
E. 变形

3. 一构件在两个力作用下处于平衡状态，则这两个力 (　　)。

A. 大小相等
B. 方向相反
C. 作用在同一直线上
D. 作用在两个物体上
E. 方向相同
F. 作用在一个物体上

4. 作用力和反作用力 (　　)。

A. 大小相等
B. 方向相同
C. 作用在一条直线上
D. 作用在一个物体上
E. 方向相反
F. 分别作用在两个物体上

5. 一个力从 A 点平移到其右侧的 B 点，平移后 (　　)。

A. 转化为一个力和一个力偶
B. 增加的力偶为顺时针的
C. 增加的力偶为逆时针的
D. 转化为一个力偶
E. 附加力偶的大小等于力对新作用点的矩

四、计算题

1. xOy 平面内的四个力如图 2-27 所示，各作用点括号内的数字为该点的坐标值。试求：

① 各力在 x、y 轴上的投影。

② 各力对 O 点之矩。

2. 一个 200N 的力作用在 A 点，方向如图 2-28 所示，求：

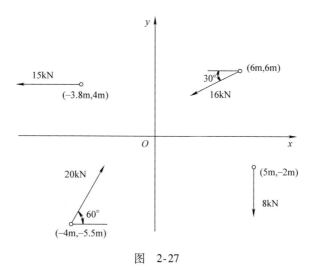

图 2-27

① 此力对 O 点的矩。

② 在 B 点加一水平力，使对 O 点的矩等于第①题所求的矩，求这个水平力。

③ 要在 B 点加一最小力得到与第①题所求相同的矩，求这个最小力。

3. 如图 2-29 所示杆件，其上作用两个力偶，试求其合力偶。

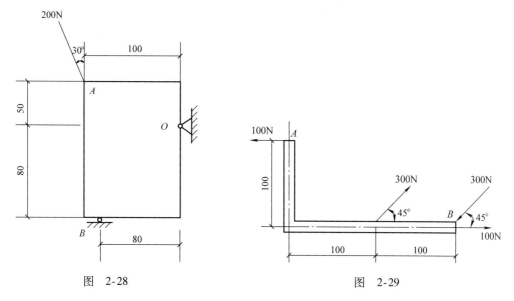

图 2-28　　　　　　　　　　　图 2-29

五、案例分析

港珠澳大桥是一座连接香港、珠海和澳门的桥隧工程，位于我国广东省珠江口伶仃洋海域内，被国内媒体誉为"大国丰碑"。这是一座人类建设史上迄今为止里程最长、施工难度最大、设计使用寿命最长的跨海公路桥梁，为了实现抗风能力 16 级、抗震能力 8 级、使用寿命 120 年，设计施工团队创新研发了 31 项工法、31 套海洋装备、13 项软件、454 项专利。2015 年英国《卫报》将港珠澳大桥称为"新世界七大奇迹之一"。大桥全长 55km，其中包含 22.9km 的桥梁工程和 6.7km 的海底沉管隧道，隧道由东、西两个人工岛连接。图 2-30 为其中一段斜拉桥。

① 查阅资料，探索港珠澳大桥的"科技密码"，根据你的经验分析一下图中箭头所指的一对斜拉钢索受到什么样的力？

② 分析这两个力的合力方向。

图　2-30

职 考 链 接

1.【多项选择题】下列装修做法形成的荷载作用，属于线荷载的有（　　）。

A. 铺设地砖　　　　B. 增加隔墙　　　　C. 封闭阳台　　　　D. 安放假山

E. 悬挂吊灯

2.【多项选择题】属于偶然作用（荷载）的有（　　）。

A. 雪荷载　　　　B. 风荷载　　　　C. 火灾　　　　D. 地震

E. 吊车荷载

3.【单项选择题】结构梁上砌筑砌体隔墙，该梁所受荷载属于（　　）。

A. 均布荷载　　　　B. 线荷载　　　　C. 集中荷载　　　　D. 活荷载

4.【单项选择题】装饰工程中宴会厅安装的大型吊灯，其荷载类别属于（　　）。

A. 面荷载　　　　B. 荷载　　　　C. 集中荷载　　　　D. 特殊荷载

5.【单项选择题】下边装饰构造中，通常按线荷载考虑的是（　　）。

A. 分区隔墙　　　　B. 地砖饰面　　　　C. 大型吊灯　　　　D. 种植盆景

6.【单项选择题】属于永久荷载的是（　　）。

A. 固定设备　　　　B. 活动隔墙　　　　C. 风荷载　　　　D. 雪荷载

7.【多项选择题】下列装饰装修施工事项中，所增加的荷载属于集中荷载的有（　　）。

A. 在楼面加铺大理石面层　　　　B. 封闭阳台

C. 室内加装黄岗岩罗马柱　　　　D. 悬挂大型吊灯

E. 局部设置假山盆景

第三章　物体的受力分析及结构计算简图

本章将介绍物体受力分析的方法与受力图的绘制以及结构计算简图。物体的受力分析和画受力图是学习本课程必须首先掌握的一项重要基本技能。

第一节　约束和约束力

在工程实际中，任何构件都受到与它相联系的其他构件的限制，而不能自由运动。例如，梁受到柱子的限制，柱子受到基础的限制，桥梁受到桥墩的限制等。

在空间可以自由运动的物体称为自由体；而某些方向的运动受到限制的物体称为非自由体。工程构件的运动大都受到某些限制，因而都是非自由体。

一个物体的运动受到周围物体的限制时，这些周围物体就称为该物体的约束。例如上面提到的柱子是梁的约束，基础是柱子的约束，桥墩是桥梁的约束。

当物体的某种运动受到约束的限制时，物体与约束之间必然相互作用着力。约束作用于物体的力称为约束力，也称为约束反力或反力。由于约束限制了物体某些方向的运动，故约束力的方向与其所能限制的物体运动方向相反。与约束力相对应，凡能主动使物体运动或使物体有运动趋势的力称为主动力，如重力、水压力、土压力等。主动力在工程上也称为荷载。

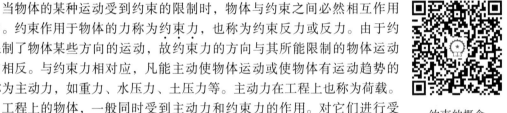

约束的概念

工程上的物体，一般同时受到主动力和约束力的作用。对它们进行受力分析，就是要分析这两方面的力。通常主动力是已知的，约束力是未知的，所以问题的关键在于正确地分析约束力。一般条件下，根据约束的性质只能判断约束力的作用点位置或作用力方向。约束力的大小要根据作用在物体上的已知力以及物体的运动状态来确定。约束力作用在约束与被约束物体的接触处，其方向总是与该约束所能限制的运动趋势方向相反。应用这个准则，可以确定约束力的方向或作用线的位置。

现将工程上常见的几种约束类型分述如下：

一、柔体约束

由柔绳、胶带、链条等形成的约束称为柔体约束。由于柔体只能拉物体，不能压物体，即柔体约束只能限制物体沿着柔体约束中心线离开柔体约束的运动，而不能限制物体沿其他方向的运动，所以柔体约束的约束力通过接触点，其方向沿着柔体约束的中心线背离物体（拉力）。这种约束力通常用 F_T 表示，如图 3-1 所示。

二、光滑接触面约束

若两物体接触处的摩擦力很小，与其他力相比可以省去不计时，则可认为接触面是光滑的。由光滑面所形成的约束，称为光滑接触面约束。

这种约束不管光滑接触面的形状如何，它不能限制物体沿光滑面的公切线方向或离开光滑面的运动，它只能限制物体沿光滑面的公法线而指向光滑面的运动。所以光滑接触面的约束力通过接触点，其方向沿着光滑面的公法线而指向物体（为压

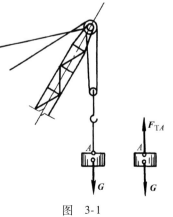

图　3-1

力），约束力方向已知，大小待求。这种约束力通常用 $\boldsymbol{F}_N$ 表示，如图 3-2、图 3-3 所示。

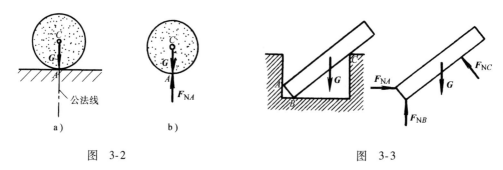

图 3-2　　　　　　　　　图 3-3

三、光滑圆柱铰链约束

两个构件被钻上同样大小的孔，并用圆柱形销钉连接起来，略去摩擦，称这种约束为光滑圆柱铰链约束。这类约束有圆柱形铰链、铰链支座和滚轴支座等。

1. 圆柱形铰链和铰链支座

圆柱形铰链简称圆柱铰，是连接两个构件的中间体。圆柱铰连接简称为铰接，也称为中间铰链。图 3-4a 表示两个可动件被铰接的情形，图 3-4c 是它的简图。由于这类约束的特点是只能限制物体的任意径向移动，而不能限制物体绕圆柱销的转动，由于圆柱销与圆孔是光滑面接触约束，如图 3-4b 所示，约束力应是过接触点、沿公法线指向物体。由于接触点的位置不能预先确定，因此，约束力的方向也不能预先确定。所以，圆柱铰链的约束力是在垂直于销

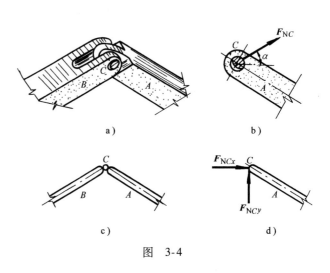

图 3-4

钉轴线的平面内，通过铰链中心，而方向未定的压力。这种约束力有大小和方向两个未知量，可用一个大小和方向都是未知的力 $\boldsymbol{F}_{NC}$ 来表示，如图 3-4b 所示；也可用两个互相垂直的分力 $\boldsymbol{F}_{NCx}$ 和 $\boldsymbol{F}_{NCy}$ 来表示，如图 3-4d 所示，箭头指向假设。

如果用圆柱形铰链连接的两构件中有一个固定在地面或机架上，则这种约束称为固定铰链支座，简称铰链支座或铰支座。图 3-5a 所示为铰支座的结构简图，图 3-5b 所示为铰支座的计算

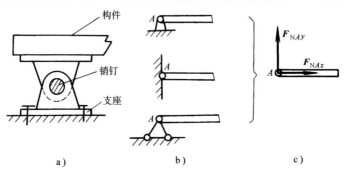

图 3-5

简图。铰支座也是可以限制构件在垂直于销钉轴线的平面内沿任意方向的移动，而不限制构件绕销钉轴线的转动。所以铰支座给予构件的约束力也是过铰链中心、方向待定的压力，通常用两正交分力表示，如图3-5c所示。

图3-5a所示铰支座是理想的铰支座，在实际的房屋建筑中较少有这种理想支座。通常将限制构件移动，而允许构件产生微小转动的支座都视为铰支座。如图3-6a所示，预制柱插入杯形基础后，在杯口周围用沥青麻丝填实。这样，柱子可以产生微小转动，而不能上下、左右移动。因此，柱子可视为支承在铰支座上，计算简图如图3-6b所示。

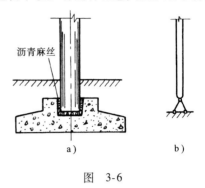

图 3-6

2. 滚轴支座

在桥梁、屋架和其他工程结构上经常采用滚轴支座。如图3-7a所示为桥梁上采用的滚轴支座，这种支座中有几个圆柱形滚子，可以沿固定面滚动，以便当温度变化而引起桥梁跨度伸长或缩短时，允许两支座间的距离有微小的变化。

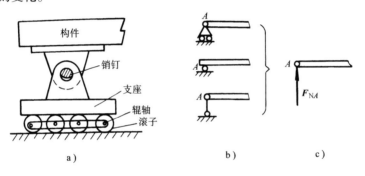

图 3-7

如图3-7b所示是滚轴支座的计算简图。在铰支座下面加几个辊轴支承于平面上，但支座的连接使它不能离开支承面，也称为滚轴支座或活动铰支座。这种支座只能限制构件垂直于支承面方向的移动，而不能限制构件绕销钉轴线的转动和沿支承面方向的移动。所以它的支座反力通过铰链中心，垂直于支承面，指向未定，如图3-7c所示，F_{NA}的箭头指向是假设的。

工程上，例如一根横梁通过混凝土垫块支承在砖柱上，如图3-8所示，假设忽略梁与垫块接触间的摩擦，则垫块只能限制梁沿铅垂方向移动，而不能限制梁的转动与沿水平方向移动。这样，可视为梁置于滚轴支座上。

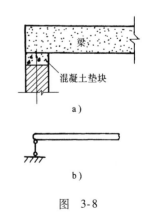

图 3-8

四、固定支座

房屋建筑中的悬挑梁，它的一端嵌固在墙壁内，墙壁对悬挑梁的约束，既限制它沿任何方向移动，又限制它的转动，这样的约束称为固定支座。

它的构造简图如图3-9a所示，计算简图如图3-9b所示。由于这种支座既限制构件的移动，又限制构件的转动，所以固定支座的约束力为两个互相垂直的分力和一个约束力偶，如图3-9c所示，其分力和反力偶的指向和大小待求，箭头指向可以假设。

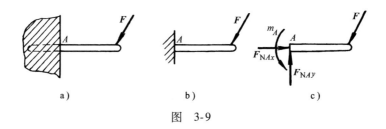

图 3-9

第二节 结构计算简图

物体的受力分析
和结构计算简图

一、结构计算简图的简化原则

实际工程结构是很复杂的，想完全按照结构的实际情况进行力学分析计算是不可能的，也是没有必要的。因此，对实际结构进行力学计算以前，必须用简化图形代替实际结构，这种简化图形称为结构计算简图。

画出结构计算简图是对实际结构进行力学分析的重要步骤。计算简图的选择，直接影响计算的工作量和精确度。如果所选择的计算简图不能反映结构的实际受力情况，就会使计算结果产生差错，甚至造成工程事故。所以必须慎重地选择结构计算简图。

选取结构计算简图应遵循下列两条原则：

1）反映结构的实际情况，使计算结果精确可靠。结构计算简图应能正确地反映结构的实际受力情况，使计算结果尽可能地接近实际情况。

2）分清主次，略去次要因素，以便于分析和计算。

一般结构实际上都是空间结构，各部分互相联结成为一个空间整体，以便抵抗各个方向可能出现的荷载。因此，在一定的条件下，根据结构的受力状态和特点，设法把空间结构简化为平面结构，这样可以简化计算。简化成平面结构后，结构中又往往会有许多构件，存在着复杂的联系，因此，仍有进一步简化的必要。根据受力状态和特点，可以把结构分解为基本部分和附属部分；把荷载传递途径分为主要途径和次要途径；把结构变形分为主要变形和次要变形。在分清主次的基础上，就可以抓住主要因素，忽略次要因素。

二、结构计算简图的简化方法

对实际结构通常需要做以下三方面的简化。

1. 结构体系的简化

（1）平面简化 一般的结构都是空间结构。如果空间结构在某平面内的杆系结构主要承担该平面内的荷载时，可以把空间结构分解为几个平面结构进行计算。这种简化称为结构的平面简化。

如图 3-10a 所示单层厂房结构，是一个复杂的空间结构。作用于厂房上的荷载，如恒荷载、雪荷载和风荷载等一般是沿纵向均匀分布，因此可以简化成图 3-10b 所示的平面结构进行计算。再如图 3-11 所示的拱形屋架，由图中可以清楚地看出屋架本来就是由多个单独的平面三铰拱组

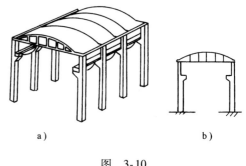

图 3-10

成的，因此这样的结构便自然地可以按平面结构进行力学分析。

（2）杆件简化 实际结构中，杆件截面的大小及形状虽千变万化，但它的尺寸总远远小于杆件的长度。从后面的分析可知，杆件中的每一个截面，只要求出截面形心处的内力、变形，则整个截面上各点的受力、变形情况就能确定。因此，在结构的计算简图中，构件的截面以它的形心来替代，而结构的杆件总可用其纵向轴线来代替。如：梁、柱等构件的纵轴线为直线，就用相应的直线表示；而曲杆、拱等构件的纵轴线为曲线，则用相应的曲线表示。

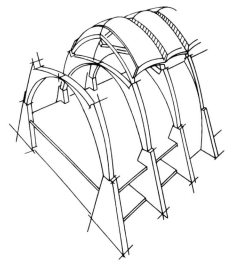

（3）结点简化 在结构中，杆件之间相互连接的部分称为结点。不同的结构，如钢筋混凝土结构、钢结构、木结构等，连接的方法各不相同，构造形式多种多样。但在结构的计算简图中，根据结点的实际构造，通常把结点只简化成两种极端理想化的基本形式：铰结点和刚结点。

铰结点的特征是其所铰接的各杆均可绕结点自由转动，杆件间的夹角可以改变大小，如图3-12a是铰结点的实例，在计算简图中，铰结点用杆件交点处的小圆圈来表示，如图3-12b所示。

图 3-11

刚结点的特征是其所连接的各杆之间不能绕结点有相对的转动，变形前后，结点处各杆间的夹角都保持不变。如图 3-13a 所示现浇钢筋混凝土框架顶层结点的构造，因为梁与柱的混凝土为整体浇筑，而且钢筋又能承担弯矩，故梁与柱在结点处不能发生相对移动和相对转动，因此把它简化为刚结点。在计算简图中，刚结点用杆件轴线的交点来表示，如图 3-13b 所示。

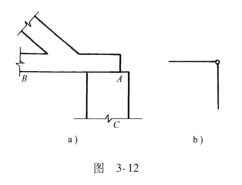

图 3-12

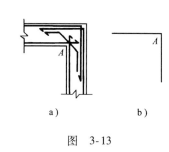

图 3-13

2. 支座的简化

支座是指结构与基础（或别的支承构件）之间的连接构造，它的作用是使基础（或别的支承构件）与结构连接起来，达到对结构的支承。

实际结构中，基础对结构的支承形式多种多样，但根据支座的实际构造和约束特点，在平面杆件结构的计算简图中，支座通常可简化为铰支座、滚轴支座和固定支座等三种基本类型。这三种支座的计算简图及约束力在上节中已介绍，所以这里不再详述。

3. 荷载的简化

实际结构所承受的荷载一般是作用于构件内的体荷载（如自重）和表面上的面荷载（如人群重量、设备重量、风荷载等）。但在计算简图上，均简化为作用于杆件轴线上的分布线荷载、集中荷载、集中力偶，并且认为这些荷载的大小、方向和作用位置是不随时间变化的，或者虽有变化但极缓慢，使结构不至于产生显著的运动（如吊车荷载、风荷载等），这类荷载称为静荷载。如荷载作用在结构上引起显著的冲击和振动，使结构产生不容忽视的加速度，这类荷载称为动荷载，如打桩机的冲击荷载，动力机械运转时产生的荷载等。

本课程讨论的主要是静荷载。

结构计算简图是建筑力学分析问题的基础，极为重要。合理选定一个结构计算简图，特别是对于比较复杂的结构，需要有一定的专业知识和实际经验，对结构中各部分的构造比较熟悉，对它们之间的相互作用及力的传递状况要判断正确。这些要求我们在实践中多观察、多分析思考，以便逐步掌握选择计算简图的方法。

下面以图 3-14a 所示厂房结构的屋架为例，说明计算简图的简化方法。如图 3-14a 所示，该厂房是一个空间结构，但由屋架与柱组成的各个排架的轴线均位于各自的同一平面内，而且由屋面板和行车梁传来的荷载主要作用在各横向排架上。因而可以把空间结构分解为几个如图 3-14b所示的平面结构进行分析。

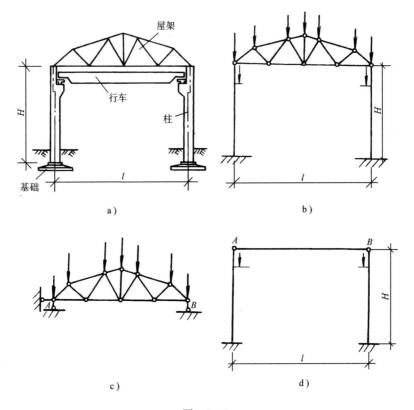

图 3-14

由图 3-14b 可见，由于屋架与立柱的连接，使屋架不能左右移动，但在温度变化时，仍可以自由伸缩。因此，可将其一端简化为铰支座，另一端简化为滚轴支座。当计算桁架各杆内力时，桁架各杆均以轴线表示，同时将屋面板传来的荷载及构件自重均简化为作用在结点上的集中荷载，如图 3-14c 所示。

在分析排架立柱的内力时，为简化计算，可以用实体杆代替桁架，并且将立柱及代替桁架的实杆均以轴线表示，计算简图如图 3-14d 所示。

下面再讨论图 3-15a 所示预制钢筋混凝土站台雨篷结构计算简图的选取。

该结构是由一根立柱和两根横梁组成，立柱和水平梁均为矩形等截面杆，斜梁是一根矩形

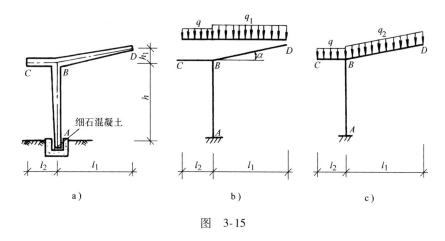

图 3-15

变截面杆。在计算简图中，立柱和梁用它们各自的轴线表示。由于柱与梁的连接处用混凝土浇筑成整体，钢筋的配置保证二者牢固地联结在一起，变形时，相互之间不能有相对转动，故在计算简图中简化成刚结点。

立柱下端与基础连成一体，基础限制立柱下端不能有水平方向和竖直方向的移动，也不能有转动，故在计算简图中简化成固定支座。

作用在梁上的荷载有梁的自重、雨篷板的重量等，这些可简化为作用在梁轴线上沿水平跨度分布的线荷载，如图 3-15b 所示。斜梁截面变化不剧烈，荷载一般也简化为均布荷载。如果把荷载简化成沿斜梁轴线分布，如图 3-15c 所示，则 $q_2 = q_1 \cos\alpha$，α 为斜梁的倾角。

第三节　物体的受力分析与受力图

解决力学问题时，首先要选定需要进行研究的物体，即选研究对象，然后根据已知条件、约束类型并结合基本概念和公理分析研究对象的受力情况，这个过程称为受力分析。

为了便于分析，需要把研究对象的全部约束解除，并把它从周围物体中分离出来，用简图单独画出。这种被解除约束的研究对象称为分离体，分离体的简图称为分离体图。解除约束后，欲保持其原有的平衡，必须用相应的约束力来代替原有约束作用。将作用于分离体上的所有主动力和约束力以力矢形式表示在分离体图上，我们称这种描述研究对象所受全部主动力和约束力的简图为受力图。受力图能形象而清晰地表达研究对象的受力情况。正确画出受力图是分析受力、计算力学问题的前提，如果受力图出现错误，则随后的计算毫无意义，故受力分析和画受力图是本课程要求学生掌握的基本技能之一。

受力图的画法可以概括为以下几个步骤：

1）根据题意（按指定要求或综合分析已知条件和所求）恰当地选取研究对象；再用尽可能简明的轮廓将研究对象单独画出，即取分离体。

2）画出分离体所受的全部主动力。

3）在分离体上原来存在约束（即与其他物体相联系、相接触）的地方，按照约束类型逐一画出全部约束力。

下面将通过例题来说明物体受力图的画法。

例 3-1　用力 **F** 拉动碾子以压平路面，碾子受到一石块阻碍，如图 3-16a 所示，试画出碾子的受力图。

解：1）根据题意取碾子为研究对象，画出分离体图。

2）在分离体上画出主动力，有碾子所受的重力 G，作用于碾子中心竖直向下；杆对碾子中心的拉力 F。

3）在分离体上画约束力。因碾子在 A 和 B 两处受到石块和地面的约束。如不计摩擦，则均为光滑接触面约束，故在 A 处受石块的约束力过接触点 A，沿着接触点的公法线（沿碾子半径，过中心）指向碾子；在 B 处受地面的法向反力 F_{NB} 的作用，也是过接触点 B 沿着公法线指向碾子中心。

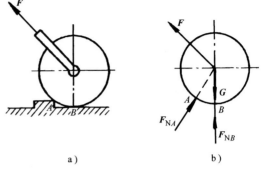

图　3-16

把 G、F、F_{NA}、F_{NB} 全部画在碾子分离体上，就得到碾子的受力图，如图3-16b所示。约束力 F_{NA}、F_{NB} 只有大小是未知的。

例3-2　试画出如图3-17a所示搁置在墙上的梁的受力图。

解：在实际工程结构中，要求梁在支承端处不得有竖向和水平方向的移动，但可在两端有微小的转动（由弯曲变形等原因引起），并且在温度变化时，可以自由伸缩。为了反映上述墙对梁端部的约束性能，可按梁的一端为铰支座，另一端为滚轴支座来分析。计算简图如图3-17b所示。工程上称这种梁为简支梁。

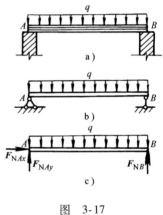

图　3-17

1）按题意取梁为研究对象，并画出梁的分离体图。

2）受到的主动力为梁的重量，简化为一均布荷载 q。

3）受到的约束力，在 B 点为滚轴支座，其约束力 F_{NB} 与支承面垂直，指向假设为向上；在 A 点为铰支座，其约束力过铰链中心，但方向未定，通常用互相垂直的两分力 F_{NAx} 与 F_{NAy} 表示，假设指向如图3-17c所示。

把 q、F_{NB}、F_{NAx}、F_{NAy} 都画在梁的分离体上，就得到梁的受力图，如图3-17c所示。约束力 F_{NB}、F_{NAx}、F_{NAy} 的大小未知，箭头指向是假设的。

例3-3　重量为 G 的小球，按图3-18a所示放置，试画出小球的受力图。

解：1）根据题意取小球为研究对象。

2）受到的主动力为小球所受重力 G，作用于球心竖直向下。

3）受到的约束力为绳子的约束力 F_T，作用于接触点 A，沿绳子的方向，背离小球；以及光滑面的约束力 F_{NB}，作用于球面和支承的接触点 B，沿着接触点的公法线（沿半径，过球心），指向小球。

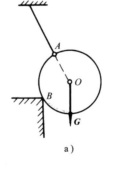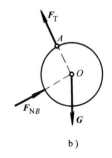

图　3-18

把 G、F_T、F_{NB} 全部画在小球上，就得到小球的受力图，如图3-18b所示，F_T、F_{NB} 的大小是未知的。

例3-4　画出简支梁 AB 的受力图，梁自重不计，如图3-19a所示。

解：1）取梁 AB 为研究对象，画出分离体图。

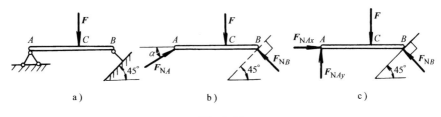

图　3-19

2）受到的主动力为 F，梁自重不计。

3）受到的约束力，A 处是铰支座，约束力用两正交分力 F_{NAx}、F_{NAy} 表示；B 处为滚轴支座，约束力 F_{NB} 垂直于支承面，F_{NAx}、F_{NAy}、F_{NB} 指向均假设。

把 F、F_{NAx}、F_{NAy}、F_{NB} 全部画在分离体梁上，就得到梁 AB 的受力图，如图 3-19c 所示。注意 F_{NB} 垂直于支承面。也可用三力平衡汇交定理确定 A 处反力方向，如图 3-19b 所示。

例 3-5　试画出图 3-20a 所示的梁 AB 的受力图，梁的自重不计。

解：1）取梁 AB 为研究对象，画出分离体图。

2）画出主动力，梁受主动力 F 作用。

3）画出约束力，A 端是固定支座，它的约束力有两正交分力 F_{NAx}、F_{NAy} 及未知反力偶 m_A，F_{NAx}、F_{NAy} 及 m_A 的指向均假设。

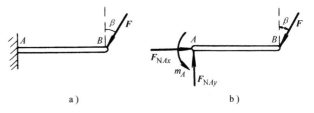

梁 AB 的受力图如图 3-20b 所示。

图　3-20

以上例子均是单个物体的受力分析，下面举例说明物体系统的受力图的画法。物体系统是指由几个物体通过某种联系组成的系统，简称物系。画物系受力图与画单个物体受力图的方法基本相同，只是研究对象可能是整个物系或物系中的某一部分或某一物体。画整个物系受力图时，只须把整体作为单个物体一样看待，只考虑整体外部对它的作用力；画系统的某一部分或某一物体的受力图时，要注意被拆开的相互联系处有相应的约束力，且约束力是相互间的作用，一定遵循作用与反作用公理。

例 3-6　一个刚性拱结构 A、C 两处为铰支座，B 处用光滑铰链铰接，不计自重，如图 3-21a 所示，已知左半拱上作用有荷载 F。试分析 AB 构件及拱结构整体平衡的受力情况。

解：1）取 AB 构件为研究对象，画出分离体，并画上主动力 F。A 处是铰支座，B 处为光滑圆柱铰链，一般可以用通过圆柱销中心的两个正交分力来分别表示两点的约束力。考虑到 BC 构件满足二力平衡公理，属于二力构件。B、C 两点的约束力必沿 B、C 两点的连线，且等值反向，如图 3-21b 所示，箭头指向可以假设。根据作用与反作用公理，即可确定 AB 构件上 B 点的约束力 F'_{NB} 的方向；A 处的约束力可以用两个正交分力 F_{NAx}、F_{NAy} 来表示，如图 3-21c 所示。

因 AB 构件受三力作用而平衡，也可根据三力平衡汇交定理，确定 A 处铰支座约束力的作用线方位，箭头指向假设，画成如图 3-21d 所示的受力图。

2）分析整体受力情况。先将整体从约束中分离出来并单独画出，画上主动力 F。C 点的约束力，可由 BC 为二力构件直接判定沿 B、C 两点连线，并用 F_{NC} 表示；A 点约束力可用两个正交分力表示成图 3-21e 所示的情况，也可根据整体属于三力平衡结构，根据三力平衡汇交定理确定 A 处铰支座约束力的方向，如图 3-21a 所示的情况。

值得注意的是，公共铰接点 B 处的约束力属于研究对象内部的相互作用力，即内力，不应表现在受力图上。必须指出，内力与外力的区分不是绝对的，它们在一定的条件下，可以相互转

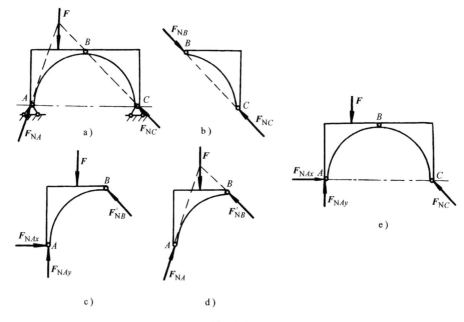

图 3-21

化。例如，当取 AB 构件为研究对象时，B 处的约束力就属外力，但取整体为研究对象时，B 处的约束力又成为内力。可见，内力与外力的区分，只有相对于某一确定的研究对象才有意义。

例3-7 梁 AC 和 CD 用铰链 C 连接，并支承在三个支座上，A 处为铰支座，B、D 处为滚轴支座，如图 3-22a 所示，试画出梁 AC、CD 及整梁 AD 的受力图。

解：1）取 CD 为研究对象，画出分离体。CD 上受主动力 F，D 处为滚轴支座，其约束力垂直于支承面，指向假设向上；C 处为圆柱铰链约束，其约束力由两个正交分力 F_{NCx}、F_{NCy} 表示，指向假设，如图 3-22b所示。也可用三力平衡汇交定理确定 C 处铰链约束力的方向。

2）取 AC 梁为研究对象，画出分离体，A 处为铰支座，其约束力可用两正交分力 F_{NAx}、F_{NAy} 表示，

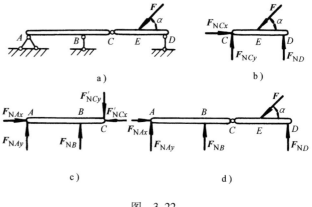

图 3-22

箭头指向假设；B 处为滚轴支座，其约束力 F_{NB} 垂直于支承面，指向假设向上；C 处为圆柱铰链，其约束力 F'_{NCx}、F'_{NCy} 与作用在 CD 梁上的 F_{NCx}、F_{NCy} 是作用与反作用的关系。AC 梁的受力图如图 3-22c所示。

3）取 AD 整梁为研究对象，画出分离体，其受力图如图 3-22d 所示，此时不必将 C 处的约束力画上，因为它属内力。A、B、D 三处的约束力同前。

通过以上各例的分析，可见画受力图时应注意以下几点：

（1）明确研究对象 根据解题的需要，可以取单个物体为研究对象，也可以取由几个物体组成的系统为研究对象，不同的研究对象的受力图不同。

（2）不要漏画力和多画力　在研究对象上要画出它所受到的全部主动力和约束力。凡去掉一个约束就必须用相应的约束力来代替，重力是主动力之一，不要漏画。

由于力是物体之间相互的机械作用，因此，对每一个力都应明确它是哪一个施力物体施加给研究对象的，决不能凭空产生。取物体系统为研究对象时，系统内物体之间相互作用力属于内力，相互抵消，不用画出。

（3）正确画出约束力　一个物体往往同时受到几个约束的作用，这时应分别根据每个约束单独作用时，由该约束本身的特性来确定约束力的方向，而不能凭主观判断或者根据主动力的方向来简单推断。

同一约束力，在各受力图中假设的指向必须一致。

为方便掌握约束与约束力的关系，表3-1列出了常见约束及其约束力，希望读者熟练掌握。

表3-1　常见约束及其约束力

约束类型	计算简图	约束力	未知量数目
柔体约束	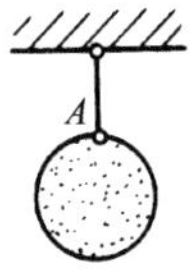A	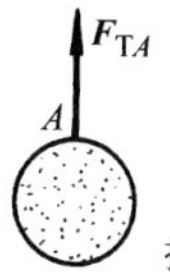F_{TA} A 拉力	1
光滑接触面	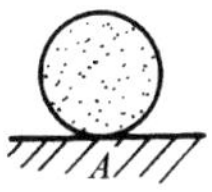A	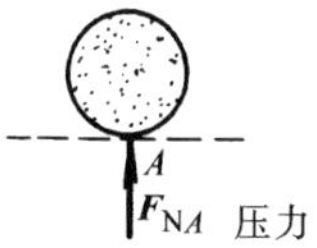A F_{NA} 压力	1
圆柱铰链	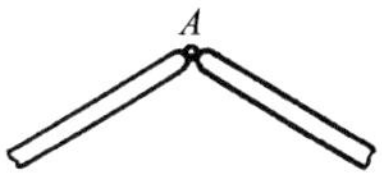A	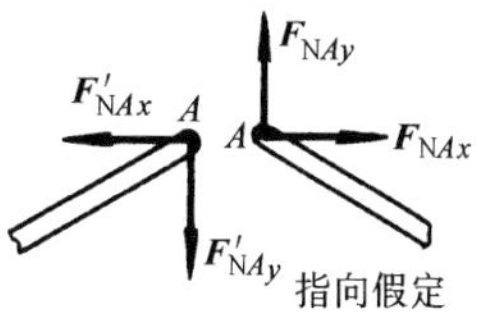F'_{NAx} A F_{NAy} A F_{NAx} F'_{NAy} 指向假定	2
铰支座	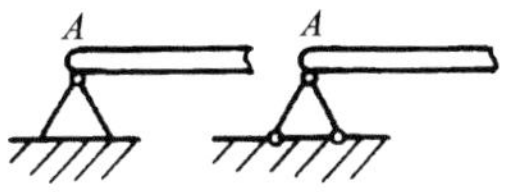A A	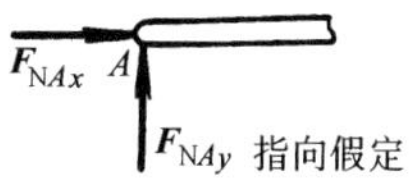F_{NAx} A F_{NAy} 指向假定	2
滚轴支座	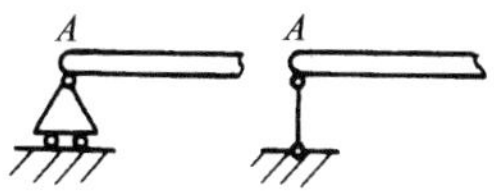A A	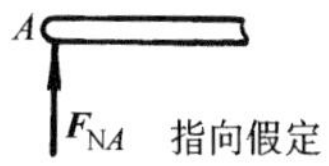A F_{NA} 指向假定	1
固定支座	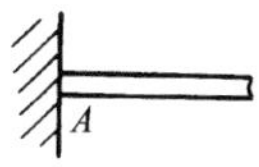A	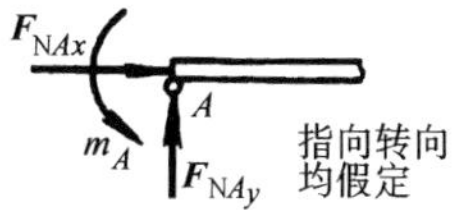F_{NAx} A m_A F_{NAy} 指向转向均假定	3

（4）注意作用与反作用关系　在分析两物体之间的相互作用时，要符合作用与反作用的关系，作用力的方向一经确定，反作用力的方向就必须与它相反。

（5）注意识别二力构件　二力构件在工程实际中经常遇到，它所受的两个力必定沿两力作用点的连线，且等值、反向。二力构件两点约束力方向的确定，使受力图大大简化，并且减少了未知量的个数。

对于只受三个力作用而平衡的构件，如果需要确定约束力的方向，则可应用三力平衡汇交定理。

【工程案例解析——福州小城镇住宅楼计算简图的确定】

一、确定④轴横向框架的计算简图

1. 体系的简化

实际框架结构是三维空间结构，当结构布置规则、荷载均匀时，我们通常将空间框架结构简化为平面框架结构。由梁与柱组成的各榀框架的轴线均位于各自的同一平面内，而且由屋面板、楼面板传来的荷载，主要作用在各榀框架梁上，因而可以把空间结构简化平面结构进行分析，可以将空间框架结构拆分成②轴、③轴、④轴、⑤轴的横向框架和Ⓐ轴、Ⓑ轴、Ⓒ轴的纵向框架。

2. 杆件的简化

杆件用其轴线来定位，框架梁跨度取柱轴线之间的距离；框架柱高度底层取基础顶面到二层楼板结构顶面的距离，其余层取下层结构楼层到上层结构楼面的距离，如图 3-23 所示。

3. 结点的简化

现浇框架梁柱的连接点简化为刚结点，如图 3-23 所示。

4. 支座的简化

框架柱与基础的连接简化为固定支座，如图 3-23 所示。

5. 荷载的简化

框架结构的荷载由框架梁上的荷载和框架梁柱节点上的荷载组成。

以④轴横向框架的顶层为例，④轴横向框架顶层 AB 跨梁受到屋面板传来的荷载（如图 3-24）、梁 L-2 传来的集中力和 AB 梁的自重；框架梁柱节点④/Ⓐ受到梁 WKL-5 传来的集中力；框架梁柱节点④/Ⓑ受到梁 WKL-6 传来的集中力。其余各层同理，则④轴横向框架的计算简图如图 3-23 所示。

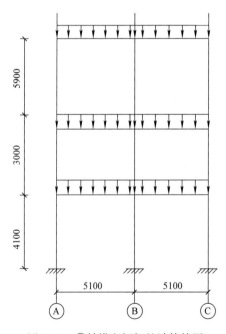

图 3-23   ④轴横向框架的计算简图

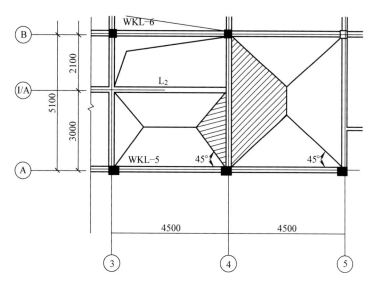

图 3-24　④轴横向框架梁 AB 顶层的受荷范围

二、确定二层次梁 L₂ 的计算简图

次梁 L_2 位于③～④轴与Ⓐ～Ⓘ/Ⓐ轴之间。

1. 杆件的简化

L_2 位置如图 1-13 所示，L_2 用其轴线来定位，跨度为 3m，如图 3-25 所示。

2. 支座的简化

依据 L_2 与支座的连接方式，将 L_2 的支座一侧简化为固定铰支座，一侧简化为可动铰支座，如图 3-25 所示。

3. 荷载的简化

L_2 受到两侧双向板传来的荷载（图 3-26）、自重及 L_2 上隔墙自重。

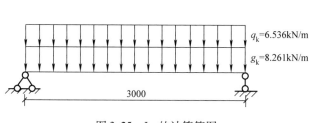

图 3-25　L_2 的计算简图

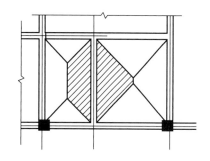

图 3-26　L_2 的受荷范围

荷载计算如下：

（1）L_2 两侧板面荷载计算

L_2 西侧为卫生间，楼面为防滑地砖，天棚为轻钢龙骨 PVC 板吊顶，做法如下：

10mm 厚地面砖干水泥擦缝，30mm 厚 1:3 干硬性水泥砂浆结合层，1.5mm 厚聚氨酯防水层，20mm 厚 1:3 水泥砂浆找坡层，90mm 厚钢筋混凝土现浇板，轻钢龙骨 PVC 板吊顶。

楼面永久荷载：

10mm 厚地面砖干水泥擦缝：(0.01×12.5) kN/m² $= 0.125$ kN/m²

30mm 厚 1:3 干硬性水泥砂浆结合层：(0.03×20) kN/m^2 = 0.6kN/m^2

1.5mm 厚聚氨酯防水层：(0.0015×10) kN/m^2 = 0.015kN/m^2

20mm 厚 1:3 水泥砂浆找坡层：(0.03×20) kN/m^2 = 0.6kN/m^2

90mm 厚钢筋混凝土现浇板：(0.09×25) kN/m^2 = 2.25kN/m^2

轻钢龙骨 PVC 板吊顶：0.1kN/m^2

以上合计：3.69kN/m^2

根据《建筑结构荷载规范》（GB 50009—2012）卫生间的楼面活荷载大小为：2.5kN/m^2。

L2 东侧为储藏间，楼面为水泥砂浆面层，天棚为白色乳胶漆。

楼面永久荷载：

20mm 厚 1:2.5 水泥砂浆：(0.02×20) kN/m^2 = 0.4kN/m^2

90mm 厚钢筋混凝土现浇板：(0.09×25) kN/m^2 = 2.25kN/m^2

以上合计：2.65kN/m^2

根据《建筑结构荷载规范》（GB 50009—2012）储藏间的楼面活荷载大小为：5.0kN/m^2。

根据双向板荷载传递的规律，则：

板传来的永久荷载为：

$$\left\{ \left[1 - 2 \times \left(\frac{1.8}{2 \times 3} \right)^2 + \left(\frac{1.8}{2 \times 3} \right)^3 \right] \times \frac{1.8}{2} \times 3.69 + \left[1 - 2 \times \left(\frac{2.7}{2 \times 3} \right)^2 + \left(\frac{2.7}{2 \times 3} \right)^3 \right] \times \frac{2.7}{2} \times 2.65 \right\} \text{kN/m}$$
$$= 5.267 \text{kN/m}$$

板传来的可变荷载为：

$$\left\{ \left[1 - 2 \times \left(\frac{1.8}{2 \times 3} \right)^2 + \left(\frac{1.8}{2 \times 3} \right)^3 \right] \times \frac{1.8}{2} \times 2.5 + \left[1 - 2 \times \left(\frac{2.7}{2 \times 3} \right)^2 + \left(\frac{2.7}{2 \times 3} \right)^3 \right] \times \frac{2.7}{2} \times 5 \right\} \text{kN/m}$$
$$= 6.536 \text{kN/m}$$

（2）L$_2$ 自重及隔墙自重的计算

梁 L$_2$ 的自重（L$_2$ 的截面尺寸 $b \times h = 200\text{mm} \times 300\text{mm}$）：$[0.2 \times (0.3 - 0.09) \times 25]$ kN/m = 1.05kN/m

梁 L$_2$ 上的隔墙自重（砌块尺寸 600mm × 250mm × 90mm，材料重度 $r = 8\text{kN/m}^3$）：$[0.09 \times (3 - 0.3) \times 8]$ kN/m = 1.944kN/m

则梁 L$_2$ 上的永久荷载标准值合计为：$(5.267 + 1.05 + 1.944)$ kN/m = 8.261kN/m

综上可得，L$_2$ 的计算简图如图 3-25 所示。

三、确定二层的板 LB$_6$ 的计算简图

二层的 LB$_6$ 位于⑤轴右侧，Ⓐ ~ Ⓑ轴之间。

1. 杆件的简化

如图 1-13 所示，LB$_6$ 为阳台板，取 1m 宽的板带作为研究对象用轴线来定位，跨度为 1.6m，如图 3-27 所示。

2. 支座的简化

依据 LB$_6$ 与支座的连接方式及板的类型，将 LB$_6$ 的支座一侧简化为固定铰支座，一侧简化为可动铰支座，如图 3-27 所示。

3. 荷载的简化

LB$_6$ 的恒荷载为其自重。

LB$_6$ 工程做法：10mm 厚地面砖干水泥擦缝，30mm 厚 1:3 干硬性水泥砂浆结合层，1.5mm 厚聚氨酯防水层，20mm 厚 1:3 水泥砂浆找坡层，80mm 厚钢筋混凝土现浇板。

楼面永久荷载：

10mm 厚地面砖干水泥擦缝：$(0.01 \times 12.5 \times 1)$ kN/m $= 0.125$kN/m

30mm 厚 1∶3 干硬性水泥砂浆结合层：$(0.03 \times 20 \times 1)$ kN/m $= 0.6$kN/m

1.5mm 厚聚氨酯防水层：$(0.0015 \times 10 \times 1)$ kN/m $= 0.015$kN/m

20mm 厚 1∶3 水泥砂浆找坡层：$(0.03 \times 20 \times 1)$ kN/m $= 0.6$kN/m

80mm 厚钢筋混凝土现浇板：$(0.08 \times 25 \times 1)$ kN/m $= 2$kN/m

以上合计：3.34kN/m

根据《建筑结构荷载规范》（GB 50009—2012）卫生间的楼面活荷载大小为：(2.5×1) kN/m $= 2.5$kN/m

综上可得，LB_6 的计算简图如图 3-27 所示。

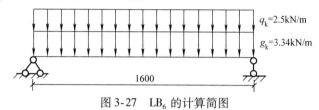

图 3-27　LB_6 的计算简图

四、确定 KZ_1 的计算简图

KZ_1 位于 ⓒ 轴与 ④ 轴交点处。

1. 杆件的简化

如图 1-13 所示，KZ_1 用轴线来定位，其各层高度如图 3-28 所示。

2. 支座的简化

框架柱与基础的连接简化为固定支座，如图 3-28 所示。

3. 荷载的简化

KZ_1 的受荷范围如图 3-29 所示，KZ_1 承受受荷范围内所有梁传来的集中力，梁的荷载计算方法参照 L_2。

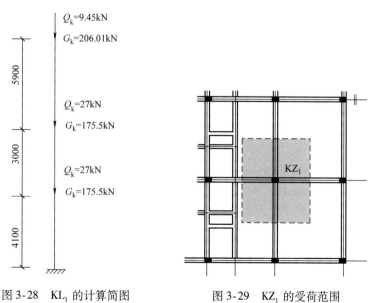

图 3-28　KL_1 的计算简图　　　　图 3-29　KZ_1 的受荷范围

计算得 KZ_1 的计算简图，如图 3-28 所示。

小 结

一、约束及其约束力

限制非自由体某些运动的周围物体称为约束。约束对非自由体施加的力称为约束力。约束力的方向与该约束所能阻碍的运动方向相反。

工程上常见的约束及其约束力有以下几种类型：

（1）柔体约束 柔体约束只能承受拉力，所以它限制物体沿着柔体约束的中心线离开柔体约束的运动，则柔体约束的约束力为过接触点、沿约束中心线的拉力。

（2）光滑接触面约束 它只能限制物体沿光滑面的公法线指向光滑面的运动，所以该种约束力为过接触点、沿着公法线的压力。

（3）光滑圆柱铰链约束 这种约束有圆柱形铰链、铰链支座和滚轴支座等。圆柱形铰链和铰链支座能限制物体的径向移动，而不能限制物体绕圆柱销的转动，约束力可用一个过铰链中心、大小和方向未定的力 F_N 来表示，也可用两个互相垂直的分力来表示。滚轴支座只限制物体垂直于支承面方向的移动，所以它的约束力过铰链中心、垂直于支承面，指向未定。

（4）固定支座 它既限制物体的移动，又限制物体的转动，所以它的约束力为两个互相垂直的分力和一个约束偶，分力和反力偶的指向和大小待定。

二、结构计算简图

结构计算简图的简化内容有：结构体系的平面简化、杆件简化、结点简化、支座的简化、荷载的简化等。

三、物体的受力分析和受力图

物体受的力分为主动力和约束力，主动力为已知力。在工程实际中，为了求出未知的约束力，需要根据已知力应用平衡条件求解。为此，首先确定构件受了几个力，每个力的作用位置和力的作用方向，这个分析过程称为物体的受力分析。

在分离体上画出所受的全部主动力和约束力的图形称为受力图。画受力图时先要取出分离体，画约束力时，要与被解除的约束——对应。

课后巩固与提升

一、选择题

1. 只限物体任何方向移动，不限制物体转动的支座称为（ ）支座。

A. 固定铰 　　　 B. 可动铰 　　　 C. 固定端 　　　 D. 光滑面

2. 只限物体垂直于支承面方向的移动，不限制物体其他方向运动的支座称为（ ）支座。

A. 固定铰 　　　 B. 可动铰 　　　 C. 固定端 　　　 D. 光滑面

3. 既限制物体任何方向运动，又限制物体转动的支座称为（ ）支座。

A. 固定铰 　　　 B. 可动铰 　　　 C. 固定端 　　　 D. 光滑面

4. 柔索对物体的约束反力，作用在连接点，方向沿柔索（ ）。

A. 指向该被约束体，恒为拉力 　　　 B. 背离该被约束体，恒为拉力

C. 指向该被约束体，恒为压力 　　　 D. 背离该被约束体，恒为压力

二、简答题

1. 确定约束反力方向的原则是什么？

2. 常见的约束有哪些？它们的约束反力形式是什么样的？

3. 常见的支座有哪些？它们的约束反力形式是什么样的？

4. 如图 3-30 所示，两种情况下，D 处的约束反力有何不同？

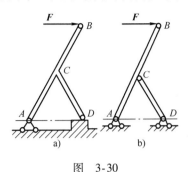

图 3-30

三、实训题

1. 如图 3-31 所示为房屋建筑中楼面的梁板结构，梁的两端支撑在砖墙上，梁上的板用以支撑楼面上的人群、设备等的重量，试画出梁的计算简图。

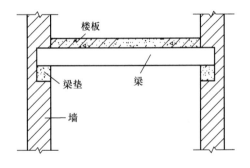

图 3-31

2. 如图 3-32 所示为钢筋混凝土预制阳台挑梁，试画出梁的计算简图。

3. 如图 3-33 所示，楼梯沿长度方向作用有竖向均布荷载，试画出楼梯的计算简图。

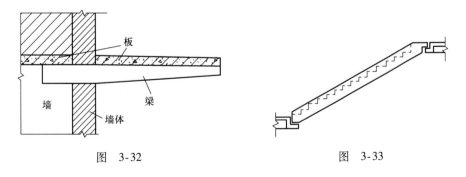

图 3-32 图 3-33

4. 画出图 3-34 所示各个物体的受力分析图。假定所有接触面均光滑，其中没有画重力矢的物体均不考虑重力。

5. 画出图 3-35 中各图指定物体的受力分析图。假定所有接触面均光滑，其中没有画重力矢的物体均不考虑重力。

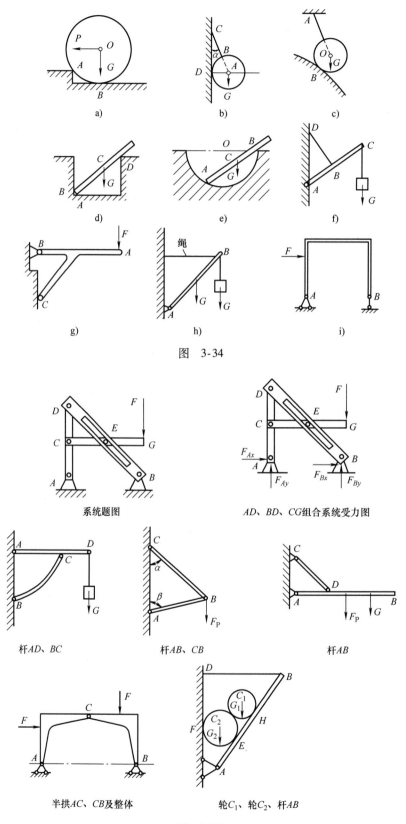

图　3-34

系统题图

AD、BD、CG组合系统受力图

杆AD、BC

杆AB、CB

杆AB

半拱AC、CB及整体

轮C_1、轮C_2、杆AB

图　3-35

四、案例分析

北京冬奥会、冬残奥会主媒体中心的智慧餐厅的中餐和西餐烹饪、调制鸡尾酒工序都由机器人完成。用餐者在餐桌上扫二维码点单后，菜品会通过餐厅顶部的云轨系统运送到餐桌上方，随缆绳降落，悬停在人们面前，供其取用。

如图 3-36 所示，分析云轨系统对菜品的约束情况？

图　3-36

职 考 链 接

【单项选择题】梁临时搁置在钢柱牛腿上不做任何处理，其支座可简化为（　　　）。

A. 固定铰支座　　　　B. 可动铰支座　　　　C. 固定支座　　　　D. 弹性支座

第四章　平面一般力系的简化及平衡方程

力系按各力的作用线是否在同一平面内，分为平面力系和空间力系。在平面力系中，若各力的作用线都处于同一平面内，它们既不完全汇交于一点，相互间也不全部平行，此力系称为平面一般力系（也称为平面任意力系）；若各力作用线全部汇交于一点，则称为平面汇交力系；若各力作用线全部平行，则称为平面平行力系。其中平面一般力系又是平面力系中最一般、最常见的一种力系。

为便于讨论，需要将复杂力系用一个等效的简单力系或一个等效的力来代替。如两力系对物体作用的效应相同，则此两力系彼此称为等效力系，若一个力与一力系等效，则此力称为力系的合力。这种用简单力系代替原力系的方法称为力系的简化。

本章着重讨论平面一般力系的简化，各种平面力系的平衡方程及其应用。

第一节　平面一般力系的简化

设刚体上作用着一个平面一般力系 F_1、F_2、$\cdots$、F_n，各力作用线既不全部汇交于一点，也不全部平行，则力系的简化问题应用依次合成的方法来解决，即可按平行四边形法则或两平行力合成的方法，先求 F_1 和 F_2 的合力 F_{R1}，然后再求 F_{R1} 和 F_3 的合力 F_{R2}，这样继续下去，总可以将力系简化为一个合力或一个力偶，或者原力系恰为平衡力系。

但是，当力的数目很多时，上述方法就显得非常麻烦。因此，本章将介绍一种较为简便并具有普遍性的简化方法——力系向一点简化。

一、平面一般力系向作用面内一点简化——主矢和主矩

设刚体受一平面一般力系 F_1、F_2、$\cdots$、F_n 作用，如图 4-1a 所示。在力系作用平面内任选一点 O，称该点为简化中心。应用前面已叙述过的力的平移定理，将各个力平行移至 O 点，同时附加相应的力偶，如图 4-1b 所示。对整个力系来说，原力系就等效地分解成了两个特殊力系，一个是汇交于 O 点的平面汇交力系 F'_1、F'_2、$\cdots$、F'_n；另一个是作用于该平面内的各附加力偶组成的力偶系，即 m_1、m_2、$\cdots$、m_n。

平面汇交力系中，各力的大小和方向分别与原力系中相对应的各力相同，即

$$F'_1 = F_1、F'_2 = F_2、\cdots、F'_n = F_n$$

将平面汇交力系合成，得到作用在点 O 的一个力，即

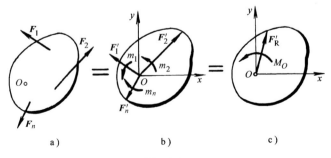

a)　　　　　　　b)　　　　　　　c)

图　4-1

$$F'_R = F'_1 + F'_2 + \cdots + F'_n = F_1 + F_2 + \cdots + F_n = \Sigma F$$

F'_R 称为原力系的主矢量，简称为主矢，它等于原力系中各力的矢量和，其作用线通过简化中心。显然，主矢量并不能代替原力系对刚体的作用，因而它不是原力系的合力。其大小和方向利用合力投影定理计算为

$$\left.\begin{array}{l} F'_{Rx} = F_{1x} + F_{2x} + \cdots + F_{nx} = \Sigma F_x \\ F'_{Ry} = F_{1y} + F_{2y} + \cdots + F_{ny} = \Sigma F_y \\ F'_R = \sqrt{(F'_{Rx})^2 + (F'_{Ry})^2} = \sqrt{(\Sigma F_x)^2 + (\Sigma F_y)^2} \\ \tan\alpha = \left| \dfrac{\Sigma F_x}{\Sigma F_y} \right| \end{array}\right\} \quad (4\text{-}1)$$

式中　α——F'_R 与 x 轴所夹的锐角，F'_R 的指向由 ΣF_x、ΣF_y 的正负号确定。若 ΣF_x 为正，ΣF_y 为负，则 F'_R 在第四象限。

对于附加的力偶系 m_1、m_2、$\cdots$、m_n，这些力偶作用在同一平面内，称为共面力偶系。共面力偶系的合成结果为一个合力偶（式（2-8）），该合力偶的矩 M_O 等于各力偶矩的代数和，即

$$M_O = m_1 + m_2 + \cdots + m_n \quad (4\text{-}2)$$

因为各附加力偶矩分别等于原力系中各力对简化中心 O 的矩，即

$$m_1 = m_O(F_1)$$
$$m_2 = m_O(F_2)$$
$$\vdots$$
$$m_n = m_O(F_n)$$

于是可得 M_O 为

$$M_O = m_1 + m_2 + \cdots + m_n = m_O(F_1) + m_O(F_2) + \cdots + m_O(F_n) = \Sigma m_O(F)$$

M_O 称为原力系对简化中心的主矩，它等于原力系中各力对简化中心之矩的代数和。同样，主矩也不能代替原力系对刚体的作用，也不是原力系的合力偶矩。

当选取不同的简化中心时，由于原力系中各力的大小与方向一定，它们的矢量和也是一定的，因此力系的主矢与简化中心的位置无关；但力系中各力对于不同的简化中心的矩不同，一般说来它们的代数和也不同，所以说力系的主矩一般与简化中心的位置有关。因而，对于主矩，必须指明简化中心的位置，符号 M_O 的下标表示简化中心为 O 点，M_A 表示简化中心为 A 点。

综上所述，平面一般力系向平面内任一点简化的一般结果是一个力和一个力偶，该力作用于简化中心，其力矢等于原力系中各力的矢量和，其大小和方向与简化中心的位置无关；该力偶在原力系作用面内，其矩等于原力系中各力对简化中心的矩的代数和，其值一般与简化中心的位置有关，这个力的矢量称为原力系的主矢，这个力偶的力偶矩称为原力系对简化中心的主矩。

主矢描述原力系对物体的平移作用，主矩描述原力系对物体绕简化中心的转动作用，二者的作用总和才能代表原力系对物体的作用。因此，单独的主矢 F'_R 或主矩 M_O 并不与原力系等效，即主矢 F'_R 不是原力系的合力，主矩 M_O 也不是原力系的合力偶矩，而主矢 F'_R 和主矩 M_O 二者共同作用才与原力系等效。

例 4-1　平板上作用的一组平面力系如图 4-2a 所示，试求该平面力系的主矢及对 A 点、B 点的主矩。

解：1）该力系为平面一般力系，主矢与简化中心无关，因此不管以 A 点或 B 点为简化中心，主矢是相同的。以 A 点为坐标原点，建立直角坐标系 Axy 如图 4-2b 所示，力系的主矢在 x、y 轴上的投影为

$$F'_{Rx} = \Sigma F_x = (12\cos60° - 5 + 10\sin45°)\,kN = (6 - 5 + 7.07)\,kN = 8.07kN$$

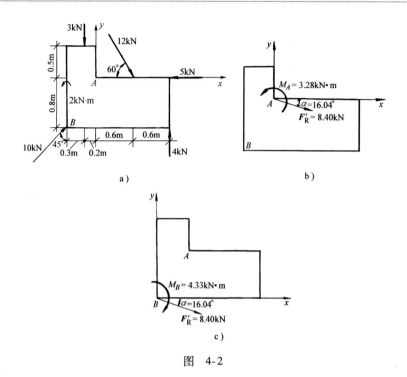

图 4-2

$$F'_{Ry} = \sum F_y = (4 + 10\cos45° - 3 - 12\sin60°)\text{kN}$$
$$= (4 + 7.07 - 3 - 10.39)\text{kN} = -2.32\text{kN}$$

主矢 F'_R 的大小和方向为

$$F'_R = \sqrt{(F'_{Rx})^2 + (F'_{Ry})^2} = \sqrt{(8.07)^2 + (-2.32)^2}\text{kN} = 8.40\text{kN}$$

$$\tan\alpha = \left|\frac{F'_{Ry}}{F'_{Rx}}\right| = \left|\frac{-2.32}{8.07}\right| = 0.287$$

$$\alpha = \arctan0.278 = 16.04°$$

因为 $\sum F_x$ 为正，$\sum F_y$ 为负，故 F'_R 与 x 轴夹角为 $16.04°$，在第四象限，如图 4-2b 所示。

2）平面力系对 A 点的主矩，等于力系中各力对 A 点的矩的和，故有

$M_A = \sum m_A(F) = [3 \times 0.2 - 12\sin60° \times 0.6 + 4 \times (0.6 + 0.6) + 10 \times \sin45° \times 0.8 - 10 \times \cos45° \times 0.5 + 2]\text{kN} \cdot \text{m} = (0.6 - 6.24 + 4.8 + 5.66 - 3.54 + 2)\text{kN} \cdot \text{m} = 3.28\text{kN} \cdot \text{m}$（逆时针转向）

求力系对 B 点的主矩，以 B 点为简化中心，主矢不变，平面力系对 B 点的主矩等于力系中各力对 B 点的矩的和，则

$M_B = \sum m_B(F)$
$= (4 \times 1.7 + 5 \times 0.8 - 3 \times 0.3 - 12\cos60° \times 0.8 - 12\sin60° \times 1.1 + 2)\text{kN} \cdot \text{m}$
$= (6.8 + 4 - 0.9 - 4.8 - 11.43 + 2)\text{kN} \cdot \text{m} = -4.33\text{kN} \cdot \text{m}$（顺时针转向）

如图 4-2c 所示。

二、平面一般力系简化结果的讨论

平面一般力系向作用面内一点简化的结果，一般可得到一主矢和一主矩，但这并非简化的最后结果，根据主矢和主矩是否为零，有可能出现以下四种情况：$F'_R = 0$，$M_O \neq 0$；$F'_R \neq 0$，$M_O = 0$；$F'_R \neq 0$，$M_O \neq 0$；$F'_R = 0$，$M_O = 0$。

1. 平面一般力系简化为一个力偶的情形

若 $F'_R = 0$，$M_O \neq 0$，表明作用于简化中心 O 的力 F'_1、F'_2、…、F'_n 相互平衡，因而相互抵消。

但是，附加的力偶系并不平衡，可合成为一个合力偶，即为原力系的合力偶，力偶矩等于

$$M_O = \Sigma m_o \ (\boldsymbol{F})$$

因为力偶对于平面内任意一点的矩都相同，因此当力系合成为一个力偶时，主矩与简化中心的位置无关。

2. 平面一般力系简化为一个合力的情形

1）若 $\boldsymbol{F}'_R \neq 0$、$M_O = 0$ 时，表明附加力偶系为一平衡力系，也可撤去，那么一个作用在简化中心 O 点的力与原力系等效。显然，$\boldsymbol{F}'_R$ 就是这个力系的合力，合力的作用线通过简化中心 O。合力矢等于力系的主矢，即

$$\boldsymbol{F}_R = \boldsymbol{F}'_R = \Sigma \boldsymbol{F}$$

2）若 $\boldsymbol{F}'_R \neq 0$、$M_O \neq 0$ 时，则原力系与作用线过简化中心的一个力和一个同平面的力偶等效，此种情况下，原力系能继续简化为一个合力 $\boldsymbol{F}_R$，如图 4-3 所示，将矩为 M_O 的力偶用两个力 $\boldsymbol{F}_R$ 和 $\boldsymbol{F}''_R$ 表示，并令 $\boldsymbol{F}'_R = \boldsymbol{F}_R = -\boldsymbol{F}''_R$。由于 $\boldsymbol{F}''_R$ 与 $\boldsymbol{F}'_R$ 等值、反向、共线为一对平衡力，根据加减平衡力系公理，可以除去，于是得到

图　4-3

一个作用于 O' 点的力 $\boldsymbol{F}_R$，这个力 $\boldsymbol{F}_R$ 就是原力系的合力，合力矢等于原力系的主矢，即

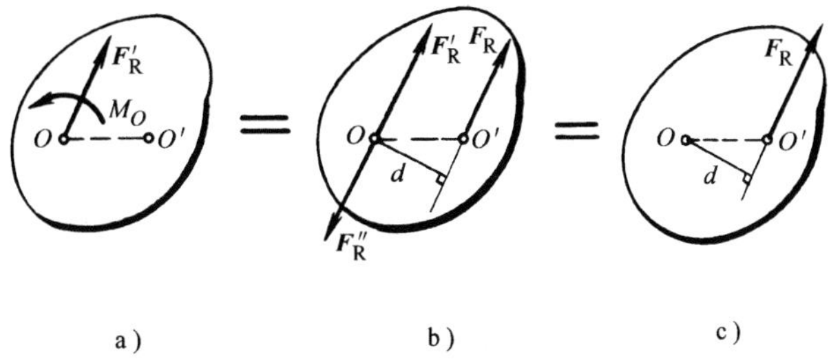

$$\boldsymbol{F}_R = \boldsymbol{F}'_R = \Sigma \boldsymbol{F}$$

合力作用线与简化中心 O 的距离为

$$d = \frac{\mid M_O \mid}{F_R} = \frac{\mid M_O \mid}{F'_R}$$

合力 $\boldsymbol{F}_R$ 的作用线应在 O 点哪一侧，须根据力 $\boldsymbol{F}_R$ 对 O 点的矩的转向与 M_O 的转向一致原则来确定。

在上面的等效转化过程中，由于 $m \ (\boldsymbol{F}_R, \ \boldsymbol{F}''_R) \ = M_O$

而 $m \ (\boldsymbol{F}_R, \ \boldsymbol{F}''_R) \ = F_R d = m_o \ (\boldsymbol{F}_R)$，$M_O = \Sigma m_o \ (\boldsymbol{F})$

所以 $m_o \ (\boldsymbol{F}_R) \ = \Sigma m_o \ (\boldsymbol{F}')$

由于简化中心 O 是任选的，故上式有普遍意义，可叙述如下：

平面一般力系的合力对作用面内任一点的矩等于力系中各力对同一点的矩的代数和。这就是合力矩定理。

3. 平面一般力系平衡的情形

若 $\boldsymbol{F}'_R = 0$，$M_O = 0$ 时，这表明原力系与两个平衡力系等效，即原力系既不能使物体有移动效应，又不能使物体产生转动效应，所以物体平衡，故原力系为平衡力系。

总结平面一般力系的最后简化结果，当 $\boldsymbol{F}'_R = 0$ 时，原力系要么平衡，要么是一个力偶；当 $\boldsymbol{F}'_R \neq 0$ 时，不论主矩是否为零，原力系合成结果都是一个力。平面一般力系的最后简化结果与简化中心的位置无关，因为最后简化结果为：要么是平衡、要么是一个力偶、要么是一个力，三者必居其一。这三种结果与简化中心的位置都无关，前两种情况不必再详述，看最后一种情况，即简化结果是一个力。

平面一般力系的最后简化结果是一个力时，也就是原力系对物体的作用效应是移动效应。此力系的合力位置实际上已经确定了，只不过我们不知道它在哪里，我们作的力系简化过程实际上就是找合力的作用线的位置。当恰好把简化中心选在合力作用线的位置上时，此时 $M_O = 0$；

当简化中心没选在合力的作用线上时，此时 $M_O \neq 0$。但最终的结果是已确定了的，与简化中心的选择没关系，有关系的是简化中心到合力作用线垂直距离和简化中心在合力 $\boldsymbol{F}_R$ 的哪一侧。

例4-2 重力坝受力情况如图4-4a所示，设 $W_1 = 450\text{kN}$，$W_2 = 200\text{kN}$，$F_{P1} = 300\text{kN}$，$F_{P2} = 70\text{kN}$，求力系的合力 $\boldsymbol{F}_R$ 的大小和方向，以及合力与基线 OA 的交点到点 O 的距离 x。

解：1）以 O 为坐标原点，建立坐标系 Oxy，将力系向 O 点简化，求得其主矢 $\boldsymbol{F}'_R$ 和主矩 M_O，如图4-4b所示。主矢 $\boldsymbol{F}'_R$ 在 x、y 轴上的投影为

$$F'_{Rx} = \Sigma F_x = F_{P1} - F_{P2}\cos\theta$$

$$F'_{Ry} = \Sigma F_y = -W_1 - W_2 - F_{P2}\sin\theta$$

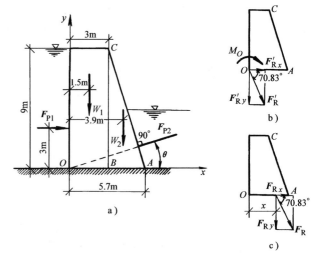

图 4-4

其中，$\theta = \arctan\dfrac{AB}{CB} = \arctan\dfrac{2.7}{9} = 16.7°$

所以

$$F'_{Rx} = (300 - 70\cos16.7°)\ \text{kN} = 232.95\text{kN}$$

$$F'_{Ry} = (-450 - 200 - 70\sin16.7°)\ \text{kN} = -670\text{kN}$$

主矢 $\boldsymbol{F}'_R$ 的大小为

$$F'_R = \sqrt{(F'_{Rx})^2 + (F'_{Ry})^2} = (\sqrt{(232.95)^2 + (-670)^2})\ \text{kN} = 709.33\text{kN}$$

主矢 $\boldsymbol{F}'_R$ 的方向为

$$\alpha = \arctan\left|\frac{F'_{Ry}}{F'_{Rx}}\right| = \arctan\left|\frac{-670}{232.9}\right| = 70.83°$$

$\boldsymbol{F}'_R$ 在哪个象限由 F'_{Rx} 与 F'_{Ry} 的正负来判定。因为 F'_{Rx} 为正，F'_{Ry} 为负，故 $\boldsymbol{F}'_R$ 在第四象限内，与 x 轴夹角为 $70.83°$。

力系对点 O 的主矩为

$$M_O = \Sigma m_O(\boldsymbol{F}) = -3\text{m}F_{P1} - 1.5\text{m}W_1 - 3.9\text{m}W_2$$

$$= (-3 \times 300 - 1.5 \times 450 - 3.9 \times 200)\ \text{kN} \cdot \text{m}$$

$$= -2355\text{kN} \cdot \text{m}（顺时针转向）$$

$\boldsymbol{F}'_R$、M_O 表示如图4-4b所示。

2）因为 $\boldsymbol{F}'_R \neq 0$，$M_O \neq 0$，所以原力系合成的结果是一个合力。合力 $\boldsymbol{F}_R$ 大小和方向与主矢 $\boldsymbol{F}'_R$ 相同，因为 M_O 为负值，合力 $\boldsymbol{F}_R$ 对 O 点的矩也应该为负值，故合力 $\boldsymbol{F}_R$ 的作用线必在 O 点的右侧，如图4-4c所示。合力 $\boldsymbol{F}_R$ 的作用线与基线的交点到点 O 的距离 x，可根据合力矩定理求得，即

$$M_O = m_O(\boldsymbol{F}_R) = m_O(\boldsymbol{F}_{Rx}) + m_O(\boldsymbol{F}_{Ry})$$

其中，$m_O(\boldsymbol{F}_{Rx}) = 0$ 故 $M_O = m_O(\boldsymbol{F}_{Ry}) = F_{Ry}x$

解得

$$x = \frac{M_O}{F_{Ry}} = \left(\frac{-2355}{-670}\right)\text{m} = 3.5\text{m}$$

第二节 平面一般力系的平衡方程及其应用

由上节可知，平面一般力系的简化中，有一种重要的情形，即主矢和主矩都为零，也就是简化而得的汇交力系和力偶系分别平衡，显然，原力系也是平衡的，所以 $\boldsymbol{F}'_R = 0$，$M_O = 0$ 是平面一

般力系平衡的充分条件。另一方面，如已知刚体平衡，则作用力应当满足 $F'_R = 0$，$M_O = 0$ 两个条件。事实上，假如 F'_R 和 M_O 有一个不为零，则平面一般力系就可以简化为合力或合力偶，那么刚体不能保持平衡。于是，平面一般力系平衡的充分必要条件是：力系的主矢和力系对于任一点的主矩都等于零，即 $F'_R = 0$，$M_O = 0$。

由此平衡条件可导出不同形式的平衡方程。

1. 基本形式

由于主矢 F'_R 和主矩 M_O 的大小分别为

$$F'_R = \sqrt{(\Sigma F_x)^2 + (\Sigma F_y)^2}$$

$$M_O = \Sigma m_O(F)$$

欲使 $F'_R = 0$，$M_O = 0$，于是平面一般力系的平衡条件为

$$\left.\begin{array}{l} \Sigma F_x = 0 \\ \Sigma F_y = 0 \\ \Sigma m_O(F) = 0 \end{array}\right\} \tag{4-3}$$

由此可得结论，平面一般力系平衡的必要且充分条件是：所有各力在两个任选坐标轴上投影的代数和都等于零；力系中所有各力对任一点的力矩的代数和等于零。

式（4-3）称为平面一般力系平衡方程的基本形式，其中前两个方程称为投影方程，后一个方程称为力矩方程。对于投影方程可以理解为：刚体在力系作用下沿 x 轴和 y 轴方向不能移动；对于力矩方程可以理解为：刚体在力系作用下绕任一矩心都不能转动。当满足平衡方程时，刚体既不能移动，也不能转动，处于平衡状态。

需要指出的是，上述平衡方程是相互独立的，用来求解平面一般力系的平衡问题时，最多只能求解三个未知量。为了避免求解联立方程，应使所选的坐标轴尽量垂直于未知力，所选矩心尽量位于两个未知力的交点（可在研究对象之外）上。此外，列平衡方程时，既可先列投影方程，也可先列力矩方程。总之，应尽量使每一方程式中只含一个未知量，以便简化计算。

现举例说明，求解平面一般力系平衡问题的方法与步骤。

例 4-3　如图 4-5a 所示一钢筋混凝土刚架的计算简图，其左侧面受到一水平推力 $F_P = 5\text{kN}$ 的作用。刚架顶上有均布荷载 $q = 22\text{kN/m}$，刚架自重不计，尺寸如图 4-5a 所示，试求 A、B 处的支座反力。

平面一般力系的平衡方程

解：1）选刚架为研究对象，画分离体。

2）画受力图，刚架所受主动力有集中力 F_P 和均布荷载 q，约束力有 F_{RA}、F_{RBx}、F_{RBy}，指向均假设，受力图如图 4-5b 所示。均布荷载的合力大小为 q 与分布长度之积，方向与 q 相同，合力作用点在分布长度中点。

3）选取坐标轴，为避免解联立方程，所选的坐标轴与尽可能多的未知力垂直，如图 4-5b 所示，选 x 轴与 F_{RA}、F_{RBy} 垂直。力矩方程的矩心选 B 点，因为 B 点是 F_{RBx}、F_{RBy} 两未知力交点，也可以选 A 点，因为 F_{RBx} 的延长线与 F_{RA} 交于 A 点。

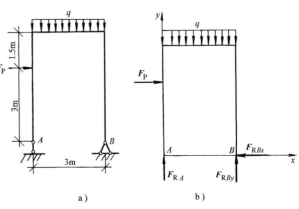

图　4-5

4）列平衡方程，求解未知量。

$\sum F_x = 0$ $F_P - F_{RBx} = 0$ (1)

$\sum F_y = 0$ $F_{RA} + F_{RBy} - q \times 3\text{m} = 0$ (2)

$\sum m_B (\boldsymbol{F}) = 0$ $-F_P \times 3\text{m} - F_{RA} \times 3\text{m} + q \times 3\text{m} \times \dfrac{3}{2}\text{m} = 0$ (3)

由方程（1）解得 $F_{RBx} = 5\text{kN}$

由方程（3）得 $F_{RA} = 28\text{kN}$

把 $F_{RA} = 28\text{kN}$ 代入方程（2）得：$F_{RBy} = 38\text{kN}$

5）校核。力系既然平衡，则力系中各力在任一轴上的投影代数和必然等于零，力系中各力对于任意一点的力矩代数和也必然等于零，因此，我们可以列出其他的平衡方程，用以校核计算有无错误。

以 A 点为矩心，校核各个力对 A 点矩的代数和是否为零，即

$$\sum m_A (\boldsymbol{F}) = F_{RBy} \times 3\text{m} - q \times 3\text{m} \times \frac{3}{2}\text{m} - F_P \times 3\text{m}$$

$$= \left(38 \times 3 - 22 \times \frac{9}{2} - 5 \times 3\right)\text{kN} \cdot \text{m} = 0$$

说明计算结果无误。

例 4-4 如图 4-6a 所示梁 AB 一端是固定支座，另一端是自由端，这样的梁称为悬臂梁。作用于梁上的均布荷载集度为 q，梁的自由端受一集中力偶矩 m 和集中力 $\boldsymbol{F}_P$ 的作用，梁长为 l，试求 A 端反力。

解：1）选 AB 梁为研究对象，画受力图，梁所受主动力 F_P，q，m，约束力有 F_{RAx}、F_{RAy}、M_A，如图 4-6b 所示。未知力和未知力偶的箭头指向均假设，注意不能漏掉 M_A。

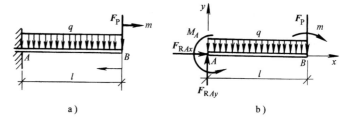

a)   b)

图 4-6

2）建立如图 4-6b 所示的坐标轴，列平衡方程。

$\sum F_x = 0$ $F_{RAx} = 0$ (1)

$\sum F_y = 0$ $F_{RAy} - F_P - ql = 0$ (2)

$\sum m_A (\boldsymbol{F}) = 0$ $M_A - m - F_P l - ql \times \dfrac{l}{2} = 0$ (3)

由方程（2） $F_{RAy} = F_P + ql$

由方程（3）得 $M_A = m + F_P l + \dfrac{1}{2}ql^2$

3）校核。

$$\sum m_B (\boldsymbol{F}) = M_A - m + q \times \frac{l^2}{2} - F_{RAy} l$$

$$= m + F_P l + \frac{1}{2}ql^2 - m + \frac{1}{2}ql^2 - (F_P + ql) l = 0$$

说明计算结果无误。

例 4-5 图 4-7a 为一钢屋架，其支座可简化为一端铰支座 A 与另一端滚轴支座 B，将屋面荷

载简化至结点上的作用力 $F_P=1\text{kN}$。AC 边上受到均匀分布的风压力，方向垂直于 AC，风力简化为作用在节点的力 $F=0.6\text{kN}$。屋架跨度 $4a=8\text{m}$，尺寸如图 4-7 所示。试求支座 A、B 的约束力。

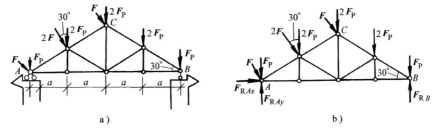

图　4-7

解：1）取屋架为研究对象，并画出屋架的受力图，如图 4-7b 所示，F_{RAx}、F_{RAy}、F_{RB} 的指向均假设。

2）列平衡方程求解，选与 F_{RB}、F_{RAy} 垂直的坐标轴 x 轴，选 A 点为矩心。

列平衡方程

$$\sum F_x=0 \qquad\qquad F_{RAx}+4F\sin30°=0 \qquad\qquad (1)$$

$$\sum F_y=0 \qquad\qquad F_{RAy}+F_{RB}-8F_P-4F\cos30°=0 \qquad\qquad (2)$$

$$\sum m_A(F)=0$$

$$F_{RB}\times4a-2F_Pa-2F_P\times2a-2F_P\times3a-F_P\times4a-2F\times$$

$$\frac{a}{\cos30°}-F\times\frac{2a}{\cos30°}=0 \qquad\qquad (3)$$

由方程（1）得 $\qquad\qquad F_{RAx}=-4F\sin30°=-1.2\text{kN}$

F_{RAx} 计算出负的，说明箭头指向的假设与实际相反。

由方程（3）得 $\qquad F_{RB}=4F_P+\dfrac{F}{\cos30°}=4.69\text{kN}$

把 F_{RB} 代入方程（2）得 $\qquad F_{RAy}=4F_P+4F\cos30°-\dfrac{F}{\cos30°}=5.39\text{kN}$

3）校核

$$\sum m_c(F)=F_P\times2a+2F_Pa-2F_Pa-F_P\times2a+2F\times\frac{a}{\cos30°}+$$

$$F\times\frac{2a}{\cos30°}+F_{RAx}\times\frac{2a}{\tan60°}+F_{RB}\times2a-F_{RAy}\times2a$$

$$=\frac{4Fa}{\cos30°}+(-4F\sin30°)\times\frac{2a}{\tan60°}+\left(4F_P+\frac{F}{\cos30°}\right)\times2a-$$

$$\left(4F_P+4F\cos30°-\frac{F}{\cos30°}\right)\times2a$$

$$=8Fa\frac{1}{\cos30°}-2Fa\frac{1}{\cos30°}-8Fa\cos30°$$

$$=\frac{6Fa-8Fa\times\left(\frac{\sqrt{3}}{2}\right)^2}{\cos30°}=0$$

说明计算结果无误。

2. 二矩式

$$\left.\begin{array}{l} \Sigma F_x = 0 \\ \Sigma m_A \left(\boldsymbol{F} \right) = 0 \\ \Sigma m_B \left(\boldsymbol{F} \right) = 0 \end{array}\right\} \quad (A \text{ 与 } B \text{ 两点的连线不垂直于 } x \text{ 轴}) \qquad (4\text{-}4)$$

通过以上举例可以看出，采用力矩方程往往比投影方程简便，可以不解联立方程直接求解，因此我们用另一点的力矩方程代替其中一个投影方程，则得到以上两个力矩方程和一个投影方程的形式，称为二矩式。

为什么上述形式的平衡方程也能满足力系平衡的充分必要条件呢？

这是因为，如果力系对点 A 的主矩等于零，则这个力系不可能简化为一个力偶；但可能有两种情形：这个力系或者是简化为经过点 A 的一个力，或者平衡。如果力系对另一点 B 的主矩也同时为零，则这个力系或者有一合力沿 A、B 两点的连线，如图 4-8 所示，或者平衡。如果再加上 $\Sigma F_x = 0$，那么力系如有合力必与 x 轴垂直。再看附加条件是 A、B 连线不与 x 轴垂直，完全排除了力系简化为一个合力的可能性，故所讨论的力系为平衡力系。

3. 三矩式

$$\left.\begin{array}{l} \Sigma m_A \left(\boldsymbol{F} \right) = 0 \\ \Sigma m_B \left(\boldsymbol{F} \right) = 0 \\ \Sigma m_C \left(\boldsymbol{F} \right) = 0 \end{array}\right\} \quad (A\text{、}B\text{、}C \text{ 三点不共线}) \qquad (4\text{-}5)$$

同理，原力系若同时满足式（4-5）的方程，力系不可能简化为力偶，若有合力，则合力要过 A、B、C 三点，但由于此三点不共线，如图 4-9 所示，所以，原力系不可能有合力，只能平衡。

图 4-8   图 4-9

总之，式（4-4）与式（4-5）也是平面一般力系的平衡条件，使用它们也能求解平面一般力系的平衡问题。求解平面一般力系平衡问题时，到底选择哪种形式合适，完全取决于计算的方便与否，通常应使一个方程中只包含一个未知量，以免求解联立方程。若矩心选取得当，使用多矩式容易避免解联立方程，但需要注意它们的附加条件，否则，二矩式、三矩式的平衡条件只能是必要条件而不充分。

应用平面一般力系的平衡方程求解平衡问题的解题步骤如下：

1）确定研究对象。根据题意分析已知量和未知量，未知量要用已知量来表示，所以研究对象上一定要有已知量，选取适当的研究对象。研究对象选得是否合适，关系到解题的繁简。

2）画受力图。在研究对象上画出它受到的所有主动力和约束力。约束力根据约束类型来画。当约束力的指向未定时，可以先假设其指向。如果计算结果为正，则表示假设指向正确；如果计算结果为负，则表示实际的指向与假设相反。

3）列平衡方程。选取适当的平衡方程形式、投影轴和矩心。选取哪种形式的平衡方程取决于计算的方便，尽量避免解联立方程，应用投影方程时，投影轴尽可能选取与较多的未知力的作用线垂直；应用力矩方程时，矩心往往取在两个未知力的交点。计算力矩时，要善于运用合力矩定理，以便使计算简单。

4）求解。根据平衡方程，求解未知量。

5）校核。列出非独立的平衡方程，以检查解题的正确与否。

例4-6 如图4-10a所示的管道搁置在三角支架上，荷载 $F_{P1}=12kN$，$F_{P2}=7kN$，架重不计。求 A、C 处的支座反力。

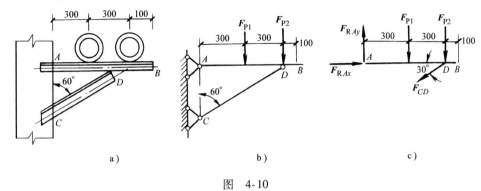

图 4-10

解：该支架在 A、C 两处都用混凝土浇注嵌入墙内，D 处是把角钢 AB 与 CD 焊接在连接钢板上。一般可近似地把 A、C、D 三处视为光滑圆柱铰链连接；管道荷载可视为集中力，于是画出支架的计算简图如图4-10b所示。

1）选梁 AB 为研究对象。因为 AB 梁上有已知荷载，所求未知量是 A、C 支座反力，因不计架重，CD 杆为二力构件，所以 AB 梁上能反映出 A、C 支座反力。

2）画 AB 梁的受力图。AB 梁受主动力 F_{P1}、F_{P2}，约束力有：A 处约束力用 F_{RAx}、F_{RAy} 表示，CD 二力杆的约束力用 F_{CD} 表示，指向均假设，如图4-10c所示 AB 梁的受力图。

3）列平衡方程。根据梁 AB 所受的未知力 F_{RAx}、F_{RAy}、F_{CD} 三力互不平行，也就是说投影方程中会出现两个未知量，这样一个方程解不出一个未知量，需要联立求解，故选用多矩式的平衡方程。

先用二矩式

$$\sum m_A(\boldsymbol{F})=0 \qquad -F_{P1}\times 30-F_{P2}\times 60-F_{CD}\times \sin30°\times 60=0 \qquad (1)$$

$$\sum m_D(\boldsymbol{F})=0 \qquad F_{P1}\times 30-F_{RAy}\times 60=0 \qquad (2)$$

$$\sum F_x=0 \qquad F_{RAx}-F_{CD}\times \cos30°=0 \qquad (3)$$

注意附加条件，A、D 连线不与 x 轴垂直。

由方程（1）解得 $\qquad F_{CD}=\left(-\dfrac{12\times 30+7\times 60}{\frac{1}{2}\times 60}\right)kN=-26kN$

计算结果为负，说明 F_{CD} 的假设指向与实际相反。

由方程（2）解得 $\qquad F_{RAy}=\left(\dfrac{12\times 30}{60}\right)kN=6kN$

把 F_{CD} 代入方程（3）解得 $\qquad F_{RAx}=F_{CD}\cos30°=\left(-26\times \dfrac{\sqrt{3}}{2}\right)kN=-22.5kN$

注意代入 F_{CD} 时，连同负号一起代入，因为投影方程是根据假设指向列出的。F_{RAx} 的计算结果为负，说明假设指向与实际相反。

4）校核。

$$\sum F_y=F_{RAy}-F_{P1}-F_{P2}-F_{CD}\sin30°=\left(6-12-7-(-26)\times \dfrac{1}{2}\right)kN=0$$

说明计算结果无误。

再用三矩式求解，选 A、D、C（F_{RAy}、F_{CD}延长线的交点）三点为矩心，满足附加条件，A、D、C 三点不共线。

列平衡方程

$\sum m_C(F) = 0$ $-F_{P1} \times 30 - F_{P2} \times 60 - F_{RAx} \times 60\tan30° = 0$

由此方程解得 $F_{RAx} = -22.5\text{kN}$

$\sum m_A(F) = 0$ 与 $\sum m_D(F) = 0$ 与以上相同。

可见，用力矩方程不用解联立方程，但注意力矩方程中存在力臂的计算。如力臂较难求解的话，也避免选用。

平面汇交力系、平面平行力系和平面力偶系，皆可看作平面一般力系的特殊力系，它们的平衡方程皆可由平面一般力系的平衡方程导出。

1. 平面汇交力系的平衡方程

如图 4-11 所示为一平面汇交力系，各力作用线汇交于 O 点。因为 $M_O = 0$ 是恒等式，由恒等式不能解出任何未知量，故平面汇交力系的平衡方程为

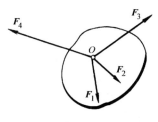

图 4-11

$$\left.\begin{array}{l} \sum F_x = 0 \\ \sum F_y = 0 \end{array}\right\} \qquad (4\text{-}6)$$

于是，平面汇交力系平衡的充分必要条件是：各力在两个坐标轴上投影的代数和分别等于零。这是两个独立的方程，可以求解两个未知量。

平面汇交力系的平衡问题，也可用几何法求解。几何法是指作图，即从图中量取未知量。这种方法具有直观、简捷的优点，但其精确度较差，在力学中用得较多的还是解析法，即利用平衡方程求解未知量。

利用几何法求解平面汇交力系的平衡问题时，研究对象的选取、受力分析及受力图的画法同上。不同之处在于需选取比例尺（不必选坐标轴），画出自行封闭的力多边形（先由已知力画起，根据未知力的方向线作出多边形，再把各力首尾相接，连成力多边形），然后按比例尺从力多边形中直接量出未知力的大小即可。

用力的多边形求平面汇交力系合力的方法称为力的多边形法则。简单地说，就是各分力首尾相接，力多边形的闭合边（始点指向终点的连线），就代表合力的大小和方向。如图 4-12a 所示作用在物体 O 点的一平面汇交力系 F_1、F_2、F_3、F_4，现用力多边形法则求其合力。

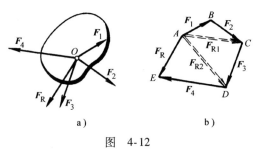

图 4-12

选定比例尺，按比例尺依次作矢量 AB、BC、CD 和 DE 分别代表 F_1、F_2、F_3 和 F_4，连接 AE，则矢量 AE 就代表合力的大小和方向，合力的作用线仍过汇交点，如图 4-12b 所示。从图中可以看出，合力 F_R 沿着与分力矢序相反的方向连接力多边形的缺口。

例 4-7 如图 4-13a 所示，重物 $G = 20\text{kN}$，用钢丝绳挂在支架的滑轮 B 上，钢丝绳的另一端缠绕在铰车 D 上，杆 AB 与 BC 铰接，并以支座 A、C 与墙连接。如两杆和滑轮自重不计，并忽略摩擦和滑轮的大小，试求平衡杆 AB 和 BC 所受的力。

解：1) 选研究对象。因为 AB、BC 两杆都是二力杆，假设 AB 杆受拉，BC 杆受压。为了求

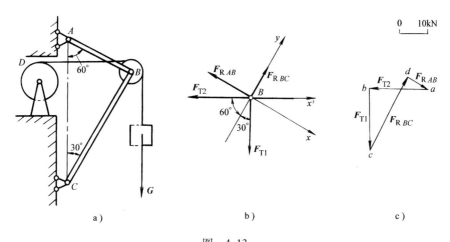

图　4-13

出这两个未知力，可通过求两杆对滑轮的约束力来解决。因此，选取滑轮 B 为研究对象。

2）画受力图。滑轮的大小忽略不计，把它看作一个点。该点受到钢丝绳的拉力 F_{T1}、F_{T2}，且 $F_{T1} = F_{T2} = G$，AB 杆和 BC 杆对滑轮的约束力 F_{RAB}、F_{RBC}，这些力的作用线汇交于一点，故是平面汇交力系。受力图如图 4-13b 所示。

3）选取坐标轴，列平衡方程。为使两个未知力只在一轴上有投影，在另一轴上的投影为零，坐标轴尽量取在与未知力作用线相垂直的方向。由于 F_{RAB} 与 F_{RBC} 垂直，故坐标轴取在沿此两力的方向，如图 4-13b 所示。

列平衡方程

$$\sum F_x = 0 \quad F_{T1} \sin 30° - F_{T2} \sin 60° - F_{RAB} = 0 \quad\quad (1)$$

$$\sum F_y = 0 \quad F_{RBC} - F_{T1} \cos 30° - F_{T2} \cos 60° = 0 \quad\quad (2)$$

因为　　　　　$F_{T1} = F_{T2} = F_P$

由方程（1）解得　$F_{RAB} = G\sin 30° - G\sin 60° = -7.32\text{kN}$

由方程（2）解得　$F_{RBC} = G\cos 30° + G\cos 60° = 27.32\text{kN}$

所求结果，F_{RBC} 为正说明杆 BC 实际受压；F_{RAB} 为负说明杆 AB 不受拉，实际也受压。

4）校核。验算各力沿 F_{T2} 作用线方向的坐标轴 x' 轴上的投影代数和是否为零。

$$\sum F_{x'} = -F_{T2} - F_{RAB}\cos 30° + F_{T1}\cos 90° + F_{RBC}\cos 60°$$

$$= -G - (G\sin 30° - G\sin 60°)\cos 30° + (G\cos 30° + G\cos 60°)\cos 60° = 0$$

说明计算结果无误。

5）也可用几何法求解，作出自行封闭的力多边形。如图 4-13c 所示，按比例尺从图中量得

$F_{RAB} = 7.5\text{kN}$（与假设方向相反）

$F_{RBC} = 27.4\text{kN}$（与假设方向相同）

2. 平面平行力系的平衡方程

设物体受平面平行力系 F_1、F_2、…、F_n 作用，如图 4-14 所示。

如选取 x 轴与各力垂直，则不论力系是否平衡，每一个力在 x 轴上的投影恒等于零，即 $\sum F_x \equiv 0$。恒等式解不出任何未知量，于是由平面一般力系的平衡方程的基本形式导出平行力系的平衡方程数目只有两个，即

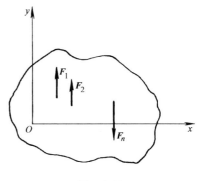

图　4-14

$$\left.\begin{array}{l} \sum F_x = 0 \\ \sum m_0 \ (F) \ = 0 \end{array}\right\} \tag{4-7}$$

平面平行力系的平衡方程，也可以用两个力矩方程的形式，即

$$\left.\begin{array}{l} \sum m_A \ (F) \ = 0 \\ \sum m_B \ (F) \ = 0 \end{array}\right\} (A、B 两点连线不与诸力平行) \tag{4-8}$$

由于平面平行力系的独立平衡方程只有两个，故只能求解两个未知量。

例4-8 塔式起重机如图4-15所示，机架重 $G = 700\text{kN}$，作用线通过塔架中心。最大起重量 $F_{W1} = 200\text{kN}$，最大悬臂长为12m，轨道 A、B 的间距为4m，平衡块重 F_{W2}，到机身中心线距离为6m。试问：

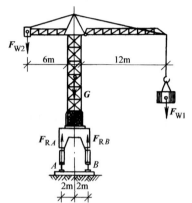

图 4-15

1）保证起重机在满载和空载都不致翻倒，求平衡块的重量 F_{W2} 应为多少？

2）当平衡块重 $F_{W2} = 180\text{kN}$ 时，求满载时轨道 A、B 给起重机轮子的反力。

解：1）画起重机的受力图，起重机受的力有：荷载的重力 F_{W1}，机架的重力 G，平衡块重力 F_{W2}，以及轨道的约束力 F_{RA}、F_{RB}。各力的作用线相互平行，这些力组成平面平行力系，如图4-15所示。

2）求起重机在满载和空载时都不致翻倒的平衡块重 F_{W2} 的大小。

当满载时，为使起重机不绕 B 点翻倒，这些力必须满足平衡方程 $\sum m_B \ (F) \ = 0$。在临界情况下，$F_{RA} = 0$，限制条件 $F_{RA} \geq 0$，才能保证起重机不绕 B 点翻倒。

$$\sum m_B(F) = 0 \quad F_{W2} \times (6+2) + G \times 2 - F_{W1} \times (12-2) - F_{RA} \times (2+2) = 0$$

限制条件 $\qquad\qquad\qquad\qquad F_{RA} \geq 0$

由此解出 $\qquad\qquad\qquad\qquad F_{W2} \geq \dfrac{10F_{W1} - 2G}{8} = 75\text{kN}$

当空载时，此时 $F_{W1} = 0$，为使起重机不绕 A 点翻倒，则必须满足平衡方程 $\sum m_A \ (F) \ = 0$，在临界情况下，$F_{RB} = 0$，限制条件 $F_{RB} \geq 0$，才能保证起重机不绕 A 点翻倒。

$$\sum m_A(F) = 0 \quad F_{W2} \times (6-2) - G \times 2 + F_{RB} \times (2+2) = 0$$

限制条件： $\qquad\qquad\qquad\qquad F_{RB} \geq 0$

由此解出： $\qquad\qquad\qquad\qquad F_{W2} \leq \dfrac{G}{2} = 350\text{kN}$

因此，平衡块重量应满足以下的关系：$75\text{kN} \leq F_{W2} \leq 350\text{kN}$。

由于起重机实际工作时不允许处于极限状态，要使起重机不会翻倒，平衡块重量 F_{W2} 满足关系：$75\text{kN} < F_{W2} < 350\text{kN}$。

3）当 $F_{W2} = 180\text{kN}$ 时，求满载（$F_{W1} = 200\text{kN}$）情况下，轨道 A、B 给起重机轮子的反力 F_{RA}、F_{RB}。

根据平行力系的平衡方程，有

$$\sum m_A(F) = 0 \quad F_{W2}(6-2) - G \times 2 - F_{W1}(12+2) + F_{RB} \times 4 = 0 \tag{1}$$

$$\sum F_y = 0 \quad -F_{W2} - G - F_{W1} + F_{RA} + F_{RB} = 0 \tag{2}$$

由方程（1）解得 $\qquad\qquad F_{RB} = \dfrac{14F_{W1} + 2G - 4F_{W2}}{4} = 870\text{kN}$

由方程（2）解得 $\qquad\qquad F_{RA} = F_{W2} + G + F_{W1} - F_{RB} = 210\text{kN}$

4）校核。$\sum m_B(\boldsymbol{F}) = F_{W2}(6+2) + G \times 2 - F_{W1}(12-2) - F_{RA} \times 4$

$$= (8 \times 180 + 700 \times 2 - 200 \times 10 - 210 \times 4) \text{kN} \cdot \text{m} = 0$$

说明计算结果无误。

3. 平面力偶系的平衡方程

由于平面力偶系合成的结果为一合力偶，$M = \sum m$，而力偶在任一轴上投影的代数和均为零。即平面一般力系平衡方程的基本形式的两个投影方程均变成恒等式，故平面力偶系的平衡方程为

$$\sum m = 0 \tag{4-9}$$

平面力偶系平衡的充分必要条件是：力偶系中各力偶矩的代数和为零。独立平衡方程数目是一个，只能求解出一个未知数——一个未知力偶或一对未知力（力偶臂已知时）。使用此方程求解平面力偶系的平衡问题时，应利用力偶与力偶平衡的概念进行受力分析，即未知的两个约束力必组成反力偶与主动力偶来相平衡。

例 4-9 梁 AB 的支座和受力情况如图 4-16a 所示。已知 $m = 10 \text{kN} \cdot \text{m}$，不计梁重，试求两支座反力。

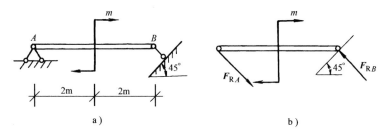

图 4-16

解：1）选梁 AB 为研究对象，画分离体受力图。因为梁 AB 受已知荷载是一集中力偶 m，未知荷载是 A、B 支座的反力，且 B 支座为滚轴支座，约束力 $\boldsymbol{F}_{RB}$ 垂直于支承面。根据力偶与力偶平衡的概念，A 支座反力与 B 支座反力组成一个力偶与 m 平衡。受力图如图 4-16b 所示，$\boldsymbol{F}_{RA}$ 与 $\boldsymbol{F}_{RB}$ 平行，反向且相等，组成力偶的转向与 m 相反。

2）列平衡方程，求解未知量。

$$\sum m = 0 \qquad\qquad F_{RA} \times 4\text{m}\cos 45° - m = 0$$

由此解出

$$F_{RA} = F_{RB} = \frac{m}{4\text{m}\cos 45°} = 3.54 \text{kN}$$

此题也可把 A 支座的反力用两正交分力 $\boldsymbol{F}_{RAx}$、$\boldsymbol{F}_{RAy}$ 表示，用平面一般力系的平衡方程，三个未知量，需列三个独立平衡方程，不如上述简单。

第三节 物体系的平衡问题

前面已经遇到物体系统的受力分析问题，本节进一步研究物体系统的平衡问题的解法。当物体系平衡时，组成该系统的每一个物体都处于平衡状态。因此，对于每一个受平面一般力系作用的物体，均可写出三个独立平衡方程，如果物体系由 n 个物体组成，则共有 $3n$ 个独立平衡方程，可以求解 $3n$ 个未知量，当系统中的未知量的数目等于独立平衡方程数目，则所有未知量都能由平衡方程求出，这样的问题称为静定问题。如物体系中有的物体受平面汇交力系或平面平行力系作用时，则系统的独立平衡方程数目相应减少。显然，前面列举的各例都是静定问题。

在工程实际中，有时为了提高结构的刚度和坚固性，常常增加多余的约束。因而，使这些结

构的未知量的数目多于独立平衡方程的数目，未知量就不能全部由平衡方程求出，这样的问题是超静定问题。

例如，悬挂重物如用两根绳子悬挂，如图4-17a所示。未知的约束力有两个，而重物受平面汇交力系作用，共有两个独力平衡方程，因此是静定的。如用三根绳子悬挂重物，如图4-17b所示，则未知约束力有三个，而独立平衡方程只有两个，因此是超静定的。

再如图4-18所示的简支梁AB，为提高其承载能力，增加一个滚轴支座。四个未知量只能列三个独立平衡方程，因此是超静定的。

对于超静定问题，并非为不能解决的问题，靠列静力平衡方程不能求出全部未知量。必须考虑物体因受力作用而产生变形，加列某些补充方程，使方程的数目等于未知量的数目，联立求解即可求出全部未知量。

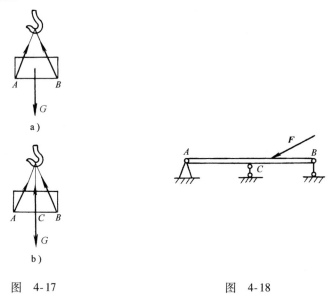

图　4-17　　　　　　　　　　　　图　4-18

在求解静定物体系的平衡问题时，可以选每个物体为研究对象，列出全部平衡方程，然后求解；也可以先取整个系统为研究对象，列出平衡方程，求出部分未知量，再从系统中选取某些物体作为研究对象，列出另外的平衡方程，直至求出所有的未知量为止。

为了使求解过程尽可能简便，并且避免出现反复，解决物系的平衡问题时，应当首先从有已知力作用的，而未知力数目少于或等于独立平衡方程数的物体开始着手分析。把有已知力作用，未知量数少于或等于独立平衡方程数的条件称为可解条件。对于符合可解条件的分离体先行求解，将求得物体系的内力，通过作用与反作用关系，转移到其他物体作为已知力，逐步扩大已知量的数目直至最终求出所有未知量。

有时还可能出现这样的情况，就整个物体系而言是静定的，而物体系的所有分离体无一符合可解条件。此时，必存在有的分离体上虽有四个未知力，但存在三个未知力汇交于同一点或互相平行的情况，取汇交点为矩心或取平行力的垂线为投影轴即可解出部分未知力和其余未知力之间的关系，再以其他分离体为研究对象，逐个把所有未知力求出。把分离体有已知力作用，虽有 $n>3$ 个未知力，但有 $(n-1)$ 个汇交或平行的条件，称为部分可解条件。对于这类没有符合可解条件的分离体的问题，应先从符合部分可解条件的分离体着手解起。

研究物体系平衡时，在一般情况下，只以整体为研究对象或者只以系统内的某一部分为研究对象，都不能求出全部未知量。在这种情况下，就要选取多个研究对象，若研究对象选择不恰当，就会使受力分析复杂化，方程式的数目增多，从而给解题带来困难。如果研究对象选择得好，就会使问题的求解简捷明了。因此，对于复杂的物体系问题，解题时最好先拟一个解题步骤，分析整体及部分受力。先找符合可解条件的整体或某一部分为研究对象，若没有符合可解条件的就找符合部分可解条件的整体或某一部分。选好研究对象后，列出相应的平衡方程式，通过中间未知量的纽带作用，使整个问题得以解决。

下面举例说明物体系平衡问题的解题方法步骤。

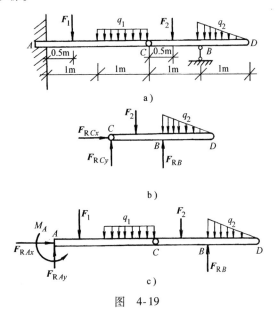

图 4-19

例4-10 如图4-19a所示，水平梁由 AC 和 CD 两部分组成，它们在 C 处用铰链相连，梁的 A 端固定在墙上，在 B 处受滚轴支座支承。已知：$F_1 = 10\text{kN}$，$F_2 = 20\text{kN}$，均布荷载 $q_1 = 5\text{kN/m}$，梁的 BD 段受线性分布荷载，在 D 端为零，在 B 处达最大 $q_2 = 6\text{kN/m}$。试求 A、B 支座处约束力。

分析：整个物体系由 AC、CD 两根梁组成，可以列出6个独立平衡方程。未知量有：A 处 F_{RAx}、F_{RAy} 和 M_A，B 处有 F_{RB}，C 处有 F_{RCx}、F_{RCy}，共有六个未知量。未知量的个数等于独立平衡方程个数，所以属于静定问题。分析先选哪个物体为研究对象，若以整体为研究对象，有四个未知量，不符合可解条件。把物系拆开，CD 段梁有三个未知力，符合可解条件。再看 AB 段梁有五个未知量，不符合可解条件。看来为使解题简便，先以 CD 为研究对象，解出 B 处及 C 处的约束力，然后再以整体或 AC 段为研究对象都可。因为所求未知力没有 C 处，所以可以不求 C 处约束力，只求出 B 处的约束力，然后再以整体为研究对象求出 A 处的约束力。

解：1）先以 CD 梁为研究对象，并画出其受力图如图4-19b所示。注意到三角形分布荷载的合力作用在离 B 点 $\frac{1}{3}BD$ 处，它的大小等于三角形面积，即 $\frac{1}{2}q_2 \times 1$。列平衡方程：

$$\sum m_C(\boldsymbol{F}) = 0 \quad F_{RB} \times 1\text{m} - F_2 \times 0.5\text{m} - \frac{1}{2}q_2 \times 1\text{m} \times \left(1 + \frac{1}{3}\right)\text{m} = 0$$

解得

$$F_{RB} = 9\text{kN}$$

2）以整体为研究对象，并画出其受力图如图4-19c所示。受力图中只有 A 处三个未知量。列平衡方程：

$$\sum F_x = 0 \quad F_{RAx} = 0 \tag{1}$$

$$\sum F_y = 0 \quad F_{RAy} + F_{RB} - F_1 - F_2 - q_1 \times 1\text{m} - \frac{1}{2}q_2 \times 1\text{m} = 0 \tag{2}$$

$$\sum m_A(\boldsymbol{F}) = 0$$

$$M_A + F_{RB} \times 3\text{m} - F_1 \times 0.5\text{m} - F_2 \times 2.5\text{m} - q_1 \times 1\text{m} \times \left(1 + \frac{1}{2}\right)\text{m} - \frac{1}{2}q_2 \times 1\text{m} \times \left(3 + \frac{1}{3}\right)\text{m} = 0 \tag{3}$$

由方程（2）代入 F_{RB} 得 $F_{RAy} = 29\text{kN}$
由方程（3）代入 F_{RB} 得 $M_A = 25.5\text{kN} \cdot \text{m}$

所以 A 支座反力为 $F_{RAx} = 0$，$F_{RAy} = 29\text{kN}$，$M_A = 25.5\text{kN} \cdot \text{m}$，方向如图4-19c所示，$B$ 支座反力为 $F_{RB} = 9\text{kN}$，方向如图4-19b所示。

3）校核。以整体为研究对象，选取 C 点为矩心。

$$\sum m_C(\boldsymbol{F}) = M_A + F_1 \times 1.5\text{m} + q_1 \times 1\text{m} \times 0.5\text{m} - F_{RAy} \times 2\text{m} - F_2 \times 0.5\text{m} +$$

$$F_{RB} \times 1\text{m} - \frac{1}{2}q_2 \times 1\text{m} \times \left(1 + \frac{1}{3}\right)\text{m}$$

$$= \left(25.5 + 20 \times 1.5 + 5 \times 0.5 - 29 \times 2 - 10 \times 0.5 + 9 \times 1 - \right.$$

$$\left. \frac{1}{2} \times 6 \times \frac{4}{3}\right)\text{kN} \cdot \text{m} = 0$$

说明计算结果无误。

例 4-11 如图 4-20a 所示为钢结构拱架。拱架由两个相同的刚架 AC 和 BC 用铰链 C 连接，拱脚 A、B 用铰链固结于地基，吊车梁支承在刚架的突出部分 D、E 上。设两刚架各重为 $F_W = 60\text{kN}$；吊车梁重为 $G = 20\text{kN}$，其作用线通过点 C；荷载重为 $F_P = 10\text{kN}$；风力 $F = 10\text{kN}$，尺寸如图所示。D、E 两点在 $\boldsymbol{F}_W$ 的作用线上，求铰支座 A 和 B 的约束力。

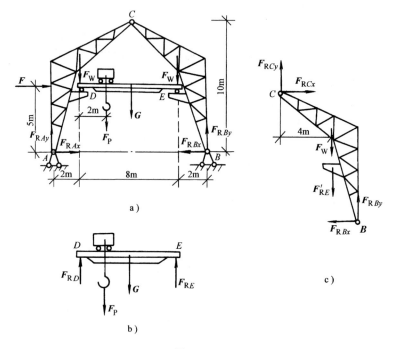

图 4-20

分析：吊车梁受平行力系作用，共有两个未知量符合可解条件。由吊车梁为研究对象可求出它作用在刚架 AC、BC 上的力。把刚架拆开，两半刚架仍有四个未知力，并且四个未知力不符合部分可解条件。而整体刚架受力符合部分可解条件，所以本题求解步骤：先以吊车梁为研究对象，再以整体为研究对象，最后以右半刚架为研究对象，逐个求出 A、B 支座反力。

解：1）选吊车梁 DE 为研究对象，画出其受力图，如图 4-20b 所示。列平衡方程有

$$\sum m_D(\boldsymbol{F}) = 0 \quad F_{RE} \times 8 - G \times 4 - F_P \times 2 = 0$$

解得

$$F_{RE} = 12.5\text{kN}$$

2）以整体为研究对象，画出其受力图，如图 4-20a 所示。列出平衡方程有

$$\sum m_A(\boldsymbol{F}) = 0 \quad F_{RBy} \times 12 - G \times 6 - F_P \times 4 - F_W \times 10 - F_W \times 2 - F \times 5 = 0 \tag{1}$$

$$\sum F_y = 0 \quad F_{RAy} + F_{RBy} - F_P - G - 2F_W = 0 \tag{2}$$

$$\sum F_x = 0 \quad F_{RAx} + F - F_{RBx} = 0 \tag{3}$$

由方程（1）解得 $\qquad\qquad\qquad F_{RBy} = 77.5\text{kN}$

把 F_{RBy} 代入方程（2）得 $\qquad\qquad F_{RAy} = 72.5\text{kN}$

3）以右半刚架为研究对象，画出其受力图，如图 4-20c 所示。列出平衡方程有

$$\sum m_C(\boldsymbol{F}) = 0 \quad F_{RBy} \times 6 - F_{RBx} \times 10 - F_W \times 4 - F_{RE} \times 4 = 0$$

解得 $\qquad\qquad\qquad\qquad F_{RBx} = 17.5\text{kN}$

把 F_{RBx} 代入以上方程（3）解得 $\quad F_{RAx} = 7.5\text{kN}$

即 A、B 处的约束力为 $F_{RAx} = 7.5\text{kN}$，$F_{RAy} = 72.5\text{kN}$，$F_{RBx} = 17.5\text{kN}$，$F_{RBy} = 77.5\text{kN}$。

4）校核。以整体为研究对象，验算各力对 C 点之矩的代数和是否为零。

$$\sum m_C(\boldsymbol{F}) = F \times 5\text{m} + F_{RAx} \times 10\text{m} + F_W \times 4\text{m} + F_P \times 2\text{m} - F_{RAy} \times 6\text{m} - F_W \times 4\text{m} -$$

$$F_{RBx} \times 10\text{m} + F_{RBy} \times 6\text{m} = (10 \times 5 + 7.5 \times 10 + 10 \times 2 - 72.5 \times 6$$

$$- 17.5 \times 10 + 77.5 \times 6)\ \text{kN} \cdot \text{m} = 0$$

说明计算结果无误。

【工程案例解析——福州小城镇住宅楼梁 L_2 约束反力的计算】

根据计算 L_2 的计算简图（图 3-25），确定其在永久荷载标准值和可变荷载标准值作用下的约束反力。

1）选 L2 为研究对象，画分离体。

2）画受力图，梁所受的主动力为跨中的 6.536kN/m 的均布荷载，约束反力有 F_{NAx}、F_{NAy}、F_{NB}，如图 4-21 所示，未知力的指向均为假定。

3）建立如图 4-21 所示的坐标系，列平衡方程：

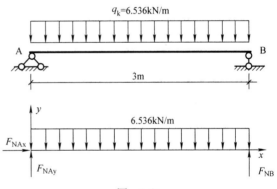

图 4-21

$$\sum F_x = 0 \quad F_{NAx} = 0$$

$$\sum F_y = 0 \quad F_{NAy} + F_{NB} - 6.536 \times 3 = 0$$

$$\sum M_A(F) = 0 \quad -6.536 \times 3 \times 1.5 + F_{NB} \times 3 = 0$$

联立方程解得：$F_{NAx} = 0$

$$F_{NAy} = 9.804\text{kN}$$

$$F_{NB} = 9.804\text{kN}$$

4）校核

$$\sum M_B(F) = 0 \quad -F_{NAy} \times 3 + 6.536 \times 3 \times 1.5 = -9.804 \times 3 + 6.536 \times 3 \times 1.5 = 0$$

说明计算结果无误。

同理可算得 L2 在永久荷载标准值作用下的约束反力为：

$$F_{NAx} = 0$$

$$F_{NAy} = 12.3915\text{kN} \quad F_{NB} = 12.3915\text{kN}$$

小 结

本章主要介绍平面力系简化、平衡条件及平衡方程应用。

一、平面力系简化

1）平面一般力系向平面内任选一点 O 简化，一般情况下，可得一个力和一个力偶，这个力等于该力系的主矢，即

$$F'_R = \sum F$$

作用在简化中心 O。这个力偶的矩等于该力系对于点 O 的主矩，即

$$M_O = \sum m_O(F)$$

2）平面一般力系向一点简化，可能出现的四种情况。

主矢	主矩	合成结果	说　明
$F'_R \neq 0$	$M_O = 0$	合力	此力为原力系的合力，作用线过简化中心
	$M_O \neq 0$	合力	合力作用线离简化中心距离 $d = M_O / F'_R$
$F'_R = 0$	$M_O \neq 0$	力偶	此力偶为原力系的合力偶，在这种情况下，主矩与简化中心的位置无关
	$M_O = 0$	平衡	

二、平面力系平衡条件

1）平面一般力系平衡的充分必要条件是：力系的主矢和力系对于任一点的主矩都等于零，即

$$F'_R = \sum F = 0$$
$$m_O = \sum m_O(F) = 0$$

若用解析式表示平衡条件，得平面一般力系平衡方程的一般形式，即

$$\begin{cases} \sum F_x = 0 \\ \sum F_y = 0 \\ \sum m_O(F) = 0 \end{cases}$$

平面一般力系平衡方程的其他两种形式为

$$\begin{cases} \sum m_A(F) = 0 \\ \sum m_B(F) = 0 \quad (\text{其中} A、B \text{两点的连线不能与} x \text{轴垂直}) \\ \sum F_x = 0 \end{cases}$$

$$\begin{cases} \sum m_A(F) = 0 \\ \sum m_B(F) = 0 \quad (\text{其中} A、B、C \text{三点不能共线}) \\ \sum m_C(F) = 0 \end{cases}$$

2）其他各种平面力系都是平面一般力系的特殊情形，它们的平衡方程见下表：

力系名称	平衡方程	独立平衡方程数目
平面力偶系	$\sum m = 0$	1
平面汇交力系	$\sum F_x = 0$ $\sum F_y = 0$	2
平面平行力系	$\sum F_y = 0$ $\sum m_O(F) = 0$	2

三、平衡方程的应用

应用平面力系的平衡方程，可以求解单个物体及物体系统的平衡问题，求解时要通过受力分析，恰当地选取研究对象，画出其受力图。选取合适的平衡方程形式；选择好矩心和投影轴，力求做到一个方程只含有一个未知量，以便简化计算。

课后巩固与提升

一、简答题

1. 设一平面一般力系向某一点简化得为一个合力，如果另选一个合适的简化中心，问力系能否简化为一力偶？为什么？

2. 如图 4-22 所示，分别作用在一平面上 A、B、C、D 四点的四个力 F_1、F_2、F_3、F_4，这四个力画出的力多边形刚好首尾相接，请问该力系是否平衡？若不平衡，简化结果是什么？

3. 如图 4-23 所示力系，$F_1 = F_2 = F_3 = F_4$，则力系向 A 点和向 B 点简化的结构分别是什么？二者是否等效？

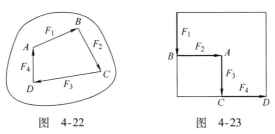

图 4-22   图 4-23

4. 平面一般力系平衡方程的二矩式和三矩式为什么要有限制条件？平面汇交力系的平衡方程能否用一个或两个力矩方程来代替？平面平行力系能否用两个力矩方程？如果能，应有什么限制条件？

5. 从哪些方面去理解平面一般力系只有三个独立的方程？为什么说任何第四个方程只是前三个方程的线性组合？

二、实训题

1. 某厂房柱如图 4-24 所示，高 9m，柱上段 BC 重 $G_1 = 10$kN，下段 CO 重 $G_2 = 40$kN，柱顶水平力 $F = 6$kN，各力作用位置如图所示，以柱底中心 O 为中心简化，求该力系的主矢和主矩。

2. 将图 4-25 所示平面一般力系向 O 点简化，并求力系合力的大小及其与原点 O 的距离 d，已知 $F_{P1} = 0.15$kN，$F_{P2} = 0.2$kN，$F_{P3} = 0.3$kN，力偶臂等于 0.08m，力偶的力 $F = 0.2$N。

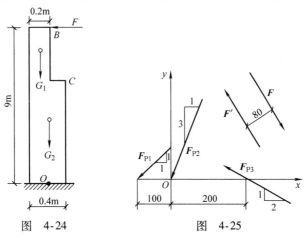

图 4-24   图 4-25

3. 求图4-26各梁的约束反力。

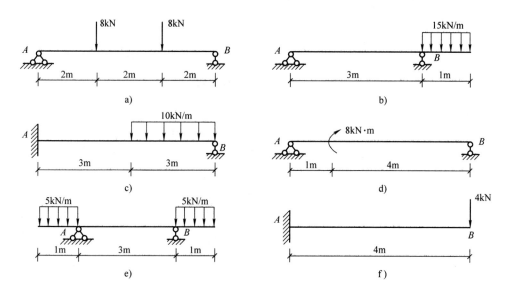

图 4-26

4. 求图4-27各梁的约束反力。

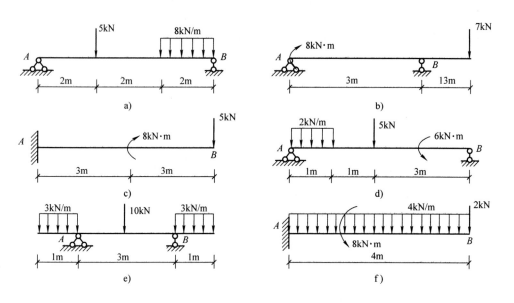

图 4-27

5. 求图4-28所示刚架的约束反力。

6. 各个支架均有杆AB和杆AC组成，如图4-29所示，A、B、C均为铰链，在销钉A上悬挂重物$F_w = 20$kN，杆重不计，试求以下四种情况下杆AB和杆AC所受的力。

7. 求如图4-30所示各组合结构的约束反力。

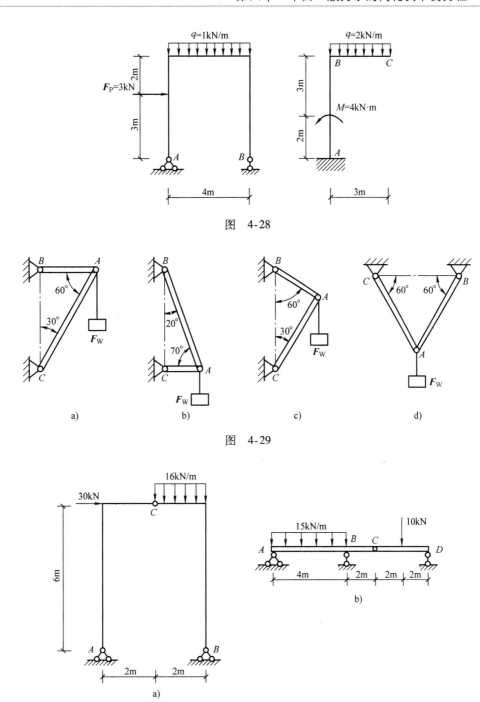

图　4-28

图　4-29

图　4-30

第五章　平面杆件体系的几何组成分析

本章将介绍平面杆件体系的几何组成分析的目的、平面杆件体系的几何重要概念、几何不变体系的组成规则、静定结构和超静定结构等内容。

第一节　平面杆件体系的几何组成分析的目的

杆系结构是由杆件相互连接而成，是用来支承荷载的。设计时必须保持结构本身的几何形状和位置。因此，由杆件组成体系时，必须遵守一定的规律才能为工程结构使用。

一、几何不变体系和几何可变体系

实际建筑结构是用来承受荷载作用的，当体系受到任意荷载作用后，若不考虑材料的应变，结构的几何形状和位置能保持不变，则称为几何不变体系。这样的体系可以作为工程结构使用，如图 5-1a 所示的杆件体系。另有一类体系，尽管受到很小的荷载作用，也将引起几何形状的改变，这类体系称为几何可变体系，如图 5-1b 所示的杆件体系，是不能作为结构使用。对这类问题的研究，称为几何组成分析。

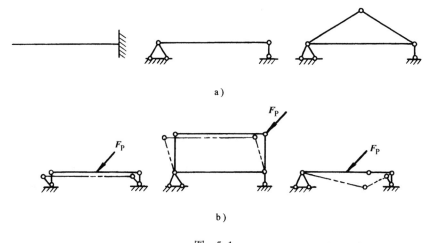

a)

b)

图　5-1

二、几何组成分析的目的

结构必须是几何不变体系。在设计结构和选取其计算简图时，首先必须判别它是否是几何不变的。这种判别工作称为体系的几何组成分析。

进行几何组成分析的目的在于：

1）判别杆件体系是否几何不变，以决定其可否作为结构使用。

2）研究几何不变体系的组成规律及杆系结构组成的合理形式。

3）确定结构是否有多余联系，即判断结构是静定结构还是超静定结构，以选择分析计算方法。

在进行几何组成分析时，由于不考虑材料的应变，因而组成结构的某一杆件或者已判明是几何不变的部分，均可视为刚体。

第二节 平面杆系的几个重要概念

一、刚片

在几何组成分析中，把杆件当作刚体，在平面杆件体系中把刚体称为刚片。为讨论问题方便，常将平面杆件体系中判定为几何不变的部分称为刚片。例如，每一杆件或每根梁、柱都可以看作是一个刚片，基础也常看成一个大刚片。

二、约束及约束对体系自由度的影响

确定体系几何位置所需的独立坐标的个数，称为该体系的自由度。自由度也可以说是一个体系运动时，可以独立改变其位置的坐标的个数。

在平面问题中，确定一个动点的位置需要两个独立的坐标，即平面上的点有两个自由度，如图 5-2a 所示。确定一根刚性杆件 AB 的位置，通常是用其上任一点 A 的坐标 x、y 和通过 A 点的任一直线 AB 的倾角 φ 三个坐标来确定。所以需要三个独立的坐标，即有三个自由度，如图 5-2b 所示。地基也可以看作一个刚片，但这种刚片是不动刚片，它的自由度为零。

凡能减少体系自由度的装置称为约束。约束是杆件与杆件之间的连接装置，也称为联系。能减少几个自由度的约束，就相当于几个约束（联系）。

工程中常见的约束有以下几种：

1. 链杆

如图 5-3a 所示，用一根链杆 BC 将刚片 Ⅰ、Ⅱ连起来，确定刚片 Ⅰ 的位置需三个坐标，继而确定链杆 BC 的位置又需一个坐标，刚片 Ⅱ 仍可绕 C 点转

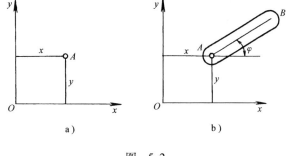

图 5-2

动，确定刚片 Ⅱ 的位置还需一个坐标量，因此刚片 Ⅰ、Ⅱ组成的体系具有五个自由度。可见，一根链杆可使体系减少一个自由度，相当于一个约束。

2. 铰

如图 5-3b 所示，刚片 Ⅰ、Ⅱ间用铰 C 连起来。原来刚片 Ⅰ和Ⅱ各有三个自由度，共计是六个自由度。确定刚片 Ⅰ的位置需三个坐标，再确定刚片 Ⅱ 的位置又需一个坐标，因此刚片 Ⅰ、Ⅱ组成的体系具有四个自由度。这种连接两个刚片的铰称为单铰。可见一个单铰可使体系减少两个自由度，相当于两个约

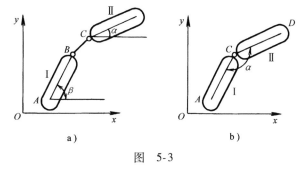

图 5-3

束，也相当于两根链杆的作用。换言之，两根链杆的作用相当于一个单铰。如图 5-4a 所示的二链杆一端直接相交，但二杆不共直线的情形称为实铰，而将其他情形中，二链杆轴线的交点称为虚铰，如图 5-4b 所示。虚铰是指实际上看不见，这个铰的位置是在两链杆的轴线的延长线交点上。在分析问题时，虚铰对几何稳定的效果与实铰相同。

3. 刚性联结

当两刚片间用刚节点相互联结时，称为刚性联结，如图 5-5a 所示。原来刚片 Ⅰ和Ⅱ各有三个自由度，共六个自由度。刚性联结后，如果确定刚片 Ⅰ的位置需要三个坐标，刚片 Ⅱ既不能上

下、左右移动，又不能转动，可见刚性联结可使体系减少三个自由度，相当于三个约束。刚性联结除刚结点外，还有固定支座，如图5-5b所示。

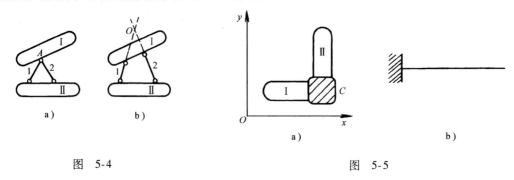

图　5-4　　　　　　　　　　　　图　5-5

第三节　几何不变体系的组成规则

一、三刚片规则

三刚片用三个不在同一直线上的铰两两相连，所组成的体系几何不变，且无多余约束。

将图5-6a所示的三个刚片用三个铰A、B、C两两相连，实质上构成了一个铰接三角形，如图5-6b所示，三角形是几何不变体系。

二、两刚片规则

两刚片用一个铰和一根不过铰心的链杆相连，所组成的体系几何不变，且无多余约束。

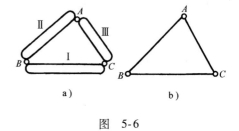

图　5-6

将图5-7所示的两个刚片用各自的等效刚性杆AB、BC代替，便成为一个铰接三角形，如图5-6b所示，所组成的体系几何不变。

上述铰可为实铰，也可为虚铰。

三、二元体规则

刚片上增加一个二元体后组成的体系为几何不变。

二元体是指两根链杆间用一铰相连，且两根链杆不共直线，如图5-8中的B—A—C。若将图5-8中的两根链杆当作刚片，可得图5-6a所示体系。在图5-8上去掉二元体B—A—C，所剩刚片Ⅰ几何不变，与去掉二元体前的几何组成性质一样。

由以上分析可见，若将图5-8中二元体中的链杆AB看作刚片Ⅱ，则是图5-7所示的两刚片联结体系。同样若继续将图5-8中二元体中的链杆AC看作刚片Ⅲ，则是图5-6a所示的三刚片联结体系。所以三条规则的区别仅仅在于把体系的哪些部分看作具有自由度的刚片，哪些部分看作限制刚片运动的约束。这在分析具体问题的几何组成时，应灵活运用。也可以说，三条规则的共同点是A、B、C三点连线应构成一个三角形，这种三角形是组成几何不变体系的基本部分。

图　5-7　　　　　　　　　　　图　5-8

第四节　几何组成分析举例

几何组成分析的依据就是上述的几个几何不变体系的简单组成规则，问题在于如何正确灵活运用这些规则。

几何组成分析的步骤：

1）首先直接观察出几何不变部分，把它当作刚片处理，再逐步运用规则。

2）撤除二元体，使结构简化，便于分析。

分析时，对体系中的每个刚片以及每个约束，既不能遗漏，也不能重复使用。

例5-1　分析图5-9所示体系的几何组成性质。

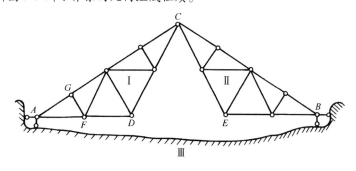

图　5-9

解： 体系中 ADC 部分是由基本铰接三角形 AFG 逐次加上二元体所组成，是一个几何不变部分，可视为刚片 I。同样，BEC 部分也是几何不变部分，可作为刚片 II。再将地基作为刚片 III，固定铰支座 A、B 相当于两个铰，则三个刚片由三个不共线的铰 A、B、C 两两相联，该体系几何不变，且无多余约束。

例5-2　分析图5-10所示杆件体系的几何组成性质。

解： 刚片 AB 的 A 端为固定支座，本身已是几何不变的，可与基础一起看作新刚片。B—C—D—E 与新刚片间有铰 B 和 C、D 处的二链杆相连，按图示情况，组成的体系几何不变，有一个多余约束。

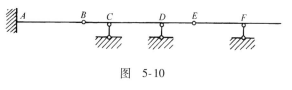

图　5-10

杆 EF 与前述几何不变体系间有铰 E 和不过 E 的一根链杆相连，几何不变。故图5-10所示体系几何不变，有一个多余约束。

第五节　静定结构和超静定结构

如前所述，用来作为结构的杆件体系，必须是几何不变的。而几何不变体系又可分为无多余约束的（例5-1）和具有多余约束的（例5-2）。例如，图5-11a所示连续梁，如果将 C 支座链杆去掉，如图5-11b所示，剩下的支座与链杆恰好满足两刚片联结的要求，所以，它有一个多余约束。

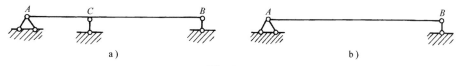

　　　　a）　　　　　　　　　　　　　　　　b）

图　5-11

对于无多余约束的结构，它的全部反力和内力都可由静力平衡方程求得，这类结构为静定结构。

总之，静定结构是没有多余约束的几何不变体系，而超静定结构是有多余约束的几何不变体系。支座反力和内力是超静定的，约束有多余的，这就是超静定结构区别于静定结构的基本特点。

但是，对于具有多余约束的结构，却不能只依靠静力平衡条件求得全部反力和内力。例如图 5-11a 所示的连续梁，其支座反力共有四个，而静力平衡条件只有三个，因而，仅利用三个静力平衡条件无法求得其全部反力，从而也就不能求得它的内力，这类结构称为超静定结构。

建筑工程中不能使用几何可变结构。

【工程案例解析——福州小城镇住宅楼建筑结构几何组成分析】

福州小城镇住宅楼项目选用框架结构，根据建筑施工图、结构平面布置图及计算简图可知其纵向框架如图 5-12 所示，分析其几何组成性质。

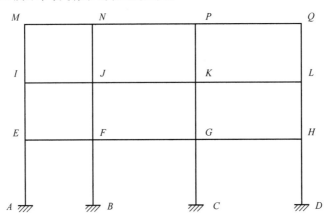

图 5-12　福州小城镇住宅楼纵向框架

解：地基看作一个刚片 I，AEFB 看作刚片 II，根据两刚片规则，二者之间仅需一个铰和一个链杆相连就形成几何不变体系，现在两刚片通过两个刚节点相连，所以形成几何不变体系，且有 3 个有多余约束；将这个大的刚片看作刚片 III，FGC 看作刚片 IV，根据两刚片规则，二者之间仅需一个铰和一个链杆相连就形成几何不变体系，现在两刚片通过两个刚节点相连，所以形成几何不变体系，且有 3 个有多余约束；以此类推，每增加一层刚片，就会有 3 个多余约束，可知该杆件体系为几何不变体系，由有 24 个多余约束，可做结构使用，是超静定结构。

小　　结

本章主要介绍平面杆件体系的分类、组成规则及分析。

一、平面杆件体系的分类

平面杆件体系分为几何不变体系和几何可变体系。几何可变体系不能作为工程结构使用。几何不变体系又分为无多余约束的体系和有多余约束的体系，无多余约束的体系是静定结构，有多余约束的体系是超静定结构。几何不变体系可作为工程结构使用。

二、几何不变体系的简单组成规则

1. 基本原理

平面杆件体系中的铰接三角形是几何不变体系。

2. 约束

工程中常见的约束及其性质如下：

1）一个链杆相当于一个约束。

2）一个简单铰或铰支座相当于两个约束。

3）一个刚性联结或固定支座相当于三个约束。

4）连接两刚片的两根链杆的交点相当于一个铰。

3. 组成规则

凡符合以下各规则组成的体系，都是几何不变体系，且无多余约束。

1）不在一条直线上的两根链杆固定一个点。

2）两个刚片用一个铰和不通过该铰的链杆连接。

3）三个刚片用不在一条直线上的三个铰两两相连。

三、分析几何组成的目的及应用

1）保证结构的几何不变性，确保其承载能力。

2）确定结构是静定的还是超静定的，从而选择确定反力和内力的计算方法。

3）通过几何组成分析，明确结构的构成特点，从而选择受力分析的顺序。

课后巩固与提升

一、判断题

1. 有多余约束的体系一定是几何不变体系。（　　　）

2. 有多余约束的体系一定是几何可变体系。（　　　）

3. 两个刚片用一个铰和一个链杆相连，组成几何不变体系，且无多余约束。（　　　）

4. 三个刚片由三个铰两两相连形成几何不变体系。（　　　）

5. 两个链杆相当于一个铰。（　　　）

二、选择题

1. 链杆相当于（　　　）个约束。

A. 1　　　　　　　B. 2　　　　　　　C. 3　　　　　　　D. 4

2. 一个固定端支座可减少（　　　）个自由度。

A. 1　　　　　　　B. 2　　　　　　　C. 3　　　　　　　D. 4

3. 可动铰支座相当于（　　　）个约束。

A. 1　　　　　　　B. 2　　　　　　　C. 3　　　　　　　D. 4

4. 静定结构是（　　　）。

A. 几何可变体系，无多余约束　　　　　　B. 几何不变体系，无多余约束

C. 几何可变体系，有多余约束　　　　　　D. 几何不变体系，有多余约束

5. 超静定结构是（　　　）。

A. 几何可变体系，无多余约束　　　　　　B. 几何不变体系，无多余约束

C. 几何可变体系，有多余约束　　　　　　D. 几何不变体系，有多余约束

三、对图 5-13 中的杆件体系进行几何组成性质分析，判断其是否可作为结构使用。

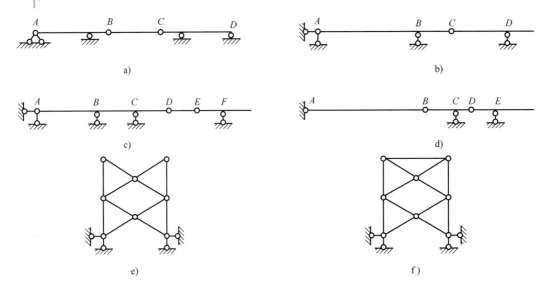

图 5-13

四、案例分析

2016 年，英国《卫报》评选一份世界新七大奇迹，中国独占两席，其一就是排在首位的世界最大空港——北京大兴国际机场。北京大兴机场是全球最大的单体航站楼，是建设速度最快的机场，是世界施工技术难度最高的航站楼，是目前全球最大的隔振建筑。机场航站楼采用钢网格屋架结构，屋架由多根杆件连接而成，如图 5-14 所示。请同学们查阅相关资料阐述下面几个问题：

1. 平面屋架是空间屋架在平面上的简化结构，如图 5-15 所示为平面屋架，分析该杆件体系的几何组成性质。

2. 大兴国际机场有哪些技术创新？

3. 大兴国际机场在绿色节能方面采取了哪些措施？

图 5-14 北京大兴国际机场航站楼屋盖结构

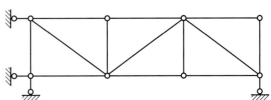

图 5-15 平面屋架

第六章　静定结构的内力计算

本章主要介绍用截面法计算轴向拉压杆的内力、梁弯曲的内力、静定平面桁架的内力，同时介绍轴力图、剪力图、弯矩图等内力图的绘制。

第一节　内力·截面法

一、内力的概念

前面我们已研究了结构物的支座反力与已知外力平衡的问题。对于所研究的物系受到其他物系给予的作用力称为外力，而将此物系内部各物体之间的相互作用力称为内力。当我们讨论构件的强度和刚度等问题时，一般总是以某一构件（不能再拆的结构元件）作为研究对象，因此，其他构件对此构件的作用力，就称为它所受到的外力。而内力则指的是此构件内部之间或各质点之间的相互作用力。我们知道，构件在未受外力作用时，其内部就存在内力，正是这些内力，使各质点之间保持一定的相对位置，使构件维持一定形状。

当构件受到外力作用时，其形状和尺寸都将发生变化。构件内力也将随之改变，这一因外力作用而引起构件内力的改变量，称为附加内力。其作用趋势是力图使构件保持其原有形状与尺寸。所以附加内力是由于外力而引起的，如外力增加，构件变形增加，附加内力也随之增加。但是，对任何一个构件，附加内力的增加总有一定限度（决定于构件材料、尺寸等因素），到此限度，构件就要破坏。例如，用手拉长一根橡胶条时，会感到在橡胶条内有一种反抗拉长的力。手拉的力越大，橡胶条被拉伸得越长，它的反抗力也越大。逐渐增大手拉的力，达到一定值时，橡胶条被拉断。

力学研究构件的变形和破坏问题，离不开讨论附加内力与外力的关系以及附加内力的限度。因为我们的讨论只涉及附加内力。故以后即把附加内力简称为内力。

二、内力的求法——截面法

为显示和计算内力，通常运用截面法，其一般步骤如下：

（1）截开　在需求内力的截面处，将构件假想截成两部分。

（2）代替　留下一部分，弃去另一部分，并用内力代替弃去部分对留下部分的作用。按照连续均匀假设，内力在截面上是连续均匀分布的。可用内力向截面形心简化结果来表示整个截面的内力。

（3）平衡　根据留下部分的平衡条件求出该截面的内力。

这种假想地用截面把构件截开，分成两部分，这样内力就转化为外力而显示出来，并可用静力平衡条件将它算出，这种方法称为截面法。

截面法是求内力的基本方法，各种基本变形的内力均用此法求得。以下讨论各种变形的内力。

第二节　轴向拉压杆的内力

沿杆件轴线作用一对大小相等、方向相反的外力，杆件将发生轴向伸长（或缩短）变形，这种变形称为轴向拉伸（或压缩）。产生轴向拉伸或压缩的杆件称为轴向拉杆或压杆。

工程结构中，拉杆和压杆是常见的。如图6-1所示的三角支架中，杆 AB 是拉杆，杆 BC 是压杆。又如图6-2所示的屋架，上弦杆是压杆，下弦杆是拉杆。

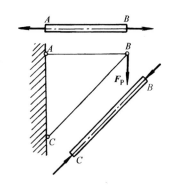

以图6-3a所示拉杆为例，运用截面法确定杆件内任一截面上的内力。

将杆件沿 mm 截面截开，取左段为研究对象，如图6-3b所示。考虑左段平衡，可知截面 mm 上的内力合力必是与杆轴相重合的一个力 F_N，且由平衡条件 $\sum F_x = 0$，可得 $F_N = F_N'$，其指向背离截面。若以右段为研究对象，如图6-3c所示，可得出相同的结果。

图 6-1

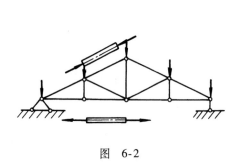

图 6-2

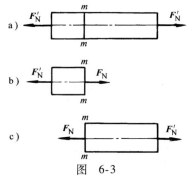

图 6-3

我们将沿杆轴线方向的内力合力称为轴力，并且规定：当杆件受拉伸，即轴力 F_N 背离截面时为正号，反之，杆件受压缩，即 F_N 指向截面时为负号。这样，无论留下截面哪一侧为研究对象，求得轴力的正负号都相同。计算轴力时均按正向假设，若得负号表明杆件受压。

图6-3a的直杆只在两端受拉力，每个截面上的轴力 F_N 都等于 F_N'。如果直杆承受多于两个的外力时，直杆的不同段上将有不同的轴力。应分段使用截面法，计算各段的轴力。为了形象地表示轴力沿杆件轴线的变化情况，可绘出轴力随横截面变化的图线，这一图线称为轴力图。以平行于杆轴线的坐标 x 表示杆件横截面的位置，以垂直于杆轴线的坐标 F_N 表示轴力的数值，将各截面的轴力按一定比例画在坐标图上，并连以直线，就得到轴力图。

下面通过例题说明。

例6-1 试画出图6-4a的直杆的轴力图。

解： 1）由于杆在 A、B、C、D 截面处受有外力，故将杆以外力作用面为分界面分为三段：AB、BC 与 CD 段。

2）用截面法在每一段的任一截面上截取研究对象，并假设各截面的轴力为拉力，如图6-4 b、c、d所示。

3）列平衡方程，求各段截面上轴力。

由 $\sum F_x = 0$ $F_{N1} - 6\text{kN} = 0$

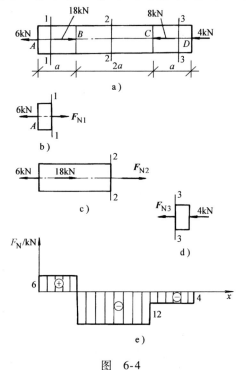

图 6-4

得
$$F_{N1} = 6kN$$
$$F_{N2} + 18kN - 6kN = 0 \ 得 \ F_{N2} = -12kN$$
$$F_{N3} + 4kN = 0 \ 得 \ F_{N3} = -4kN$$

4）画轴力图，根据上述轴力值，作出轴力图。由图6-4e可知，数值最大的轴力在 BC 段，并且 $|F_{Nmax}| = 12kN$。

例6-2 如图6-5a所示为一砖柱高3.5m，截面尺寸为37cm×37cm，其上有横梁作用于柱顶压力的合力是通过柱的轴线，大小为60kN，并知砖砌体的重度（γ）为18kN/m³。试求柱中截面1—1、2—2所承受的内力，最后试作出整根柱子的轴力图。

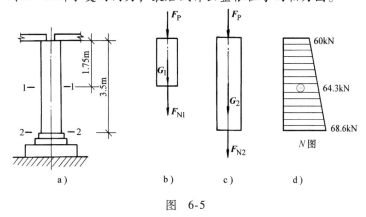

图 6-5

解：1）求截面1—1内力时，假想沿截面1—1截开，取上部分为研究对象。假设内力 F_{N1} 为拉力，如图6-5b所示，有两个外力，一个是横梁传递下来的荷载 $F_P = 60kN$，另一个是砖柱自重。设截面1—1以上砖柱自重为 G_1，则有
$$G_1 = \gamma V_1 = (18 \times 1.75 \times 0.37 \times 0.37) \ kN = 4.3kN$$
列平衡方程 $\quad \sum F_y = 0 \quad\quad F_P + G_1 + F_{N1} = 0$
解得 $\quad\quad F_{N1} = -F_P - G_1 = (-60 - 4.3) \ kN = -64.3kN$
计算结果为负，说明实际上这个内力不是拉力而是压力，大小为64.3kN。

2）再沿截面2—2截开，取上部分为研究对象，设内力 F_{N2} 为拉力，如图6-5c所示受力图，则有
$$G_2 = \gamma V_2 = (18 \times 3.5 \times 0.37 \times 0.37) \ kN = 8.6kN$$
列平衡方程 $\sum F_y = 0 \quad\quad F_P + G_2 + F_{N2} = 0$
解得 $\quad\quad F_{N2} = -F_P - G_2 = -68.6kN$

3）从上面计算可见，由于砖柱自重的影响，对于不同截面，其截面内力也不同，而距柱顶任意距离 y 处截面的内力为
$$F_N = F_P + \gamma y \times 0.37 \times 0.37$$
其中，γ 为砖柱的重度，代入 $F_P = 60kN$，$\gamma = 18kN/m^3$ 得 $F_N = 60kN + 2.46kN \cdot m^{-1}y$。

这是一个以 y 为未知变量的一次方程，y 越大，轴力 F_N 越大。一次方程的图像是一条斜直线，$y = 0$ 时，得柱顶内力 $F_N = 60kN$；$y = 3.5m$ 时，即得柱底轴力 $F_N = 68.6kN$。然后用直线把这两个点连起来，就得整根柱子的轴力图，如图6-5d所示。最大轴力在柱底，并且 $|N_{max}| = 68.6kN$。

第三节   梁的内力——剪力和弯矩

一、梁承受荷载的特点

当作用在直杆上的外力与杆轴线垂直时（通常称为横向力），直杆的轴线将由原来的直线弯
成曲线，这种变形称为弯曲。以弯曲变形为主的杆件通常称为梁。

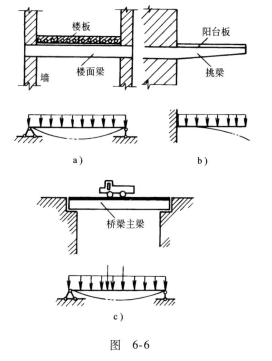

工程实际中产生弯曲变形的杆件很多。例如房屋建筑中的楼面梁，如图 6-6a 所示，受到楼面荷载的作用，将发生弯曲变形；阳台挑梁如图 6-6b 所示，在阳台板重量等荷载作用下也将发生弯曲变形。其他如挡土墙、吊车梁、桥梁中的主梁，如图 6-6c 所示，车轮辊轴等都是受弯构件。

我们先来研究比较简单的情形，即梁的横截面具有对称轴，如图 6-7a 所示，对称轴与梁的轴线所组成的平面称为纵向对称面，如图 6-7b 所示。如果作用于梁上的外力（包括荷载和支座反力）都位于纵向对称面内，且垂直于轴线，梁变形后的轴线将变成纵向对称面内的一条平面曲线，这种弯曲变形称为平面弯曲。本节只讨论平面弯曲时横截面上的内力。

工程中常见的梁按支座情况分为下列三种典型形式：

图   6-6

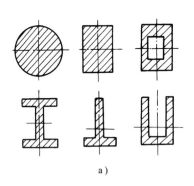
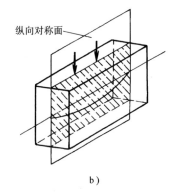

图   6-7

1）简支梁，一端铰支座，另一端为滚轴支座的梁，如图 6-8a 所示。
2）外伸梁，梁身的一端或两端伸出支座的简支梁，如图 6-8b 所示。
3）悬臂梁，一端为固定支座，另一端自由的梁，如图 6-8c 所示。

二、梁的内力——剪力和弯矩

1. 梁内力的性质

为了计算梁的应力和变形，需首先确定其内力。分析梁内力的方法仍

梁的内力

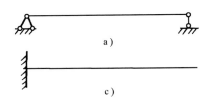
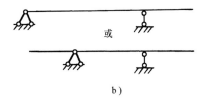

图　6-8

然是截面法。

以简支梁为例，如图 6-9a 所示。梁跨度中点受
集中力 F_P 作用，先利用平衡条件求出支座反力，即

$$F_{RA} = F_{RB} = \frac{F_P}{2}$$

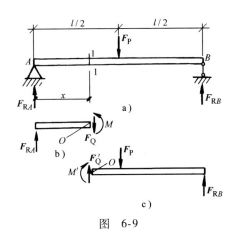

这些外力均为已知，且构成平面（纵向对称面）
平行力系。梁在该力系作用下处于平衡状态，现欲求
梁任一横截面 1—1 上的内力。可设该截面距梁左端
距离为 x，应用截面法，假想将梁在截面 1—1 处截成
左右两段，取左段为研究对象（图 6-9b），因原来的
梁处于平衡状态，所以梁的左段也应保持平衡状态。
左段受向上的外力 $F_{RA} = F_P/2$ 的作用，因此必有一个

图　6-9

向下的，与 F_{RA} 平行且相等的内力 F_Q 作用在 1—1 截面上。但这时 F_{RA} 与 F_Q 又有使梁作顺时针转
动的趋势，因此在 1—1 截面上必然还作用着一个反时针转向的内力偶 M 与之平衡。于是左段的
受力图如图 6-9b 所示，1—1 截面上有内力 F_Q 和内力偶 M。由左段的平衡条件

$$\sum F_y = 0 \qquad F_{RA} - F_Q = 0 \qquad 得 \ F_Q = F_{RA} = \frac{F_P}{2}$$

再对 1—1 截面形心 O 取矩，$\sum m_o \ (F) = 0$

$$- F_{RA} x + M = 0 \qquad 得 \ M = F_{RA} x = \frac{F_P}{2} x$$

F_Q、M 都得正值，说明 F_Q、M 的方向都假设对了。

同样，若取梁右段为研究对象，如图 6-9c，则右段 1—1 截面也同时存在内力 F_Q' 和内力偶
M'，根据作用与反作用原理，$F_Q = F_Q'$，指向相反；
$M = M'$，转向相反。

通过以上讨论可以看出，梁横截面上的内力有两
种：平行于横截面的内力 F_Q 和位于梁纵向对称面内
的内力偶 M。我们将 F_Q 称为剪力，将 M 称为弯矩。

关于弯矩和剪力这两个内力的性质，还可以从物
理概念去理解。图 6-10a 所示简支梁的变形，由于梁
弯曲，在凸边部分材料是受拉的，在凹边部分材料受
压，产生这样的变形是由于外力作用的结果。例如在
梁 1—1 截面处截开，如图 6-10b 所示，左段所受外
力 F_{RA} 对截面形心 O 有一力矩作用，它使截面 1—1
产生转动。于是梁在截面 1—1 处上部受压，下部受
拉，这样截面上部产生压力，下部产生拉力，它们构

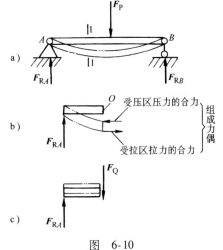

图　6-10

成一力偶与外力对截面形心矩平衡。同时，限制了截面的转动，这个力偶就是前面所说的弯矩。

要注意到梁在外力作用下，还有一种可能破坏的趋势，就是沿着截面方向相错的滑动。如图 6-10c 所示，沿截面 1—1 的强度不足以抵抗外力向上作用，会使截面左边的梁向上错动，如图中双点划线所示。剪力 F_Q 限制这种错动的变形，大小等于截面左段各外力之和。

2. 剪力、弯矩的符号确定

用截面法求梁的剪力和弯矩，取截面左段或右段为分离体来计算，得出的剪力或弯矩方向刚好相反，为了能得到同一符号的内力值，作如下规定：

（1）弯矩的正负规定 自梁上任一截面切开后，其左、右截面上的弯矩转向只有图 6-11a、b 两种情况。我们规定取截面左段梁时，截面上逆时针转向的弯矩为正；取截面右段梁时，截面上顺时针转向的弯矩为正，如图 6-11a 所示。反之，弯矩为负，如图 6-11b 所示。

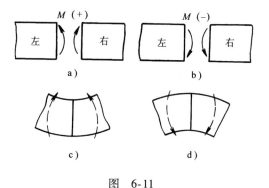

图　6-11

弯矩的正负规定，也可用梁的弯曲变形情况确定。在截面附近取微段梁，若微段梁的弯曲变形是下凸时，则截面上的弯矩为正，如图 6-11c 所示。反之，负弯矩对应的弯曲变形是上凸的，如图 6-11d 所示。

（2）剪力的正负规定 自梁上任一截面切开后，其左、右截面上的剪力也就是图 6-12a、b 所示的两种情况。我们规定取截面左段梁时，截面上的剪力向下为正；取截面右段梁时，截面上的剪力向上为正，如图 6-12a 所示。反之，则剪力为负，如图 6-12b 所示。即截面上的剪力使所考虑的梁段有顺转趋势时为正。

剪力的正负规定，还可以用截面附近微段梁的相对变形来确定。截面左、右段的错动趋势是"左上右下"时，剪力为正，如图 6-12c 所示，则负剪力对应的错动趋势是"左下右上"，如图 6-12d 所示。

（3）求梁内力的一般法则 通过上面的讨论可总结出用截面法求剪力和弯矩的法则如下：

欲求某截面的剪力 F_Q 和弯矩 M，先自该截面切开，保留一段（左段或右段均可），在截面上对照图 6-11a 和图 6-12a 设出正剪力 F_Q

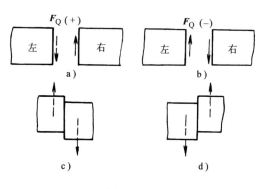

图　6-12

和正弯矩 M。然后用平衡方程 $\sum F_y = 0$ 求剪力 F_Q；用 $\sum m = 0$ 求弯矩 M，在写力矩平衡方程时永远以该截面的形心作为力矩矩心。最后求出剪力和弯矩，如得正号，即说明该截面的剪力和弯矩是正剪力和正弯矩；如得负号，则说明是负剪力和负弯矩。

例 6-3 求图 6-13 所示的简支梁，截面 1—1、2—2 上的剪力和弯矩。

解：1）先求支座反力，受力图如图 6-13a 所示。

由 $\sum F_x = 0$　　$F_{RAx} = 0$

由 $\sum m_A\ (F) = 0$　$F_{RB} \times 6\text{m} - F_P \times 1.5\text{m} - q \times 3\text{m} \times 4.5\text{m} = 0$　得 $F_{RB} = 29\text{kN}$

由 $\sum F_y = 0$　　$F_{RAy} + F_{RB} - F_P - q \times 3\text{m} = 0$　　得 $F_{RAy} = 15\text{kN}$

2）求截面1—1上的剪力和弯矩，取截面1—1以左的梁来计算，截面上的 F_{Q1}、M_1 均假设为正，如图6-13b所示。

由 $\sum F_y = 0$　　$F_{RAy} - F_P - F_{Q1} = 0$

得　　　　$F_{Q1} = F_{RAy} - F_P = 7\text{kN}$

由 $\sum m = 0$　　$M_1 + F_P \times 0.5\text{m} - F_{RAy} \times 2\text{m} = 0$

得　　$M_1 = (15 \times 2 - 8 \times 0.5)\text{kN} \cdot \text{m} = 26\text{kN} \cdot \text{m}$

计算结果均为正，说明1—1截面上的剪力和弯矩均为正。

3）求截面2—2上的剪力和弯矩，取截面2—2以右的梁来计算，截面上的 F_{Q2}、M_2 均假设为正，如图6-13c所示。

由 $\sum F_y = 0$　　$F_{RB} + F_{Q2} - q \times 1.5\text{m} = 0$

得　　$F_{Q2} = (12 \times 1.5 - 29)\text{kN} = -11\text{kN}$

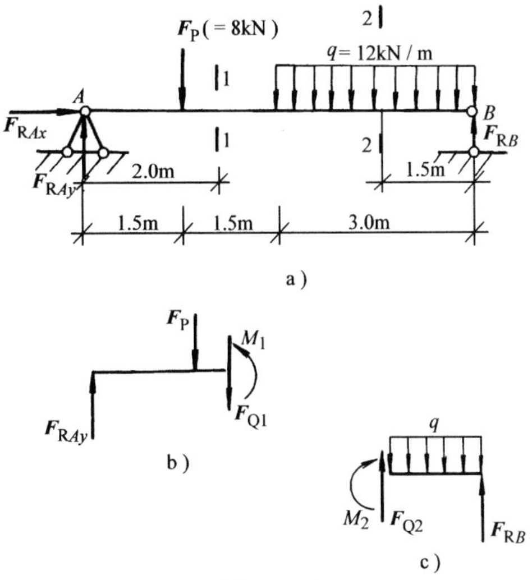

由 $\sum m = 0$　　$F_{RB} \times 1.5\text{m} - M_2 - q \times 1.5\text{m} \times \dfrac{1.5}{2}\text{m} = 0$

得

$$M_2 = \left(29 \times 1.5 - 12 \times 1.5 \times \frac{1.5}{2}\right)\text{kN} \cdot \text{m} = 30\text{kN} \cdot \text{m}$$

图　6-13

计算结果 F_{Q2} 为负、M_2 为正，说明该截面上剪力为负，弯矩为正。

通过上例得出求梁内力的规律：

1）梁中任一截面的剪力 F_Q 在数值上等于该截面一侧所有垂直于梁轴线的外力的代数和。符号确定方法是：外力使梁产生左上右下错动趋势时，外力为正，反之外力为负。即截面以左向上的外力或截面以右向下的外力产生正剪力（简称左上右下生正剪），反之为负。

2）梁中任一截面的弯矩 M 在数值上等于该截面一侧所有外力对该截面形心的力矩的代数和。符号确定方法是：力矩使梁下凸时为正，使梁上凸时为负。即向上的外力或截面以左顺时针转向的外力偶或截面以右逆时针转向的外力偶产生正的弯矩（简称左顺右逆生正弯矩），反之为负。

根据上述规律，求梁的剪力和弯矩时可以不必画出各段梁的示力图，也不需要列出各段梁的平衡方程，可直接算出截面的弯矩和剪力。

根据上述规律，现将本例1—1截面的弯矩和剪力直接写出如下：

取左侧可得 $M_1 = F_{RAy} \times 2\text{m} - F_P \times 0.5\text{m} = (15 \times 2 - 8 \times 0.5)\text{kN} \cdot \text{m} = 26\text{kN} \cdot \text{m}$

$$F_{Q1} = F_{RAy} - F_P = (15 - 8)\text{kN} = 7\text{kN}$$

取右侧可得 $M_1 = F_{RB} \times 4\text{m} - q \times 3\text{m} \times 2.5\text{m} = (29 \times 4 - 12 \times 3 \times 2.5)\text{kN} \cdot \text{m} = 26\text{kN} \cdot \text{m}$

$$F_{Q1} = q \times 3\text{m} - F_{RB} = (12 \times 3 - 29)\text{kN} = 7\text{kN}$$

例6-4　试求图6-14所示悬臂梁1—1、2—2截面上的内力。

解： 1）悬臂梁左端为自由端，在求内力时，若取左段为研究对象，则可省去求支座反力。

2）求1—1截面的剪力和弯矩，对1—1截面的左段梁运用上述规律有

$$F_{Q1} = -q \times \frac{l}{2} = -\frac{1}{2}ql$$

$$M_1 = -q \times \frac{l}{2} \times \frac{l}{4} = -\frac{1}{8}ql^2$$

计算结果均为负，说明该截面内力是负剪力和负弯矩。

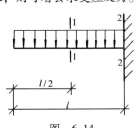

图　6-14

3）求 2—2 截面的剪力和弯矩，对 2—2 截面的左段梁运用上述规律有

$$F_{Q2} = -ql$$

$$M_2 = -ql \times \frac{l}{2} = -\frac{1}{2}ql^2$$

说明 M_2 和 F_{Q2} 也是负弯矩和负剪力。

第四节　剪力图和弯矩图

上节讨论了梁上任一截面上的剪力和弯矩。一般情况下，截面上的剪力和弯矩是随横截面位置的变化而变化的。若横截面的位置用 x 表示，则截面上的剪力和弯矩可以写成 x 的函数，即

$$F_Q = F_Q(x) \qquad M = M(x)$$

这种内力与截面位置 x 的函数式分别称为剪力方程和弯矩方程，统称为内力方程。

为了清楚地表示梁上各横截面的剪力和弯矩的大小、正负以及最大值所在截面（危险截面）的位置，把剪力方程和弯矩方程用函数图像表示出来，分别称为剪力图和弯矩图。其绘制方法与轴力图类似，以横坐标 x 表示截面位置，以纵坐标表示截面上的剪力或弯矩的数值。需注意的是土建工程中习惯上把正剪力画在 x 轴上方，负剪力画在 x 轴下方；而弯矩规定画在梁受拉的一侧。联系前面对弯矩正负号的规定，正弯矩使梁下凸，也就是使梁的下边受拉；负弯矩使梁的上边受拉，所以在画梁的弯矩图时，正弯矩画在 x 轴下方，负弯矩画在 x 轴上方。这种画法对于钢筋混凝土梁配筋是有帮助的，一看弯矩图，便知道应将受力的纵向钢筋放置在哪一边。因为钢筋混凝土结构中钢筋主要用来承担拉力的，所以在梁中钢筋就应放置在受拉边。

绘制剪力图和弯矩图的一般步骤为：

1）根据梁的支承情况和梁上作用的荷载，求出支座反力（对于悬臂梁，若选自由端一侧为研究对象，可以不必求支座反力）。

2）分段列出剪力方程和弯矩方程。根据荷载和支座反力，在集中力（包括支座反力）和集中力偶作用处，以及分布荷载的分布规律发生变化处将梁分段，以梁的左端为坐标原点，分别列出每一段的内力方程。

3）根据剪力方程和弯矩方程所表示的曲线性质，确定画出这些曲线所需要的控制点，即所谓的特征点，求出这些特征点的数值（即求出若干截面的剪力和弯矩）。

4）用与梁轴平行的直线为 x 轴，取特征点相应的剪力（或弯矩）值为竖距，根据剪力方程（或弯矩方程）所表示的曲线性质绘出剪力图（或弯矩图），并在图中标明各特征点的剪力（或弯矩）的数值。确定最大内力的数值及位置。

按照上述作图步骤，下面举例说明作剪力图和弯矩图的方法。

例 6-5 悬臂梁受集中力作用，如图 6-15a 所示。试画出此梁的弯矩图和剪力图，并确定 $|F_Q|_{max}$ 和 $|M|_{max}$。

解： 悬臂梁支座反力可不求，此梁也不用分段。梁所受已知力 F_P 作用在 A 点，支座反力在 B 点。

1）列出剪力方程和弯矩方程。将 x 坐标原点取在梁左端，在距左端 A 为 x 处取一截面。取左段为研究对象，可写出该截面上的剪力 $F_Q(x)$ 和弯矩 $M(x)$ 为

$$F_Q(x) = -F_P \qquad (0 < x < l)$$

$$M(x) = -F_P x \qquad (0 \leqslant x < l)$$

因为截面位置为任意的，故式中 x 是一变量，此即为梁的剪力方程和弯矩方程。

2）计算各特征点的剪力和弯矩值。因为 $F_Q(x) = -F_P = $ 常数，表明梁内各截面的剪力都相同，其值都是 $-F_P$。所以剪力图是一条平行于 x 轴的直线，且位于 x 轴下方。

$M(x) = -F_P x$，表明 $M(x)$ 是 x 的一次函数，所以弯矩沿梁轴按直线规律变化。由于是直线，故只需确定梁内任意两截面的弯矩，便可画出弯矩图。

当 $x = 0$ 时　　　$M_A = 0$

当 $x = l$ 时　　　$M_B = -F_P l$

3）绘制剪力图和弯矩图，如图 6-15b、c 所示。由图可见，在梁右端的固定端面上，弯矩的绝对值最大，剪力则在全梁各截面处都相等，其值为

$$| M |_{max} = F_P l \qquad | F_Q |_{max} = F_P$$

习惯上将剪力图和弯矩图与梁的计算简图对正，并标明图名（M 图，F_Q 图），控制点值及正负号，这样坐标轴可省略不画。

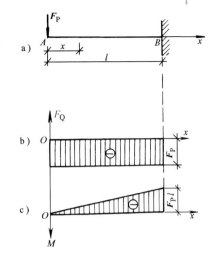

图　6-15

例 6-6　简支梁受均布荷载作用，如图 6-16a 所示。试绘制此梁的剪力图和弯矩图。

解：1）求支座反力。由 $\sum F_y = 0$ 及对称关系，可知

$$F_{RA} = F_{RB} = \frac{1}{2} ql$$

2）列剪力方程和弯矩方程，以梁左端 A 为原点，列出方程如下

$$F_Q(x) = F_{RA} - qx = \frac{1}{2} ql - qx$$

$$(0 < x < l)$$

$$M(x) = F_{RA} x - qx \times \frac{x}{2} = \frac{ql}{2} x - \frac{q}{2} x^2$$

$$(0 \leq x \leq l)$$

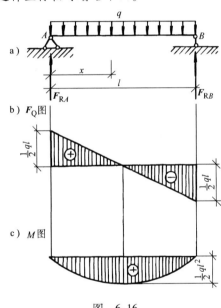

图　6-16

3）计算各特征点的 F_Q 值和 M 值，由 $F_Q(x)$ 方程知，$F_Q(x)$ 是 x 的一次函数，需计算两个截面的剪力值，就能描出剪力图，即

当 $x = 0$ 时　　　$F_{QA右} = \frac{1}{2} ql$

当 $x = l$ 时　　　$F_{QB左} = -\frac{1}{2} ql$

由 $M(x)$ 方程知，$M(x)$ 是 x 的二次函数，至少需计算三个截面的弯矩值，才能描出曲线的大致形状。

当 $x = 0$ 时　　　　　　　$M_A = 0$

当 $x = \dfrac{l}{2}$ 时　　　　　　$M_C = \dfrac{q}{8} l^2$

当 $x = l$ 时 $M_B = 0$

4）剪力图和弯矩图，如图6-16b、c所示。由图6-16b、c可见，简支梁在均布荷载作用下，跨中处剪力 F_Q 等于零，而弯矩达到最大值。最大剪力则发生在 A、B 两支座截面处，其值为

$$| F_Q |_{max} = \frac{1}{2}ql \qquad | M |_{max} = \frac{1}{8}ql^2$$

将静定梁在常见单种荷载作用下的 F_Q 图和 M 图汇总于图6-17。熟记这些内力图对以后学习有用。

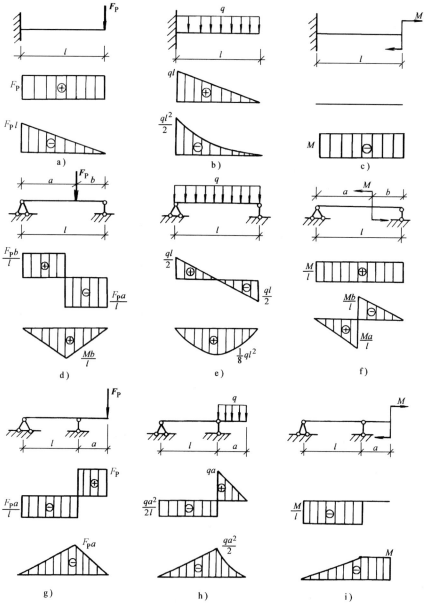

图6-17 静定梁在单种荷载作用下的 F_Q 图和 M 图

应用 $F_Q(x)$、$M(x)$ 与 $q(x)$ 之间的微分关系及其几何意义，可以总结出下列一些规律，利用这些规律可以校核或绘制梁的剪力图和弯矩图。

1. 无分布荷载作用的梁段

由于 $q(x) = 0$，即 $\dfrac{\mathrm{d}F_Q(x)}{\mathrm{d}x} = q(x) = 0$。知该段梁剪力 $F_Q(x) =$ 常量，所以此段梁上 F_Q 图为一条平行于 x 轴的直线。又由 $\dfrac{\mathrm{d}M(x)}{\mathrm{d}x} = F_Q(x) =$ 常量，可知该段梁弯矩图上各点切线的斜率为常数，因此弯矩图为一条斜直线。至于该直线向哪个方向倾斜，可能出现三种情况：

1）$F_Q(x) =$ 常数 > 0，M 图为递增直线，即为一条下斜直线。

2）$F_Q(x) =$ 常数 < 0，M 图为递减直线，即为一条上斜直线。

3）$F_Q(x) =$ 常数 $= 0$，M 图为一条水平直线。

2. 均布荷载作用的梁段

由于 $q(x) =$ 常数，即 $\dfrac{\mathrm{d}F_Q(x)}{\mathrm{d}x} = q(x) =$ 常数，因此剪力图上各点切线的斜率为常数，即该段梁剪力图是一条斜直线；再由 $\dfrac{\mathrm{d}M(x)}{\mathrm{d}x} = F_Q(x)$，$F_Q(x)$ 为斜直线，说明弯矩图上各点切线斜率是变化的，可知该段梁弯矩图为二次抛物线。可能出现两种情况：

1）当 $q(x) =$ 常数 > 0（向上），则由 $\dfrac{\mathrm{d}F_Q(x)}{\mathrm{d}x} = q(x) > 0$，知 F_Q 图为递增上斜直线；再由 $\dfrac{\mathrm{d}^2 M(x)}{\mathrm{d}x^2} = q(x) > 0$ 及 $\dfrac{\mathrm{d}M(x)}{\mathrm{d}x} = F_Q(x)$（递增），知 M 图为上凸曲线（开口向下）。

2）当 $q(x) =$ 常数 < 0（向下），则由 $\dfrac{\mathrm{d}F_Q(x)}{\mathrm{d}x} = q(x) < 0$，$F_Q$ 图为递减下斜直线；再由 $\dfrac{\mathrm{d}^2 M(x)}{\mathrm{d}x^2} = q(x) < 0$ 及 $\dfrac{\mathrm{d}M(x)}{\mathrm{d}x} = F_Q(x)$（递减）。当 $F_Q(x) > 0$，即 $\dfrac{\mathrm{d}M(x)}{\mathrm{d}x} > 0$，$M$ 图为一递增曲线；当 $F_Q(x) < 0$，即 $\dfrac{\mathrm{d}M(x)}{\mathrm{d}x} < 0$，$M$ 图为一递减曲线；显然在 $F_Q(x) = 0$；即 $\dfrac{\mathrm{d}M(x)}{\mathrm{d}x} = 0$ 处，M 图有一极值点，该处弯矩有极值，由此可知，M 图为下凸的曲线（开口向上）。

3. 集中力作用处

F_Q 图有突变，突变数值等于集中力大小，突变方向与集中力方向一致而 M 图在相应位置上有一转折点。

4. 集中力偶作用处

F_Q 图无变化，而 M 图有突变，突变数值等于集中力偶的大小。突变方向为：若集中力偶为顺时针转向，则弯矩图向下突变；若集中力偶为逆时针转向，则弯矩图向上突变。

5. 绝对值最大的弯矩

绝对值最大的弯矩总是出现在集中力作用处、集中力偶作用处或 $F_Q = 0$ 的截面上。

将荷载、剪力图、弯矩图之间的关系列于表6-1，以便应用。以上总结的规律，除可以帮助检查作图的正确性外，利用它可避免列方程的麻烦而直接作出内力图，应很好地理解和熟练掌握。

例6-7 试绘出图 6-18a 所示梁的剪力图和弯矩图。

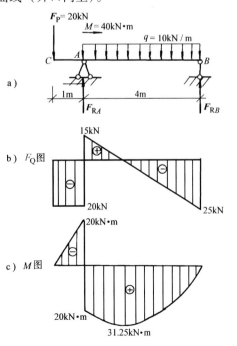

图 6-18

解：1）求支座反力，建立梁的静力平衡方程

$\sum m_A(F) = 0$　　$(20 \times 1 - 40)\text{kN} \cdot \text{m} + F_{RB} \times 4\text{m} - (10 \times 4 \times 2)\text{kN} \cdot \text{m} = 0$　　得 $F_{RB} = 25\text{kN}$

$\sum m_B(F) = 0$　　$(20 \times 5 + 10 \times 4 \times 2 - 40)\text{kN} \cdot \text{m} - F_{RA} \times 4\text{m} = 0$　　得 $F_{RA} = 35\text{kN}$

$\sum F_y = 0$　　$F_{RA} + F_{RB} - 20\text{kN} - 10 \times 4\text{kN} = 0$　　得 $F_{RB} = 25\text{kN}$

2）分段，根据梁上荷载情况，分为 CA、AB 两段。梁的荷载、剪力图、弯矩图之间的关系见表 6-1。

表 6-1　梁的荷载、剪力图、弯矩图之间的关系

	梁上荷载情况	剪 力 图	弯 矩 图
1	无分布荷载 $(q=0)$	F_Q 图为水平直线 $F_Q = 0$ $F_Q > 0$ $F_Q < 0$	M 图为斜直线 $M<0$　$M=0$　$M>0$ 下斜直线 上斜直线
2	均布荷载向上作用 $0 < b$	上斜直线	上凸曲线
3	均布荷载向下作用 $q < 0$	下斜直线	下凸曲线
4	集中力作用 F_P C	C 截面有突变	C
5	集中力偶作用 M C	C 截面无变化	C 截面有突变
6		$Q = 0$ 截面	M 有极值

3）画 F_Q 图，先由各段荷载情况判断 F_Q 图形状，再用截面法计算各控制面的 F_Q 值（列表分析）。注意 C、A、B 截面有突变，突变值为集中力的大小，突变方向与集中力方向一致。然后画出 F_Q 图，如图 6-18b 所示，其值见表 6-2。

表 6-2

段	荷 载	F_Q 图形状	控 制 值
CA	$q = 0$	水平直线（一）	$F_{QC右} = -20\text{kN}$
AB	$q = $ 常数 < 0	下斜直线（\）	$F_{QA右} = F_{RA} - 20\text{kN} = 15\text{kN}$，$F_{QB左} = -25\text{kN}$

4）画 M 图，先由各段荷载和剪力图判断 M 图形状，再用截面法计算各控制截面的 M 值（列表分析）。注意在 A 截面有突变，突变值为 $M = 40\text{kN} \cdot \text{m}$，在 $F_Q = 0$ 截面弯矩有极值。然后画出 M 图，如图 6-18c 所示，其值见表 6-3。

表 6-3

段	荷载	F_Q 值	M 图形状	控制值
CA	$q = 0$	负常数	上斜直线（／）	$M_C = 0$ $M_{A左} = -20\text{kN} \times 1\text{m} = -20\text{kN} \cdot \text{m}$
AB	$q = $ 常数 < 0	由正→负	上凸曲线（⌒）	$M_{A右} = 20\text{kN} \cdot \text{m}$，$M_B = 0$

先求 $F_Q = 0$ 截面位置，设距 C 端为 x，该截面剪力为

$$F_Q = -20\text{kN} + F_{RA} - q \ (x - 1\text{m}) \ = 0$$

把 F_{RA}、q 代入解得 $x = 2.5\text{m}$

即距 C 端 2.5m 处截面上弯矩最大，即

$$M_{max} = M - F_P x - q \ (x - 1\text{m}) \ \times \frac{x-1}{2}\text{m} + F_{RA} \ (x - 1\text{m})$$

$$= \left(40 - 20 \times 2.5 - 10 \times 1.5 \times \frac{1.5}{2} + 35 \times 1.5 \right) \text{kN} \cdot \text{m}$$

$$= 31.25\text{kN} \cdot \text{m}$$

由 F_Q 图知：$| F_Q |_{max} = 25\text{kN}$。

第五节 用叠加法作弯矩图

一、叠加原理

如图 6-19a、b、c 所示分别画出了同一根梁 AB 受集中力 F_P 和均布荷载 q 共同作用、集中力 F_P 单独作用和均布荷载 q 单独作用等三种受力情况及其弯矩图。现在来分析每种情况下的反力和弯矩方程。

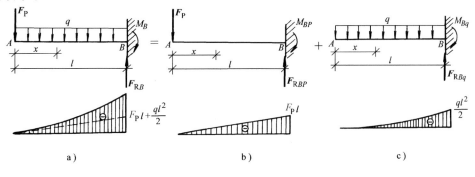

a）   b）   c）

图 6-19

1）在 F_P、q 共同作用时，如图 6-19a 所示。

$$F_{RB} = F_P + ql \qquad M_B = F_P l + \frac{1}{2}ql^2 \qquad M(x) = -F_P x - \frac{1}{2}qx^2$$

2）在 F_P 单独作用时，如图 6-19b 所示。

$$F_{RBP} = F_P \qquad M_{BP} = F_P l \qquad M_P(x) = -F_P x$$

3）在 q 单独用时，如图 6-19c 所示。

$$F_{RBq} = ql \qquad M_{Bq} = \frac{1}{2}ql^2 \qquad M_q(x) = -\frac{1}{2}qx^2$$

上述各式的支座反力、弯矩与荷载均为一次线性关系。比较以上三种情况的计算结果：

$$F_{RB} = F_{RBP} + F_{RBq}$$
$$M_B = M_{BP} + M_{Bq}$$
$$M(x) = M_P(x) + M_q(x)$$

即在 F_P、q 共同作用时所产生的反力或弯矩等于 F_P 与 q 单独作用时产生的反力或弯矩的代数和。

由于梁在荷载作用下变形微小，其跨长的改变可以忽略不计，因而求梁的支座反力、剪力和弯矩时，均可按其原始尺寸进行计算（考虑小变形条件）。当梁上有 n 个荷载共同作用时，由每一个荷载所引起的梁的支座反力、剪力和弯矩将不受其他荷载的影响（一般称为力的独立作用原理）。这种关系不仅在计算内力时存在，在计算变形、应力时同样存在。即由 n 个荷载共同作用时所引起的某一参数（反力、内力、应力、变形）等于各个荷载单独作用时所引起该参数值的代数和，这种关系称为叠加原理。

允许应用叠加原理的一般条件是：必须是该参数与荷载成线性关系。因为只有存在线性关系时，各荷载所产生的该参数值才能互相不影响。对于静定梁求反力和内力，只要满足小变形条件，其反力和内力一定与荷载成线性关系，就可以应用叠加原理。

二、叠加法画弯矩图

根据叠加原理来绘制内力图的方法称为叠加法。用叠加法作弯矩图往往比较方便（剪力图还是按原有作法为好）。下面只讨论用叠加法作弯矩图。

用叠加法作弯矩图的步骤是：先把作用在梁上的复杂荷载分成几组简单的荷载（其弯矩已知或简单易画的），分别作出各简单荷载单独作用下的弯矩图，然后将它们相应的纵坐标值代数相加，就得到梁在复杂荷载作用下的弯矩图。

需要注意：所谓叠加是将同一截面上的弯矩代数相加。反映在弯矩图上，是各简单荷载作用下的弯矩图在对应点处垂直杆轴的纵坐标相叠加，而不是弯矩图的简单拼合。

例 6-8 图 6-20a 所示的简支梁，在 A 端作用有一集中力偶，$M = 120\text{kN·m}$，在截面 C 处作用有集中力 $F_P = 80\text{kN}$。试用叠加法画出其弯矩图。

解：1）先将荷载分两组：外力偶 M 为一组，集中力 F_P 为一组。

2）分别画出两组荷载单独作用下的弯矩图，如图 6-20b、c 所示。

3）叠加法作弯矩图，梁上无均布荷载作用，所以弯矩图为斜直线。在 M 单独作用下求出 C 截面弯矩，也可由弯矩图直接用相似三角形关系求出，如图 6-20c 所示。

$$\frac{M_C}{M_A} = \frac{BC}{AB}, \quad M_C = M_A \times \frac{BC}{AB} = \left(-120 \times \frac{4.5}{7}\right)\text{kN·m} = -77.1\text{kN·m}$$

在集中力 F_P 单独作用下，C 截面弯矩为

$$M_C = \frac{F_P ab}{l} = \left(\frac{80 \times 2.5 \times 4.5}{7}\right)\text{kN·m} = 128.6\text{kN·m}$$

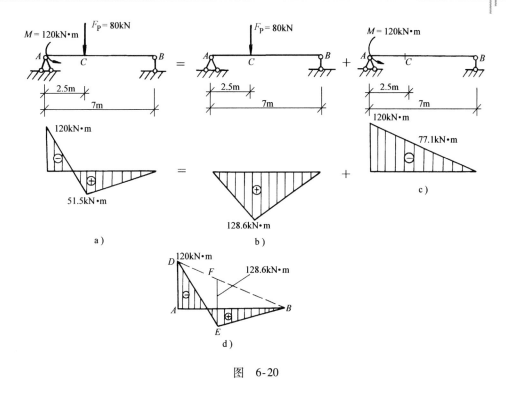

图 6-20

这两个弯矩图符号相反，叠加时就应相减：截面 A 处：$(-120+0)\,\mathrm{kN\cdot m}=$ $-120\,\mathrm{kN\cdot m}$。截面 C 处：$(-77.1+128.6)\,\mathrm{kN\cdot m}=51.5\,\mathrm{kN\cdot m}$。截面 B 处：$M_B=0$。将这三处的弯矩值标出来，如图 6-20a 所示，然后用直线连起来，就得最后的弯矩图了。

还有一个作法，如图 6-20d 所示。先画出 M 作用下的弯矩图 ADB，然后在 DB 斜线上的 F 点（截面 C 的位置）向下度量 $FE=128.6\,\mathrm{kN\cdot m}$，连 DE、EB 就得弯矩图了。

这样的作法相当于将图 6-20b 中的正弯矩三角形提高，使之与负弯矩三角形叠合在一起，重叠部分正负相消去，剩下来的面积就是叠加后的弯矩图。

例6-9 简支梁受荷载 M、q 作用如图 6-21a 所示。试用叠加法画弯矩图。

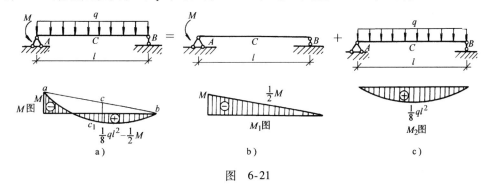

图 6-21

解：先将梁上荷载分为 M 与 q 两组。分别画出 M、q 单独作用下的弯矩图 M_1 图、M_2 图（图 6-21b、c）。

叠加的方法，先画出 M_1 图，再以 ab 线为基线画 M_2 图，如图 6-21a 所示。将 M_2 控制截面的纵坐标叠画在相应的位置。如 M_2 图在梁中点 C 的弯矩是 $\dfrac{1}{8}ql^2$，则在 ab 基线的中点 C 铅垂向下

量 $\dfrac{1}{8}ql^2$ 得 c_1 点 $\left(cc_1 = \dfrac{1}{8}ql^2\right)$，而 M_2 图在梁的两端点的弯矩都为零，则在基线 ab 的两端点 a、b 就分别叠加上零值，就是原 a、b 点，连接 a、c_1、b 即得最后的弯矩图 M。

第六节　静定平面桁架内力

由若干直杆在两端用铰连接而成的结构称为桁架，如图6-22所示。如果桁架中各杆的轴线和作用的荷载都在同一平面内，则称为平面桁架。一般情况下，桁架中的各杆件主要发生拉伸或压缩变形，弯曲和剪切变形很小，往往可以略去不计。

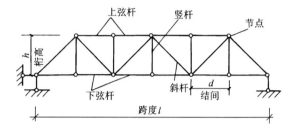

图　6-22

在平面桁架的计算中，通常引用如下假定：

1）各杆两端用绝对光滑而无摩擦的理想铰相互连接。

2）各杆的轴线都是绝对平直，且在同一平面内并通过铰的中心。

3）荷载和支座反力作用在节点上并位于桁架平面内。

符合上述假定所作的桁架计算简图，各杆均可用轴线表示。显然可见，各杆均为只承受轴向力的二力杆，这样的桁架称为理想桁架。理想桁架由于各杆只受轴力，应力分布均匀，材料得到充分利用。因而与梁比较，桁架可用更少材料，跨越更大的跨度。

工程实际中的桁架结构与上述假定是有差别的。节点会有一定的刚性，比如钢桁架的节点通常是采用铆接或者焊接，各杆件之间的角度几乎是不变的；木桁架中各杆采用榫接或螺栓连接，在节点处虽然能够转动，但节点构造也不能完全符合理想铰的情况。桁架中的各杆轴线也不可能绝对平直，在节点处也不可能准确地汇交于一点。此外，还有如自重、风荷载等非节点荷载的作用等。但理论计算和实际量测结果表明，在一般情况下，用理想桁架计算可以得到令人满意的结果。

如图6-22所示，组成桁架的杆件依其所在位置的不同，可分为弦杆和腹杆两类。弦杆又可分为上弦杆和下弦杆，腹杆又可以分为竖杆和斜杆。弦杆上相邻两结点的区间称为结间，桁架最高点到两支座连线的距离称为桁高，两支座之间的距离称为跨度。

本节只讨论平面桁架中静定桁架，下面介绍两种计算静定平面桁架杆件内力的方法：节点法和截面法。

一、节点法

桁架的每一个节点都处于静力平衡状况，因此，每一个节点都满足前面所述的静力平衡方程。为了求每个杆件的内力，可以逐个地取节点为研究对象，利用各节点的静力平衡条件来计算各杆的内力，这种方法称为节点法。

因为桁架各杆件都只承受轴力，作用于任一节点的各力（比如节点荷载、支座反力和杆件轴力）组成一个平面汇交力系。求解平面汇交力系的平衡问题，第四章我们已介绍过，可以用解析法，也可以用图解法（几何法）。

平面汇交力系平衡方程的个数是两个，可以求解两个未知量。实际计算时，为了避免解联立方程，应从未知力不超过两个的节点开始，也就是说，从不超过两根杆件的节点开始。以后对每一个节点的求解过程，扣除已经由未知转化为已知力的杆件，也最好从不超过两根未知力的杆件逐个求解。可以避免解三元一次以上联立方程组，而使运算简单。

在计算时，先以所求节点为坐标原点建立 x，y 坐标系，假定节点上每根杆件的内力为一个未知的拉力（即箭头指向背离该节点）。若所得结果为正，说明杆件所受的轴向力确实为拉力；若所得结果为负，则说明杆件的内力为轴向压力。

现举例说明节点法的方法和步骤。

例6-10 试用节点法求图6-23a所示桁架各杆件的内力。

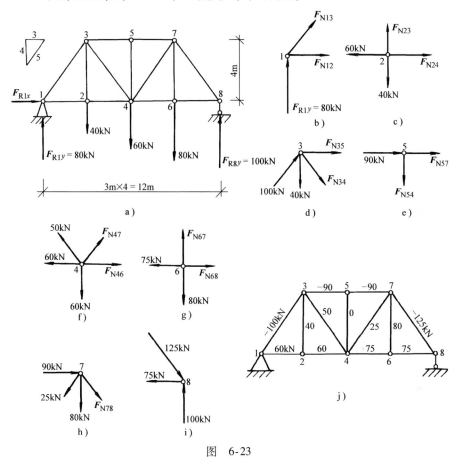

图 6-23

解： 1）先求支座反力，支座反力如图6-23a所示，以桁架整体为研究对象，列平衡方程有

$\sum F_x = 0$ $F_{R1x} = 0$

$\sum m_8(\boldsymbol{F}) = 0$ $(40 \times 9 + 60 \times 6 + 80 \times 3) \text{kN} \cdot \text{m} - F_{R1y} \times 12\text{m} = 0$ 得 $F_{R1y} = 80\text{kN}$

$\sum F_y = 0$ $F_{R1y} + F_{R8y} + (-40 - 60 - 80)\text{kN} = 0$ 得 $F_{R8y} = 100\text{kN}$

2）利用各节点的平衡条件计算各杆件内力，节点1和8只包含两个未知力。现从节点1开始，然后依次分析邻近的节点。

取节点1为分离体，受力图如图6-23b所示。

由 $\sum F_y = 0$ $F_{R1y} + F_{N13} \times \frac{4}{5} = 0$ 得 $F_{N13} = \left(-\frac{5}{4} \times 80\right)\text{kN} = -100\text{kN}（压力）$

由 $\sum F_x = 0$ $F_{N12} + F_{N13} \times \frac{3}{5} = 0$ 得 $F_{N12} = \left[-\frac{3}{5} \times (-100)\right]\text{kN} = 60\text{kN}（拉力）$

取节点2为分离体，受力图如图6-23c所示。

由 $\sum F_x = 0$ $F_{N24} = F_{N12} = 60\text{kN}$

由 $\sum F_y = 0$ $F_{N23} = 40\text{kN}$

取节点3为分离体，受力图如图6-23d所示，注意杆13的内力应以实际方向画出（为压力），杆23的内力 F_{N23} 已成为已知。

由 $\sum F_y = 0$ ⟶ $100\text{kN} \times \dfrac{4}{5} - 40\text{kN} - F_{N34} \times \dfrac{4}{5} = 0$ ⟶ 得 $F_{N34} = 50\text{kN}$

由 $\sum F_x = 0$ ⟶ $F_{N35} + F_{N34} \times \dfrac{3}{5} + 100\text{kN} \times \dfrac{3}{5} = 0$ ⟶ 得 $F_{N35} = -90\text{kN}$

取节点5为分离体，画受力图，如图6-23e所示。

由 $\sum F_x = 0$ ⟶ $F_{N57} + 90\text{kN} = 0$ ⟶ 得 $F_{N57} = -90\text{kN}$（压力）

由 $\sum F_y = 0$ ⟶ $F_{N54} = 0$

画节点4受力图，如图6-23f所示。

由 $\sum F_y = 0$ ⟶ $F_{N47} \times \dfrac{4}{5} + 50\text{kN} \times \dfrac{4}{5} - 60\text{kN} = 0$ ⟶ 得 $F_{N47} = 25\text{kN}$

由 $\sum F_x = 0$ ⟶ $F_{N46} + F_{N47} \times \dfrac{3}{5} - 60\text{kN} - 50\text{kN} \times \dfrac{3}{5} = 0$ ⟶ 得 $F_{N46} = 75\text{kN}$

画节点6受力图，如图6-23g所示。

由 $\sum F_x = 0$ ⟶ $F_{N68} = 75\text{kN}$

由 $\sum F_y = 0$ ⟶ $F_{N67} = 80\text{kN}$

画节点7受力图，如图6-23h所示。

由 $\sum F_x = 0$ ⟶ $F_{N78} \times \dfrac{3}{5} + 90\text{kN} - 25\text{kN} \times \dfrac{3}{5} = 0$ ⟶ 得 $F_{N78} = -125\text{kN}$（压力）

用节点8校核，节点8受力图如图6-23i所示，显然

$$\sum F_x = 125\text{kN} \times \frac{3}{5} - 75\text{kN} = 0$$

$$\sum F_y = 100\text{kN} - 125\text{kN} \times \frac{4}{5} = 0$$

说明计算结果无误。各杆的内力示于图6-23j。

由以上可见，节点法适用于计算桁架内全部杆件的内力。本例中杆件54的内力 $F_{N54} = 0$，桁架中内力为零的杆件称为零杆。如事先能把零杆找到，可使计算工作简化。利用某些节点平衡的特殊情况，判断桁架中的零杆。判断规律如下：

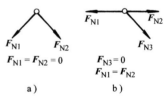

$F_{N1} = F_{N2} = 0$

$F_{N3} = 0$
$F_{N1} = F_{N2}$

a)　　　　b)

图　6-24

1）不共线的两杆的节点，当无荷载作用时，如图6-24a所示，则该两杆的内力都等于零。

2）由三杆构成的节点，有两杆共线，且无荷载作用，如图6-24b所示，则不共线的第三杆的内力必为零，共线两杆的内力相等，符号相同。

利用以上规律，判断出图6-25a、b所示桁架中，虚线所示各杆均为零杆，这样可以简化计算工作。

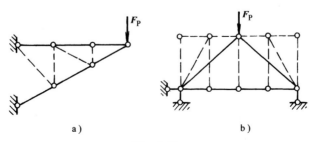

a)　　　　　　b)

图　6-25

例6-11 试用节点法分析图6-26a所示桁架各杆的内力。

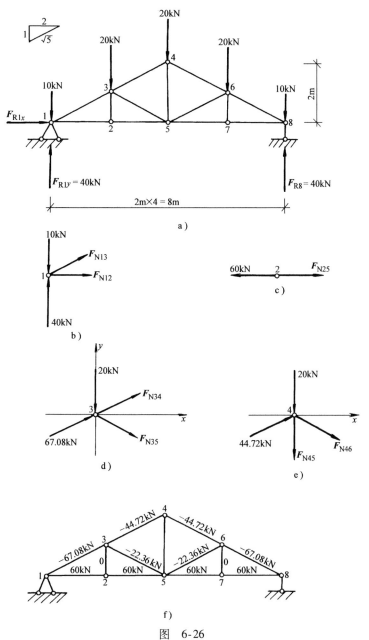

图 6-26

解:1）先由整体平衡,求得各支座反力为

$$F_{R1x} = 0 \qquad F_{R1y} = F_{R8} = \frac{1}{2}（20 + 3 \times 20）\text{kN} = 40\text{kN}$$

2）判断零杆,节点2、7不受荷载,且由三杆构成,其中两杆共线,则杆23和杆67为零杆,即 $F_{N23} = 0$, $F_{N67} = 0$

3）利用各节点的平衡条件计算各杆内力,先从只包含两个杆件的节点开始。

画节点1的受力图,如图6-26b所示。

由 $\sum F_y = 0$ $\qquad F_{R1y} + F_{N13} \times \dfrac{1}{\sqrt{5}} - 10\text{kN} = 0$

得 $\qquad F_{N13} = -67.08\text{kN}(\text{压力})$

由 $\sum F_x = 0$ $\qquad F_{N12} + F_{N13} \times \dfrac{2}{\sqrt{5}} = 0$

得 $\qquad F_{N12} = 60\text{kN}(\text{拉力})$

画节点2的受力图，如图6-26c所示，$F_{N23} = 0$

由 $\sum F_x = 0$ $\quad F_{N25} = F_{N12} = 60\text{kN}$

画节点3受力图，如图6-26d所示，$F_{N23} = 0$

由 $\sum F_x = 0$

$$67.08\text{kN} \times \frac{2}{\sqrt{5}} + F_{N35} \times \frac{2}{\sqrt{5}} + F_{N34} \times \frac{2}{\sqrt{5}} = 0$$

由 $\sum F_y = 0$

$$67.08\text{kN} \times \frac{1}{\sqrt{5}} - 20\text{kN} - F_{N35} \times \frac{1}{\sqrt{5}} + F_{N34} \times \frac{1}{\sqrt{5}} = 0$$

联合求解得 $\qquad F_{N34} = -44.72\text{kN} \quad (\text{压力})$

$\qquad\qquad\qquad\quad F_{N35} = -22.36\text{kN} \quad (\text{压力})$

画节点4的受力图，如图6-26e所示。

由 $\sum F_x = 0$ $\quad 44.72\text{kN} \times \dfrac{2}{\sqrt{5}} + F_{N46} \times \dfrac{2}{\sqrt{5}} = 0$ $\quad$ 得 $F_{N46} = -44.72\text{kN}(\text{压力})$

由 $\sum F_y = 0$ $\quad 44.72\text{kN} \times \dfrac{1}{\sqrt{5}} - F_{N46} \times \dfrac{1}{\sqrt{5}} - F_{N45} - 20\text{kN} = 0$ $\quad$ 得 $F_{N45} = 20\text{kN}(\text{拉力})$

至此，桁架左半边各杆的内力均已求出。继续取5、6、7等节点为分离体，可求得桁架右半边各杆的内力。最后，利用节点8的平衡条件可作为校核。各杆的内力示于图6-26f。由该图可以看出，对称桁架在正对称荷载作用下，其支座反力及各杆件的内力也是对称的。因此，今后在计算这类桁架时，只要计算半边桁架即可。

二、截面法

截取两个以上节点部分作为分离体计算杆件内力的方法称为截面法。此时，分离体上的荷载、反力及杆件内力组成一个平面一般力系，可以建立三个独立平衡方程，求解三个未知力。为避免解联立方程，使用截面法时，分离体上的未知力个数最好不多于三个。

当只需计算桁架指定杆件内力时，用截面法比较方便。现举例说明截面法的应用。

例6-12 试用截面法求图6-27a所示桁架中a、b、c各杆的内力 F_{Na}、F_{Nb}、F_{Nc}。

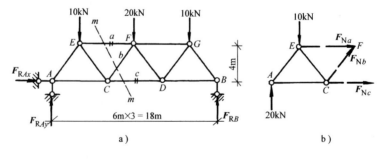

a) $\qquad\qquad\qquad\qquad\qquad$ b)

图 6-27

解： 1) 求支座反力，以桁架整体为研究对象，受力图如图6-27a所示，由于对称故

$$F_{RAx} = 0 \qquad F_{RAy} = F_{RB} = 20\text{kN}$$

2）求 a、b、c 三杆的内力，为求 a、b、c 三杆的内力，可作一截面 m—m 将三杆截断。先取截面以左部分为研究对象，假定所截断的三杆都受拉力，则这部分桁架的受力图如图 6-27b 所示。列平衡方程，即

$$\sum M_c(\boldsymbol{F}) = 0 \qquad (10 \times 3 - 20 \times 6 - F_{Na} \times 4)\text{kN} \cdot \text{m} = 0 \quad 得 \ F_{Na} = -22.5\text{kN}(压力)$$

$$\sum M_F(\boldsymbol{F}) = 0 \qquad (10 \times 6 + F_{Nc} \times 4 - 20 \times 9)\text{kN} \cdot \text{m} = 0 \quad 得 \ F_{Nc} = 30\text{kN}(拉力)$$

$$\sum F_x = 0 \qquad F_{Nb} \times \frac{3}{5} + F_{Nc} + F_{Na} = 0$$

把 F_{Na}、F_{Nc} 代入得 $\qquad F_{Nb} = -12.5\text{kN}(压力)$

3）校核，利用图 6-27b 中未曾用过的力矩方程 $M_E(\boldsymbol{F}) = 0$ 进行校核。

$$\sum M_E(\boldsymbol{F}) = -20\text{kN} \times 3\text{m} + F_{Nc} \times 4\text{m} + F_{Nb} \times \frac{4}{5} \times 3\text{m} + F_{Nb} \times \frac{3}{5} \times 4\text{m}$$

$$= \left(-20 \times 3 + 30 \times 4 - 12.5 \times \frac{4}{5} \times 3 - 12.5 \times \frac{3}{5} \times 4 \right)\text{kN} \cdot \text{m} = 0$$

说明计算无误。

小　　结

本章讨论了静定结构的内力计算。内力是外荷载作用下杆件中相连两部分的相互作用力，工程上最常见的是计算杆件横截面上的内力。求内力的方法是截面法，它包含显示内力和确定内力两个步骤，是求内力的一个基本方法。

一、轴向拉压杆的内力

杆件在轴向拉伸或压缩情况下，其横截面上的内力只有垂直于横截面并且与杆件轴线重合的轴向力（轴向拉力为正，轴向压力为负），简称轴力，用 $\boldsymbol{F}_N$ 表示。而为了表示出杆件沿长度方向的轴力变化规律，应用轴力图。从轴力图即可迅速判定哪个截面上的轴力最大，哪个截面是危险截面。

二、梁的内力

平面弯曲是杆件的基本变形之一，在建筑工程中经常遇到。对梁作内力分析及绘制剪力图、弯矩图是计算梁的强度和刚度的前提，同时，这部分内容在后续课程中反复用到，故应熟练掌握。

1. 平面弯曲时，梁横截面上剪力 $\boldsymbol{F}_Q$ 和弯矩 M 的正负号规定

剪力：截面上的剪力使所考虑的梁段有顺时针方向转动的趋势时为正；反之为负。

弯矩：截面上的弯矩使所考虑的梁段产生向下凸的变形时为正；反之为负。

2. 计算梁的截面内力的方法

1）截面法计算梁截面内力，假想将梁在指定截面处截开，取其中一部分为分离体，画受力图（内力均假设为正），列出静力平衡方程求解内力。这是求内力的基本方法，必须足够重视。

2）运用剪力和弯矩的规律直接由外力来确定截面上内力的大小和正负。

3. 画剪力图和弯矩图的三种方法

1）建立剪力和弯矩方程，根据所列的方程画剪力图和弯矩图。

2）运用 $M(x)$、$\boldsymbol{F}_Q(x)$ 与 $q(x)$ 之间的微分关系画剪力图和弯矩图。

3）用叠加法画弯矩图，根据内力方程画内力图是基本的方法，应注意掌握好。运用 M、$\boldsymbol{F}_Q$、q 之间的微分关系来绘制校核内力图，是简捷实用的方法。在熟悉几种简单荷载作用下梁的 M 图后，应用叠加法画弯矩图是一种简便而有效的方法。

三、静定平面桁架内力

静定平面桁架中各杆的内力都是轴向力（拉力或压力）。介绍两种计算桁架内力的方法：节点法和截面法。节点法是以任一节点为研究对象，考虑其平衡，列平衡方程求解未知内力。这种方法适用于求解桁架中所有杆件的内力。截面法是用假想截面从桁架中任意部位截开，取其一部分为研究对象，考虑其平衡条件求解未知内力，这种方法适用于求解桁架中某几个指定杆件的内力。

课后巩固与提升

一、单项选择题

1. 下列构件属于轴向受压构件的是（　　）。

A. 等跨框架结构中的中柱　　　　　B. 屋架结构中的腹杆

C. 框架结构中的梁　　　　　　　　D. 框架结构中的板

2. 轴向受压构件的内力有（　　）。

A. 轴力　　　　B. 弯矩　　　　C. 剪力　　　　D. 力矩

3. 正的轴力指（　　）。

A. 使构件逆时针旋转的方向　　　　B. 使构件顺时针旋转的方向

C. 使构件伸长的方向　　　　　　　D. 使构件缩短的方向

4. 轴向的方向是（　　）。

A. 与构件截面平行　　　　　　　　B. 与构件截面垂直

C. 与构件轴线重合　　　　　　　　D. 与构件轴线垂直

5. 正的剪力指（　　）。

A. 使构件逆时针旋转的方向　　　　B. 使构件顺时针旋转的方向

C. 使构件伸长的方向　　　　　　　D. 使构件缩短的方向

6. 剪力的方向（　　）。

A. 与构件横截面平行　　　　　　　B. 与构件横截面垂直

C. 与构件轴线重合　　　　　　　　D. 与构件轴线成45°

7. 正的弯矩指（　　）。

A. 使构件逆时针旋转的方向　　　　B. 使构件顺时针旋转的方向

C. 使构件上侧受拉　　　　　　　　D. 使构件下侧受拉

8. 集中力会引起剪力图的（　　），弯矩图的（　　）。

A. 突变，转折　　B. 转折，突变　　C. 突变，不变　　D. 不变，突变

9. 集中力偶会引起剪力图的（　　），弯矩图的（　　）。

A. 突变，转折　　B. 转折，突变　　C. 突变，不变　　D. 不变，突变

10. 在剪力图为零的位置，弯矩图（　　）。

A. 无变化　　　　B. 有极值　　　　C. 有突变　　　　D. 向上起伏

二、多项选择题

1. 雨篷板的内力有（　　）。

A. 轴力　　　　B. 弯矩　　　　C. 剪力　　　　D. 力矩　　　E. 扭矩

2. 下列构件中内力假设是正的有（　　）。

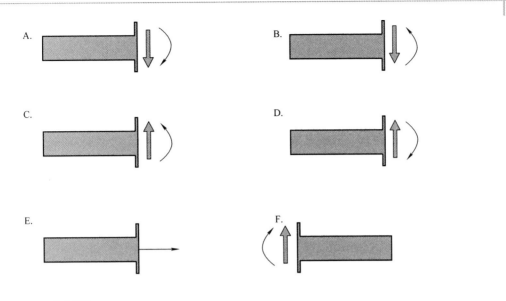

三、分析题

1. 试判断图 6-28 所示构件哪些属于轴向拉伸或压缩。

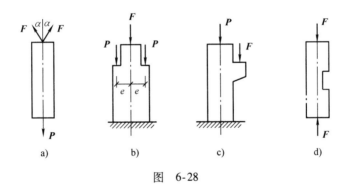

图　6-28

2. 根据剪力、弯矩和荷载的关系，校核图 6-29 所示各梁的剪力图（上图）和弯矩图（下图），请指出错误并加以改正。

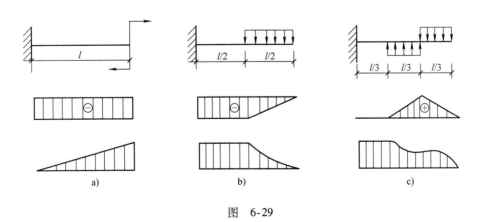

图　6-29

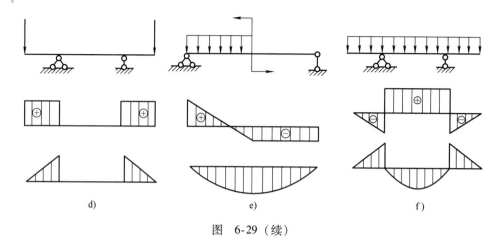

图 6-29（续）

3. 如图 6-30 所示两弯矩图叠加是否有错误？如有，请改正。

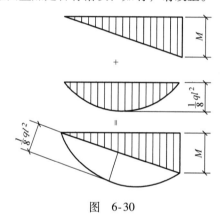

图 6-30

四、计算题

1. 求图 6-31 所示各杆指定截面上的轴力。

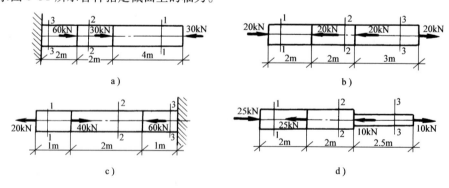

图 6-31

2. 画出图 6-32 所示各杆的轴力图。

3. 利用截面法求图 6-33 所示 1—1、2—2、3—3 截面的剪力和弯矩（2—2、3—3 截面无限接近于截面 C，图 6-33c、d 中 1—1 截面无限接近于左端 A）。

4. 试列出图 6-34 所示下列梁在各段的剪力、弯矩方程，并根据方程求指定截面的内力值。

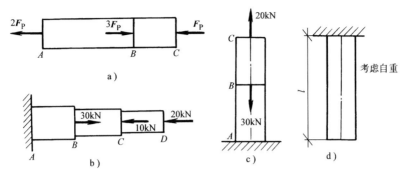

图 6-32

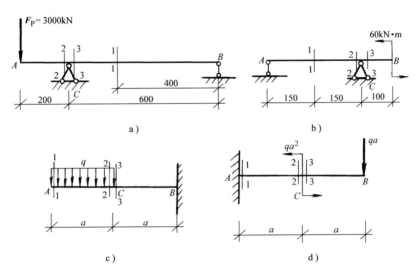

图 6-33

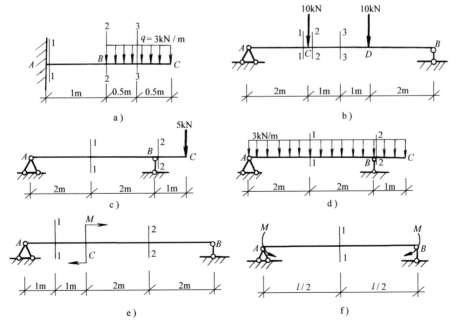

图 6-34

5. 试列出图6-35所示梁的剪力及弯矩方程，作剪力图及弯矩图，并求出 $|F_Q|_{max}$ 及 $|M|_{max}$。

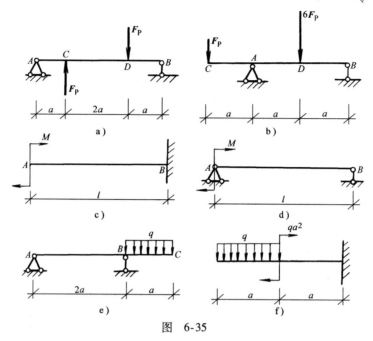

图 6-35

6. 试用剪力、弯矩与荷载三者的关系绘制图6-36所示各梁的剪力图和弯矩图。并求出 $|F_Q|_{max}$ 及 $|M|_{max}$。

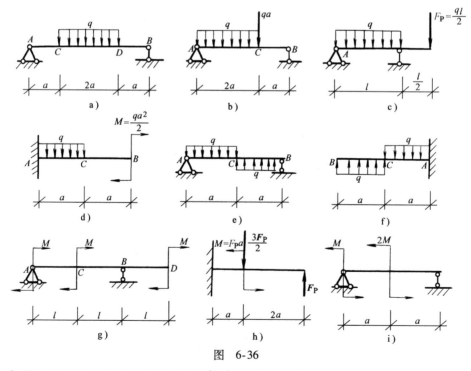

图 6-36

7. 如图6-37所示，试求出以下三梁的 $|M|_{max}$，并加以比较。

8. 试用叠加法绘出图6-38所示各梁的弯矩图。

9. 求图6-39所示桁架各杆的内力。

10. 求图 6-40 所示桁架各指定杆的轴力。

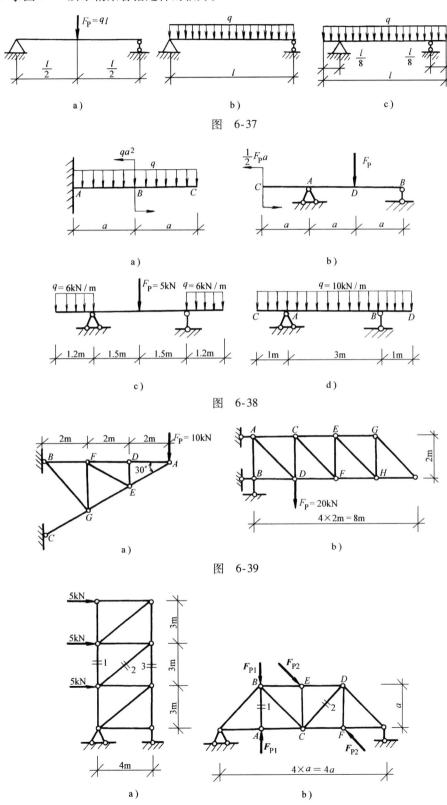

图　6-37

图　6-38

图　6-39

图　6-40

五、案例分析

2016年，英国《卫报》评选世界新七大奇迹，中国独占两席，其一是排在首位的世界最大空港——北京大兴国际机场。北京大兴国际机场是全球最大的单体航站楼，是建设速度最快的机场，是世界施工技术难度最高的航站楼，是目前全球最大的隔振建筑。机场航站楼采用钢网格屋架结构，屋架由多根杆件连接而成，如图6-41所示。请同学们查阅相关资料阐述下面几个问题：

1. 平面屋架是空间屋架在平面上的简化结构，如图6-42所示为平面屋架，分析该杆件体系的几何组成性质。

2. 北京大兴国际机场有哪些技术创新？

3. 北京大兴国际机场在绿色节能方面采取了哪些措施？

图6-41 北京大兴国际机场航站楼屋盖结构

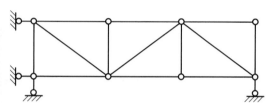

图6-42 平面屋架

职 考 链 接

如图6-43所示结构中，杆①为钢杆，$A_1 = 1000\text{mm}^2$，$[\sigma] = 160\text{MPa}$，杆②为木杆，长1.5m，$A_2 = 2000\text{mm}^2$，$[\tau] = 7\text{MPa}$。

①【单项选择题】杆①轴力等于（　　）。

A. $-P$ 　　　B. $-\sqrt{3}P/2$ 　　　C. $P/2$ 　　　D. $\sqrt{3}P/2$

②【单项选择题】杆②轴力等于（　　）。

A. $-P$ 　　　B. $\sqrt{3}P/2$ 　　　C. $-P/2$ 　　　D. $\sqrt{3}P/2$

③【判断题】杆①和杆②都是拉杆。（　　）

A. 正确 　　　B. 错误

图 6-43

第七章 截面的几何性质

我们所研究的杆件，其横截面都是具有一定几何形状的平面图形。与平面图形形状及尺寸有关的几何量统称为截面的几何性质，例如面积 A，极惯性矩 I_ρ、抗弯截面系数 W_z 等。杆件的强度、刚度与这些几何性质密切相关。本章讨论这些截面几何性质的概念和计算方法。

第一节 截面的面积矩和形心位置

一、面积矩

如图 7-1 所示一任意平面图形，其面积为 A，从截面中坐标为 $(z，y)$ 处取一微面积 dA，乘积 ydA 和 zdA 分别称为微面积对 z 轴和 y 轴的面积矩（或称静矩）。而积分

$$\left.\begin{array}{l} S_z = \int_A y dA \\[3mm] S_y = \int_A z dA \end{array}\right\} \qquad (7\text{-}1)$$

分别称为截面对 z 轴和 y 轴的面积矩。由上式可见，面积矩是与坐标轴的选择有关的，对不同的坐标轴，面积矩的大小就不同，而且面积矩是代数量，可能为正，也可能为负，也可能为零，常用单位为 m^3 或 mm^3。

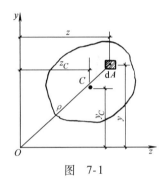

图　7-1

二、形心

在地球表面附近的物体，都受到地球的引力作用，这个引力称为物体的重力。由试验可知，不论物体在空间的方位如何，物体重力的作用线始终通过一个确定的点，这个点就是物体重力的作用点，称为物体的重心。

重心的位置与物体形状及物质的分布状况有关。一些匀质、对称的物体的重心是比较容易确定的。如圆球的重心在球心，匀质直杆的重心在杆的中心等。物体的重心可以在体内，也可以在体外，如匀质圆环的重心就在圆心上（环外）。

对于极薄的匀质薄板，可以用平面图形来表示，它的重力作用点称为形心。规则图形的形心比较容易确定，就是指截面的几何中心，如圆形的形心在圆心，矩形图形的形心在对角线交点上。

对于不规则图形的形心位置的确定，讨论如下：

设有一平面图形如图 7-2 所示。各微小部分的面积分别为 ΔA_1、ΔA_2、$\cdots$、ΔA_n；其坐标位置分别为 $(z_1，y_1)$、$(z_2，y_2)$、$\cdots$、$(z_n，y_n)$。总面积为 A，其坐标位置（即形心位置）为 $(z_c，y_c)$。

在计算形心位置时，必须先建立一个坐标系 zOy，这个坐标系放在什么位置对于确定形心位置是没有关系的。

然后，我们把面积都作为重力来看待。各微小重力 ΔA_1、ΔA_2、$\cdots$、ΔA_n 构成一平行力系，它们的合力为 A。根据合力

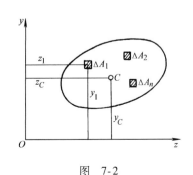

图　7-2

矩定理，力系的合力对平面内任一点之矩，等于力系各分力对同一点力矩的代数和。现对坐标原点取矩，有

$$Az_C = \Delta A_1 z_1 + \Delta A_2 z_2 + \cdots + \Delta A_n z_n = \sum \Delta A_i z_i$$

即得

$$z_C = \frac{\sum \Delta A_i z_i}{A}$$

把图形旋转 $90°$，这样所有重力将平行于 z 轴，同理可得

$$y_C = \frac{\sum \Delta A_i y_i}{A}$$

则形心坐标公式为

$$\left. \begin{aligned} z_C &= \frac{\sum \Delta A_i z_i}{A} \\ y_C &= \frac{\sum \Delta A_i y_i}{A} \end{aligned} \right\} \tag{7-2}$$

某些简单图形的形心可以从工程手册中查到。一些由简单图形组合起来的图形，可以先把组合图形分解成简单图形，再用式（7-2）坐标公式进行计算。有时，组合图形可以看作从某个简单图形中挖去另一个简单图形而形成。这时，用式（7-2）计算组合图形的形心时，需将挖去的那块面积用负值表示。

由面积矩的定义知，截面形心位置的公式也可以表示为

$$\left. \begin{aligned} z_C &= \frac{\int_A z \mathrm{d}A}{A} = \frac{S_y}{A} \\ y_C &= \frac{\int_A y \mathrm{d}A}{A} = \frac{S_z}{A} \end{aligned} \right\} \tag{7-3}$$

式中　z_C、y_C——截面形心 C 在所选坐标系（zOy）的坐标，如图 7-1 所示。

如果截面几何图形对某一轴的面积矩等于零，由式（7-3）可以看出，相应的形心坐标值为零，即该轴通过截面形心。反之，当坐标轴通过截面的形心时，其面积矩恒等于零。

第二节　惯性矩、惯性积与极惯性矩

一、惯性矩

由图 7-1 所示，整个截面上微面积 $\mathrm{d}A$ 与它到 z 轴（y 轴）距离平方的乘积的总和称为该截面对 z 轴（y 轴）的惯性矩，用 I_z（或 I_y）表示，即

$$\left. \begin{aligned} I_z &= \int_A y^2 \mathrm{d}A \\ I_y &= \int_A z^2 \mathrm{d}A \end{aligned} \right\} \tag{7-4}$$

同一截面对不同轴的惯性矩是不同的。惯性矩恒为正值，它的常用单位是 m^4 或 mm^4。

简单截面的惯性矩的计算，可直接通过积分计算。表 7-1 列出了几种常见截面的面积、形心和惯性矩。

表 7-1 常见截面的面积、形心和惯性矩

序号	图形	面积	形心位置	惯性矩
1		$A = bh$	$z_C = \dfrac{b}{2}$ $y_C = \dfrac{h}{2}$	$I_z = \dfrac{bh^3}{12}$ $I_y = \dfrac{hb^3}{12}$
2		$A = \dfrac{1}{2}bh$	$z_C = \dfrac{b}{3}$ $y_C = \dfrac{h}{3}$	$I_z = \dfrac{bh^3}{36}$ $I_{z1} = \dfrac{bh^3}{12}$
3		$A = \dfrac{\pi D^2}{4}$	$z_C = \dfrac{D}{2}$ $y_C = \dfrac{D}{2}$	$I_z = I_y = \dfrac{\pi D^4}{64}$
4		$A = \dfrac{\pi (D^2 - d^2)}{4}$	$z_C = \dfrac{D}{2}$ $y_C = \dfrac{D}{2}$	$I_z = I_y = \dfrac{\pi (D^4 - d^4)}{64}$
5		$A = \dfrac{\pi R^2}{2}$	$y_C = \dfrac{4R}{3\pi}$	$I_z = \left(\dfrac{1}{8} - \dfrac{8}{9\pi^2}\right)\pi R^4$ $I_y = \dfrac{\pi R^4}{8}$

例 7-1 矩形截面高度为 h，宽度为 b（图 7-3）。试计算矩形截面对通过形心坐标轴（简称形心轴）z、y 的惯性矩 I_z 和 I_y。

解：1）计算 I_z，取平行于 z 轴的微面积 $dA = b\,dy$，到 z 轴的距离为 y。应用式（7-4）得

$$I_z = \int_A y^2 dA = \int_{-\frac{h}{2}}^{\frac{h}{2}} y^2 b dy = \frac{bh^3}{12}$$

2）计算 I_y，取平行于 y 轴的微面积 $dA = h dz$，到 y 轴的距离为 z。

$$I_y = \int_A z^2 dA = \int_{-\frac{b}{2}}^{\frac{b}{2}} z^2 h dz = \frac{hb^3}{12}$$

因此，矩形截面对形心轴的惯性矩为

$$I_z = \frac{bh^3}{12}, \quad I_y = \frac{hb^3}{12}$$

二、惯性积

如图 7-1 所示，微面积 dA 与它到两个坐标轴的距离 z、y 的乘积在整个截面上的积分，称为该截面对 z、y 两轴的惯性积。用 I_{zy} 表示，即

$$I_{zy} = \int_A zy dA \qquad (7\text{-}5)$$

惯性积是截面对某两个正交坐标轴而言的，同一截面对不同的两个正交坐标轴有不同的惯性积。由于坐标值 z、y 有正有负，所以惯性积可能为正、为负，也可能为零，它的单位为 m^4 或 mm^4。

如果截面有一根对称轴（图 7-3 中的 y 轴），在对称轴两侧对称位置上取相同的微面积 dA 时，由于它们的 z 坐标大小相等、符号相反，所以对称位置微面积的两个乘积 $zy dA$ 大小相等、符号相反，它们之和为零，所以整个截面的惯性积为

$$I_{zy} = \int_A zy dA = 0$$

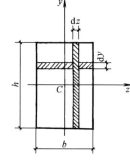

图 7-3

由此可知：若截面具有一根对称轴，则该截面对于包括此对称轴在内的二正交坐标轴的惯性积一定等于零。

三、极惯性矩

如图 7-1 所示，微面积 dA 到坐标原点 O 的距离为 ρ，乘积 $\rho^2 dA$ 在整个截面上积分称为截面对原点 O 的极惯性矩，用 I_ρ 表示，即

$$I_\rho = \int_A \rho^2 dA \qquad (7\text{-}6)$$

极惯性矩与惯性矩一样，恒为正值，单位为 m^4 或 mm^4。

从图中看到，微面积 dA 到坐标原点 O 的距离 ρ 与它到两个坐标轴的距离 y、z 有如下关系：

$$\rho^2 = z^2 + y^2$$

显然：

$$I_\rho = \int_A \rho^2 dA = \int_A (z^2 + y^2) dA = \int_A z^2 dA + \int_A y^2 dA = I_y + I_z \qquad (7\text{-}7)$$

因此，截面对原点 O 的极惯性矩等于它对两个直角坐标轴的惯性矩之和。

第三节　主惯性轴和主惯性矩

一、主惯性轴和主惯性矩

如图 7-4 所示的截面，对通过 O 点的任意两根正交坐标轴 z、y 的惯性积 I_{zy}，可由式 (7-5) 确定。当这两根坐标轴同时绕 O 点转动时，显然 I_z、I_y 及 I_{zy} 会随之变化。在这些通过同一点 O 的所有各轴中，可以找到一对相互垂直的轴（以 z_0、y_0 表示），使截面对它们的惯性积等于零（即

$I_{z_0y_0}=0$），这一对相互垂直的坐标轴便称为"主惯性轴"，简称"主轴"。截面对主惯性轴的惯性矩叫做"主惯性矩"。注意，此坐标系的原点不一定是截面形心。

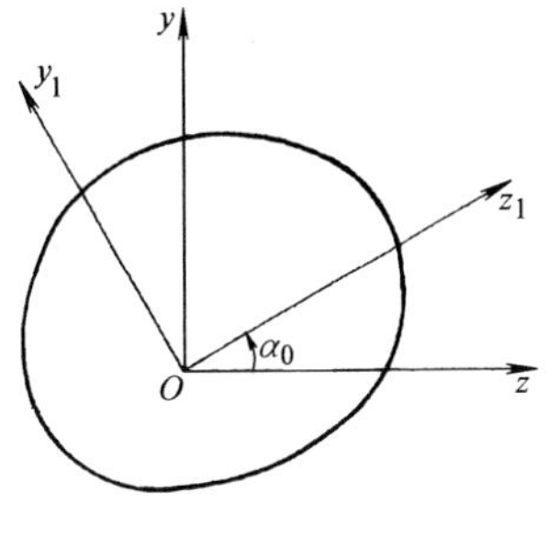

如果已知截面对坐标轴 z、y 的惯性矩 I_z、I_y 和惯性积 I_{yz}，可根据定义及转轴公式来确定主惯性轴和主惯性矩。

可以证明截面对通过某一点的主惯性轴（截面对它的惯性积为零）的惯性矩是所有通过该点各轴的惯性矩的最大值或最小值（极值）。

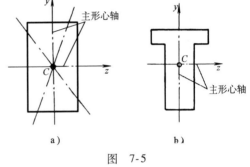

图　7-4

二、形心主惯性轴和形心主惯性矩

如果坐标原点 O 选在截面形心，通过截面形心的坐标轴称为截面的形心轴。同理，在所有这些形心轴中也能找到一对惯性积为零的主惯性轴。这时称通过形心的主惯性轴为"形心主惯性轴"，简称"形心主轴"。截面对形心主轴的惯性矩称为形心主惯性矩，简称形心主矩。

显然，形心主惯性轴具有两个特征：它们经过截面的形心；截面对形心主轴的惯性积等于零，并且其惯性矩达到极大或极小值。

在第二节讨论惯性积时，我们知道，如果截面有一个对称轴，则截面对它的对称轴及与对称轴垂直的另一轴的惯性积等于零。所以根据主轴定义，对称轴以及与它垂直的另一轴就是主轴。因此，对于只有一个对称轴的截面，其对称轴以及通过形心与对称轴垂直的轴就是形心主惯性轴，如图 7-5b 所示；而对于有两个对称轴的截面，显然它的两个对称轴就是形心主惯性轴如图 7-5a 所示。

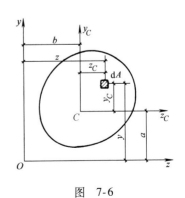

图　7-5

对于一般没有对称轴的截面，为了确定形心主惯性轴的位置和计算形心主惯性矩的数值，就必须事先确定截面的形心，并且计算出截面对某一对相互垂直的形心轴的惯性矩和惯性积，然后应用主惯性矩公式计算即可。

第四节　组合截面的惯性矩计算

简单截面的惯性矩可直接根据定义通过积分计算求得。组合截面的惯性矩计算较简单截面惯性矩计算复杂。我们先介绍惯性矩的平行移轴公式。

一、平行移轴公式

同一截面对不同坐标轴的惯性矩各不相同，但它们之间存在着一定的关系。现讨论同一截面对两根互相平行坐标轴的惯性矩之间的关系。

如图 7-6 所示，C 为截面形心，A 为其面积，z_C、y_C 为形心轴。已知截面对这一对形心轴的惯性矩为 I_{z_C}、I_{y_C}，求对平行于该对形心轴的另一对轴（z 轴、y 轴）的惯性矩 I_z、I_y，并已知截面形心 C 在坐标系 zOy 中的坐标是（b，a）。

在截面内取微面积 dA，它到 z_C、y_C 轴的距离分别为 y_C、z_C，从图 7-6 可知，dA 到 z、y 轴的距离分别为

$$y = y_C + a \qquad z = z_C + b$$

图　7-6

根据惯性矩的定义，截面对 z 轴的惯性矩为

$$I_z = \int_A y^2 \mathrm{d}A = \int_A (y_C + a)^2 \mathrm{d}A$$

$$= \int_A y_C^2 \mathrm{d}A + 2a\int_A y_C \mathrm{d}A + a^2\int_A \mathrm{d}A$$

上式 $\int_A y_C^2 \mathrm{d}A$ 是截面对形心轴 z_C 的惯性矩 I_{z_C}；$\int_A y_C \mathrm{d}A$ 是截面对形心轴 z_C 的面积矩，由于 z_C 轴为形心轴，故 $S_{zC} = 0$；$\int_A \mathrm{d}A$ 是截面的面积 A，所以

$$I_z = I_{z_C} + a^2 A \tag{7-8a}$$

同理得
$$I_y = I_{y_C} + b^2 A \tag{7-8b}$$

式（7-8）就是惯性矩的平行移轴公式。它表明：截面对任一轴的惯性矩，等于截面对与该轴平行的形心轴的惯性矩，再加上截面的面积与形心到该轴间距离平方的乘积。

二、求有一个对称轴的组合截面的形心主惯性矩

形心主惯性矩是截面对通过形心各轴的惯性矩中的最大值和最小值。如以后要介绍梁的正应力公式推导，经过截面形心且与对称轴 y 垂直的 z 轴就是中性轴，如图 7-7 所示，对称轴和中性轴就是形心主惯性轴。计算梁的应力时，我们所关心的是截面对于中性轴 z 的惯性矩 I_z（即形心主惯性矩），至于截面对于其他轴的惯性矩，一般没有计算的必要。

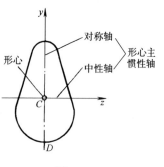

图 7-7

下面举例说明如何运用平行移轴公式计算具有一个对称轴的截面的形心主惯性矩。

例7-2 计算图 7-8 所示 T 形截面的形心主惯性矩。

解：1）求截面形心位置，由于截面有一对称轴，形心必在此轴上。选坐标系 $z'Oy$，设形心的坐标为 (O, y_c)，将 T 形截面分割为图示两部分 Ⅰ、Ⅱ，均为矩形截面。这两部分的面积与形心坐标分别为

$$A_1 = (500 \times 120)\,\mathrm{mm}^2 = 60 \times 10^3\,\mathrm{mm}^2$$

$$y_{C1} = \left(580 + \frac{120}{2}\right)\mathrm{mm} = 640\,\mathrm{mm}$$

$$A_2 = (250 \times 580)\,\mathrm{mm}^2 = 145 \times 10^3\,\mathrm{mm}^2$$

$$y_{C2} = \left(\frac{580}{2}\right)\mathrm{mm} = 290\,\mathrm{mm}$$

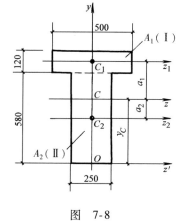

图 7-8

故 $\quad y_C = \dfrac{A_1 y_{C1} + A_2 y_{C2}}{A_1 + A_2}$

$$= \left(\frac{60 \times 10^3 \times 640 + 145 \times 10^3 \times 290}{60 \times 10^3 + 145 \times 10^3}\right)\mathrm{mm} = 392\,\mathrm{mm}$$

2）计算形心主惯性矩 I_z、I_y 形心位置既定，形心主惯性轴为 z、y 轴，截面的形心主惯性矩等于 Ⅰ、Ⅱ 两个矩形截面对形心主惯性轴 z、y 的惯性矩之和。但要注意 z 轴不经过矩形 Ⅰ、Ⅱ 的形心，计算 I_{1z}、I_{2z} 时，就要用平行移轴公式。

$$I_z = I_{1z} + I_{2z} \qquad\qquad I_y = I_{1y} + I_{2y}$$

两个矩形对本身形心主惯性矩为

$$I_{zC1} = \frac{500 \times 120^3}{12}\,\mathrm{mm}^4 \qquad I_{zC2} = \frac{250 \times 580^3}{12}\,\mathrm{mm}^4$$

$$I_{1z} = I_{zC1} + a_1^2 A_1 = \left[\frac{500 \times 120^3}{12} + (640 - 392)^2 \times 60 \times 10^3 \right] \text{mm}^4$$

$$= 37.6 \times 10^8 \text{mm}^4$$

$$I_{2z} = I_{zC2} + a_2^2 A_2 = \left[\frac{250 \times 580^3}{12} + (392 - 290)^2 \times 145 \times 10^3 \right] \text{mm}^4$$

$$= 55.6 \times 10^8 \text{mm}^4$$

所以　$I_z = I_{1z} + I_{2z} = (37.6 \times 10^8 + 55.6 \times 10^8) \ \text{mm}^4 = 93.2 \times 10^8 \text{mm}^4$

y 轴正好经过 I 、II 两矩形的形心，故

$$I_y = I_{1y} + I_{2y} = \left(\frac{120 \times 500^3}{12} + \frac{580 \times 250^3}{12} \right) \text{mm}^4 = 20 \times 10^8 \text{mm}^4$$

例7-3　计算图7-9所示阴影部分截面的形心主惯性矩 I_z。

解：1）求形心位置。由于 y 轴为对称轴，故形心必在此轴上，建立 yOz' 坐标系，故 $z_C' = 0$。将阴影部分截面看成是矩形 I 减去圆形 II 而得到，故其形心的 y_C 坐标为

$$y_C = \frac{\sum A_i y_{Ci}}{A} = \left(\frac{600 \times 1000 \times 500 - \frac{\pi}{4} \times 400^2 \times 300}{600 \times 1000 - \frac{\pi}{4} \times 400^2} \right) \text{mm} = 553 \text{mm}$$

2）计算 I_z。阴影部分截面对 z 轴的惯性矩，可看成矩形截面与圆形截面对 z 轴惯性矩之差，故

$$I_z = I_{1z} - I_{2z} = \left[\frac{bh^3}{12} + a_1^2 A_1 \right] - \left[\frac{\pi D^4}{64} + a_2^2 A_2 \right]$$

$$= \left[\frac{600 \times 1000^3}{12} + (553 - 500)^2 \times 600 \times 1000 \right]$$

$$- \left[\frac{\pi \times 400^4}{64} + (553 - 300)^2 \times \frac{\pi \times 400^2}{4} \right] \text{mm}^4 = 424 \times 10^8 \text{mm}^4$$

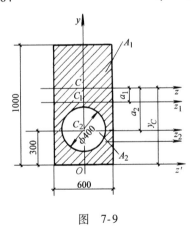

图　7-9

小　结

截面图形的几何性质是与图形的形状、大小有关的几何量。只由图形的形状、大小及坐标轴位置决定其数值。这些几何量对杆件强度、刚度和稳定性有着极为重要的影响。

一、本章讨论的图形的几何性质

1）面积矩　　　　　　$S_z = \int_A y \text{d}A$

2）惯性矩 $I_z = \int_A y^2 \mathrm{d}A$

3）惯性积 $I_{zy} = \int_A zy\,\mathrm{d}A$

4）极惯性矩 $I_\rho = \int_A \rho^2 \mathrm{d}A = I_y + I_z$

上述的几何性质，都是对一定的坐标轴而言的，对于不同的坐标轴，它们的数值是不同的。面积矩、惯性矩都是对一个坐标轴而言的，而惯性积是对两个正交的坐标轴而言的。

惯性矩和极惯性矩恒为正；面积矩和惯性积都可为正、可为负、也可为零。

二、惯性矩的计算

简单图形：按定义通过积分运算或查表。

组合图形：利用简单图形的已知结果，通过平行移轴公式来计算组合图形的惯性矩。

平行移轴公式 $I_z = I_{zC} + a^2 A$

式中 z_C 轴是通过形心的轴，a 是 z_C 轴与 z 轴间的距离。

三、形心主惯性矩的计算

在力学分析中，常常需要计算截面对形心主轴的惯性矩（形心主惯性矩）。形心主轴是指通过截面形心的一对相互垂直的轴，而且截面对它们的惯性积等于零。同时，形心主惯性矩必有下面一个特性；它的数值是所有形心主惯性矩中的最大者或最小值。

具有两个对称轴的截面，如矩形、工字形等，其对称轴就是形心主轴。

具有一个对称轴的截面，如 T 形、Π 形等，其对称轴及通过形心与对称轴垂直的轴就是形心主轴。

课后巩固与提升

一、单项选择题

1. 图 7-10 中 T 形截面的形心坐标为（   ）。

A.（380，0）   B.（0，380）   C.（0，400）   D.（400，0）

2. 图 7-11 中截面的形心坐标为（   ）。

A. $z_c = 0$ $y_c = \dfrac{d+c}{2}$ B. $z_c = \dfrac{d+c}{2}$ $y_c = 0$

C. $z_c = \dfrac{ad\left(c+\dfrac{d}{2}\right) + cb\dfrac{c}{2}}{ad + cb}$ $y_c = 0$ D. $z_c = 0$ $y_c = \dfrac{ad\left(c+\dfrac{d}{2}\right) + cb\dfrac{c}{2}}{ad + cb}$

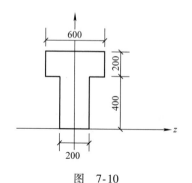

图 7-10

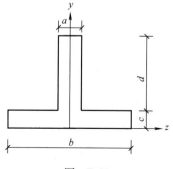

图 7-11

3. 图 7-12 中截面对 y 轴的惯性矩为（   ）。

A. $\frac{1}{12}bh^3 + (a + \frac{h}{2})^2 bh$ B. $\frac{1}{12}bh^3$

C. $\frac{1}{12}hb^3 + (d + \frac{b}{2})^2 bh$ D. $\frac{1}{12}b^3 h$

4. 图 7-13 中，I_z 和 I_y 关系正确的是（   ）。

A. $I_z < I_y$ B. $I_z \geqslant I_y$ C. $I_z > I_y$ D. $I_z \leqslant I_y$

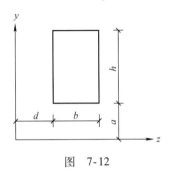 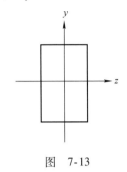

图 7-12   图 7-13

二、计算题

1. 求图 7-14 所示空心楼板的惯性矩 I_z（图中尺寸单位均为 mm）。

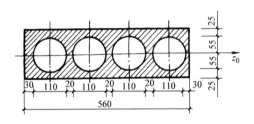

图 7-14

2. 试求图 7-15 所示图形对水平形心轴 z 的惯性矩 I_z。

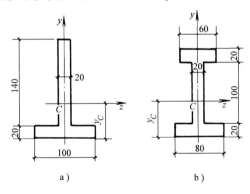

a）   b）

图 7-15

3. 图 7-16 所示一矩形，$b = \frac{2}{3}h$，从左右两侧切去半圆形 $\left(d = \frac{h}{2}\right)$。试求：

1）切去部分面积占原面积的百分比。

2）切后惯性矩 I_z' 与原矩形惯性矩 I_z 之比。

4. 计算图 7-17 所示图形对形心轴 z、y 的惯性矩。

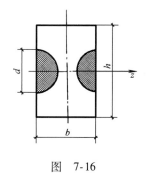

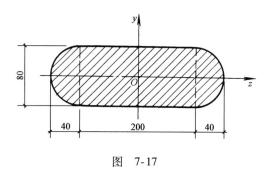

图 7-16   图 7-17

5. 求图 7-18 所示各截面的形心位置及形心主轴的形心主惯性矩 I_{z_O}。

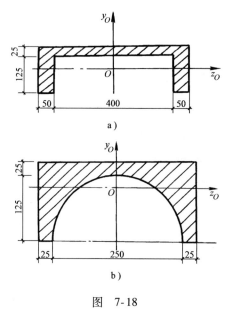

图 7-18

第八章　杆件的应力和强度计算

外力作用在杆件上，要在杆件内产生内力。不同类型截面的杆件，内力在杆件截面上的分布规律是不同的，不同性质的内力在截面上的分布规律也是不同的，这就是应力分析问题。同样大小的内力作用在不同截面或不同材料的杆件上，有的杆件会产生很大的变形，有的杆件甚至会破坏，这说明杆件承受荷载的能力与杆件的截面以及材料有关，这就是杆件的强度分析问题。本章主要介绍受力杆件的应力计算和强度校核方法。

第一节　应力的概念

一种材料制成两根粗细不同的杆，在相同的轴向拉力作用下，两杆的轴向内力是相同的，但当拉力逐渐增大时，细杆必定先被拉断。这说明拉杆的强度不仅与轴力有关，而且还与杆的横截面面积有关，所以必须研究横截面上的应力。

应力是反映截面上各点处分布内力的集度，为了定义图 8-1a 所示杆件在其任意截面上 B 点处的应力，取隔离体如图 8-1b 所示，围绕 B 点处取一小面积 ΔA，作用在 ΔA 上的内力为 $\Delta \boldsymbol{F}$，于是，B 点处的应力为

$$p = \lim_{\Delta A \to 0} \frac{\Delta \boldsymbol{F}}{\Delta A} \qquad (8\text{-}1)$$

由于 $\Delta \boldsymbol{F}$ 是矢量，因而应力也是矢量。通常应力的方向既不垂直于截面也不与截面相切。因此，将应力分解为垂直于截面和相切于截面的两个分量（图 8-1c）。垂直于截面的应力分量称为正应力，用 σ 表示，与截面相切的应力分量称为剪应力，用 τ 表示。

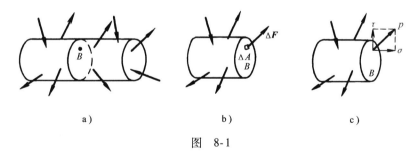

a)　　　　　　　　　　b)　　　　　　　　　　c)

图　8-1

关于应力的符号规定：正应力以拉为正，压为负。当剪应力使隔离体有绕隔离体内一点顺时针转动趋势时，该剪应力为正；反之为负。

应力的量纲为［力］／［长度］^{2}，其国际单位制的单位是帕斯卡（Pascal），简称"帕"，符号为"Pa"。

$$1\ 帕 = 1\ 牛/米^2 \qquad (1\mathrm{Pa} = 1\mathrm{N/m}^2)$$

工程上常用兆帕（MPa）作为应力单位，应力的工程制单位是千克力/厘米^2（kgf/cm^2），其转换关系为

$$1\mathrm{kgf/cm}^2 = 98.1 \times 10^3 \mathrm{Pa} \approx 1 \times 10^5 \mathrm{Pa} \qquad 1\mathrm{MPa} = 10^6 \mathrm{Pa} = 10^6 \mathrm{N/m}^2 = 1\mathrm{N/mm}^2$$

第二节　轴向拉压杆的应力和强度计算

受轴向拉（压）力，横截面面积为 A 的杆件，其横截面上法向内力的大小可用截面法求得。内力在横截面上是否均匀分布？应力的大小与内力的关系又如何？本节将进行讨论。

一、横截面上的应力

以图8-2所示杆件为例，对受力后的变形情况进行分析、研究，并对变形规律作出适当的简化和假设，然后据此推出应力的计算公式。

为便于在试验中观察杆件发生的变形现象，在杆件未受力前的表面上画横向线 ab、cd，再画两条平行于杆轴线的纵向线 ef、gh。当杆受到轴向外力 F 的作用后，将发生拉伸变形，可观察到如下现象：

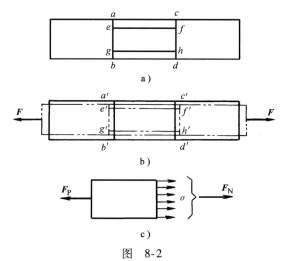

1）横向线 ab、cd 缩短为 $a'b'$、$c'd'$ 位置，但仍保持为直线，且仍互相平行并垂直于杆轴线。

2）纵向线 ef、gh 分别变形到 $e'f'$、$g'h'$ 位置，但仍保持与杆轴线平行。

根据上述现象，可以假设：杆件的横截面在变形前是平面，变形后仍保持为平面且与杆件的轴线垂直。此假设称为平面假设。

图　8-2

根据平面假设，两横截面在变形后只是相对平移了一段距离，即两横截面间各纵向线的伸长变形相等，这表明横截面上的法向内力是均匀分布的。由于轴力垂直于横截面，故它相应的分布内力必然沿此截面的法线方向，所以横截面上只有正应力。

作用在微面积 dA 上的内力为

$$dF_N = \sigma dA$$

作用在杆横截面上的内力为

$$F_N = \int_A dF_N = \int_A \sigma dA = \sigma \int_A dA = \sigma A$$

所以，正应力的计算公式为

$$\sigma = \frac{F_N}{A} \tag{8-2}$$

式中　F_N——轴力；

　　　　A——杆件的横截面面积。

当杆受轴向压缩时，情况完全类似，只是需将轴力连同负号一并代入公式计算即可。拉应力为正，压应力为负。

二、强度计算

杆件在使用时必须具有足够的强度以承受荷载的作用，这样才能保证杆件安全可靠地工作。下面讨论轴向拉压杆的强度计算。

杆件受外荷载作用时，在横截面上产生的最大正应力不超过材料的极限应力，杆件就不会破坏。材料达到破坏时的最大应力叫做极限应力，材料的极限应力一般由试验确定。为了使材料具有一定的安全储备，将极限应力 σ^0 除以大于1的系数 K，作为材料的容许应力，用符号 $[\sigma]$ 表示，即

$$[\sigma] = \frac{\sigma^0}{K} \tag{8-3}$$

式中 K——安全系数。

拉压杆的强度条件是

$$\sigma_{max} = \frac{F_N}{A} \leqslant [\sigma] \tag{8-4a}$$

式中 σ_{max}——荷载作用下在杆件横截面上产生的最大应力；

F_N——杆件横截面上的轴力；

A——杆件危险截面的横截面面积；

$[\sigma]$——材料的容许应力。

对等直杆来讲，轴力最大的截面就是危险截面；对轴力不变而截面变化的杆，则截面面积最小的截面是危险截面。

若拉压杆材料的容许拉应力 $[\sigma_l]$ 和容许压应力 $[\sigma_y]$ 的大小不相等，则杆件必须同时满足下列两个强度条件

$$\sigma_{lmax} = \frac{F_{Nlmax}}{A} \leqslant [\sigma_l] \tag{8-4b}$$

$$\sigma_{ymax} = \frac{F_{Nymax}}{A} \leqslant [\sigma_y] \tag{8-4c}$$

式（8-4a）或式（8-4b）、式（8-4c）称为拉压杆的强度条件。

强度计算问题一般分为下列三种。

1. 强度校核

在已知荷载、杆件截面尺寸和材料的容许应力的情况下，可由式（8-4）验算杆件是否满足强度要求。若 $\sigma \leqslant [\sigma]$，则杆件满足强度要求；否则说明杆件的强度不够。

2. 截面选择

在已知荷载、材料的容许应力的情况下，根据式（8-4）得

$$A \geqslant \frac{F_N}{[\sigma]}$$

来确定杆件的最小横截面面积。

3. 确定容许荷载

在已知杆件的截面面积和材料容许应力的情况下，可由式（8-4）得

$$F_N \leqslant A[\sigma]$$

来求出杆件的最大荷载值。常用材料的容许应力值见表8-1。

例8-1   一根由 Q235 钢制成的圆形截面直杆，受轴力 $F = 20kN$ 的作用，已知直杆的直径为 $D = 15mm$，材料的容许应力为 $[\sigma] = 160MPa$，试校核该杆件的强度。

表8-1   几种常用材料的容许应力值   （单位：MPa）

材料名称	应力种类		
	$[\sigma_l]$	$[\sigma_y]$	$[\tau]$
低 碳 钢	152 ~ 167	152 ~ 167	93 ~ 98
合 金 钢	211 ~ 238	211 ~ 238	127 ~ 142
铸 铁	28 ~ 78	118 ~ 147	
混 凝 土	0.098 ~ 0.69	0.98 ~ 8.8	
木 材	6.9 ~ 9.8	8.8 ~ 12	0.98 ~ 1.27

注：$[\sigma_l]$ 为容许拉应力；$[\sigma_y]$ 为容许压应力；$[\tau]$ 为容许剪应力。

解：由截面法可知，该杆的轴力为 $F_N = F = 20\text{kN}$（拉），杆的横截面面积为

$$A = \frac{\pi D^2}{4} = 176.7 \times 10^{-6}\text{m}^2$$

根据强度条件式（8-4），有

$$\sigma = \frac{F_N}{A} = \frac{20 \times 10^3}{176.7 \times 10^{-6}}\text{N/m}^2 = 113.2 \times 10^6\text{Pa} = 113.2\text{MPa} < [\sigma]$$

杆件满足强度要求。

例 8-2 钢木组合屋架的尺寸及计算简图如图 8-3 所示，已知钢的容许应力 $[\sigma] = 120\text{MPa}$，$F = 16\text{kN}$，试选择钢拉杆 DI 的直径。

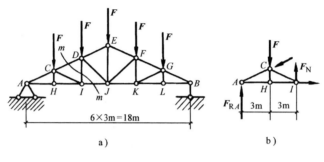

a)   b)

图 8-3

解：1）首先应求出钢拉杆的轴力，采用截面法。将桁架沿 m—m 截面截开，画出截面以左部分受力图，如图 8-3b 所示，列出左边部分的平衡条件，即

$$\sum m_A(\boldsymbol{F}) = 0 \qquad F_N \times 6 - F \times 3 = 0$$

得

$$F_N = F/2 = 8\text{kN}$$

2）计算钢拉杆 DI 的直径。根据式（8-4）有

$$A \geqslant \frac{F_N}{[\sigma]} = \frac{8 \times 10^3}{120 \times 10^6}\text{m}^2 = 0.667 \times 10^{-4}\text{m}^2$$

该杆所必须的直径为

$$D = \sqrt{\frac{4A}{\pi}} = \sqrt{\frac{4 \times 0.667 \times 10^{-4}}{3.14}}\text{m} = 9.2\text{mm}$$

所以，钢拉杆的直径选为 $D = 10\text{mm}$。

第三节 材料的力学性质

为了解决构件的强度和变形问题，必须了解材料的一些力学性质，而这些力学性质都要通过材料试验来测定。工程材料的种类虽然很多，但依据其破坏时产生变形的情况可以分为脆性材料和塑性材料两大类。脆性材料在拉断时的塑性变形很小，如铸铁、混凝土和石料等；而塑性材料在拉断时能产生较大的变形，如低碳钢等。这两类材料的力学性质具有明显不同的特点，通常以低碳钢和铸铁作为代表进行讨论。

工程材料在不同的荷载、不同的环境下呈现的力学性质是不同的，必须根据各种不同的情况分别进行试验。但材料在常温静载下拉伸和压缩时所呈现的力学性质具有一定的典型性，本教材只讨论材料在室温下以缓慢平稳加载的方式进行的试验，通常称为常温静载试验。

一、拉伸时材料的力学性质

1. 应力-应变曲线

通过材料的拉伸试验，可以获得材料的许多重要力学性能指标。为了便于比较各种材料在拉伸时的力学性质，试件尺寸须按照国家颁布的建材试验标准进行制作。拉伸试验的试件如图 8-4 所示，中间测量变形部分的长度 L 叫做标距。圆形截面直径 D 与标距 L 之间比例有两种，$L = 10D$ 或 $L = 5D$；对矩形截面标距 L 与截面面积 A 的比例关系规定为 $L = 11.3\sqrt{A}$ 或 $L = 5.65\sqrt{A}$。

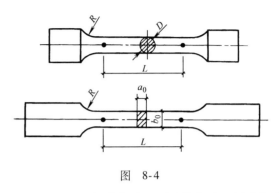

图 8-4

拉伸与压缩试验可以在万能试验机上进行，万能试验机的加载部分可对试件加力，测力部分的测力指针指示加力值，机上绘图部分可绘制 $F\text{-}\Delta L$ 曲线，该曲线称为试件的拉伸图。不同材料试验得到的拉伸图差异很大，下面讨论低碳钢（Q235 钢）试件的拉伸图，如图 8-5a 所示。

为了消除试件的横截面尺寸和长度的影响，可用应力公式 $\sigma = \dfrac{F}{A}$ 和应变公式 $\varepsilon = \dfrac{\Delta L}{L}$，将拉伸图改为 $\sigma\text{-}\varepsilon$ 曲线（图 8-5b）叫做应力-应变曲线，其形状与拉伸图相似。应说明的是，曲线 $Oabcdef$ 是经过近似处理而得到的，实际的曲线中 cd 段往往有微小的波动。

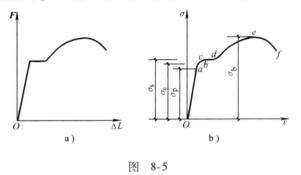

图 8-5

下面根据 $\sigma\text{-}\varepsilon$ 曲线来介绍低碳钢拉伸时的力学性质。低碳钢拉伸试件从加载开始到最后破坏的整个过程，大致可以分为四个阶段：

（1）弹性阶段（图 8-5b 中的 Ob 段）　在此段内，材料的变形完全是弹性变形，如卸去拉力 F，试件的变形将全部消失，b 点所对应的应力称为材料的弹性极限，用 σ_e 表示。在弹性阶段内，Oa 段是直线，σ 与 ε 成正比，即材料变形服从胡克定律，a 点所对应的应力叫做比例极限，用 σ_p 表示。Q235 钢的比例极限 σ_p 约为 200MPa。

弹性极限和比例极限的意义是不同的，但由试验测到的数值很接近。工程上对它们不加严格区分，常近似地认为在弹性范围内材料服从胡克定律。

（2）屈服阶段（图 8-5b 中的 cd 段）　当应力超过弹性极限之后，应变增加很快，而应力保持在一个微小的范围内波动，这种现象称为材料的屈服，在曲线上表现为一段近于水平的线段。将 $\sigma\text{-}\varepsilon$ 曲线上 c 点称为屈服点，c 点对应的应力称为屈服极限（或流动极限），用 σ_s 来表示。Q235 钢的屈服极限为 240MPa。

由于低强度的钢材在屈服时会发生较大的塑性变形，使构件不能正常地工作，故在构件设计时，一般应将构件的最大工作应力限制在屈服极限以下，所以，屈服极限是衡量材料强度的重要指标。

（3）强化阶段（图 8-5b 中的 de 段）　材料经过屈服阶段后，其内部的组织结构有了调整，使其又增加了抵抗变形的能力，在曲线上表现为应力随着应变的增加而增加，这种现象称为材料的强化，de 段称为材料的强化阶段。最高点 e 所对应的应力称为材料的强度极限，用 σ_b 来表示。强度极限也是衡量材料强度的重要指标。Q235 钢的强度极限约为 400MPa。

（4）颈缩阶段（图8-5b中的 ef 段）　在应力达到 σ_b 之前，试件的变形基本上是均匀的。当 σ-ε 曲线到达 e 点之后，即应力超过 σ_b 之后，试件开始出现非均匀变形，可以看到在试件的某一截面开始明显的局部收缩，即形成颈缩现象。曲线开始下降，最后至 f 点，试件被拉断，如图8-5所示。

上述低碳钢拉伸的四个阶段中，有三个有关强度性能的指标，即比例极限 σ_p、屈服极限 σ_s 和强度极限 σ_b。σ_p 表示材料的弹性范围；σ_s 是衡量材料强度的一个重要指标，当应力达到 σ_s 时，杆件产生显著的塑性变形，使构件无法正常工作；σ_b 是衡量材料强度的另一个重要指标，当应力达到 σ_b 时，杆件出现颈缩并很快被拉断。

2. 材料的伸长率和截面收缩率

试件被拉断以后，其弹性变形消失，塑性变形则被残留下来，将拉断的试件对接在一起，如图8-6所示，量出拉断后的标距长度 L_1 和断口处的最小横截面积 A_1，则可得伸长率 δ 的计算公式为

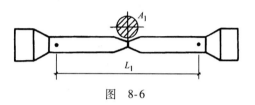

图 8-6

$$\delta = \frac{(L_1 - L)}{L} \times 100\% \qquad (8\text{-}5)$$

截面收缩率 ψ 的计算公式为

$$\psi = \frac{(A - A_1)}{A} \times 100\% \qquad (8\text{-}6)$$

δ 和 ψ 是衡量材料塑性性能的两个主要指标，δ 和 ψ 值越大，说明材料的塑性越好。工程上常把 $\delta \geq 5\%$ 的材料称为塑性材料，这类材料破坏后有显著的残余变形，如低碳钢、铜等；而把 $\delta < 5\%$ 的材料称为脆性材料，如铸铁、混凝土等。

低碳钢的伸长率 $\delta = 20\% \sim 30\%$，ψ 约为 60% 左右。

以上所说的脆性材料和塑性材料，是根据材料在常温、静荷载下由拉伸试验所得到的伸长率的大小来区分的。但是材料是塑性的还是脆性的，并非一成不变，它可能会随温度、应力等情况的改变而改变。

3. 弹性模量和泊松比

弹性材料在受力和变形过程中，其应力和应变成正比关系，这就是胡克定律。应力和应变的比值，叫做弹性模量，用 E 来表示。拉压杆件纵向伸长和缩短的同时，其横截面会缩小或增大，相应有横向线应变。横向线应变与纵向线应变的比值称为泊松比，用 μ 来表示。

4. 冷作硬化

若在 σ-ε 曲线的强化阶段内的任意一点 k 处慢慢地卸去拉伸荷载，如图8-7所示，则此时的 σ-ε 曲线将沿着与 Oa 近于平行的直线 kO_1 回落到 O_1 点，这说明材料的变形已不能完全消失。图中 O_1O_2 所代表的弹性应变在卸载后消失了，OO_1 表示残留下来的塑性应变。如果卸载后又重新加载，应力与应变又重新按正比关系增加，并且 σ-ε 曲线仍沿着 O_1k 直线上升到 k 点。然后，由 k 点按原来的 σ-ε 曲线变化。可以看出，若使材料应力超过屈服阶段并在进入强化阶

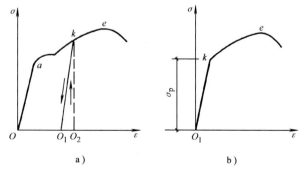

a)　　　　　　　　b)

图 8-7

段后卸载,则当再度加载时,材料的比例极限和屈服极限都将有所提高,同时,其塑性变形能力却有所降低,这种现象称为材料的冷作硬化。工程中常用冷作硬化的方法来提高钢筋和钢丝的屈服极限,并把它们称为冷拉钢筋和冷拔钢丝。

二、压缩时材料的力学性质

与拉伸试件相比,压缩试验的试件为避免压弯而制作得短一些。一般金属材料的试件为圆柱形,高度约为直径的 1.5～3 倍;非金属材料的试件(如混凝土、木材等)则常制作成立方体或长方体。

铸铁试件压缩时的应力-应变曲线如图 8-8a 所示。该曲线是一条微弯的曲线,没有明显的直线部分,也没有屈服点。压缩破坏时,试件在大约与轴线成 45°的斜截面上发生剪切错动而破坏。与铸铁试件的拉伸强度极限(图 8-8a 中虚线)相比,其压缩强度极限比拉伸强度极限高很多,大约高出 3～5 倍。这说明铸铁适宜承受压力,而不适宜承受拉力。

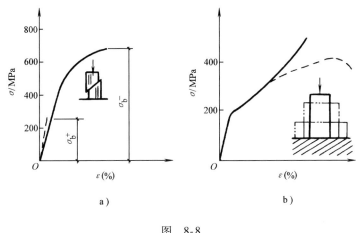

图　8-8

其他脆性材料如水泥、混凝土和砖石等也具有类似的特点。脆性材料的突出特点是它们的抗压强度远大于抗拉强度。

低碳钢试件在压缩时的 σ-ε 曲线(图 8-8b)和拉伸时的 σ-ε 曲线相比,屈服前压缩和拉伸时的 σ-ε 曲线基本重合,这表明低碳钢压缩时的比例极限 σ_p、弹性极限 σ_e、屈服极限 σ_s 和弹性模量 E 均与拉伸时相同。在进入强化阶段之后,两条曲线分离,压缩时的 σ-ε 曲线一直上升。由于塑性材料在压力作用下不会发生断裂,无法测量压缩强度极限。其他塑性金属受压时的情况也都和低碳钢相似。因此,工程上常认为塑性金属材料在拉伸和压缩时的重要力学性质是相同的。一般以拉伸试验所测得的力学性质为依据。

第四节　平面弯曲梁的应力与强度计算

平面弯曲是最简单、最基本的杆件弯曲问题。本节讨论平面弯曲梁的应力与强度计算等问题。

为了进行梁的强度计算,需要研究梁横截面上的应力分布情况。梁在垂直于杆轴线的外荷载作用下,在横截面上一般要产生两种内力:弯矩和剪力。从而在横截面上将存在两种应力:正应力和剪应力。

一、梁的正应力与强度计算

梁横截面上的正应力计算公式推导一般以纯弯梁为模型,纯弯梁是指受力弯曲后,横截面上只有弯矩而没有剪力的梁，如图 8-9a 中 *AB* 梁的 *CD* 段，各横截面上只有弯矩而无剪力，这种纯弯曲梁称为纯弯梁。为了使研究问题简单，下面以矩形截面梁为例，先研究纯弯梁横截面上的正应力。

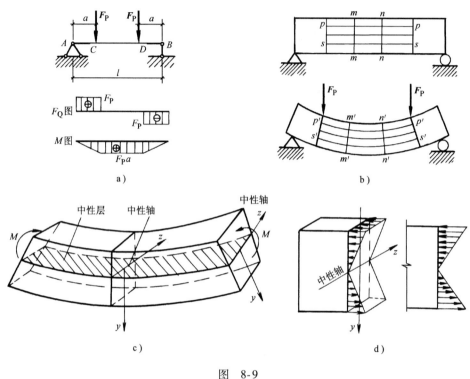

图 8-9

1. 梁的弯曲变形现象及应力计算假设

梁横截面上正应力的分布规律及正应力计算公式的推导，首先通过试验观察梁在弯曲变形后的表面现象，然后作出假设，使问题得到简化，从而推导出既简单又合理的计算公式。

为便于观察到梁的变形（图 8-9b），试验前首先在梁的侧面划上等距离的纵向线 pp，$\cdots$，ss 和与纵向线相垂直的横向线 mm，$\cdots$，nn 等，梁弯曲后，可以看到下列现象：

1）变形前互相平行的纵向线（pp、ss 等），在变形后都变成了弧线（$\overset{\frown}{p'p'}$、$\overset{\frown}{s's'}$ 等），且靠上部的纵向线缩短了，靠下部的纵向线伸长了。

2）变形前垂直于纵向线的横向线（mm、nn 等），变形后仍为直线（$m'm'$、$n'n'$ 等），且它们相对转动了一个角度后仍与弯曲了的纵向线正交。

根据上述现象，作如下假设：

梁变形前的截面在变形后仍为一平面，只是绕截面内的某一轴旋转了一个角度，并且依然与弯曲后的杆件轴线垂直。

由于梁的上部各层纵向纤维缩短，下部各层纤维伸长，而梁的变形又是连续的，因而中间必有一层既不伸长又不缩短，此层称为中性层。中性层与梁横截面的交线称为中性轴（图 8-9c）。中性轴将横截面分为受压和受拉两个区域。

2. 梁的正应力计算公式（推导过程略）

梁横截面上正应力的计算公式推导要综合运用梁的变形条件、物理条件和平衡条件，得

$$\sigma = \frac{My}{I_z} \tag{8-7}$$

式中　M——截面的弯矩；

　　　I_z——截面对中性轴的惯性矩；

　　　y——欲求应力的点到中性轴的距离。

上式即为梁在纯弯曲时横截面上任一点的正应力计算公式。

式（8-7）表明，正应力与 M 和 y 成正比，与 I_z 成反比。正应力沿截面高度呈直线分布（图8-9d），距中性轴越远就越大，在中性轴上正应力等于零。

在用式（8-7）计算正应力时，可不考虑式中 M 和 y 的正负号，均以绝对值代入，最后由梁的变形来确定应力的正负号。当截面弯矩为正时，梁的下部纤维受拉，上部纤维受压，即中性轴以下为拉应力，中性轴以上为压应力。当截面弯矩为负时，则相反。

需要说明的是，根据试验和进一步的理论研究可知，剪力的存在对正应力的分布规律影响很小。因此，式（8-7）虽然是在梁纯弯曲的情况下导出的，但对非纯弯曲的梁，该式仍然适用。虽然式（8-7）是从矩形截面梁导出的，但同样还适用于其他具有对称轴形状截面的梁。

对于梁的某一横截面来说，最大正应力发生在距中性轴最远的地方，其值为

$$\sigma_{max} = \frac{My_{max}}{I_z}$$

对于等截面梁，最大正应力发生在弯矩最大的截面上，其值为

$$\sigma_{max} = \frac{M_{max}y_{max}}{I_z}$$

令　$\dfrac{I_z}{y_{max}} = W_z$，则有

$$\sigma_{max} = \frac{M_{max}}{W_z}$$

W_z 称为抗弯截面系数，它与梁的截面形状有关，W_z 越大，梁中的正应力越小。

矩形截面的抗弯截面系数为

$$W_z = \frac{I_z}{y_{max}} = \frac{bh^2}{6}$$

圆形截面的抗弯截面系数为

$$W_\rho = \frac{I_z}{y_{max}} = \frac{\pi D^3}{32}$$

工字钢、槽钢等型钢截面的 W_z 值可以从有关的设计手册中查到。

例8-3　简支梁受均布荷载作用，如图 8-10a 所示。已知 $q = 3.5\text{kN/m}$，梁的跨度 $l = 3\text{m}$，截面为矩形，$b = 120\text{mm}$，$h = 180\text{mm}$。试求：

1）C 截面上 a、b、c 三点处的正应力；

2）梁的最大正应力 σ 及其位置。

解：1）求支座反力，因为对称，所以

$$F_{RA} = F_{RB} = \frac{ql}{2} = \left(\frac{1}{2} \times 3.5 \times 3\right)\text{kN} = 5.25\text{kN}$$

计算 C 截面弯矩

$$M_C = F_{RA} \times 1\text{m} - \frac{q \times 1^2\text{m}^2}{2} = \left(5.25 \times 1 - \frac{3.5 \times 1^2}{2}\right)\text{kN} \cdot \text{m} = 3.5\text{kN} \cdot \text{m}$$

计算截面对中性轴 z 的惯性矩

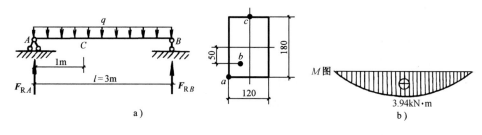

图 8-10

$$I_z = \frac{bh^3}{12} = \left(\frac{1}{12} \times 120 \times 180^3\right) \text{mm}^4 = 58.3 \times 10^6 \text{mm}^4$$

按式（8-7）计算各点正应力

$$\sigma_a = \frac{M_C \times y_a}{I_z} = \frac{3.5 \times 10^6 \times 90}{58.3 \times 10^6} \text{N/mm}^2 = 5.4 \text{MPa} \quad （拉）$$

$$\sigma_b = \frac{M_C \times y_b}{I_z} = \frac{3.5 \times 10^6 \times 50}{58.3 \times 10^6} \text{N/mm}^2 = 3 \text{MPa} \quad （拉）$$

$$\sigma_c = \frac{M_C \times y_c}{I_z} = \frac{3.5 \times 10^6 \times 90}{58.3 \times 10^6} \text{N/mm}^2 = 5.4 \text{MPa} \quad （压）$$

因为 M_c 是正弯矩，故中性轴以下 a、b 点应力为拉应力，中性轴以上 c 点应力为压应力。

2）画弯矩图，由图8-10b可知，最大弯矩发生在跨中截面，其值为

$$M_{\max} = \frac{ql^2}{8} = \left(\frac{1}{8} \times 3.5 \times 3^2\right) \text{kN} \cdot \text{m} = 3.94 \text{kN} \cdot \text{m}$$

梁的最大正应力发生在 $M_{\max}$ 的危险截面的上下边缘处。最大拉应力发生在跨中截面的下边缘处；最大压应力发生在跨中截面的上边缘处。最大正应力值为

$$\sigma_{\max} = \frac{M_{\max} y_{\max}}{I_z} = \frac{3.94 \times 10^6 \times 90}{58.3 \times 10^6} \text{N/mm}^2 = 6.08 \text{MPa}$$

3. 强度条件

为了防止梁由于弯曲正应力引起破坏，根据强度要求，同时考虑留有一定的安全储备，梁内的最大正应力 $\sigma_{\max}$ 不能超过材料的容许应力 $[\sigma]$，即

$$\sigma_{\max} = \frac{M_{\max}}{W_z} \leqslant [\sigma] \qquad (8\text{-}8)$$

上式即为梁的正应力强度条件。当梁材料的抗拉和抗压的能力相同时，其正应力强度条件见式（8-8）。当梁材料的抗拉抗压能力不同时，应分别对拉应力和压应力建立强度条件，即

$$\left.\begin{array}{l} \sigma_{l\max} = \dfrac{M_{\max} y_l}{I_z} \leqslant [\sigma_l] \\[3mm] \sigma_{y\max} = \dfrac{M_{\max} y_y}{I_z} \leqslant [\sigma_y] \end{array}\right\} \qquad (8\text{-}9)$$

根据强度条件，可解决下列工程中常见的三类问题。

（1）强度校核　当已知梁的长度、梁的截面形状和尺寸，梁所用的材料及梁上荷载时，可校核梁是否满足强度要求，即校核是否能满足下列关系

$$\frac{M_{\max}}{W_z} \leqslant [\sigma]$$

（2）选择截面　当已知梁的长度、梁所用的材料及梁上荷载时，可根据强度条件，先计算出所需的抗弯截面系数，即 $W_z=\dfrac{M_{max}}{[\sigma]}$，然后依所选的截面形状，再由 W_z 值确定截面的尺寸。

（3）计算梁所能承受的容许荷载　当已知梁的长度、梁的截面形状和尺寸以及梁所用的材料时，根据强度条件，可算出梁所能承受的最大弯矩，即

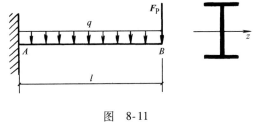

$$M_{max}=W_z[\sigma]$$

图　8-11

例 8-4　一悬臂梁长 $l=1.5$m，自由端受集中力 $F_P=32$kN 作用，如图 8-11 所示。梁由 I22a 工字钢制成，自重按 $q=0.33$kN/m 计算，材料的容许应力 $[\sigma]=160$MPa。试校核梁的正应力强度。

解：1）最大弯矩在固定端截面 A 处。

$$|M|_{max}=F_Pl+\frac{1}{2}ql^2=\left(32\times1.5+\frac{0.33\times1.5^2}{2}\right)\text{kN}\cdot\text{m}=48.4\text{kN}\cdot\text{m}$$

2）查型钢表 I22a 工字钢的抗弯截面系数为

$$W_z=309\text{cm}^3$$

3）校核正应力强度，由强度条件得

$$\sigma_{max}=\frac{M_{max}}{W_z}=\frac{48.4\times10^6}{309\times10^3}\text{N/mm}^2=157\text{MPa}<[\sigma]$$

满足正应力强度条件

例 8-5　图 8-12a 所示为一均布荷载作用下的简支梁，梁的截面为圆形，直径 $D=25$mm，梁的跨度为 $l=0.2$m，容许正应力为 $[\sigma]=150$MPa，试求此梁所能承受的最大分布荷载集度。

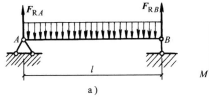

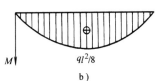

图　8-12

解：1）首先绘制梁的弯矩图，如图 8-12b 所示。梁的危险截面为跨中截面，最大弯矩为

$$M_{max}=\frac{1}{8}ql^2$$

梁的抗弯截面系数为

$$W_z=\frac{\pi}{32}D^3=\frac{\pi}{32}\times(0.025)^3\text{m}^3=1.534\times10^{-6}\text{m}^3$$

2）由强度条件

$$\sigma_{max}=\frac{M_{max}}{W_z}\leqslant[\sigma]$$

得

$$q\leqslant\frac{8W_z[\sigma]}{l^2}=\frac{8\times1.534\times10^{-6}\times150\times10^6}{2^2\times10^{-2}}\text{kN/m}=46\text{kN/m}$$

例 8-6　一简支梁上作用两个集中力，如图 8-13 所示，已知 $l=6$m，$F_{P1}=15$kN，$F_{P2}=21$kN，如果梁采用热轧普通工字钢，钢的容许应力 $[\sigma]=170$MPa，试选择工字钢型号。

解：1）绘制梁的弯矩图，求出最大弯矩。最大弯矩发生在 F_{P2} 作用截面上，其值为 $M_{max} = 38\text{kN} \cdot \text{m}$。

2）根据强度条件，算出梁所需的抗弯截面系数为

$$W_z = \frac{M_{max}}{[\sigma]} = \frac{38 \times 10^6}{170}\text{mm}^3 = 223\text{cm}^3$$

3）根据算得的 W_z 值，在型钢表中查出与该值相近的型号，就是所需要的型号。在型钢表中，120a 的 W_z 值为 237cm^3，与算得的 W_z 值相近，故选 120a 工字钢。因为 120a 的 W_z 值大于按强度条件算得 W_z 值，所以一定能满足强度条件。

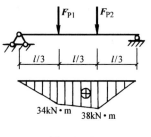

图 8-13

例8-7 外伸梁受力作用及其截面如图 8-14a 所示。已知材料的容许拉应力 $[\sigma_L] = 30\text{MPa}$，容许压应力 $[\sigma_y] = 70\text{MPa}$，试校核梁的正应力强度。

解： 1）画如图 8-14b 所示的弯矩图。由图可见，B 截面有最大负弯矩，C 截面有最大正弯矩。

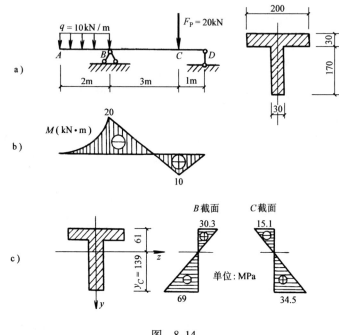

图 8-14

2）确定中性轴位置及计算截面对中性轴的惯性矩。中性轴必通过截面形心，如图 8-14c 所示，而截面形心距底边为

$$y_C = \frac{\sum A_i y_{Ci}}{\sum A_i} = \frac{30 \times 170 \times 85 + 200 \times 30 \times 185}{30 \times 170 + 200 \times 30}\text{mm} = 139\text{mm}$$

截面对中性轴 z 的惯性矩为

$$I_z = \sum (I_{zC} + a^2 A)$$
$$= \left(\frac{30 \times 170^3}{12} + 30 \times 170 \times 54^2 + \frac{200 \times 30^3}{12} + 200 \times 30 \times 46^2 \right)\text{mm}^4$$
$$= 40.3 \times 10^6 \text{mm}^4$$

3）强度校核。由于材料的抗拉和抗压性能不同，且截面又不对称于中性轴，所以对梁的最大正弯矩与最大负弯矩截面都要进行强度校核。

B 截面强度校核：该截面弯矩为负值，最大拉应力发生在截面的上边缘；最大压应力发生在截面的下边缘，即

$$\sigma_{L\max} = \frac{M_B y_\perp}{I_z} = \frac{20 \times 10^6 \times 61}{40.3 \times 10^6} \text{N/mm}^2 = 30.3 \text{MPa} \approx [\sigma_L]$$

$$\sigma_{y\max} = \frac{M_B y_\top}{I_z} = \frac{20 \times 10^6 \times 139}{40.3 \times 10^6} \text{N/mm}^2 = 69 \text{MPa} < [\sigma_y]$$

C 截面强度校核：该截面的弯矩为正值，最大压应力发生在截面的上边缘；最大拉应力发生在截面的下边缘，即

$$\sigma_{y\max} = \frac{M_C y_\perp}{I_z} = \frac{10 \times 10^6 \times 61}{40.3 \times 10^6} \text{N/mm}^2 = 15.1 \text{MPa} < [\sigma_y]$$

$$\sigma_{L\max} = \frac{M_C y_\top}{I_z} = \frac{10 \times 10^6 \times 139}{40.3 \times 10^6} \text{N/mm}^2 = 34.5 \text{MPa} > [\sigma_L]$$

所以梁的强度不够。

C 截面的弯矩绝对值虽不是最大，但因截面受拉边缘距中性轴较远，而求得的最大拉应力较 B 截面大。所以当截面不对称于中性轴时，对梁的最大正弯矩与最大负弯矩截面都要进行强度校核，确保梁的强度足够。

二、矩形截面梁的剪应力计算及剪应力强度条件

梁在横向力作用下，梁的横截面上除了弯矩还有剪力。如果横截面上某一点的剪应力过大，则将导致梁发生剪切破坏。所以除进行正应力强度计算外，还要进行剪应力的强度计算。

1. 矩形截面梁的剪应力计算公式

矩形截面梁的剪应力计算公式推导，需要建立下述两条假设：

1）截面上各点剪应力的方向都平行于截面上剪力的方向。

2）剪应力沿截面宽度均匀分布，即距中性轴等距离各点处的剪应力相等。

根据上述假设，对于图 8-15 所示的承受任意荷载的矩形截面梁，截面高为 h，宽为 b，可推得梁上任一截面中 cc 线上的剪应力计算公式为（推导过程略）。

$$\tau = \frac{F_Q S_z}{I_z b} \qquad (8\text{-}10)$$

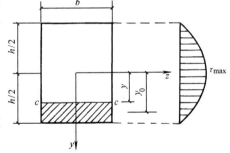

图 8-15

式中　F_Q——截面的剪力；

　　　S_z——面积 A^* 对中性轴的面积矩，A^* 过欲求应力点的水平线与截面边缘间的面积；

　　　I_z——截面对中性轴的惯性矩；

　　　b——截面的宽度。

式（8-10）中的剪力和面积矩均为代数量，在计算剪应力时，可用绝对值代入，剪应力的方向可由剪力的方向来确定，即 τ 与 $\mathbf{F}_Q$ 方向一致。进一步的分析表明，矩形截面梁中的剪应力沿截面高度按二次抛物线规律分布，在截面上下边缘处，剪应力为零，在中性轴处，剪应力最大，为截面平均剪应力的 1.5 倍。

式（8-10）虽然是从矩形截面梁推导出的，但同样适用于其他形状的截面（不过应注意 b 的不同，对工字形和 T 形截面，b 是指腹板的宽度）。对于工字形和 T 形截面，剪应力主要集中在腹板上，翼缘处的剪应力很小，最大剪应力也发生在中性轴上。

2. 梁的剪应力强度条件

对于跨高比较小的梁或承受剪力较大的梁，梁的强度不仅与最大正应力有关，还与最大剪应

力有关。因而在进行强度校核时，除了正应力强度校核外，还需进行剪应力强度校核。

为了保证梁能安全地工作，梁在荷载作用下产生的截面最大剪应力 τ_{max} 不得超过材料的容许剪应力 $[\tau]$，而梁截面上的最大剪应力发生在梁的中性轴上，其值为

$$\tau_{max} = \frac{F_Q S_{zmax}}{I_z b}$$

对等截面梁来说，最大剪应力发生在剪力最大的截面上，即

$$\tau_{max} = \frac{F_{Qmax} S_{zmax}}{I_z b}$$

此最大剪应力不能超过材料的容许剪应力，即

$$\tau_{max} = \frac{F_{Qmax} S_{zmax}}{I_z b} \leq [\tau] \tag{8-11}$$

式（8-11）即为梁的剪应力强度条件。

在进行梁的强度计算时，必须同时满足正应力和剪应力强度条件，但在一般情况下，梁的强度计算大多是由正应力强度条件控制的。因此，在选择截面时，一般都是先按正应力强度条件来计算，然后再用剪应力强度条件进行校核。

例 8-8 矩形截面的简支梁承受均布荷载，如图 8-16 所示，已知 $L = 4m$，$b = 110mm$，$h = 150mm$，$q = 2kN/m$，材料的容许应力 $[\sigma] = 10MPa$，$[\tau] = 1.1MPa$，试校核此梁的强度。

解：1）作出梁的弯矩图和剪力图，如图 8-16 所示。最大弯矩值在跨中截面，其值为 $4 \times 10^3 N \cdot m$。根据正应力强度条件得

$$\sigma_{max} = \frac{M_{max}}{W_z} = \frac{M_{max}}{\frac{1}{6}bh^2}$$

$$= \frac{4 \times 10^3}{\frac{1}{6} \times 0.11 \times 0.15^2} N/mm^2$$

$$= 9.7MPa < [\sigma]$$

图 8-16

梁满足正应力强度条件。

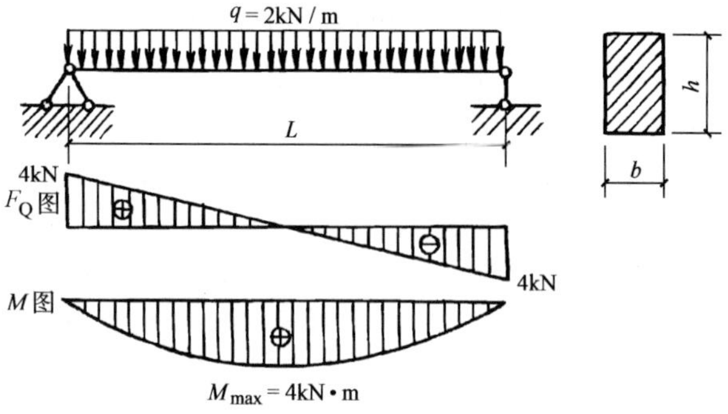

2）校核剪应力强度条件，梁的最大剪力 $F_Q = 4kN$，最大剪应力为

$$\tau_{max} = \frac{F_{Qmax} S_{max}}{I_z b} = \frac{4.0 \times 10^3 \times \frac{1}{2} \times 0.11 \times 0.15 \times \frac{0.075}{2}}{\frac{1}{12} \times 0.11 \times 0.15^3 \times 0.11} N/mm^2$$

$$= 0.36MPa < [\tau]$$

梁满足剪应力强度条件。

第五节 组合变形构件的强度计算

前面几章对杆件的拉伸和压缩、弯曲、剪切和扭转四种基本变形形式进行了介绍。在实际工程结构中，杆件的受力情况是比较复杂的，往往不是发生单一的基本变形，而是同时发生两种或两种以上的基本变形，这类变形称为组合变形。

本节将介绍组合变形下杆件的应力和强度的计算方法，主要介绍偏心弯曲和斜弯曲情形。

如图 8-17 所示的工业厂房牛腿柱,吊车梁传来的荷载 F_P 的作用线不与形心线重合,这时牛腿柱就处于偏心受压的情况下,将同时发生压缩和弯曲两种变形。如图 8-18 所示的檩条,其所受的荷载的方向是竖直向下的,力的作用线与截面的对称轴不重合,檩条将发生双向的弯曲变形,是一个斜弯曲变形问题。

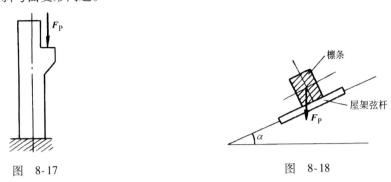

图 8-17   图 8-18

一、斜弯曲

在第四节中所讨论的弯曲都是平面弯曲,即荷载作用在杆件的纵向对称平面内,弯曲平面与荷载的作用平面相重合,杆件的变形曲线是一条平面曲线。但斜弯曲时杆件的变形曲线不再是一条平面曲线。

1. 正应力的计算

梁发生斜弯曲时,梁上将同时存在有正应力和剪应力。由于剪应力一般都很小,通常不考虑。下面介绍梁斜弯曲时正应力的计算方法。

图 8-19 为一斜弯曲梁,在计算正应力时,应将外力 F_P 沿截面的两个对称轴方向分解为 F_{Pz} 和 F_{Py}。在 F_{Py} 单独作用下,梁将发生竖直平面内的弯曲,其横截面上的正应力用 σ' 来表示,沿截面高度呈直线分布。同样,在 F_{Pz} 单独作用下,梁将发生水平平面内的弯曲,其横截面上的正应力用 σ'' 表示,沿截面宽度也呈直线分布。计算截面上某点的正应力时,应首先计算 F_{Py} 和 F_{Pz} 单独作用下,该点的应力 σ' 和 σ'',然后利用叠加原理将它们进行代数相加。

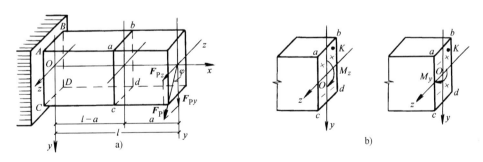

图 8-19

距自由端为 a 的任一截面上,F_{Py} 和 F_{Pz} 引起的弯矩为

$$M_y = F_{Pz}\, a = F_P a \sin\varphi = M\sin\varphi$$

$$M_z = F_{Py}\, a = F_P a \cos\varphi = M\cos\varphi$$

式中 M——在荷载 F_P 作用下距自由端为 a 的截面上引起的弯矩,$M = F_P a$。

在 F_P 作用下,k 点处的正应力为

$$\sigma = \sigma' + \sigma'' = \frac{M_z y}{I_z} + \frac{M_y z}{I_y} = M\left(\frac{y\cos\varphi}{I_z} + \frac{z\sin\varphi}{I_y}\right) \tag{8-12}$$

式中 I_z、I_y——截面对 z 轴和 y 轴的惯性矩；

$\quad\quad\quad$ y、z——所求应力的点到 z、y 轴的距离。

式（8-12）即为斜弯曲时梁横截面上任一点 k 处的正应力计算公式。

应力的正负号可采用直观法来断定。首先根据 F_{Py} 和 F_{Pz} 单独作用下判断出 σ' 和 σ'' 的正负号，然后就可判断出 σ 的正负号。

2. 正应力强度条件

在中性轴的位置确定以后，就可以求出梁的危险截面上最大正应力。梁截面中的最大正应力不能超过材料的容许应力，这就是斜弯曲梁的正应力强度条件。

对于工程中常用的矩形和工字形截面梁，因为这类梁的横截面上都有两个对称轴且有棱角，最大正应力一定发生在 σ' 和 σ'' 具有相同符号的截面角点处。对于图 8-19 所示的矩形截面梁，其左端固定端截面的弯矩最大，为危险截面。由 M_z 产生的最大拉应力发生在该截面的 AB 边上；由 M_y 产生的最大拉应力发生在 BD 边上，可见此梁的最大拉应力发生在 AB 边和 BD 边的交点 B 处。同理最大压应力发生在 C 点。B、C 两点就是危险点。其应力值为

$$\sigma_{max} = \frac{M_{zmax} y_{max}}{I_z} + \frac{M_{ymax} z_{max}}{I_y} = \frac{M_{zmax}}{W_z} + \frac{M_{ymax}}{W_y}$$

若材料的抗拉抗压强度相等，梁斜弯曲时的强度条件为

$$\sigma_{max} = \frac{M_{zmax}}{W_z} + \frac{M_{ymax}}{W_y} \leqslant [\sigma] \tag{8-13}$$

根据这一强度条件，同样可以进行强度校核、截面设计和确定容许荷载。在运用上式进行截面设计时，由于存在 W_z 和 W_y 两个未知量，可以先假设一个 W_z/W_y 的值，然后由式（8-13）计算出 W_z，再确定截面的具体尺寸。对于型钢截面，可根据已求得的 W_z 从型钢表中初选一个截面尺寸，然后将已选截面实际的 W_z、W_y 值代入式（8-13）中，校核应力值是否和容许应力 $[\sigma]$ 相近，如果大于容许应力，则应重新调整后再选，直至符合要求为止。

对于矩形截面：$W_z/W_y = h/b$（一般取 1.2~2）。

对于各种型钢，可根据下列范围选择 W_z/W_y，工字形截面：$W_z/W_y = 8~10$；槽钢截面：$W_z/W_y = 6~8$。

例 8-9 跨长为 3m 的矩形截面木檩条，受集度为 $q = 800\text{N/m}$ 的均布荷载的作用，檩条材料的容许应力 $[\sigma] = 12\text{MPa}$，试按正应力强度条件选择此檩条的截面尺寸，如图 8-20 所示。

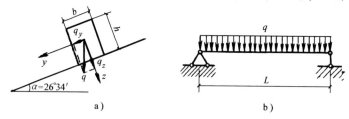

图 8-20

解：1）先将 q 分解为沿对称轴 y 和 z 的两个分量

$$q_y = q\sin\alpha = (800 \times 0.447)\ \text{N/m} = 358\text{N/m}$$
$$q_z = q\cos\alpha = (800 \times 0.894)\ \text{N/m} = 715\text{N/m}$$

再分别求出 q_y 和 q_z 产生的最大弯矩，它们位于檩条的跨中截面上，此两个弯矩的值为

$$M_{zmax} = \frac{1}{8} q_y L^2 = 403\text{kN} \cdot \text{m}$$

$$M_{ymax} = \frac{1}{8}q_z L^2 = 804\text{kN} \cdot \text{m}$$

2）根据式（8-13）的强度条件，先假设截面的高宽比 $W_y/W_z = h/b = 1.5$，代入式（8-13）有

$$\frac{804}{1.5 W_z} + \frac{403}{W_z} \leqslant 12 \times 10^6$$

得　　　　　　　　　　　$$W_z \geqslant 78.3 \times 10^{-6}\text{m}^3$$

由　　　　　　　　　　$$W_z = \frac{1}{6}b^2 h = \frac{1.5}{6}b^3$$

得　　　　　　　　　　　$$b = 6.79 \times 10^{-2}\text{m}$$

$$h = 1.5b = 0.102\text{m}$$

故选用 $70\text{mm} \times 100\text{mm}$ 的矩形截面。

二、拉伸（压缩）与弯曲

当杆件上同时作用有横向力和轴向力时，横向力将使杆件弯曲，轴向力将使杆件发生伸长或缩短，因而杆件的变形为拉伸（压缩）与弯曲的组合变形。因梁中的剪应力一般都很小，下面仅介绍拉伸（压缩）与弯曲组合时梁的正应力与强度的计算方法。

1. 正应力的计算

计算拉（压）弯组合变形下杆件截面中某点的应力时，仍采用叠加法，即先分别计算出在拉伸（压缩）和弯曲变形下的应力，然后进行代数叠加。如图 8-21a 所示，在轴力 F_N 的单独作用下，杆件横截面上的正应力为均匀分布，其值为

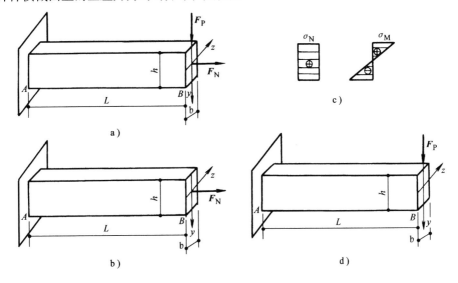

图　8-21

$$\sigma' = \frac{F_N}{A}$$

在横向力 F_P 单独作用下，杆件将发生平面弯曲，正应力沿截面高度呈直线分布，横截面上任一点的正应力为

$$\sigma'' = \frac{M_z y}{I_z}$$

故在 F_N、F_P 共同作用下横截面上任一点的正应力为

$$\sigma = \sigma' + \sigma'' = \frac{F_N}{A} + \frac{M_z y}{I_z} \qquad (8\text{-}14)$$

上式即为杆件在拉（压）弯组合变形下横截面上任一点的正应力计算公式。计算正应力时，σ' 的正负可根据 F_N 来判定，σ'' 的正负可根据梁的弯曲变形来判定。

2. 正应力强度条件

如图 8-21 所示的拉弯组合变形危险点处应力值为

$$\sigma = \frac{F_N}{A} + \frac{M_{max}}{W_z}$$

上下边缘处的纤维均处于单向应力状态，所以，强度条件为

$$\sigma_{max} = \frac{F_N}{A} + \frac{M_{max}}{W_z} \leqslant [\sigma] \qquad (8\text{-}15)$$

例 8-10 矩形截面悬臂梁受图 8-21a 所示荷载的作用，已知 $L = 1.2\text{m}$，$b = 100\text{mm}$，$h = 150\text{mm}$，$F_N = 2\text{kN}$，$F_P = 1\text{kN}$，试求梁中的最大拉应力和最大压应力。

解：1）此梁的变形为拉弯组合变形。在 F_N 作用下，梁将发生轴向拉伸变形；在 F_P 作用下，梁将发生弯曲变形。

2）在 F_N 和 F_P 共同作用下，梁的最大拉应力为

$$\sigma_{Lmax} = \frac{F_N}{A} + \frac{M_{max}}{W_z} = \frac{F_N}{bh} + \frac{F_P L}{\frac{1}{6}bh^2} = \left(\frac{2 \times 10^3}{0.1 \times 0.15} + \frac{1 \times 10^3 \times 1.2}{\frac{1}{6} \times 0.1 \times 0.15^2} \right) \text{N/mm}^2$$

$$= 3.33\text{MPa}$$

梁的最大压应力为

$$\sigma_{ymax} = \frac{F_N}{A} - \frac{M_{max}}{W_z} = \frac{F_N}{bh} - \frac{F_P L}{\frac{1}{6}bh^2} = \left(\frac{2 \times 10^3}{0.1 \times 0.15} - \frac{1 \times 10^3 \times 1.2}{\frac{1}{6} \times 0.1 \times 0.15^2} \right) \text{N/mm}^2$$

$$= -3.07\text{MPa}$$

三、偏心拉伸（压缩）

图 8-22 表示一偏心受拉杆件，平行于杆件轴线的拉（压）力 F_P 的作用点不在截面的形心主轴上，而是位于到 z、y 轴的距离分别为 e_y 和 e_z 的任一点处，这类偏心拉伸（压缩）称为双向偏心拉伸（压缩）。

双向偏心拉伸或压缩杆件的正应力计算也是采用叠加原理进行的。将力 F_P 平移到截面的形心处，使其作用线与杆件的轴线重合，F_P 在平移的同时，产生附加力矩为 $F_P e_y$ 和 $F_P e_z$ 的力偶，F_P 将使杆件发生轴向的拉伸或压缩，$F_P e_y$ 和 $F_P e_z$ 将分别使杆件截面发生绕 z 轴和 y 轴弯曲变形。所以，双向偏心拉伸（压缩）变形实际上是轴向拉伸（压缩）与两个平面弯曲所产生的组合变形，其正应力的计算需首先计算出每种基

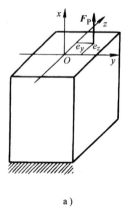

a)

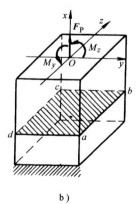

b)

图 8-22

本变形下的正应力，然后进行叠加。

在力 $\boldsymbol{F}_\text{P}$ 的作用下，横截面上任一点处的正应力为

$$\sigma' = \frac{F_\text{P}}{A}$$

在 M_z 和 M_y 单独作用下，同一点处的正应力分别为

$$\sigma'' = \frac{M_z y}{I_z} \quad \sigma''' = \frac{M_y z}{I_y}$$

所以，在力 $\boldsymbol{F}_\text{P}$ 的作用下，该点处的正应力为

$$\sigma = \sigma' + \sigma'' + \sigma''' = \frac{F_\text{P}}{A} + \frac{M_z y}{I_z} + \frac{M_y z}{I_y} = \frac{F_\text{P}}{A} + \frac{F_\text{P} e_y y}{I_z} + \frac{F_\text{P} e_z z}{I_y} \tag{8-16}$$

上式即为双向偏心拉伸或压缩下的正应力计算公式。式中第一项的正负可根据力 $\boldsymbol{F}_\text{P}$ 的方向来确定，式中第二、三项的正负号根据力偶 $F_\text{P} e_y$ 和 $F_\text{P} e_z$ 使梁产生的弯曲变形来确定。

例 8-11　如图 8-23 所示的偏心受压杆，已知 $h = 300\text{mm}$，$b = 200\text{mm}$，$F_\text{P} = 42\text{kN}$，偏心距 $e_z = 100\text{mm}$，$e_y = 80\text{mm}$，试求 AA 截面上的 A、B、C、D 点的正应力。

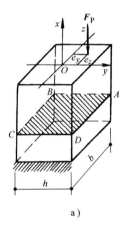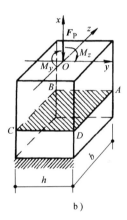

图　8-23

解：首先将力 F_P 平移到截面的形心处，力偶矩 M_y 和 M_z 分别为

$$M_y = F_\text{P} e_z = \left(42 \times 10^3 \times 0.1\right) \text{N} \cdot \text{m} = 4200\text{N} \cdot \text{m}$$

$$M_z = F_\text{P} e_y = \left(42 \times 10^3 \times 0.08\right) \text{N} \cdot \text{m} = 3360\text{N} \cdot \text{m}$$

梁的抗弯截面系数为

$$W_y = \frac{1}{6} h b^2$$

$$W_z = \frac{1}{6} b h^2$$

根据式（8-16），对截面上的 A 点

$$\begin{aligned}
\sigma_A &= -\frac{F_\text{P}}{A} - \frac{M_y}{W_y} - \frac{M_z}{W_z} \\
&= \left(-\frac{42 \times 10^3}{0.2 \times 0.3} - \frac{4200}{\frac{1}{6} \times 0.3 \times 0.2^2} - \frac{3360}{\frac{1}{6} \times 0.2 \times 0.3^2} \right) \text{N/m}^2 \\
&= -3.92\text{MPa}
\end{aligned}$$

对截面上的 B 点

$$\sigma_B = -\frac{F_P}{A} - \frac{M_y}{W_y} + \frac{M_z}{W_z}$$

$$= \left(-\frac{42 \times 10^3}{0.2 \times 0.3} - \frac{4200}{\frac{1}{6} \times 0.3 \times 0.2^2} + \frac{3360}{\frac{1}{6} \times 0.2 \times 0.3^2} \right) N/m^2$$

$$= -1.68 MPa$$

对截面上的 C 点

$$\sigma_C = -\frac{F_P}{A} + \frac{M_y}{W_y} + \frac{M_z}{W_z}$$

$$= \left(-\frac{42 \times 10^3}{0.2 \times 0.3} + \frac{4200}{\frac{1}{6} \times 0.3 \times 0.2^2} + \frac{3360}{\frac{1}{6} \times 0.2 \times 0.3^2} \right) N/m^2$$

$$= 2.52 MPa$$

对截面上的 D 点

$$\sigma_D = -\frac{F_P}{A} + \frac{M_y}{W_y} - \frac{M_z}{W_z}$$

$$= \left(-\frac{42 \times 10^3}{0.2 \times 0.3} + \frac{4200}{\frac{1}{6} \times 0.3 \times 0.2^2} - \frac{3360}{\frac{1}{6} \times 0.2 \times 0.3^2} N/m^2 \right) = 0.28 MPa$$

从计算可以看出，A、B 两点处为压应力，C、D 两点处为拉应力。

小　结

本章主要讨论了杆件的应力和强度计算，讨论了轴向拉压杆的应力和强度计算；平面弯曲梁应力和强度计算；斜弯曲与偏心拉伸（压缩）的应力和强度计算；简单介绍应力状态和强度理论。

一、轴向拉压杆的应力

1. 正应力计算公式

$$\sigma = \frac{F_N}{A}$$

横截面上的应力是均匀分布在整个横截面上，适用条件是等截面直杆受轴向拉伸或压缩。

2. 正应力强度条件

$$\sigma_{max} = \frac{F_N}{A} \leqslant [\sigma]$$

利用此强度条件可以校核强度，设计截面，确定容许荷载。

二、平面弯曲梁的正应力

1. 正应力计算公式

$$\sigma = \frac{My}{I_z}$$

正应力的大小沿截面高度呈线性变化，中性轴上各点为零，上、下边缘处最大。适用条件是平面弯曲的梁，是在弹性范围内工作。

2. 正应力强度条件

$$\sigma_{max} = \frac{M_{max}}{W_z} \leqslant [\sigma]$$

式中　W_z——抗弯截面系数，$W_z = I_z/y_{max}$。

对常用截面，如矩形、圆形等的抗弯截面系数应熟练掌握，利用此强度条件同样可进行强度校核，设计截面和确定容许荷载。

三、斜弯曲的应力

1. 正应力公式

$$\sigma = \sigma' + \sigma'' = \frac{M_z y}{I_z} + \frac{M_y z}{I_y}$$

应力 σ' 与 σ'' 的正负可采用直观法判定，拉应力取正，压应力取负。

2. 强度条件

$$\sigma_{max} = \frac{M_{zmax}}{W_z} + \frac{M_{ymax}}{W_y} \leqslant [\sigma]$$

四、偏心拉伸（压缩）的强度条件

偏心拉伸（压缩）是轴向拉（压）和平面弯曲的组合。

1. 单向偏心拉伸（压缩）的强度条件

$$\sigma_{max} = \frac{F_N}{A} + \frac{M_{max}}{W_z} \leqslant [\sigma]$$

2. 双向偏心拉伸（压缩）的正应力

$$\sigma = \sigma' + \sigma'' + \sigma''' = \frac{F_P}{A} + \frac{M_z y}{I_z} + \frac{M_y z}{I_y}$$

应力计算中各基本变形的应力正负号根据变形情况直接确定，然后再叠加，比较简便而不易出错。

课后巩固与提升

一、填空题

1. 通常把应力 p 分解成垂直于截面的分量 σ 和切于截面的分量 τ，σ 称为_____，τ 称为_____。

2. 应力的负号规定：正应力以拉为_____，压为_____；剪应力使隔离体绕隔离体内一点_____转动趋势时为正，反之为负。

3. 拉压构件横截面上的正应力的计算公式为_____。

4. 为了保证构件能够正常工作，具有足够的强度，就必须要求构件实际工作时的最大应力 σ_{max} 不能超过材料的许用应力 $[\sigma]$，即拉压构件的强度条件为_____。

5. 在悬臂梁中，最大拉应力位于横截面的_____，最大压应力位于横截面的_____，横截面中和轴上的应力为_____。

二、选择题

1. 下列关于轴向拉压杆危险截面的说法正确的是（　　　）。

A. 轴力最大的截面一定是危险截面

B. 横截面最小的截面一定是危险截面

C. 应力最大的截面一定是危险截面

D. 无法确定危险截面

2. 如图 8-24 的三种材料，强度最高的是（　　），塑性最好的是（　　）。

A. 1，3　　　　B. 1，2　　　　C. 3，2　　　　D. 2，1

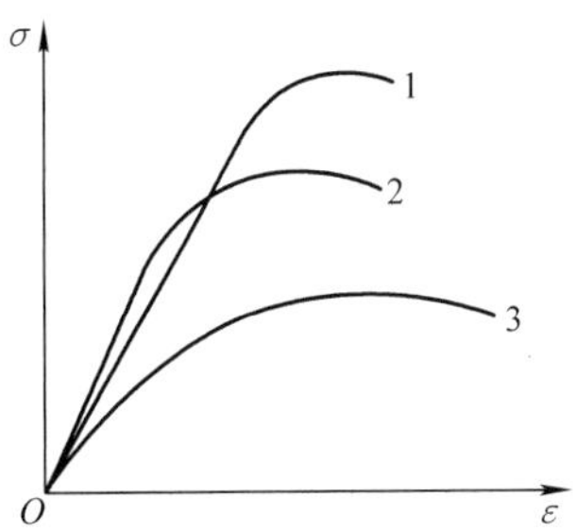

图　8-24

3. 甲乙两杆，几何尺寸相同，所受轴向拉力相同，材料不同，它们的应力和强度有四种可能，下列选项正确的是（　　）。

A. 应力相同，强度相同

B. 应力相同，强度不同

C. 应力不同，强度相同

D. 应力不同，强度不同

4. 下列关于图 8-25 所示的梁 B 截面描述正确的是（　　）。

A. 截面下侧受拉上侧受压，中和轴拉应力最大

B. 截面上侧受拉下侧受压，中和轴拉应力最大

C. 截面下侧受拉上侧受压，截面最下边缘拉应力最大

D. 截面上侧受拉下侧受压，截面最上边缘拉应力最大

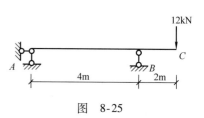

图 8-25

5. 如图 8-26 所示的杆件，组合变形是由（　　）组合而成。

A. 轴向拉伸和纵向平面内的弯曲

B. 轴向拉伸和纵向平面外的弯曲

C. 轴向拉伸、纵向平面内的弯曲和纵向平面外的弯曲

D. 轴向压缩、纵向平面内的弯曲和纵向平面外的弯曲

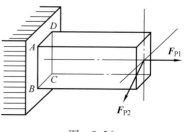

图 8-26

三、计算题

1. 直杆受力如图 8-27 所示，它们的横截面面积为 A 及 $A_1 = A/2$，试求各段横截面上的应力 σ。

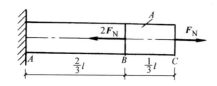 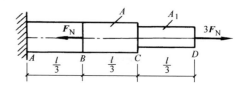

图 8-27

2. 一矩形截面木杆，两端的截面被圆孔削弱，中间的截面被两个切口减弱，如图 8-28 所示，杆端承受轴向拉力 $F_N = 70\text{kN}$，已知 $[\sigma] = 70\text{MPa}$，问杆是否安全？

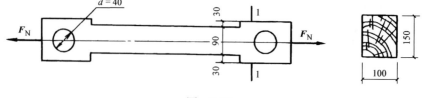

图 8-28

3. 托架结构如图 8-29 所示，荷载 $F_P = 30\text{kN}$，现有铸铁和 Q235 钢两种材料，截面均为圆形，铸铁的容许应力为 $[\sigma_L] = 30\text{MPa}$，$[\sigma_y] = 120\text{MPa}$，Q235 钢的容许应力为 $[\sigma] = 160\text{MPa}$。试合理选取托架 AB 和 BC 两杆的材料并计算两杆件所需的截面尺寸。

4. 如图 8-30 所示结构中，杆①为钢杆，$A_1 = 1000\text{mm}^2$，$[\sigma]_1 = 160\text{MPa}$；杆②为木杆，$A_2 = 20000\text{mm}^2$，$[\sigma]_2 = 7\text{MPa}$，求结构的容许荷载 $[F_P]$。

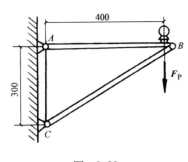
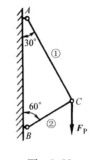

图　8-29　　　　　　　　　　图　8-30

5. 试求图8-31所示梁的最大正应力及其所在位置。

6. 一简支梁的中点受集中力20kN作用，跨度为8m，梁由I32a工字钢制成，容许应力 $[\sigma]=100\mathrm{MPa}$，试校核梁的强度。

7. 简支梁受均布荷载作用，已知 $l=4\mathrm{m}$，截面为矩形，宽 $b=120\mathrm{mm}$，高 $h=180\mathrm{mm}$，如图8-32所示，材料的容许应力 $[\sigma]=10\mathrm{MPa}$，试求梁的容许荷载 q。

8. 一木梁的计算简图如图8-33所示，容许应力 $[\sigma]=10\mathrm{MPa}$，试设计如下三种矩形截面尺寸，并比较其用料量何者最省。

1) $h=2b$；　　2) $h=b$；　　3) $h=b/2$

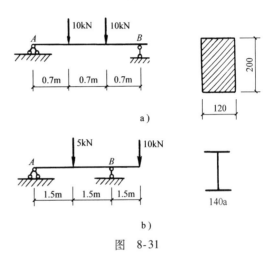

a)

b)

图　8-31

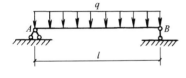
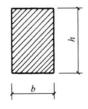

图　8-32

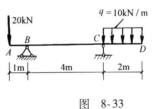

图　8-33

9. 铸铁梁的荷载及横截面尺寸如图8-34所示，容许拉应力 $[\sigma_L]=40\mathrm{MPa}$，容许压应力 $[\sigma_y]=100\mathrm{MPa}$，试按正应力强度条件校核梁的强度。若荷载不变，将T形横截面倒置，问是否合理？为什么？

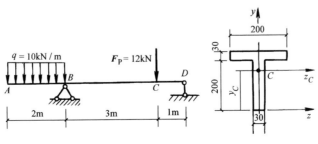

图　8-34

10. 一屋架上的木檩条采用 $10\text{cm} \times 14\text{cm}$ 的矩形截面，跨度4m，简支在屋架上，承受屋面荷载 $q = 1\text{kN/m}$（包括檩条自重），如图8-35所示。设木材容许应力 $[\sigma] = 10\text{MPa}$，试验算檩条强度。

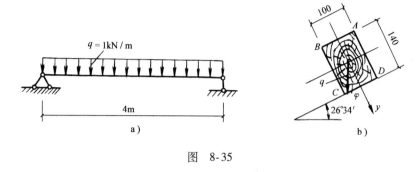

图 8-35

11. 如图8-36所示的简支梁，若 $[\sigma] = 160\text{MPa}$，$F_P = 7\text{kN}$，试为其选择工字钢的型号。

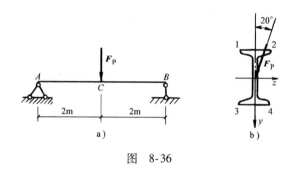

图 8-36

四、案例分析

魁北克大桥是一座宽29m、高104m的桥，建成于1917年，由当时著名的桥梁建筑师 Theo-dore Cooper 设计。该桥的建设历经波折。工程1903年开始建设，1907年出现第一次垮塌；1913年重建，1916年桥梁中断再次掉落；最终该桥于1917年建成。该桥建造过程中的事故给工程师深刻的警示。1922年，在魁北克大桥竣工不久，加拿大的七大工程学院一起出钱将建桥过程中倒塌的残骸全部买下，并决定把这些亲临过事故的钢材打造成一枚枚戒指，发给每年从工程系毕业的学生，这就是后来在工程界闻名的工程师之戒。这枚戒指要戴在小拇指上，作为对每个工程师的一种警示。

请查阅资料分析：

1. 魁北克大桥第一次垮塌的原因是什么？
2. 魁北克大桥第二次中断掉落的原因是什么？
3. 这个事故给了我们什么启示？

职 考 链 接

如图8-37所示结构中，杆①为钢杆，$A_1 = 1000\text{mm}^2$，$[\sigma] = 160\text{MPa}$，杆②为木杆，长1.5m，$A_2 = 2000\text{mm}^2$，$[\tau] = 7\text{MPa}$。

①【判断题】为确保结构由足够的承载力，杆①只要考虑强度问题和稳定性问题。（   ）
A. 正确   B. 错误

②【多项选择题】下列选项中，正确的有（　　　）。

A. 杆①、杆②都是二力杆

B. 杆①不存在稳定性问题

C. 荷载 P 的许用值取决于杆②

D. 随荷载 P 的逐渐增大，杆②突然发生弯曲折断破坏原因是由于强度不足

E. 杆②的承载力与其截面形状有关

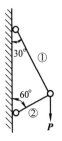

图　8-37

第九章　构件变形和结构的位移计算

第一节　轴向拉压变形计算

如图 9-1 所示长为 l 的等直杆。在轴向拉力的作用下杆在轴向力方向伸长到 l_1。其伸长量为

$$\Delta l = l_1 - l$$

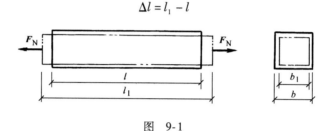

图　9-1

该伸长量称为纵向变形。拉伸时纵向变形为正，压缩时纵向变形为负。

纵向变形与杆的原长 l 有关，为了度量杆的变形程度需用单位长度变形量。单位长度的变形称为线应变，以 ε 表示。

杆沿轴线方向的线应变为

$$\varepsilon = \frac{\Delta l}{l} \tag{9-1}$$

拉伸时 ε 为正，压缩时 ε 为负，线应变是无量纲的量。

试验表明，在弹性变形范围内，杆件的伸长量 Δl 与力 F_N 及杆长 l 成正比，与截面面积 A 成反比，并引入常量 E 有

$$\Delta l = \frac{F_N l}{EA} \tag{9-2}$$

E 值与材料性质有关，由实验测定，称为弹性模量，其基本单位为帕（Pa），与应力单位相同。

式 (9-2) 表明，Δl 与乘积 EA 成反比，即该乘积越大，伸长 Δl 越小。所以，EA 代表杆件抵抗拉伸（压缩）的能力，称为抗拉（压）刚度。

若将

$$\varepsilon = \frac{\Delta l}{l} \qquad \sigma = \frac{F_N}{A}$$

代入式 (9-2) 可得

$$\varepsilon = \frac{\sigma}{E} \quad 或 \quad \sigma = E\varepsilon \tag{9-3}$$

此式表明，在弹性变形范围内，应力与应变成正比。

式 (9-2)、式 (9-3) 均称为胡克定律。

注意：胡克定律只适用于杆内应力不超过比例极限范围；当用于计算变形时，在杆长 l 内，它的轴力、材料 E 及截面面积 A 都应是常数。

例 9-1　如图 9-2 所示为一阶梯杆，已知：$F_{NA} = 10\text{kN}$，$F_{NB} = 20\text{kN}$，$l = 100\text{mm}$，AB 段与 BC

段的横截面面积分别是 $A_{AB} = 100\,\mathrm{mm}^2$，$A_{BC} = 200\,\mathrm{mm}^2$，$E = 200\mathrm{GPa}$，试求杆的总伸长量及端面与截面 D—D 间的相对位移。

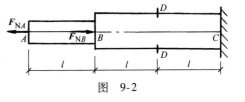

图 9-2

解：1）AB 段及 BC 段的轴力分别为

$$F_{NAB} = F_{NA} = 10\mathrm{kN} \qquad F_{NBC} = F_{NA} - F_{NB} = -10\mathrm{kN}$$

杆的总伸长量为

$$\Delta l = \Delta l_{AB} + \Delta l_{BC} = \frac{F_{NAB}l}{EA_{AB}} + \frac{F_{NBC} \times 2l}{EA_{BC}}$$

$$= \left(\frac{10 \times 10^3 \times 100 \times 10^{-3}}{200 \times 10^9 \times 100 \times 10^{-6}} + \frac{-10 \times 10^3 \times 2 \times 100 \times 10^{-3}}{200 \times 10^9 \times 200 \times 10^{-6}} \right)\mathrm{m} = 0$$

2）端面 A 与 D—D 截面间的相对位移 u_{AD} 等于端面与 D—D 截面间杆的伸长量 Δl_{AD}

$$u_{AD} = \Delta l_{AD} = \frac{F_{NAB}l}{EA_{AB}} + \frac{F_{NBC}l}{EA_{BC}}$$

$$= \left(\frac{10 \times 10^3 \times 100 \times 10^{-3}}{200 \times 10^9 \times 100 \times 10^{-6}} + \frac{-10 \times 10^3 \times 100 \times 10^{-3}}{200 \times 10^9 \times 200 \times 10^{-6}} \right)\mathrm{m} = 0.025\mathrm{m}$$

第二节　平面弯曲梁的变形计算

梁发生平面弯曲时，其轴线由直线变成一条曲率为 $1/\rho$ 的平面曲线（即挠曲线），如图 9-3 所示。梁轴线某处曲率 $1/\rho$ 与梁该处的抗弯刚度及弯矩 M 的关系为

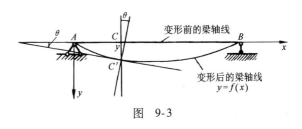

图 9-3

$$\frac{1}{\rho} = \frac{M}{EI} \qquad (9\text{-}4)$$

可见曲率 $1/\rho$ 与 M 成正比，与 EI 成反比。这表明，梁在外荷载作用下，某截面上的弯矩越大，该处梁的弯曲程度就越大，而 EI 值越大，梁的曲率就越小，梁的弯曲变形就越小，故称 EI 为梁的抗弯刚度，表示梁抵抗变形的能力。其中弯矩以使梁的下侧受拉者为正，反之为负。上式只代表弯矩引起的曲率，而没有包括剪力引起的。但是当梁的跨度远大于横截面的高度，剪力引起的变形与弯矩引起的变形相比太小，可忽略不计。这样上式可作为非纯弯曲变形的基本公式。但必须注意，在非纯弯曲时，弯矩和曲率均随横截面的位置而变化，也是 x 的函数，即

$$\frac{1}{\rho(x)} = \frac{M(x)}{EI}$$

数学上，曲线 $y = f(x)$ 上任一点的曲率公式为

$$\frac{1}{\rho(x)} = \pm \frac{y''}{\left[1 + (y')^2 \right]^{\frac{3}{2}}}$$

由于研究的梁属小变形，梁的挠曲线很平缓，$(y')^2$ 远小于 1，可忽略不计，于是得近似式

$$\pm y'' = \frac{M(x)}{EI}$$

上式就是梁的挠曲线的近似微分方程式。

按照前面关于弯矩的符号规定，y'' 与 M 的符号总是相反，所以上式中应选取负号，即

$$y'' = -\frac{M(x)}{EI} \qquad (9\text{-}5)$$

有了挠曲线的近似微分方程式，就不难求得挠曲线的方程式了，而由挠曲线方程便可确定杆件各截面处的挠度（即位移）。为了从梁的挠曲线近似微分方程求得挠曲线方程，只须将方程式（9-5）积分。对于等截面梁，抗弯刚度 EI 为常量，$M(x)$ 是 x 的函数，对式（9-5）积分一次便得到，即

$$y' = \frac{\mathrm{d}y}{\mathrm{d}x} = -\frac{1}{EI}\left[\int M(x)\,\mathrm{d}x + C\right]$$

根据平面假设，梁的横截面在梁弯曲前垂直于轴线，弯曲后仍将垂直于挠曲线在该处的切线。因此，截面转角 θ 就等于挠曲线在该处的切线与 x 轴的夹角，如图9-3所示。挠曲线上任意一点处的斜率为 $\tan\theta = \frac{\mathrm{d}y}{\mathrm{d}x}$，由于 θ 很小（例如0.01rad），所以 $\tan\theta \approx \theta$，即 $\theta = \frac{\mathrm{d}y}{\mathrm{d}x}$ 称为转角方程，因此对式（9-5）积分便得到转角方程。再积分一次就得到挠曲线方程，即

$$y = -\frac{1}{EI}\left\{\int\left[\int M(x)\,\mathrm{d}x\right]\mathrm{d}x + Cx + D\right\}$$

以上两式中的 C、D 是积分常数，可以通过梁在其支座处的已知挠度和转角来确定。这种已知的条件称为边界条件。例如，简支梁两个铰支座处挠度都为零，悬臂梁固定支座处的挠度和转角都为零。

例9-2　一承受均布荷载的等截面简支梁如图9-4所示，梁的抗弯刚度为 EI，求梁的挠曲线方程式和最大挠度。

解：取坐标系如图9-4所示，弯矩方程为

$$M(x) = \frac{1}{2}qlx - \frac{1}{2}qx^2$$

挠曲线的近似微分方程为

$$EIy'' = -M(x) = \frac{1}{2}qx^2 - \frac{1}{2}qlx$$

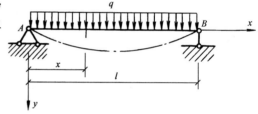

图　9-4

将该式积分得

$$EIy = \frac{1}{24}qx^4 - \frac{1}{12}qlx^3 + Cx + D \qquad (1)$$

梁的位移边界条件为

$$x = 0 \qquad y_A = 0$$
$$x = l \qquad y_B = 0$$

将 $x = 0$，$y_A = 0$ 代入式（1）得

$$D = 0$$

将 $x = l$，$y_B = 0$ 代入式（1）得

$$C = \frac{1}{24}ql^3$$

挠曲线方程式为

$$y = \frac{qx}{24EI}(l^3 - 2lx^2 + x^3) \qquad (2)$$

由于梁和梁上的荷载是对称的，所以，最大挠度发生在跨中，将 $x = l/2$ 代入式（2）得最大挠度为

$$y_{\max} = \frac{5ql^4}{384EI}$$

例9-3　悬臂梁在自由端受力 F_P 作用，如图9-5所示，EI 为常数，试求该梁的最大挠度。

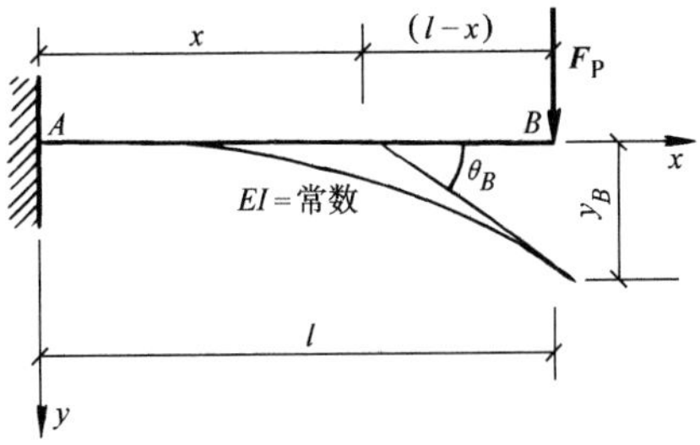

解：1）取坐标系如图9-5所示，列弯矩方程

$$M(x) = -F_P(l - x)$$

2）列出挠曲线近似微分方程

$$EIy'' = -M(x) = F_P(l - x)$$

积分一次得

$$EIy' = EI\theta = F_P lx - x^2 F_P/2 + C \qquad (1)$$

再积分一次得

$$EIy = \frac{1}{2}F_P lx^2 - \frac{1}{6}F_P x^3 + Cx + D \qquad (2)$$

3）确定积分常数，悬臂梁的边界条件是固定支座处的挠度和转角都为零，即

$$x = 0 \quad 处 \quad \theta_A = 0 \quad 代入（1）式得 \quad C = 0$$
$$x = 0 \quad 处 \quad y_A = 0 \quad 代入（2）式得 \quad D = 0$$

4）列出挠曲线方程，将 C、D 值代入（2）式得到梁的挠曲线方程为

$$y = \frac{1}{EI}\left(\frac{1}{2}F_P lx^2 - \frac{1}{6}F_P x^3\right)$$

5）求 $y_{\max}$，根据梁的受力情况，梁的挠曲线大致形状如图9-5所示，可见 $y_{\max}$ 在自由端处，将 $x = l$ 代入挠曲线方程得

$$y_{\max} = y_B = \frac{F_P l^3}{3EI} \quad （向下）$$

　　当梁上有几个荷载共同作用时，用积分法固然可以求出梁的挠度和转角，但计算比较麻烦。由于梁的转角和挠度都与梁上的荷载成线性关系，这时，如改用叠加法计算则简便得多。即先分别计算每一种荷载单独作用时所引起的梁的挠度或转角，然后把它们代数相加，就得到这些荷载共同作用下的挠度或转角。由于各个荷载单独作用下的挠度和转角可以从现成的手册或图表查得（表9-1是摘录其常用的一部分），因此使用叠加法尤其感到方便。

表9-1　梁在简单荷载作用下的变形

序号	梁的简图	挠曲线方程	梁端转角	最大挠度
1	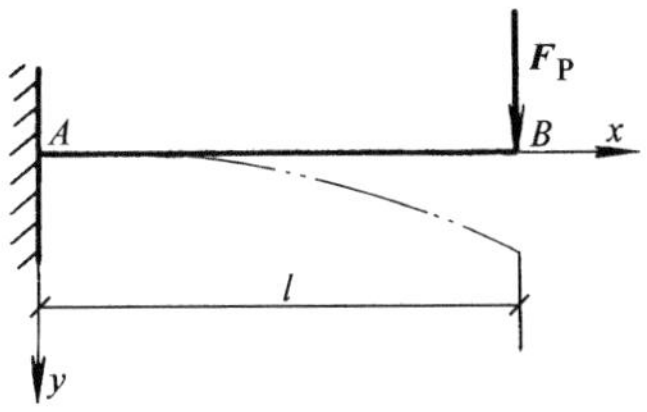	$y = \dfrac{F_P x^2}{6EI}(3l - x)$	$\theta_B = \dfrac{F_P l^2}{2EI}$	$y_B = \dfrac{F_P l^3}{3EI}$
2	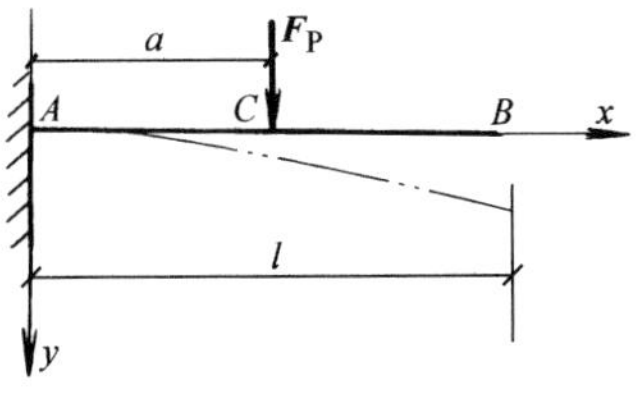	$y = \dfrac{F_P x^2}{6EI}(3a - x)$ $(0 \leq x \leq a)$ $y = \dfrac{F_P a^2}{6EI}(3x - a)$ $(a \leq x \leq l)$	$\theta_B = \dfrac{F_P a^2}{2EI}$	$y_B = \dfrac{F_P a^2}{6EI}(3l - a)$

（续）

序号	梁 的 简 图	挠曲线方程	梁端转角	最大挠度
3		$y = \dfrac{qx^2}{24EI}(x^2 - 4lx + 6l^2)$	$\theta_B = \dfrac{ql^3}{6EI}$	$y_B = \dfrac{ql^4}{8EI}$
4		$y = \dfrac{Mx^2}{2EI}$	$\theta_B = \dfrac{Ml}{EI}$	$y_B = \dfrac{Ml^2}{2EI}$
5		$y = \dfrac{F_P x}{48EI}(3l^2 - 4x^2)$ $(0 \le x \le \dfrac{l}{2})$	$\theta_A = -\theta_B = \dfrac{F_P l^2}{16EI}$	$y_C = \dfrac{F_P l^3}{48EI}$
6		$y = \dfrac{F_P bx}{6lEI}(l^2 - x^2 - b^2)$ $(0 \le x \le a)$ $y = \dfrac{F_P a(l-x)}{6lEI} \times (2lx - x^2 - a^2)$ $(a \le x \le l)$	$\theta_A = \dfrac{F_P ab(l+b)}{6lEI}$ $\theta_B = -\dfrac{F_P ab(l+a)}{6lEI}$	设 $a>b$ 在 $x = \sqrt{\dfrac{l^2 - b^2}{3}}$ 处 $y_{max} = \dfrac{\sqrt{3}F_P b}{27lEI}(l^2 - b^2)^{3/2}$ 在 $x = \dfrac{l}{2}$ 处 $y_{l/2} = \dfrac{F_P b}{48EI}(3l^2 - 4b^2)$
7		$y = \dfrac{qx}{24EI}(l^3 - 2lx^2 + x^3)$	$\theta_A = -\theta_B = \dfrac{ql^3}{24EI}$	在 $x = \dfrac{l}{2}$ 处 $y_{max} = \dfrac{5ql^4}{384EI}$
8		$y = \dfrac{Mx}{6lEI}(l-x) \times (2l-x)$	$\theta_A = \dfrac{Ml}{3EI}$ $\theta_B = -\dfrac{Ml}{6EI}$	在 $x = \left(1 - \dfrac{1}{\sqrt{3}}\right)l$ 处 $y_{max} = \dfrac{Ml^2}{9\sqrt{3}EI}$ 在 $x = \dfrac{l}{2}$ 处 $y_{l/2} = \dfrac{Ml^2}{16EI}$

（续）

序号	梁 的 简 图	挠曲线方程	梁端转角	最 大 挠 度
9		$y = \dfrac{Mx}{6lEI}(l^2 - x^2)$	$\theta_A = \dfrac{Ml}{6EI}$ $\theta_B = -\dfrac{Ml}{3EI}$	在 $x = l/\sqrt{3}$ 处 $y_{\max} = \dfrac{Ml^2}{9\sqrt{3}EI}$ 在 $x = \dfrac{l}{2}$ 处 $y_{l/2} = \dfrac{Ml^2}{16EI}$
10		$y = -\dfrac{F_P ax}{6lEI}(l^2 - x^2)$ $(0 \le x \le l)$ $y = \dfrac{F_P(l-x)}{6EI}[(x-l)^2 - 3ax + al]$ $[l \le x \le (l+a)]$	$\theta_A = -\dfrac{F_P al}{6EI}$ $\theta_B = \dfrac{F_P al}{3EI}$ $\theta_C = \dfrac{F_P a(2l+3a)}{6EI}$	$y_C = \dfrac{F_P a^2}{3EI}(l+a)$
11		$y = -\dfrac{qa^2 x}{12lEI}(l^2 - x^2)$ $(0 \le x \le l)$ $y = \dfrac{q(x-l)}{24EI}[2a^2 \times (3x-l) + (x-l)^2(x-l-4a)]$ $[l \le x \le (l+a)]$	$\theta_A = -\dfrac{qa^2 l}{12EI}$ $\theta_B = \dfrac{qa^2 l}{6EI}$ $\theta_C = \dfrac{qa^2(l+a)}{6EI}$	$y_C = \dfrac{qa^3}{24EI}(4l+3a)$
12		$y = -\dfrac{Mx}{6lEI}(l^2 - x^2)$ $(0 \le x \le l)$ $y = \dfrac{M}{6EI}(3x^2 - 4xl + l^2)$ $[l \le x \le (l+a)]$	$\theta_A = -\dfrac{Ml}{6EI}$ $\theta_B = \dfrac{Ml}{3EI}$ $\theta_C = \dfrac{M}{3EI}(l+3a)$	$y_C = \dfrac{Ma}{6EI}(2l+3a)$

例9-4 试用叠加法求如图9-6a所示外伸梁自由端的挠度。

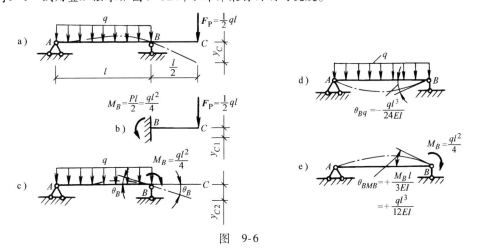

图 9-6

解：1）首先把 BC 看作截面 B 为固定支座（不转动）的悬臂受集中力 F_P 作用，求出这时截面 C 的挠度，如图 9-6b 所示。

$$y_{C1} = \frac{F_P\left(\frac{l}{2}\right)^3}{3EI} = \frac{ql^4}{48EI} \quad (\text{向下})$$

2）考虑到截面 B 的实际转动，把上述梁 BC 的 B 端反力矩 $M_B = F_P\frac{l}{2} = \frac{1}{4}ql^2$ 反向作用在 AB 段上，相当于 F_P 对 AB 的影响，求出它与 q 共同作用下 B 端的转角 θ_B，这时外伸臂 BC 像刚体一样同时转动 θ_B；在截面 C 产生挠度 y_{C2}，如图 9-6c 所示。

先算 θ_B，同样用叠加法求得，如图 9-6d、e 所示。

$$\theta_B = \theta_{Bq} + \theta_{BMB} = -\frac{ql^3}{24EI} + \frac{M_Bl}{3EI} = -\frac{ql^3}{24EI} + \frac{ql^3}{12EI} = \frac{ql^3}{24EI} \quad (\text{逆转})$$

由此得

$$y_{C2} = \theta_B\frac{l}{2} = \frac{ql^3}{24EI} \times \frac{l}{2} = \frac{ql^4}{48EI} \quad (\text{向下})$$

于是截面 C 的总挠度为

$$y = y_{C1} + y_{C2} = \frac{ql^4}{48EI} + \frac{ql^4}{48EI} = \frac{ql^4}{24EI} \quad (\text{向下})$$

第三节 梁的刚度校核

构件不仅要满足强度条件，还要满足刚度条件。校核梁的刚度是为了检查梁在荷载作用下产生的位移是否超过容许值。在建筑工程中，一般只校核在荷载作用下梁截面的竖向位移，即挠度。与梁的强度校核一样，梁的刚度校核也有相应的标准，这个标准就是挠度的容许值与跨度的比值，用 $[f/l]$ 表示。梁在荷载作用下产生的最大挠度 y_{max} 与跨长 l 的比值不能超过 $[f/l]$，即

$$\frac{y_{max}}{l} \leqslant \left[\frac{f}{l}\right] \tag{9-6}$$

该式就是梁的刚度条件。根据不同的工程用途，在有关规范中，对 $[f/l]$ 值均有具体的规定。在对梁进行刚度校核后，当发现梁的变形太大而不能满足刚度要求时，就要设法减小梁的变形。以承受满跨均匀荷载的简支梁为例，查表 9-1 得梁跨中的最大挠度为

$$y_{max} = \frac{5ql^4}{384EI}$$

从式中看到，当荷载 q 一定时，梁的最大挠度与截面的惯性矩 I、材料的弹性模量 E 成反比，与跨度 l 成正比。因此，采用惯性矩比较大的工字形、槽形等截面是合理的。挠度与跨长的四次方成正比，说明跨长对梁的变形影响很大。因而，减小梁的跨度或在梁的中间增加支座，将是减小变形的有效措施。至于材料的弹性模量 E，虽然也与挠度成反比，但由于同类材料的 E 值都相差不多，故从材料方面来提高刚度的作用不大。例如，普通钢材与高强度钢材的 E 值基本相同，从刚度角度上看，采用高强度材料是没有什么意义的。

例 9-5 一简支梁由 128b 工字钢制成，承受荷载作用如图 9-7 所示，已知 $F_P = 20kN$、$l = 9m$、$E = 210GPa$、$[\sigma] = 170MPa$、$[f/l] = 1/500$。试校核该梁的强度和刚度。

解：1）由型钢表查得工字钢有关数据

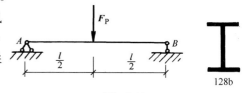

图 9-7

$$W_z = 534.286 \text{cm}^3 \qquad I_z = 7480.006 \text{cm}^4$$

2）强度校核

$$M_{max} = \frac{F_P l}{4} = \frac{20 \times 9}{4} \text{kN} \cdot \text{m} = 45 \text{kN} \cdot \text{m}$$

$$\sigma_{max} = \frac{M_{max}}{W_z} = \frac{45 \times 10^6}{534.286 \times 10^3} \text{N/mm}^2 = 84.2 \text{MPa} < [\sigma] = 170 \text{MPa}$$

此梁强度足够。

3）刚度校核：查表 9-1 得简支梁受集中力的 $y_{max} = \dfrac{F_P l^3}{48EI}$

$$\frac{y_{max}}{l} = \frac{F_P l^2}{48EI} = \frac{20 \times 10^3 \times (9 \times 10^3)^2}{48 \times 210 \times 10^3 \times 7480.006 \times 10^4}$$

$$= \frac{1}{465} > \left[\frac{f}{l} \right]$$

不满足刚度条件，需要加大截面。

改用 132a 工字钢，查型钢表，其 $I_z = 11075.525 \text{cm}^4$，则

$$\frac{y_{max}}{l} = \frac{20 \times 10^3 \times (9 \times 10^3)^2}{48 \times 210 \times 10^3 \times 11075.525 \times 10^4} = \frac{1}{689} < \left[\frac{f}{l} \right]$$

满足刚度条件。

小　结

本章主要讨论构件变形的概念及变形计算的基本方法，结构变形计算的一般方法以及梁的刚度条件。

一、轴向拉压变形计算

$$\Delta l = \frac{F_N l}{EA} \quad \text{及} \quad \sigma = E\varepsilon$$

以上两式均为胡克定律，它揭示了材料内应力与应变之间的关系，适用条件是杆内应力不超过比例极限。

二、平面弯曲梁的变形计算

挠度 y 和转角 θ 是度量梁变形的两个基本量，它们之间的关系是

$$\theta = \frac{\mathrm{d}y}{\mathrm{d}x} = y'$$

梁的挠曲线近似微分方程为

$$y'' = \frac{\mathrm{d}^2 y}{\mathrm{d}x^2} = -\frac{M(x)}{EI}$$

适用条件是：小变形及梁在弹性范围内。

积分法是计算梁变形的一种基本方法。可求出梁的挠曲线方程及转角方程从而求各截面的挠度和转角。

三、梁的刚度校核

刚度条件是

$$\frac{y_{max}}{l} \leqslant \left[\frac{f}{l} \right]$$

课后巩固与提升

一、单项选择题

1. 下列关于图 9-8 所示构件的变形论述正确的是（　　）。

A. 两根杆的纵向伸长量相等

B. 图 9-8a 杆的纵向伸长量大于图 9-8b 杆

C. 图 9-8b 杆的纵向伸长量大于图 9-8a 杆

D. 二者无法比较

2. 两根尺寸、受力情况和支座情况都相同的梁，一根为钢梁，另一根为木梁，关于二者变形表述正确的是（　　）。

A. 二者变形一样大

B. 钢梁变形大于木梁

C. 木梁变形大于钢梁

D. 二者无法比较

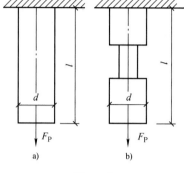

图 9-8

3. 两根材料、受力情况和支座情况都相同的梁，a 梁截面尺寸为 $(200 \times 450)\,mm^2$，b 梁截面尺寸为 $(250 \times 500)\,mm^2$，关于二者变形表述正确的是（　　）。

A. 二者变形一样大　　　　B. a 梁变形大于 b 梁

C. b 梁变形大于 a 梁　　　D. 二者无法比较

二、计算题

1. 圆截面钢杆如图 9-9 所示，试求杆的总伸长。已知材料的弹性模量 $E = 200GPa$。

2. 如图 9-10 所示厂房的柱子受到屋顶作用的荷载 $F_{P1} = 120kN$，当柱的两侧吊车同时经过立柱时，加给柱的荷载 $F_{P2} = F_{P3} = 100kN$，设柱子材料的弹性模量 $E = 18GPa$，$l_1 = 3m$，$l_2 = 7m$，$A_1 = 400cm^2$，$A_2 = 600cm^2$，试求该柱的总变形。

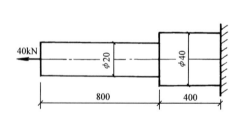

图 9-9

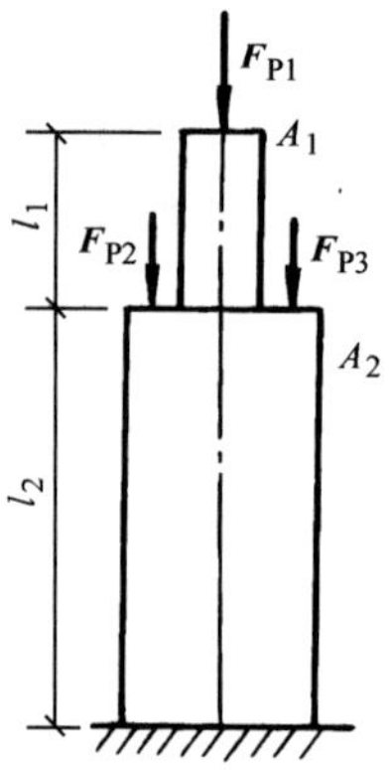

图 9-10

3. 根据弯矩图和支座情况画出图 9-11 所示各梁的挠曲线大致形状。

4. 用积分法计算图 9-12 所示各梁指定截面的挠度。

1）在图 9-12a 中求截面 A 的挠度。

2）在图 9-12b 中求截面 B 的挠度。

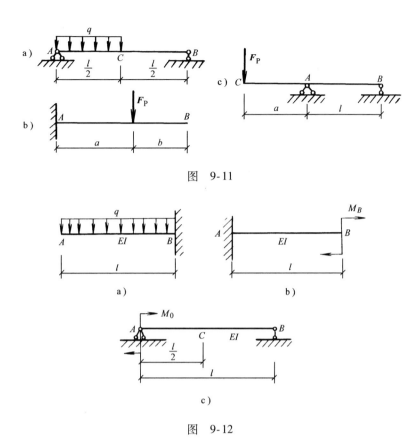

图 9-11

图 9-12

3）在图 9-12c 中求截面 C 的挠度。

5. 用叠加法求图 9-13 所示梁的指定截面的挠度。

1）在图 9-13a 中求截面 C 的挠度。

2）在图 9-13b 中求截面 B 的挠度。

3）在图 9-13c 中求 C、D 两截面的挠度。

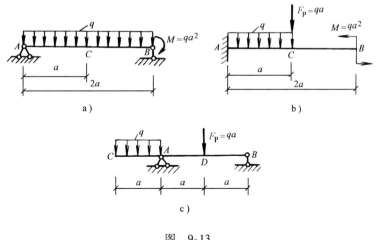

图 9-13

6. 如图 9-14 所示一简支梁用 120b 工字钢制成，已知 $F_P = 10$kN，$q = 4$kN/m，$l = 6$m，材料的弹性模量

$E = 200\text{GPa}$，$[f/l] = 1/400$，试校核梁的刚度。

7. 如图 9-15 所示 I45 工字钢梁，跨度 $l = 10\text{m}$，$E = 210\text{GPa}$，$[f/l] = 1/600$，试求梁所能承受的最大均布荷载 q，并验算此时梁的正应力强度是否足够？已知，容许应力 $[\sigma] = 170\text{MPa}$。

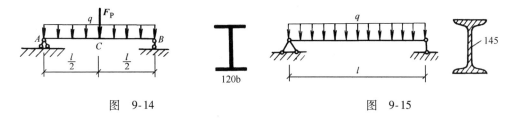

图　9-14　　　　　　　　　　　　　　　　　图　9-15

三、案例分析

　　木结构作为中国的传统结构，一直有"墙倒屋不塌"的美誉，这一特点也蕴含着古代工匠们的力学智慧。如图 9-16 所示是金利水乡的木结构，采用抬梁式梁架结构。试分析图中五架梁的受力及内力。

图 9-16　金利水乡

职 考 链 接

【单项选择题】影响悬臂梁端部位移最大的因素是（　　　）。

A. 荷载　　　　　　　　B. 材料性能

C. 构件的截面　　　　　D. 构件的跨度

第十章　压杆稳定

本章介绍压杆稳定的概念、压杆平衡状态的稳定性、压杆的柔度及临界力和临界应力等概念；研究细长压杆的临界力、临界应力的计算；最后分析提高稳定性的措施。

第一节　压杆稳定的概念

一、问题的提出

前面所讨论的结构中受压杆件与其他构件一样，都是由强度条件来确定其承载能力。事实上，这只适用于短粗的压杆，而对于较细长的压杆，仅从强度方面考虑不能保证其安全可靠。特别是细长压杆的破坏，是与强度破坏完全不同的另一种破坏，必须给予足够的重视。例如：现取两根圆截面直杆，直径都是 10mm，材料为 Q235，其屈服点 $\sigma_s = 240\text{MPa}$，一根长度为 20mm，另一根长度为 1000mm。短杆在轴向压力下，当压力达到 $\pi^2 \times 5^2 \times 240 = 18840\text{N}$ 时，材料发生流动。长杆在轴向压力作用下，压力只有

压杆稳定的概念

1000N 时就发生侧向弯曲，直杆就会产生显著的侧向弯曲而丧失承载能力。这说明压杆由短变长会由于侧弯变形而偏离直立状态的平衡位置，因而引起压杆承载能力的急剧下降，直杆在轴向压力下发生弯曲的现象也叫纵弯。显然，细长压杆的破坏并不是由于强度不够而造成的。

经过大量研究发现，压杆的这类破坏，就其性质而言与强度问题完全不同，是由于细长压杆不能维持其原有的直线形状的平衡而突然变弯造成的，这种现象称为失稳。压杆发生失稳破坏时所承受的荷载一般远远小于其强度破坏时的荷载。

历史上曾经发生过不少满足强度条件的压杆，在工作中突然破坏而导致整个结构毁坏的重大事故，例如，1907 年北美洲魁北克圣劳伦斯河上的大铁桥，由于悬臂桁架中受压力最大的下弦杆突然失稳屈曲，引起大桥的坍塌。再如，1925 年苏联的莫兹尔桥在试车时也是由于压杆失稳而发生事故。1940 年美国的塔科马桥，刚完成四个月，在一场大风中，桥身由于侧向刚度不足，发生整体扭转摆动，以致破坏。

因此，对细长压杆必须进行稳定性计算。

二、压杆平衡的稳定性

为了研究细长压杆的失稳过程，可作如下试验。如图 10-1a 所示，取一根细长杆，在杆端施加轴向压力 F，并使杆在某一横向力的干扰下发生弯曲，然后又将此干扰力撤去。这样，压杆将随着轴向压力 F 的大小不同而可以看到两种不同的现象：当轴向压力小于某一极限值 F_{cr} 时，撤去干扰力后，杆件会恢复它原来的直线形状，如图 10-1b 所示。对于这种情况，我们认为，压杆在它原

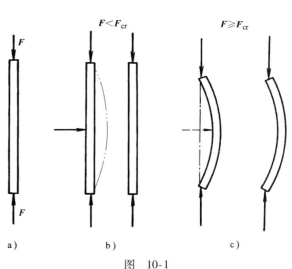

图　10-1

来直线形状下的平衡是稳定的。当轴向压力等于或大于上述的一定极限值 F_{cr} 时，撤去干扰力后，压杆并不恢复它原来的直线形状而是处于微弯状态，如图 10-1c 所示。这时压杆的直线形状平衡状态便是一种不稳定平衡状态，即压杆丧失了平衡状态的稳定性。

压杆直线形状平衡状态的稳定性与压杆上所受到的压力大小有关。在 $F < F_{cr}$ 时是稳定的；$F > F_{cr}$ 时是不稳定的，即压杆能否在直线状态下维持稳定是有条件的，它决定于轴向压力是否达到 F_{cr}。这个极限值使压杆有临界状态的性质，所以称它为压杆的"临界力"或临界荷载。

工程实际中的压杆，是由于种种原因不可能达到理想的中心受压状态，制作的误差、材料的不均匀、周围物体振动的影响以及所加轴向荷载的偏心等，都相当于一种横向"干扰力"。所以，当压杆上的荷载达到临界力 F_{cr} 时，就会使直线形状的平衡状态变成不稳定，在这些不可避免的干扰下，即会发生"丧失稳定"的破坏。所以对于工程上的受压杆件应使其轴向荷载低于临界力，也就是必须考虑压杆的稳定性。

第二节 细长压杆的临界力及临界应力

一、细长压杆的临界力

从上述可知，研究结构稳定问题的关键在于确定结构的临界力，知道了这一极限值，便可判断真正作用的荷载是否达到此危险界限，从而知道结构在稳定方面是否安全。结构的形式是很多的，本章只限于讨论单一压杆的稳定性问题，也是最基本的稳定问题。先以两端铰支的轴心受压等直细长杆为例来说明它的临界力是如何求解的。

如图 10-2a 所示的两端铰支的等直压杆，当荷载 F 逐渐增加而达到临界值时，若有干扰力或其他因素的影响，则直杆将发生弯曲。此时，撤去干扰力后，杆件仍保持弯曲形状而处于图 10-2a 所示的新的弯曲平衡状态。假想沿任意截面 m—m 切开，取下部分为分离体（图 10-2b），在截面形心 O 处作用着轴力 $F_N = F$ 和弯矩 $M = -EIy''\left(\dfrac{d^2y}{dx^2} = -\dfrac{M(x)}{EI}\right)$。由于整个压杆处在微弯平衡状态，所以 AO 段也处于平衡，即有 $-Fy = EIy''$（因为图中 y 为负，故 $-Fy$ 为正）。可导出两端铰支压杆临界力计算式为

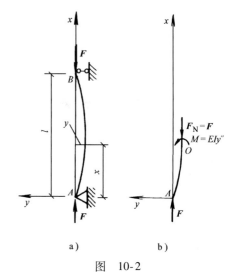

$$F_{cr} = \frac{\pi^2 EI}{l^2} \tag{10-1a}$$

图 10-2

从式（10-1a）中可看到临界力的一些性质：它与杆件的材料、截面惯性矩和长度均有关系。它与杆件的抗弯刚度成正比，抗弯刚度越大，则相应的临界力也越大，即杆件抵抗失稳的能力越强。此外，临界力值与杆件长度 l 的平方成反比，杆件长度增加一些，则其临界力值立即锐减，即杆件抵抗失稳的能力迅速降低。至于式中的 π^2 值，是比例常数，对于两端铰支的压杆，这个比例常数是不改变的，但对于其他约束情况来说，就不是这个数值了，它是杆件的约束条件（边界条件）的反映。关于这个问题，以下要讨论。

当压杆两端的约束情况不同时，其临界力也不同。在表 10-1 给出杆端约束不同的几种压杆仍照以上推导方法找出它们的临界力。所有这几种等截面压杆的临界力都可表示为下列形式

$$F_{cr} = \frac{\pi^2 EI}{(\mu l)^2} \tag{10-1b}$$

式中 μ——随杆端约束而异的一个系数，称为长度系数，其值在表 10-1 中给出。

式（10-1b）也称为欧拉公式，因为它是由欧拉在 1744 年首先提出。

表 10-1 压杆长度系数

杆端支承情况	一端自由一端固定	两端铰支	一端铰支一端固定	两端固定	一端固定，一端可移动，但不能转动
挠曲线图	F_{cr} ┃ l	F_{cr} ┃ l	F_{cr} ┃ l	F_{cr} ┃ l	F_{cr} ┃ l
长度系数 μ	2	1	0.7	0.5	1

例 10-1 房屋进行修缮时，临时把一些截面为 120mm × 180mm 的杉木作支柱，上下两端用木板垫紧，以便支承楼板重量，如图 10-3 所示。已知杉木长度为 4m，弹性模量为 10GPa。试问每一支柱的承载能力最大多少？

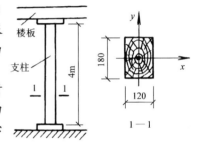

图 10-3

解：应从稳定性的角度去考虑柱子的承载能力。在所讨论的情况下，支柱上、下两端可简化为铰支，支柱由轴向压力作用，应用欧拉公式。I 是截面惯性矩最小者，即截面对形心主惯性轴 y 的惯性矩，即

$$I = I_y = \frac{1}{12} \times 180\text{mm} \times (120\text{mm})^3$$

$$= 2592 \times 10^4 \text{mm}^4$$

查表 10-1，两端铰支，长度系数 $\mu = 1$

所以

$$F_{cr} = \frac{\pi^2 EI}{(\mu l)^2} = \left(\frac{3.14^2 \times 10 \times 10^3 \times 2592 \times 10^4}{(4 \times 10^3)^2}\right)\text{kN}$$

$$= 159.7\text{kN}$$

即每一支柱按稳定计算的极限承载能力为 159.7kN。

二、临界应力欧拉公式

在工程设计中通常都采用应力来计算，同时为了确定欧拉公式的适用范围并对稳定问题作进一步讨论。下面引入临界应力和柔度的概念。

若将压杆的临界力 F_{cr} 除以杆件横截面面积，就得到与临界荷载相对应的应力，把它称为"临界应力"，并以符号 σ_{cr} 表示，即

$$\sigma_{cr} = \frac{F_{cr}}{A}$$

将欧拉公式代入上式，得

$$\sigma_{cr} = \frac{\pi^2 EI}{(\mu l)^2 A}$$

令 $i = \sqrt{\dfrac{I}{A}}$，并称 i 为截面的回转半径，单位为长度单位，故上式可写成

$$\sigma_{cr} = \frac{\pi^2 E i^2}{(\mu l)^2} = \frac{\pi^2 E}{\left(\dfrac{\mu l}{i}\right)^2}$$

若令 $\quad \lambda = \dfrac{\mu l}{i}$，并称 λ 为柔度（长细比），则上式为

$$\sigma_{cr} = \frac{\pi^2 E}{\lambda^2} \tag{10-2}$$

此式为计算压杆临界应力的欧拉公式。

在讨论式（10-2）之前，先来讨论回转半径 i 与长细比 λ 的物理意义。回转半径是反映截面几何特性的一个特征值。我们已知道在截面面积 A 相同的条件下，采用各种形状不同的截面，就会得到大小不同的惯性矩 I；材料距离截面的形心越远，得到的 I 值就越大，回转半径 i 就反映出材料离开截面形心的程度。因此，回转半径也称为惯性半径，回转半径大，就说明截面的材料更能充分利用。对于截面面积相同而形状不同的各种压杆，其中回转半径大的，就有较大的抵抗失稳的能力。

柔度 $\lambda = \dfrac{\mu l}{i}$ 是一个反映压杆细长度的综合参数，其中 μl 由支承情况和杆长来确定，i 由截面形状和尺寸来确定。因此，压杆的柔度 λ 集中反映支承情况、截面尺寸和形状等因素对临界应力 σ_{cr} 的综合影响。所以柔度是压杆稳定性计算中的一个重要参数。

三、欧拉公式的适用范围

在推导欧拉公式时，应用了弹性变形曲线的近似微分方式（$EIy'' = M$），而这个方程是在材料服从胡克定律的前提下建立的。因此，欧拉公式的使用应限制在弹性范围内，临界应力应小于等于材料的比例极限，即

$$\sigma_{cr} = \frac{\pi^2 E}{\lambda^2} \leqslant \sigma_p$$

或 $$\lambda \geqslant \sqrt{\frac{\pi^2 E}{\sigma_p}} = \lambda_p \tag{10-3}$$

式中 $\quad \lambda_p$ ——极限柔度，它是临界应力等于比例极限时的柔度值，是适用欧拉公式的最小柔度值。

柔度 $\lambda \geqslant \lambda_p$ 的杆称为细长杆，欧拉公式只适用于细长杆。

λ_p 的数值完全取决于材料的力学性能，如以 Q235 钢为例，$E = 206\text{GPa}$，$\sigma_p = 200\text{MPa}$，代入式（10-3）得

$$\lambda_p = \pi \sqrt{\frac{E}{\sigma_p}} = \pi \sqrt{\frac{206 \times 10^3}{200}} \approx 100$$

这说明用 Q235 钢制成的压杆，其柔度 $\lambda \geqslant 100$ 时，才能应用欧拉公式来计算其临界应力。

工程实际中，经常遇到柔度小于 λ_p 的压杆。这类压杆的临界应力超过比例极限，欧拉公式已不再适用。目前多采用建立在试验基础上的经验公式，即

$$\sigma_{cr} = a - b\lambda \tag{10-4}$$

式中 $\quad a$ 和 b ——与材料有关的常数，单位都是 MPa，其值列于表 10-2 中。

表 10-2　直线公式的系数 a、b 及柔度 λ_p、λ_s

材　料	a/MPa	b/MPa	λ_p	λ_s
Q235	304	1.12	100	61.6
45 钢	578	3.744	100	60
铸铁	332.2	1.454	80	
木材	28.7	0.19	110	40

经验公式也有一个适用范围，即对于塑性材料制成的压杆，要求其临界应力不能达到材料的屈服点 σ_s，即要求

$$\sigma_{cr} = a - b\lambda < \sigma_s \quad 或 \quad \lambda > \frac{a - \sigma_s}{b} = \lambda_s$$

式中　λ_s——对应于屈服点 σ_s 时的柔度值。

柔度在 λ_s 和 λ_p 之间（即 $\lambda_s < \lambda < \lambda_p$）的压杆，称为中柔度杆或中长杆。经验公式（10-4）只适用于中长杆。

柔度 $\lambda \leqslant \lambda_s$ 的杆称为小柔度杆或短粗杆。实践证明，这类压杆的应力达到屈服点时方才破坏，且无失稳现象。这说明短粗杆的破坏是由于强度不足造成的，应以屈服点作为其极限应力。对于脆性材料如铸铁制成的压杆，则应取强度极限 σ_b 作为临界应力。

根据上述大、中、小柔度杆的临界应力分析结果，若以柔度 λ 为横坐标，临界应力 σ_{cr} 为纵坐标，可绘出临界应力随柔度变化的曲线，即临界应力总图，如图 10-4 所示。

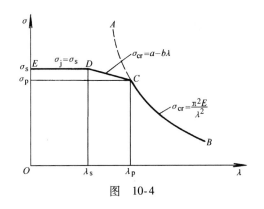

图　10-4

由图 10-4 可见，λ_p 为大柔度杆与中柔度杆的分界点，对于大柔度杆（$\lambda > \lambda_p$），失稳是主要破坏。λ_s 为区分两种破坏性质（强度和失稳）不同的中柔度和小柔度杆的分界点，对于中柔度杆（$\lambda_s < \lambda < \lambda_p$），主要破坏是超过比例极限后的塑性失稳。而对于小柔度杆（$\lambda \leqslant \lambda_s$）来说，主要矛盾是强度问题。

第三节　提高压杆稳定性的措施

提高压杆抗失稳能力应从决定压杆临界应力的各种因素着手。由公式 $\sigma_{cr} = \dfrac{F_{cr}}{A} = \dfrac{\pi^2 EI}{(\mu l)^2 A}$ 知；影响压杆稳定性的因素有：压杆的截面形状和尺寸，压杆的长度和约束条件及压杆的材料性质等。因而要提高压杆的稳定性，必须从下述几方面予以考虑。

一、在压杆的材料和横截面面积选定的情况下

由细长杆的临界应力公式 $\sigma_{cr} = \dfrac{\pi^2 E}{\lambda^2}$；中长杆的临界应力公式 $\sigma_{cr} = a - b\lambda$ 知，两类压杆的临界应力的大小均与其柔度有关，柔度越小，则临界应力越高，压杆抵抗失稳的能力越强。减小 λ 的措施有：

1. 减小 μl 数值

（1）减小压杆的支承长度　随着压杆长度的增加，其柔度 λ 增加而临界应力减小。因此，欲减小其柔度 λ，就应尽量减小压杆的长度 l。如果工作条件不允许减小压杆长度时，可以利用增

加中间支承的办法来提高其临界力。如图10-5a所示，长为 l 两端铰支的细长杆，因 $\mu = 1$，故

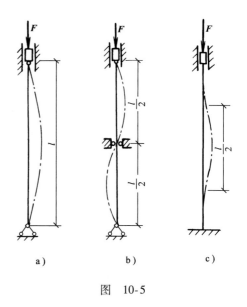

$$F_{cr} = \frac{\pi^2 EI}{(\mu l)^2} = \frac{\pi^2 EI}{l^2}$$

若在这一压杆中点处增加一个中间支座，如图10-5b所示，临界力变为

$$F_{cr} = \frac{\pi^2 EI}{(\mu l')^2} = \frac{4\pi^2 EI}{l^2} \qquad \left(l' = \frac{l}{2} \right)$$

由此可见，临界力增加为原来的4倍。

（2）改善杆端约束情况 由 $\lambda = \frac{\mu l}{i}$ 知，若杆端约束刚性越强，则压杆长度系数 μ 越小，即柔度越小，从而临界应力越高。因此，应尽可能改善杆端约束情况，加强杆端约束的刚性。如图10-5所示的细长杆，如把杆端铰支改为固定端，如图10-5c所示，因 $\mu = 0.5$，则

图 10-5

$$F_{cr} = \frac{4\pi^2 EI}{l^2}$$

可见临界力增加为原来的4倍。

2. 加大横截面的回转半径 i

实际上面积 A 已定，只能通过选择合理的截面形状来增大回转半径 i。由 $i = \sqrt{\dfrac{I}{A}}$ 可知，在面积一定的前提下，应尽可能使材料远离截面形心，以加大惯性矩，从而可增大回转半径 i，使 λ 减小。柔度越小，则临界应力越高，压杆抵抗失稳的能力越强。

如图10-6所示，采用空心截面比实心截面更为合理。但应注意，圆管壁厚不能过薄，以防止出现局部失稳现象。

另外，压杆的失稳总是发生在柔度大的纵向平面内。因此，最理想的设计是使各个纵向平面内有相等或近似相等的柔度。根据 $\lambda = \frac{\mu l}{i}$ 可知，当压杆在截面两个主轴方向的约束情况不同时，应采用矩形或工

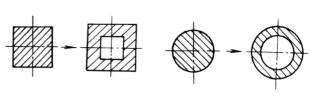

图 10-6

字形截面，使压杆在两个主轴方向有相等或近似相等的稳定性。

二、合理选用材料

对于细长杆，由欧拉公式知，材料的 E 对临界力有影响，而各种钢材的 E 值都很接近，约为210GPa。所以选用合金钢、优质钢并不比普通碳素钢优越。工程上一般都采用普通碳素钢制造细长杆，既经济又合理。

但对于中小柔度杆，临界力与材料的强度指标有关，好的钢材抗失稳能力较大。

小　结

本章研究受压构件平衡状态稳定性的规律，以解决工程中细长和中长压杆承载能力的分析与

计算。主要内容有：

一、压杆稳定问题的实质是压杆直线形状的平衡状态是否稳定的问题

压杆在轴向压力作用下，若干扰力消除后，仍能恢复原来的直线形状，则压杆的直线形状的平衡是稳定的。若干扰力消除后，不能恢复原来的直线形状，而变为微弯状态的平衡，则压杆的这一平衡是不稳定的。

二、临界力 F_{cr} 是压杆从稳定平衡状态过渡到不稳定平衡状态的压力值

压杆在临界力作用下，横截面上的应力称为临界应力 σ_{cr}，确定临界力（或临界应力）的大小，是解决压杆稳定问题的关键。

计算临界力的公式为：

1）对大柔度杆（$\lambda \geqslant \lambda_p$）用欧拉公式计算 F_{cr} 或 σ_{cr}，即

$$F_{cr} = \frac{\pi^2 EI}{(\mu l)^2} \quad \text{或} \quad \sigma_{cr} = \frac{\pi^2 E}{\lambda^2}$$

2）对中柔度杆（$\lambda_s < \lambda < \lambda_p$）用经验公式计算 σ_{cr}、F_{cr}，即

$$\sigma_{cr} = a - b\lambda \qquad F_{cr} = \sigma_{cr}A$$

3）对于小柔度杆（$\lambda \leqslant \lambda_s$）其临界应力就是材料的极限应力，属强度问题。

三、柔度

柔度 λ 是压杆的长度、支承情况、截面形状与尺寸等因素的一个综合值：即 $\lambda = \frac{\mu l}{i}\left(i \text{ 为惯性半径 } i = \sqrt{\frac{I}{A}}\right)$。

柔度 λ 是稳定计算中的重要几何参数。有关压杆的稳定计算都要先算出 λ。压杆总是在柔度大的平面内首先失稳。当压杆两端支承情况各方向相同时，计算最小形心主惯性矩 I_{min}，求得最小惯性半径 i_{min}，再求出 λ_{max}。当压杆两个方向的支承情况不同时，则要比较两个方向的柔度值，取大者进行计算。

四、提高压杆稳定性的措施

可以从影响压杆稳定性的因素考虑，即从压杆的截面形状和尺寸，压杆的长度和约束条件及压杆的材料性质等方面考虑。

课后巩固与提升

一、填空题

1. 长细比 $\lambda = \frac{\mu l}{i}$ 综合反映了＿＿＿＿＿＿、＿＿＿＿＿＿和＿＿＿＿＿等因素对临界应力的影响。

2. 将圆截面压杆改为面积相等的圆环截面压杆，其他条件不变，则其柔度将＿＿＿＿＿＿，临界载荷将＿＿＿＿＿＿。

3. 一根压杆的临界力与作用力的大小＿＿＿＿＿＿（有关、无关）。

二、选择题

1. 甲乙两杆，几何尺寸相同，所受轴向拉力相同，材料不同，它们的应力和强度有四种可能，下列选项正确的是（　　　）。

A. 应力相同，强度相同

B. 应力相同，强度不同

C. 应力不同，强度相同

D. 应力不同，强度不同

三、计算题

1. 如图 10-7 所示的两端铰支的圆截面压杆，直径 $d = 45\text{mm}$，材料 Q235 钢，弹性模量 $E = 205\text{GP}$，$\sigma_s = 235\text{MP}$，试确定其临界力。（提示：$I_y = I_z = \dfrac{\pi d^4}{64}$）

2. 如图 10-8 所示的一端固定、一端铰支的矩形截面压杆，其中 $b = 25\text{mm}$，$h = 40\text{mm}$，材料 Q235 钢，弹性模量 $E = 205\text{GP}$，$\sigma_s = 235\text{MP}$，试确定其临界力。（提示：$I_y = \dfrac{bh^3}{12}$，$I_z = \dfrac{hb^3}{12}$）

3. 如图 10-9 所示的一端固定的圆截面压杆，直径 $d = 80\text{mm}$，材料 Q235 钢，弹性模量 $E = 205\text{GP}$，$\sigma_s = 235\text{MP}$，试分别计算下面情况下压杆的临界应力。（提示：$I_y = I_z = \dfrac{\pi d^4}{64}$）

① 杆长 $l = 1.2\text{m}$；② 杆长 $l = 0.8\text{m}$；③ 杆长 $l = 0.6\text{m}$。

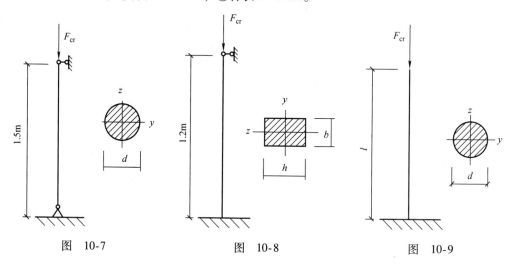

图 10-7　　　　　图 10-8　　　　　图 10-9

职 考 链 接

1. 【单项选择题】某受压构件，在支座不同、其他条件相同的情况下，其临界力最小的支座方式是（　　）。

A. 两端铰支

B. 一端固定一端铰支

C. 两端固定

D. 一端固定一端自由

2. 【单项选择题】某受压细长杆件，两端铰支，其临界力为 50kN，若将杆件支座形式改为两端固定，其临界力为（　　）kN。

A. 50　　　　B. 100　　　　C. 150　　　　D. 200

第十一章　混凝土结构的基本设计原理

第一节　结构设计的要求

一、结构的组成和设计内容

结构是指能承受作用并具有适当刚度的由各连接部件有机组合而成的系统。钢筋混凝土结构大体上可分为楼板、梁、柱、墙以及基础等不同部分，统称为构件。图 11-1 所示为钢筋混凝土结构示意图。楼板的作用是承受恒荷载和活荷载，并将荷载传递到梁上，梁则支承在柱上。楼板也可直接支承在柱上。楼板主要承受弯矩，梁主要承受弯矩和剪力，而柱则主要承受压力。基础把柱所承受的荷载均匀地传递到地基上。墙除了起围护作用外，有时也起承重作用。此时，板或梁所承受的荷载经由墙传递到基础上。进行结构设计，除了要分别进行各个构件的设计外，还要设计各个连接节点，使各个构件能有机地构成一个整体。

工程结构设计，既需要保证其安全可靠，又要做到经济合理。结构设计时，需要考虑多种因素的影响，如结构上的荷载作用、结构尺寸、材料强度等均有不同程度的不确定性，而且结构的计算简图、计算理论也与实际情况有一定的差别。结构设计方法是指研究这些工程设计中的各种不确定性问题，以取得结构设计的安全可靠与经济合理之间的均衡。

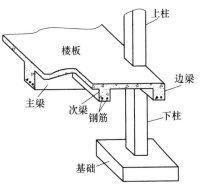

图 11-1　钢筋混凝土结构示意图

混凝土结构设计包括以下内容：

1）结构方案设计，包括结构选型、构件布置与传力途径。

2）作用及作用效应分析。

3）结构的极限状态设计。

4）结构及构件的构造、连接措施；耐久性及施工的要求。

5）满足特殊要求的结构的专门性能设计。

二、结构的功能要求

建筑结构设计的目是使结构在预定的使用期限内，在各种使用工况下，能满足设计所预期的各种功能要求，并尽可能的经济，通常用结构的可靠性评价。结构的可靠性是指结构在规定时间内，规定条件下，完成预定功能的能力。

1. 设计工作年限

结构可靠度的规定时间是指结构的设计工作年限，是结构或构件不需要进行大修即可按预定目的使用的年限。根据结构的类型不同，设计使用年限也不同。《工程结构通用规范》（GB 55001—2021）中给出了设计使用年限，临时性建筑结构为 5 年，易于替换的结构构件为 25 年，普通房屋和构筑物为 50 年，特别重要的建筑结构为 100 年。

2. 结构的设计状况

规定条件是指正常设计、正常施工、正常使用和维修，不考虑人为过失的条件下。结构在设计时需要考虑结构在不同荷载工况下的可靠性。通常考虑以下四种设计状况：

（1）持久设计状况　持久设计状况是指在结构使用过程中一定出现，且持续期很长的情况，其持续期一般与设计工作年限为统一数量级。结构使用时的可靠性就处于这一设计状况。

（2）短暂设计状况　短暂设计状况在结构施工和使用过程中出现的概率较大，而与设计工作年限相比，持续期很短。结构在施工和维修时的可靠性就处于这一设计状况。

（3）偶然设计状况　偶然设计状况在结构使用过程中出现概率很小，且持续期很短。结构遇到火宅、爆炸、撞击等情况就属于这一设计状况。

（4）地震设计状况　地震设计状况是指在结构遭受地震时的设计状况。结构遭遇地震作用时就需考虑这一设计状况。

3. 结构的功能

结构的预定功能与人们的活动和生活有着密切的关系。主要包括三个方面：

（1）安全性　安全性是指在规定的使用期限内，建筑结构应能承受正常施工和正常使用时可能出现的各种作用；当发生火灾时，在规定的时间内保持足够的承载力；当发生爆炸、撞击、人为错误等偶然事件时，结构能保持必需的整体稳固性，不出现与起因不相称的破坏后果，防止出现结构的连续倒塌。

结构上的作用是指施加在结构上的集中力或分布力和引起结构外加变形和约束变形的原因。前者为直接作用，也称为荷载，包括施加在结构上的永久荷载、可变荷载等；后者为间接作用，包括温度变化、混凝土的收缩与徐变、强迫位移、支座沉降引起的结构内力及约束变形等。

（2）适用性　适用性是指建筑结构在正常施工和正常使用过程中应具有良好的工作性能。例如，结构应具有适当的刚度，避免在直接和间接作用下出现影响正常使用的变形和裂缝。

（3）耐久性　耐久性是指建筑结构在正常维护条件下，具有足够的耐久性能。例如混凝土不发生严重的风化、腐蚀，钢筋不发生严重锈蚀，以免影响结构的使用寿命。

结构的可靠性用可靠度来度量。可靠度是指结构在规定时间内、规定条件下，完成预定功能的概率。

三、结构的极限状态

结构能够满足各项功能要求而良好地工作，称为结构"可靠"，反之则称为结构"失效"。结构是否可靠通过判断其是否超越"极限状态"来衡量，"极限状态"是可靠和失效的分界。

当整个结构或结构的一部分超过某一特定状态而不能满足设计规定的某一功能要求时，则此特定状态称为该功能的极限状态。根据现行国家标准《建筑结构可靠性设计统一标准》（GB 50068—2018）考虑结构的安全性、适用性和耐久性的功能要求，将结构的极限状态分为承载能力极限状态、正常使用极限状态和耐久性极限状态三类。

1. 承载能力极限状态

承载能力极限状态对应于结构或结构构件达到最大承载能力或不适于继续承载的变形的状态，如因结构局部破坏而引发的连续倒塌。

当结构或构件出现下列状态之一时，应认定为超过了承载能力极限状态：

1）结构构件或连接因超过材料强度而破坏，或因过度变形而不适于继续承载，如柱子受到的荷载超过其承载力而被压溃。

2）整个结构或结构的一部分作为刚体失去平衡，如滑动、倾覆等。

3）结构转变成机动体系。

4）结构或结构构件丧失稳定，如柱的压屈失稳等。

5）结构因局部破坏而发生连续倒塌。

6）地基丧失承载力而破坏。

7）结构或结构构件的疲劳破坏。

由于超过承载能力极限状态后可能造成结构严重破坏甚至整体倒塌，后果特别严重，所以《混凝土结构设计规范》（GB 50010—2010）把达到这种极限状态的事件发生的概率控制得非常严格。

2. 正常使用极限状态

正常使用极限状态对应于结构或结构构件达到正常使用的某项限值的状态。

当结构或结构构件出现下列状态之一时，应认定为超过了正常使用极限状态：

1）影响正常使用或外观的变形，如储水池裂缝渗水。

2）影响正常使用的局部损坏。

3）影响正常使用的振动。

4）影响正常使用的其他特定状态。

由于超过正常使用极限状态后虽然会使结构构件丧失适用性，但不会很快造成人员伤亡和财产的重大损失，所以《混凝土结构设计规范》（GB 50010—2010）把达到这种极限状态的事件发生的概率控制得相对宽松一些。

3. 耐久性极限状态

耐久性极限状态对应于结构或结构构件在环境影响下出现的劣化达到耐久性能的某项规定限值的或标志的状态。

当结构或结构构件出现下列状态之一时，应认定为超过了耐久性极限状态：

1）影响承载能力和正常使用的材料性能劣化，如钢筋过度锈蚀影响其力学性能。

2）影响耐久性能的裂缝、变形、缺口、外观、材料削弱等，如板局部出现裂缝并露筋。

3）影响耐久性能的其他特定状态。

由于超过耐久性极限状态后也不会很快造成人员伤亡和财产的重大损失，所以《混凝土结构设计规范》（GB 50010—2010）把达到这种极限状态的事件发生的概率控制得也相对宽松一些，定量设计一般按正常使用极限状态考虑，定性设计主要从原材料、构造和施工措施等方面考虑。

通常对结构构件先按承载能力极限状态进行承载能力计算；然后根据使用要求按正常使用极限状态进行变形、裂缝宽度或抗裂等验算；此外还需要考虑耐久性和防连续倒塌设计。

除此之外，结构与构件、构件与构件的连接方式对结构能力的正常使用具有重要的影响，连接是否正确、可靠都会影响结构安全性功能的发挥。因此，合理的连接方式是结构安全、稳定的保证。

四、结构的耐久性

结构的耐久性是指结构在规定的工作环境中，在预期的使用年限内，在正常的维护条件下，不需进行大修就能完成预定功能的能力。混凝土结构的耐久性设计按正常使用极限状态控制，特点是随时间发展，因材料劣化而引起性能衰减。耐久性的极限状态表现为：钢筋混凝土构件表面出现锈胀裂缝；预应力筋开始锈蚀；结构表面混凝土出现可见的耐久性损伤（酥裂、粉化等）。材料劣化进一步发展还可能引起构件承载力问题，甚至发生破坏。由于影响混凝土结构材料性能劣化的因素比较复杂，其规律不确定性很大，一般建筑结构的耐久性设计只能采用经验性的定性方法解决。参考现行国家标准《混凝土结构耐久性设计规范》（GB/T 50476—2008）的规定，根据调查研究及我国国情，并考虑房屋建筑混凝土结构的特点加以简化和调整，耐久性的设计包括以下内容：

1）确定结构所处的环境类别。

2）提出对混凝土材料的耐久性基本要求。

3）确定构件中钢筋的混凝土保护层厚度。

4）不同环境条件下的耐久性技术措施。

5）提出结构使用阶段的检测与维护要求。

对于临时性的混凝土结构，可不考虑混凝土的耐久性要求。

对混凝土结构使用环境进行分类，可以在结构设计时针对不同的环境类别，采取相应的措施，满足达到设计使用年限的要求。混凝土结构的环境类别分为五类，见表11-1。设计使用年限为50年的结构混凝土材料耐久性的基本要求应符合表11-2的规定。

表11-1　混凝土结构的环境类别

环 境 类 别	条　　件
一	室内干燥环境 永久的无侵蚀性静水浸没环境
二 a	室内潮湿环境 非严寒和非寒冷地区的露天环境 非严寒和非寒冷地区与无侵蚀性的水或土直接接触的环境 寒冷和寒冷地区的冰冻线以下与无侵蚀性的水或土直接接触的环境
二 b	干湿交替环境 水位频繁变动区环境 严寒和寒冷地区的露天环境 严寒和寒冷地区的冰冻线以上与无侵蚀性的水或土直接接触的环境
三 a	严寒和寒冷地区冬季水位变动区环境 受除冰盐影响环境 海风环境
三 b	盐渍土环境 受除冰盐作用环境 海岸环境
四	海洋环境
五	受人为或自然的侵蚀性物质影响的环境

注：1. 室内潮湿环境是指构件表面经常处于结露或湿润状态的环境。

2. 严寒和寒冷地区的划分应符合现行国家标准《民用建筑热工设计规范》（GB 50176）的有关规定。

3. 海岸环境和海风环境宜根据当地情况，考虑主导风向及结构所处迎风、背风部位等因素的影响，由调查研究和工程经验确定。

4. 受除冰盐影响环境是指受除冰盐盐雾影响的环境；受除冰盐作用环境是指被除冰盐溶液溅射的环境以及使用除冰盐地区的洗车房、停车楼等建筑。

5. 暴露的环境是指混凝土结构表面所处的环境。

表11-2　结构混凝土材料耐久性的基本要求

环 境 等 级	最大水胶比	最低强度等级	最大氯离子含量（%）	最大碱含量/（kg/m³）
一	0.6	C20	0.30	不限制
二 a	0.55	C25	0.20	3.0
二 b	0.50 (0.55)	C30 (C25)	0.15	
三 a	0.45 (0.50)	C35 (C30)	0.15	
三 b	0.40	C40	0.10	

注：1. 氯离子含量是指其占胶凝材料总量的百分比。

2. 预应力构件混凝土中的最大氯离子含量为0.06%；最低混凝土强度等级宜按表中规定提高两个等级。

3. 素混凝土构件的水胶比及最低强度等级的要求可适当放松。

4. 处于严寒及寒冷地区二b、三a类环境中的混凝土应使用引气剂，并可采用括号中的有关参数。

5. 当有可靠工程经验时，二类环境中的最低混凝土强度等级可降低一个等级。

6. 当使用非碱活性骨料时，对混凝土中的碱含量可不作限制。

设计使用年限为 100 年的混凝土结构的耐久性应符合下列规定：

1）一类环境中，应符合钢筋混凝土结构的最低强度等级为 C30；预应力混凝土结构的最低强度等级为 C40；混凝土中的最大氯离子含量为 0.06%；宜使用非碱活性材料，当使用碱活性骨料时，混凝土中的最大碱含量为 3.0kg/m³；混凝土保护层厚度应符合规范的规定，当采取有效的表面防护措施时，混凝土保护层厚度可适当减小。

2）二、三类环境中，设计使用年限为 100 年的混凝土结构应采取专门的有效措施。

五、结构的防连续倒塌

建筑结构的连续倒塌是指由于偶然作用（如煤气爆炸、炸弹袭击、车辆撞击、火灾等）造成结构局部破坏，并引发连锁反应导致破坏向结构的其他部分扩散，最终造成结构的大范围坍塌。近年来，建筑结构的连续倒塌问题受到工程界的广泛关注，并成为当前结构工程和防灾减灾领域的重要研究前沿。

《混凝土结构设计规范》（GB 50010—2010）已明确提出混凝土结构防连续倒塌设计宜符合以下要求：

1）采取减小偶然作用效应的措施。

2）采取使重要构件及关键传力部位避免直接遭受偶然作用的措施。

3）在结构容易遭受偶然作用影响的区域增加冗余约束，布置备用的传力途径。

4）增强疏散通道、避难空间等重要结构构件及关键传力。

5）配置贯通水平、竖向构件的钢筋，并与周边构件可靠地锚固。

6）设置结构缝，控制可能发生连续倒塌的范围。

对于重要结构防连续倒塌设计可采用下列方法：

1）局部加强法。提高可能遭受偶然作用而发生局部破坏的竖向重要构件和关键传力部位的安全储备，也可直接考虑偶然作用进行设计。

2）拉结构件法。在结构局部竖向构件失效的条件下，可根据具体情况分别按梁—拉结模型、悬索—拉结模型、悬臂—拉结模型进行承载力验算，维持结构的整体稳固性。

3）拆除构件法。按一定规则拆除结构的主要受力构件，验算剩余结构体系的极限承载力；也可采用倒塌全过程分析进行设计。

第二节　结构上的荷载和荷载代表值

一、作用与荷载

结构设计中的一项重要工作就是确定作用在结构上的荷载的类型和大小。荷载的类型和大小直接影响到设计的结果。荷载的形式多种多样，其在结构或构件中所产生的"效应"，诸如荷载产生的弯矩、剪力、轴向力和变形等，也各不相同。荷载所产生的这类效应统称为荷载效应。荷载与荷载效应之间通常成某种比例关系。进一步研究可发现，在结构中能产生内力或变形的，不仅是荷载，其他原因也可在结构中产生内力或变形。例如，混凝土的收缩，温度的变化，基础的不均匀沉降等均可使结构产生内力或变形。所有能使结构产生内力或变形的原因统称为"作用"。此处"作用"一词有其特定的含义，荷载则为"作用"中的一种。"作用"按其出现的方式可分为直接作用和间接作用。荷载属于直接作用，其特点是以力的形式出现。其他作用均属于间接作用。

在一般建筑结构中，主要以直接作用为研究对象，故本节只涉及直接作用，即荷载。结构上的荷载，按其作用时间的长短和性质，分为三类：

1. 永久荷载 G

永久荷载也称为恒荷载，其荷载值基本不随时间变化，如结构自重、土压力等。

2. 可变荷载 Q

可变荷载也称为活荷载，其荷载值随时间而变化，如楼面活荷载、风荷载、雪荷载、吊车荷载和温度作用等。

3. 偶然荷载

偶然荷载在结构使用期间不一定出现，但一旦出现，其值很大，作用时间很短，如爆炸力、撞击力等。

二、荷载代表值

作用在结构上的荷载是随时间而变化的不确定的量，如风荷载的大小和方向，楼面活荷载的大小和作用位置均随时间而变化。即使是恒荷载（如结构自重），也随着材料比重的变化以及实际尺寸与设计尺寸的偏差而变化。在设计表达式中如直接引用反映荷载变异性的各种统计参数，将造成很多困难，也不便于应用。在结构设计中，为了简化设计表达式，对荷载给予一个规定的量值，称为荷载代表值。荷载可根据不同的设计要求，采用不同的代表值。

永久荷载应采用标准值作为代表值。可变荷载应根据设计要求采用标准值、组合值、频遇值或准永久值作为代表值。偶然荷载应按建筑结构使用的特点确定其代表值。

板的自重计算（永久荷载标准值计算）

1. 荷载的标准值

荷载的标准值相当于结构在使用期内正常情况下可能出现的最大荷载，可用概率的方法确定。活荷载的标准值主要根据实践经验来确定。

（1）永久荷载的标准值 G_k 根据结构构件的设计尺寸与材料单位体积的自重计算确定。一般材料和构件的单位自重可取其平均值，对于自重变异较大的材料和构件（如现场制作的保温材料、混凝土薄壁构件等），自重的标准值应根据对结构的不利或有利状态，分别取上限值或下限值。固定隔墙的自重可按永久荷载考虑，位置可灵活布置的隔墙自重应按可变荷载考虑。根据《建筑结构荷载规范》（GB 50009—2012），常用材料和构件自重见表11-3。

梁的自重计算（永久荷载标准值计算）

表11-3 常用材料和构件的自重

名　称	自重/(kN/m³)	备　注
砖及砌块		
普通砖	18	250mm×115mm×53mm（684 块/m³）
普通砖	19	机器制
焦渣空心砖	10	290mm×290mm×140mm（85 块/m³）
水泥空心砖	9.8	290mm×290mm×140mm（85 块/m³）
水泥空心砖	10.3	300mm×250mm×110mm（121 块/m³）
水泥空心砖	9.6	300mm×250mm×160mm（83 块/m³）
蒸压粉煤灰砖	14.0～16.0	—
蒸压粉煤灰加气混凝土砌块	5.5	—
混凝土空心小砌块	11.8	390mm×190mm×190mm
水泥及混凝土		
石灰砂浆、混合砂浆	17	—
水泥石灰焦渣砂浆	14	—
石灰三合土	17.5	石灰、砂子、卵石
水泥	12.5	轻质松散，$\varphi = 20$
水泥	14.5	散装，$\varphi = 30$
水泥	16	袋装压实，$\varphi = 40$

（续）

名　称	自重/（kN/m³）	备　注
水泥及混凝土		
矿渣水泥	14.5	—
水泥砂浆	20	—
石膏砂浆	12	—
素混凝土	22～24	振捣或不振捣
矿渣混凝土	20	—
焦渣混凝土	16～17	承重用
焦渣混凝土	10～14	填充用
加气混凝土	5.5～7.5	单块
石灰粉煤灰加气混凝土	6.0～6.5	—
钢筋混凝土	24～25	—
碎砖钢筋混凝土	20	—
钢丝网水泥	25	用于承重结构
水玻璃耐酸混凝土	20～23.5	—
粉煤灰陶砾混凝土	19.5	—
砌体		
浆砌细方石	26.4	花岗石、方整石块
浆砌细方石	25.6	石灰石
浆砌细方石	22.4	砂岩
浆砌毛方石	24.8	花岗石（上下面大致平整）
浆砌毛方石	24	石灰石
浆砌毛方石	20.8	砂岩
浆砌普通砖	18	—
浆砌机砖	19	—
浆砌焦渣砖	12.5～14	—
浆砌矿渣砖	21	—
三合土	17	灰：砂：土＝1：1：9～1：1：4
隔墙及墙面		
双面抹灰板条隔墙	0.9	每面抹灰厚16～24mm，龙骨在内
单面抹灰板条隔墙	0.5	灰厚16～24mm，龙骨在内
贴瓷砖墙面	0.5	25mm厚，包括打底
水泥粉刷墙面	0.36	20mm厚，水泥粗砂
水磨石墙面	0.55	25mm厚，包括打底
水刷石墙面	0.5	25mm厚，包括打底
石灰粗砂墙面	0.34	20mm厚
剁假石墙面	0.5	25mm厚，包括打底
外墙拉毛墙面	0.7	25mm厚，包括打底

（2）可变荷载的标准值 Q_k　设计基准期内最大荷载统计分布的特征值（如均值、众值、中值或某个分位值），按《建筑结构荷载规范》（GB 50009—2012）规定采用。

1）民用建筑楼面均布活荷载。设计楼面梁、墙、柱及基础时，表11-4中楼面活荷载标准值的折减系数取值不应小于下列规定：

表 11-4　民用建筑楼面均布活荷载标准值及其组合值系数、频遇值系数和准永久值系数

项次	类　别	活荷载标准值/(kN/m²)	组合值系数	频遇值系数	准永久值系数
1	（1）住宅、宿舍、旅馆、办公楼、医院病房、托儿所、幼儿园	2.0	0.7	0.5	0.4
	（2）试验室、阅览室、会议室、医院门诊室	2.0	0.7	0.6	0.5
2	教室、食堂、餐厅、一般资料档案室	2.5	0.7	0.6	0.5
3	（1）礼堂、剧场、影院、有固定座位的看台	3.0	0.7	0.5	0.3
	（2）公共洗衣房	3.0	0.7	0.6	0.5
4	（1）商店、展览厅、车站、港口、机场大厅及其旅客等候室	3.5	0.7	0.6	0.5
	（2）无固定座位的看台	3.5	0.7	0.5	0.3
5	（1）健身房、演出舞台	4.0	0.7	0.6	0.5
	（2）运动场、舞厅	4.0	0.7	0.6	0.4
6	（1）书库、档案室、贮藏室	5.0	0.9	0.9	0.8
	（2）密集柜书库	12.0			
7	通风机房、电梯机房	7.0	0.9	0.9	0.8
8	汽车通道及客车停车库 （1）单向板楼盖（板跨不小于2m）和双向板楼盖（板跨不小于3m×3m） 　客车	4.0	0.7	0.7	0.6
	消防车	35.0	0.7	0.7	0.0
	（2）双向板楼盖（板跨不小于6m×6m）和无梁楼盖（柱网不小于6m×6m） 　客车	2.5	0.7	0.7	0.6
	消防车	20.0	0.7	0.5	0.0
9	厨房 （1）一般情况	2.0	0.7	0.6	0.5
	（2）餐厅	4.0	0.7	0.7	0.7
10	浴室、卫生间、盥洗室	2.5	0.7	0.6	0.5
11	走廊、门厅 （1）宿舍、旅馆、医院病房、托儿所、幼儿园、住宅	2.0	0.7	0.6	0.5
	（2）办公楼、餐厅、医院门诊部	2.5	0.7	0.6	0.5
	（3）教学楼及其他可能出现人员密集的地方	3.5	0.7	0.6	0.5
12	楼梯 （1）多层住宅	2.0	0.7	0.5	0.4
	（2）其他	3.5	0.7	0.5	0.3
13	阳台 （1）一般情况	2.5	0.7	0.6	0.5
	（2）可能出现人员密集的情况	3.5	0.7	0.6	0.5

注：1. 本表所给各项活荷载适用于一般使用条件，当使用荷载较大、情况特殊或有专门要求时，应按实际情况采用。
2. 第6项书库活荷载，当书架高度大于2m时，书库活荷载尚应按每米书架高度不小于2.5kN/m²确定。
3. 第8项中的客车活荷载适用于停放载人少于9人的客车；消防车活荷载适用于满载总重为300kN的大型车辆；当不符合本表的要求时，应将车轮的局部荷载按结构效应的等效原则，换算为等效均布荷载。
4. 第8项消防车活荷载，当双向板楼盖板跨介于3m×3m~6m×6m之间时，应按跨度线性插值确定。常用板跨消防车活荷载覆土厚度折减系数不应小于规定的值。
5. 第12项楼梯活荷载，对预制楼梯踏步平板，尚应按1.5kN集中荷载验算。
6. 本表各项荷载不包括隔墙自重和二次装修荷载。对固定隔墙的自重应按永久荷载考虑，当隔墙位置可灵活自由布置时，非固定隔墙的自重应取不小于1/3的每延米长墙重作为楼面活荷载的附加值（kN/m）计入，且附加值不应小于1.0kN/m²。

① 设计楼面梁。

a. 第 1 项当楼面梁从属面积超过 $25m^2$ 时，应取 0.9。

b. 第 1 项的（2）~第 7 项当楼面梁从属面积超过 $50m^2$ 时，应取 0.9。

c. 第 8 项对单向板楼盖的次梁和槽形板的纵肋应取 0.8；对单向板楼盖的主梁应取 0.6；对双向板楼盖的梁应取 0.8。

d. 第 9 ~ 13 项应采用与所属房屋类别相同的折减系数。

② 设计墙、柱和基础。

a. 第 1 项的（1）应按表 11-5 规定采用。

表 11-5　活荷载按楼层的折减系数

墙、柱、基础计算截面以上的层数	1	2 ~ 3	4 ~ 5	6 ~ 8	9 ~ 20	>20
计算截面以上各楼层活荷载总和的折减系数	1.00 (0.90)	0.85	0.70	0.65	0.60	0.55

注：当楼面梁的从属面积超过 $25m^2$ 时，应采用括号内的系数。

b. 第 1 项的（2）~第 7 项应采用与其楼面梁相同的折减系数。

c. 第 8 项的客车对单向板楼盖应取 0.5，对双向板楼盖和无梁楼盖应取 0.8。

d. 第 9 ~ 13 项应采用与所属房屋类别相同的折减系数。

楼面梁的从属面积应按梁两侧各延伸二分之一梁间距的范围内的实际面积确定。

2）工业建筑楼面活荷载。工业建筑楼面在生产使用或安装检修时，由设备、管道、运输工具及可能拆移的隔墙产生的局部荷载，均应按实际情况考虑，可采用等效均布活荷载代替。对设备位置固定的情况，可直接按固定位置对结构进行计算，但应考虑因设备安装和维修过程中的位置变化可能出现的最不利效应。工业建筑楼面（包括工作平台）上无设备区域的操作荷载，包括操作人员、一般工具、零星原料和成品的自重，可按均布活荷载 $2.0kN/m^2$ 考虑。在设备所占区域内可不考虑操作荷载和堆料荷载。生产车间的楼梯活荷载，可按实际情况采用，但不宜小于 $3.5kN/m^2$。生产车间的参观走廊活荷载，可采用 $3.5kN/m^2$。

3）屋面活荷载。房屋建筑的屋面，其水平投影面上的屋面均布活荷载标准值及其组合值、频遇值和准永久值系数的取值，不应小于表 11-6 的规定。

表 11-6　屋面均布活荷载标准值及其组合值系数、频遇值系数和准永久值系数

项　次	类　别	活荷载标准值/（kN/m²）	组合值系数 ψ_c	频遇值系数 ψ_f	准永久值系数 ψ_q
1	不上人的屋面	0.5	0.7	0.5	0
2	上人的屋面	2.0	0.7	0.5	0.4
3	屋顶花园	3.0	0.7	0.6	0.5
4	屋顶运动场地	3.0	0.7	0.6	0.4

注：1. 不上人的屋面，当施工或维修荷载较大时，应按实际情况采用；对不同结构应按有关设计规范的规定采用，但不得低于 $0.3kN/m^2$。

2. 上人的屋面，当兼作其他用途时，应按相应楼面活荷载采用。

3. 对于因屋面排水不畅、堵塞等引起的积水荷载，应采取构造措施加以防止；必要时，应按积水的可能深度确定屋面活荷载。

4. 屋顶花园活荷载不包括花圃土石等材料自重。

不上人的屋面均布活荷载，可不与雪荷载和风荷载同时组合。

4）屋面积灰荷载。设计生产中有大量排灰的厂房及其邻近建筑时，对具有一定除尘设施和保证清灰制度的机械、冶金、水泥等的厂房屋面，其水平投影面上的屋面积灰荷载，应分别按

《建筑结构荷载规范》（GB 50009—2012）中相应规定取值。

积灰荷载应与雪荷载或不上人的屋面均布活荷载两者中的较大值同时考虑。

5）施工和检修荷载及栏杆荷载。设计屋面板、檩条、钢筋混凝土挑檐、悬挑雨篷和预制小梁时，施工或检修集中荷载（人和工具的自重）不应小于 1.0kN，并应在最不利位置处进行验算。对于轻型构件或较宽构件，当施工荷载超过上述荷载时，应按实际情况验算，或应加垫板、支撑等临时设施；当计算挑檐、悬挑雨篷承载力时，应沿板宽每隔 1.0m 取一个集中荷载；当验算挑檐、悬挑雨篷倾覆时，应沿板宽每隔 2.5～3.0m 取一个集中荷载。

楼梯、看台、阳台和上人屋面等的栏杆活荷载标准值，不应小于下列规定：住宅、宿舍、办公楼、旅馆、医院、托儿所、幼儿园，栏杆顶部的水平荷载应取 1.0kN/m；学校、食堂、剧场、电影院、车站、礼堂、展览馆或体育场，栏杆顶部的水平荷载应取 1.0kN/m，竖向荷载应取 1.2kN/m，水平荷载与竖向荷载应分别考虑。施工荷载、检修荷载及栏杆荷载的组合值系数应取 0.7，频遇值系数应取 0.5，准永久值系数应取 0。

6）雪荷载。屋面水平投影面上的雪荷载标准值，应按下式计算：

$$s_k = u_r s_0 \tag{11-1}$$

式中　　s_k——雪荷载标准值，单位为 kN/m^2；

　　　　u_r——屋面积雪分布系数；

　　　　s_0——基本雪压，单位为 kN/m^2；基本雪压为雪荷载的基准压力，一般按当地空旷平坦地面上积雪自重的观测数据，经概率统计得出 50 年一遇最大值确定。

雪荷载的组合值系数可取 0.7；频遇值系数可取 0.6；准永久值系数应按雪荷载分区 Ⅰ、Ⅱ 和 Ⅲ 的不同，分别取 0.5、0.2 和 0。上式中 u_r、s_0 应按《建筑结构荷载规范》（GB 50009—2012）取值。

7）风荷载。垂直于建筑物表面上的风荷载标准值，应按下述公式计算：

当计算主要受力结构时：

$$W_k = \beta_z \mu_z \mu_s w_0 \tag{11-2}$$

式中　　W_k——风荷载标准值，单位为 kN/m^2；

　　　　β_z——高度 z 处的风振系数；

　　　　μ_z——风荷载体型系数；

　　　　μ_s——风压高度变化系数；

　　　　w_0——基本风压，单位为 kN/m^2。

风荷载的基准压力，一般按当地空旷平坦地面上 10m 高度处 10min 平均的风速观测数据，经概率统计得出 50 年一遇最大值确定的风速，再考虑相应的空气密度，按贝努利（Bernoulli）公式确定的风压。基本风压应按 50 年重现期的风压采用，但不得小于 $0.3kN/m^2$。对于高层建筑、高耸结构以及对风荷载比较敏感的其他结构，基本风压的取值应适当提高，并应由有关的结构设计规范具体规定。风荷载的组合值系数、频遇值系数和准永久值系数可分别取 0.6、0.4 和 0.0。

风振系数、风荷载体型系数、风压高度变化系数、基本风压应按《建筑结构荷载规范》（GB 50009—2012）的相关规定取值。当多个建筑物，特别是群集的高层建筑，相互间距较近时，宜考虑风力相互干扰的群体效应；一般可将单独建筑物的体型系数 μ_s 乘以相互干扰系数。相互干扰系数可按下列规定确定：对矩形平面高层建筑，当单个施扰建筑与受扰建筑高度相近时，根据施扰建筑的位置，顺风向风荷载可在 1.00～1.10 范围内选取，横风向风荷载可在 1.00～1.20 范围内选取；其他情况可比照类似条件的风洞试验资料确定，必要时宜通过风洞试验确定。

8）温度作用。温度作用应考虑气温变化、太阳辐射及使用热源等因素，作用在结构或构件上的温度作用应采用其温度的变化来表示。计算结构或构件的温度作用效应时，应采用材料的线膨胀系数 α_T。常用材料的线膨胀系数可按《建筑结构荷载规范》（GB 50009—2012）取值。温度作用的组合值系数、频遇值系数和准永久值系数可分别取 0.6、0.5 和 0.4。

（3）偶然荷载的标准值　偶然荷载应包括爆炸、撞击、火灾及其他偶然出现的灾害引起的荷载。当采用偶然荷载作为结构设计的主导荷载时，在允许结构出现局部构件破坏的情况下，应保证结构不致因偶然荷载引起连续倒塌。偶然荷载的荷载设计值可直接取用如下规定的方法确定的偶然荷载标准值。

1）爆炸。由炸药、燃气、粉尘等引起的爆炸荷载宜按等效静力荷载采用。在常规炸药爆炸动荷载作用下，结构构件的等效均布静力荷载标准值。其他原因引起的爆炸，可根据其等效 TNT 装药量，参考本条方法确定等效均布静力荷载。

2）撞击。撞击包括汽车的撞击荷载，直升机非正常着陆的撞击荷载，以及电梯竖向撞击荷载。

2. 可变荷载的组合值 Q_c

当结构上同时作用有两种或两种以上可变荷载时，它们同时以各自标准值出现的可能性比较小，因此，要考虑其组合值问题。可变荷载的组合值，是使组合后的荷载效应在设计基准期内的超越概率，能与该荷载单独出现时的相应概率趋于一致的荷载值；或使组合后的结构具有统一规定的可靠指标的荷载值。可变荷载的组合值应为可变荷载的标准值乘以荷载组合值系数。

3. 可变荷载的频遇值 Q_f

荷载的频遇值是在统计基础上确定的，是正常使用极限状态按频遇组合设计时采用的一种可变荷载代表值。可变荷载频遇值，是在设计基准期内，其超越的总时间为规定的较小比率或超越频率为规定频率的荷载值。可变荷载的频遇值，应为可变荷载标准值乘以频遇值系数。

4. 可变荷载的准永久值 Q_q

可变荷载的准永久值是在结构预定使用期内经常达到和超过的荷载值，它对结构的影响在性质上类似于永久荷载。在设计基准期内，其超越的总时间约为设计基准期一半的荷载值称为可变荷载准永久值。可变荷载准永久值，应为可变荷载标准值乘以准永久值系数。

第三节　荷载效应和结构抗力

一、荷载效应 S

直接作用和间接作用都将使结构产生内力（弯矩、剪力、轴力、扭矩等）和变形（挠度、转角、拉伸、压缩、裂缝等），故作用是使结构产生内力和变形的原因。这种由"作用"使结构所产生的内力和变形称为作用效应。当结构的内力和变形是由荷载产生时，称为荷载效应。

荷载与荷载效应之间可能是线性关系，也可能是非线性关系。

以跨度为 l 的梁为例，梁上的永久荷载为 q，如图 11-2 所示。

图 11-2a 中，简支梁的跨中弯矩效应为：$M_{max} = \frac{1}{8}ql^2$；图 11-2b 中，一端固定一端简支梁支座 A 弯矩效应：$M_A = -\frac{1}{8}ql^2$；跨中弯矩效应：$M_{max} = \frac{9}{128}ql^2$；图 11-2c 中，两端固梁支座弯矩效应：$M_A = M_B = -\frac{1}{12}ql^2$；跨中弯矩效应：$M_{max} = \frac{1}{24}ql^2$。

二、结构抗力 Q

结构抗力指整个结构或结构构件承受荷载效应的能力（如构件的承载力、刚度等）。结构抗

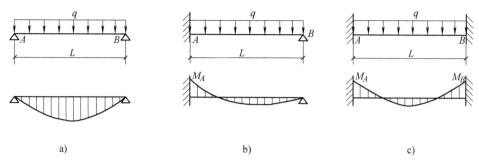

图 11-2 荷载与荷载效应

力是材料性能（强度、弹性模量）、几何参数（高度、宽度、面积、面积矩、惯性矩、抵抗矩等）以及计算模式的函数。由于材料的变异性、构件几何特征的不定性以及基本假设和计算公式不精确，结构抗力也是随机变量。

第四节 概率极限状态设计法

一、结构的可靠度

确定荷载的大小和结构抗力后，剩下的问题是如何使所设计的结构构件能满足预定的功能要求。结构设计的目的是用经济的方法设计出足够安全可靠的结构。提到安全，人们往往以为只要把结构构件的承载力降低其一倍数，即除以大于 1 的某个安全系数，使结构具有一定的安全储备，足以承担所承受的荷载，结构便安全了。实际上，这种概念并不正确。因为这样的安全系数并不能真正反映结构是否安全；超过了上述限值结构也不一定就不安全。何况安全系数的确定带有主观的成分在内。定得过低，难免不安全：定得过高，又将偏于保守，造成不必要的浪费。

结构的安全可靠与否，应当用结构完成其预定功能的可能性（概率）的大小来衡量，而不是用一个绝对的、不变的标准来衡量。没有绝对安全可靠的结构。当结构完成其预定功能的概率达到一定程度，或不能完成其预定功能的概率（也称为失效概率）小到某一公认的、可接受的程度就认为该结构是安全可靠的，其可靠性满足要求。这样来认识和定义结构的可靠性比笼统地用安全系数来衡量结构是否安全是前进了一步，更为科学和合理。

为了定量地描述结构的可靠性，需引入可靠度的概念。结构可靠度是指结构在规定的时间内，在规定的条件下，完成预定功能的概率。因此，结构的可靠性是用结构完成预定功能的概率的大小来定量描述的。规定条件是指设计、施工、使用、维护均属于正常的情况，不包括非正常的情况，例如人为的错误等。

二、极限状态方程

若结构或构件只有荷载所产生的效应和结构或构件的抗力两个变量，这两个变量均为随机变量，可通过统计分析确定其服从何种概率分布。现假定其均服从正态分布，且相互独立。用 S 表示荷载效应，R 表示抗力，则由数理统计学可知，$R-S$ 为服从正态分布的随机变量。

结构设计必须满足功能要求，即结构构件的荷载效应 S 不超过结构构件抗力 R，即 $S \leqslant R$，令 $Z=R-S$，Z 称为结构的功能函数。结构功能函数可用来判别结构所处的工作状态。

$Z=R-S>0$，表示结构处于可靠状态；$Z=R-S=0$，表示结构处于极限状态；$Z=R-S<0$，表示结构处于失效状态；

上述方程中，$Z=R-S=0$ 称为极限状态方程，即当方程成立时，结构正处于极限状态这一分界。超过这一界限，就不能满足设计规定的安全性。

由此可见，结构可靠度要研究的是随机变量 Z 取值不小于零的概率。由于可靠概率 P_s 和失效概率 P_f 是互补的，即其和为 1，所以结构的可靠度也可用失效概率来度量，即

$$P_f = 1 - P_s \tag{11-3}$$

由于可靠概率 P_s 的数值较大，因此常常用失效概率 P_f 衡量结构的可靠性能，结构设计就是要控制结构的失效概率不得超过规定的失效概率。不同类型的建筑物，对其可靠性的要求也不同，《工程结构可靠性设计统一标准》（GB 50153—2008）根据建筑结构破坏后果（危机人的生命、造成经济损失、对社会或环境产生影响等）的严重程度将建筑结构划分不同的安全等级。

工程结构安全等级的划分应符合表 11-7 的规定。工程结构中各类结构构件的安全等级，宜与结构的安全等级相同，对其中部分结构构件的安全等级可进行调整，但不得低于三级。

表 11-7　工程结构安全等级

安 全 等 级	破 坏 后 果	建筑物类型	设计使用年限	重要性系数 γ_0
一级	很严重	重要的建筑物	100 年及以上	1.1
二级	严重	一般的建筑物	50 年	1.0
三级	不严重	次要的建筑物	5 年及以下	0.9

注：对重要的结构，其安全等级应取为一级；对一般的结构，其安全等级宜取为二级；对次要的结构，其安全等级可取为三级。

第五节　概率极限状态设计法的实用设计表达式

概率极限状态设计法与过去采用过的其他各种方法相比更为科学合理，但实际设计计算时却相当复杂。对于一般常见的工程结构采用可靠指标进行设计并无必要。为此，《工程结构可靠性设计统一标准》（GB 50153—2008）给出了简便实用的计算方法——分项系数法。采用荷载效应设计值 S（荷载分项系数与荷载效应标准值的乘积）和材料强度设计值 f（材料强度标准值除以材料强度分项系数）进行计算。其中，荷载分项系数是根据规定的目标可靠指标和不同的活载与恒载比值，对不同类型的构件进行反算后，得出相应的分项系数，从中经过优选，得出最合适的数值而确定的；材料强度分项系数（混凝土的材料分项系数取为 1.4；延性较好钢筋的材料分项系数取 1.1，对于高强度 500MPa 级钢筋的材料分项系数取 1.15，对预应力筋的材料分项系数取 1.2）是根据轴心受拉构件和轴心受压构件按照目标可靠指标经过可靠度分析而确定的，当缺乏统计资料时，按工程经验确定；因而计算所得结果能满足可靠度的要求。

一、承载能力极限状态设计表达式

任何结构构件均应进行承载力设计，以确保安全。混凝土结构的承载能力极限状态计算应包括下列内容：结构构件应进行承载力（包括失稳）计算；直接承受重复荷载的构件应进行疲劳验算；有抗震设防要求时，应进行抗震承载力计算；必要时尚应进行结构的倾覆、滑移、漂浮验算；对于可能遭受偶然作用，且倒塌可能引起严重后果的重要结构，宜进行防连续倒塌设计。

对持久设计状况、短暂设计状况和地震设计状况，当用内力的形式表达时，结构构件应采用下列承载能力极限状态设计表达式：

$$\gamma_0 S \leqslant R \tag{11-4}$$
$$R = R(f_c, f_s, \alpha_k, \cdots)/\gamma_{Rd} \tag{11-5}$$

式中　γ_0——结构构件的重要性系数，见表 11-8；

S——承载能力极限状态下作用组合的效应设计值：对持久设计状况和短暂设计状况应按作用的基本组合计算；对地震设计状况应按作用的地震组合计算；

R——结构构件的抗力设计值；

$R(\cdot)$——结构构件的抗力函数；

γ_{Rd}——结构构件的抗力模型不定性系数：静力设计取1.0，对不确定性较大的结构构件根据具体情况取大于1.0的数值；抗震设计应用承载力抗震调整系数γ_{RE}代替γ_{Rd}；

f_c、f_s——混凝土、钢筋的强度设计值，应根据附录A取值；

α_k——几何参数的标准值，当几何参数的变异性对结构性能有明显的不利影响时，应增减一个附加值。

表 11-8 房屋建筑结构构件的重要性系数

结构重要性系数	对持久设计状况和短暂设计状况			对偶然设计状况和地震设计状况
	安全等级			
	一 级	二 级	三 级	
γ_0	1.1	1.0	0.9	1.0

对于承载能力极限状态，结构构件应按荷载效应的基本组合进行计算，必要时应按荷载效应的偶然组合进行计算。

1. 基本组合

对承载力极限状态一般考虑荷载效应的基本组合，基本组合的效应设计值按下式最不利确定：

$$S_d = \sum_{i=1}^{m} \gamma_{G_i} S_{G_ik} + \gamma_{Q_1} \gamma_{L_1} S_{Q_1k} + \sum_{j=2}^{n} \gamma_{Q_j} \gamma_{L_j} \psi_{c_j} S_{Q_jk} \tag{11-6}$$

注：基本组合中的效应设计值仅适用于荷载与荷载效应为线性的情况。

式中 γ_{G_i}——第i个永久荷载的分项系数；

γ_{Q_1}、γ_{Q_j}——起控制作用的可变荷载Q_{1k}和其他第j个可变荷载的分项系数；

γ_{L_1}、γ_{L_j}——第j个可变荷载考虑设计使用年限的调整系数，其中γ_{L_1}为主导可变荷载Q_1考虑设计使用年限的调整系数。结构设计使用年限为5年，γ_L取0.9；结构设计使用年限为50年，γ_L取1.0；结构设计使用年限为100年，γ_L取1.1；对于荷载标准值可控制的活荷载，设计使用年限调整系数γ_L取1.0；

S_{G_ik}——按永久荷载标准值G_{ik}计算的荷载效应值；

S_{Q_jk}——按第j个可变荷载标准值Q_{jk}计算的荷载效应值，其中S_{Q_1k}为诸可变荷载效应中的最大值；

ψ_{c_j}——可变荷载Q_j的组合值系数；

m——参与组合的永久荷载数；

n——参与组合的可变荷载数。

永久荷载分项系数γ_G和可变荷载分项系数γ_Q的具体值见表11-9。

表 11-9 荷载分项系数

荷载分项系数	适用情况	
	当作用效应对承载力不利时	当作用效应对承载力有利时
γ_G	1.3	$\leqslant 1.0$
γ_Q	1.5	0

例 11-1　某教学楼楼面构造层分别为：20mm 厚水泥砂浆面层，50mm 厚钢筋混凝土垫层，120mm 厚现浇钢筋混凝土楼板，16mm 厚混合砂浆板底抹灰。结构设计使用年限为 50 年，求该楼板的荷载设计值。

解题思路：本题求的是荷载设计值，所以首先要确定荷载标准值。楼板在计算简图确定时简化为平面，所以其上的荷载形式为面荷载。永久荷载标准值由板的各层重量的总和确定，可变荷载标准值查表 11-4 确定。然后进行组合对比，确定荷载设计值。

解：1. 永久荷载标准值计算

20mm 厚水泥砂浆面层：$0.02\text{m} \times 20\text{kN/m}^3 = 0.4\text{kN/m}^2$

50mm 钢筋混凝土垫层：$0.05\text{m} \times 25\text{kN/m}^3 = 1.25\text{kN/m}^2$

120mm 钢筋混凝土楼板：$0.12\text{m} \times 25\text{kN/m}^3 = 3\text{kN/m}^2$

16mm 混合砂浆板底抹灰：$0.016\text{m} \times 17\text{kN/m}^3 = 0.272\text{kN/m}^2$

永久荷载标准值 g_k　　　　4.92kN/m^2

可变荷载标准值 q_k　　　　2.5kN/m^2

2. 荷载设计值计算

$$(1.3 \times 4.92 + 1.5 \times 1 \times 2.5)\text{kN/m}^2 = 10.146\text{kN/m}^2$$

所以，楼板的荷载设计值为 10.146kN/m^2。

例 11-2　某钢筋混凝土简支梁，结构设计使用年限为 50 年，计算跨度 $l_0 = 5.6\text{m}$，截面尺寸 $b \times h = 250\text{mm} \times 550\text{mm}$，承受均布荷载，$g_k = 22\text{kN/m}$（不包括自重），$q_k = 14\text{kN/m}$，求梁上的最大弯矩标准值和设计值。

解题思路：本题为承载能力极限状态荷载效应组合问题。须先求出荷载标准值，永久荷载标准值包括梁上部构件传来的永久荷载和梁的自重，梁的计算简图确定为轴线，所以梁上承受的是线荷载，自重也简化为沿着轴线方向的线荷载；然后求荷载效应标准值；之后按基本组合对比确定荷载效应设计值。

解：1. 永久荷载标准值计算

梁的自重：$0.25\text{m} \times 0.55\text{m} \times 25\text{kN/m}^3 = 3.4375\text{kN/m}$

梁上的永久荷载标准值 $g_k = (22 + 3.4375)\text{kN/m} = 25.4375\text{kN/m}$

梁上的可变荷载标准值 $q_k = 14\text{kN/m}$

2. 荷载效应标准值计算

$$M_{gk} = \frac{1}{8}g_k l_0^2 = \left(\frac{1}{8} \times 25.4375 \times 5.6^2\right)\text{kN} \cdot \text{m} = 99.715\text{kN} \cdot \text{m}$$

$$M_{qk} = \frac{1}{8}q_k l_0^2 = \left(\frac{1}{8} \times 14 \times 5.6\right)^2\text{kN} \cdot \text{m} = 54.88\text{kN} \cdot \text{m}$$

$$M_k = M_{gk} + M_{qk} = (99.715 + 54.88)\text{kN} \cdot \text{m} = 154.6\text{kN} \cdot \text{m}$$

3. 荷载效应设计值计算

$$M_d = (1.3 \times 99.715 + 1.5 \times 1 \times 54.88)\text{kN} \cdot \text{m} = 211.95\text{kN} \cdot \text{m}$$

所以弯矩设计值取 $211.95\text{kN} \cdot \text{m}$。

试求该梁的最大剪力标准值及设计值。

二、正常使用极限状态设计表达式

由于结构构件达到或超过正常使用极限状态时的危害程度不如承载力不足引起结构破坏时大，故对其可靠度的要求可适当降低。因此，按正常使用极限状态设计时，对于荷载组合值，不需要乘以荷载分项系数，也不再考虑结构的重要性系数 γ_0。其极限状态表达式为：

$$S \leqslant C \tag{11-7}$$

式中 S——正常使用极限状态荷载组合的效应设计值；

C——结构构件达到正常使用要求所规定的变形、应力、裂缝宽度和自振频率等的限值。

在此情况下，可变荷载作用时间的长短对于变形和裂缝的大小显然是有影响的。可变荷载的最大值并非长期作用于结构之上，故应按其在设计基准期内作用时间的长短对其标准值进行折减。因此，引入准永久值系数（小于1）用以考虑可变荷载作用时间的长短。根据实际设计工作中的需要，研究正常使用极限状态的设计表达式时，须区分荷载短期作用和荷载长期作用下构件的变形大小和裂缝宽度的计算。为此，根据不同的设计目的，分别考虑频遇效应组合和准永久效应组合。

1. 标准组合的效应设计值

$$S = \sum_{j=1}^{m} S_{G_{jk}} + S_{Q_{1k}} + \sum_{i=2}^{n} \psi_{ci} S_{Q_{ik}} \tag{11-8}$$

2. 频遇组合的效应设计值

$$S = \sum_{j=1}^{m} S_{G_{jk}} + \psi_{f_1} S_{Q_{1k}} + \sum_{i=2}^{n} \psi_{qi} S_{Q_{ik}} \tag{11-9}$$

3. 准永久组合的效应设计值

$$S = \sum_{j=1}^{m} S_{G_{jk}} + \sum_{i=1}^{n} \psi_{qi} S_{Q_{ik}} \tag{11-10}$$

按正常使用极限状态设计，主要是验算结构构件的变形、抗裂度、裂缝宽度和竖向自振频率。

根据使用要求需控制变形的构件，应进行验算。对于钢筋混凝土受弯构件，其最大挠度应按荷载的准永久组合，预应力混凝土受弯构件的最大挠度应按荷载的标准组合，并均应考虑荷载长期作用的影响进行计算，其计算值不应超过表11-10的挠度限值。

表 11-10 受弯构件的挠度限值

构 件 类 型		挠 度 限 值
吊车梁	手动吊车	$l_0/500$
	电动吊车	$l_0/600$
屋盖、楼盖及楼梯构件	当 $l_0 < 7\text{m}$ 时	$l_0/200\,(l_0/250)$
	当 $7\text{m} \leqslant l_0 \leqslant 9\text{m}$ 时	$l_0/250\,(l_0/300)$
	当 $l_0 > 9\text{m}$ 时	$l_0/300\,(l_0/400)$

注：1. 表中 l_0 为构件的计算跨度；计算悬臂构件的挠度限值时，其计算跨度 l_0 按实际悬臂长度的 2 倍取用。

2. 表中括号内的数值适用于使用上对挠度有较高要求的构件。

3. 如果构件制作时预先起拱，且使用上也允许，则在验算挠度时，可将计算所得的挠度值减去起拱值；对预应力混凝土构件，尚可减去预应力所产生的反拱值。

4. 构件制作时的起拱值和预加力所产生的反拱值，不宜超过构件在相应荷载组合作用下的计算挠度值。

结构构件设计时，尚应根据不同的裂缝控制等级进行抗裂和裂缝宽度验算。裂缝控制等级分为三级：

一级：严格要求不出现裂缝的构件，按荷载标准组合计算时，构件受拉边缘混凝土不应产生拉应力。

二级：一般要求不出现裂缝的构件，按荷载标准组合计算时，构件受拉边缘混凝土拉应力不应大于混凝土抗拉强度的标准值。

三级：允许出现裂缝的构件，对钢筋混凝土构件，按荷载准永久组合并考虑长期作用影响计算时，构件的最大裂缝宽度不应超过规定的最大裂缝宽度限值。

对混凝土楼盖结构应根据使用功能的要求进行竖向自振频率验算，住宅和公寓不宜低于5Hz；办公楼和旅馆不宜低于4Hz，大跨度公共建筑不宜低于3Hz。

【工程案例解析——福州小城镇住宅楼项目板、梁的荷载效应设计值】

前面已经分析了福州小城镇住宅楼项目中的板、梁的荷载标准值和计算简图，接着确定其内力设计值。

1. LB_6 的弯矩设计值

通过查阅福州小城镇住宅项目建筑施工图，可知结构设计使用年限为50年，板上的荷载有构件自重和楼面活荷载，由第三章工程案例解析可知 LB_6 面荷载为 $g_k = 3.34kN/m$，$q_k = 2.5kN/m$，计算跨度为 $l_0 = 1.6m$。根据式（11-6）知：

$$M_d = \gamma_G M_{Gk} + \gamma_Q \gamma_L M_{QK} = \left(1.3 \times \frac{1}{8} \times 3.34 \times 1.6^2 + 1.5 \times 1 \times \frac{1}{8} \times 2.5 \times 1.6^2\right)kN \cdot m$$

$$= 2.59kN \cdot m$$

2. L_2 的弯矩和剪力设计值

梁上的荷载有板传来的永久荷载、可变荷载和梁的自重，由第三章工程案例解析知 $g_k = 8.261kN/m$，$q_k = 6.536kN/m$，$l_0 = 3m$。根据式（11-6）知：

$$M_d = \gamma_G M_{GK} + \gamma_Q \gamma_L M_{QK} = \left(1.3 \times \frac{1}{8} \times 8.261 \times 3^2 + 1.5 \times 1 \times \frac{1}{8} \times 6.536 \times 3^2\right)kN \cdot m = 23.1kN \cdot m$$

$$V_d = \gamma_G V_{GK} + \gamma_Q \gamma_L V_{QK} = \left(1.3 \times \frac{1}{2} \times 8.261 \times 3 + 1.5 \times 1 \times \frac{1}{2} \times 6.536 \times 3\right)kN \cdot m = 30.8kN \cdot m$$

小　结

一、建筑结构的功能包括三个方面安全性、适用性、耐久性

建筑结构的连续倒塌问题受到工程界的广泛关注，并成为当前结构工程和防灾减灾领域的重要研究前沿。

二、结构的极限状态分为承载能力极限状态和正常使用极限状态

承载能力极限状态所考察的是结构构件的破坏阶段，而正常使用极限状态考察的是结构构件的使用阶段。在设计混凝土结构构件时，必须进行承载能力计算；必要时进行结构的抗倾覆、抗滑移验算。处于地震区的结构尚应进行结构构件的抗震承载力计算。对于使用上需要控制变形和裂缝的结构构件，还要进行变形和裂缝宽度的验算。

三、荷载根据其作用时间的长短和性质，分为永久荷载、可变荷载和偶然荷载

根据不同的设计要求所采用的荷载数值称为荷载代表值：在结构构件设计时采用的荷载基本代表值称为荷载标准值；在设计基准期内经常作用在结构上的可变荷载称为可变荷载准永久值；当考虑两种或两种以上可变荷载在结构上同时作用时，除主导可变荷载外，其余可变荷载应取小于其标准值的组合值作为其代表值，称为荷载组合值。

四、《工程结构可靠性设计统一标准》（GB 50153—2008）给出了概率极限状态法的实用设计表达式

在设计表达式中，用荷载的标准值、材料的标准值、结构的重要性系数、荷载分项系数、材料分项系数、可变荷载分项系数等表示。

课后巩固与提升

一、填空题

1. 结构的功能要求包括 _____、_____ 和 _____，合称为结构的可靠性，用 _____ 来度量。

2. 根据结构功能要求，结构的极限状态分为 _____ 和 _____ 两种。

3. 结构上的荷载按时间的不同可分为 _____、_____ 和 _____。

4. 荷载设计值包括 _____、_____、_____ 和 _____；其中 _____ 是基本代表值。

二、选择题

1. 当蓄水池出现渗水现象时，就认为它超越了（　　）。

A. 正常使用极限状态　　　　　B. 承载能力极限状态　　　　C. 强度

2. 荷载设计值等于（　　）。

A. 荷载标准值/荷载分项系数　　B. 荷载标准值×荷载分项系数　　C. 荷载标准值

3. 材料的强度设计值等于（　　）。

A. 材料强度标准值/材料分项系数　　B. 材料强度标准值×材料分项系数

C. 材料强度标准值

4. 下列几种状态中不属于超越了承载能力极限状态的是（　　）。

A. 柱子失稳　　　　　　　　　B. 吊车梁发生过大变形不能继续承载

C. 结构产生影响外观的变形

三、简答题

1. 什么是荷载效应？如何计算？

2. 什么是荷载设计值？如何计算？

3. 荷载效应是什么？如何进行荷载效应组合？

4. 材料的强度设计值如何取值？

5. 承载能力极限状态设计表达式是什么样的？荷载效应组合如何计算？

四、计算题

1. 某写字楼楼面板受均布荷载，其中永久荷载引起的跨中弯矩标准值 $M_{GK}=2.5\text{kN}\cdot\text{m}$，可变荷载引起的跨中弯矩标准值 $M_{QK}=3\text{kN}\cdot\text{m}$，构件安全等级为二级，设计年限为 50 年，可变荷载组合系数 $\psi_c=0.7$。求板中最大弯矩设计值。

2. 某教学楼的内廊为简支在砖墙上的现浇钢筋混凝土板，计算跨度 $l_0=3.3\text{m}$，板厚为 100mm。楼面的材料做法为：采用水磨石地面（10mm 厚面层，20mm 厚水泥砂浆打底），板底抹灰厚 15mm 混合砂浆。构件安全等级为二级，试计算该楼板的弯矩设计值。

五、案例分析

已知某教室平面图如图 11-3 所示，矩形截面简支梁 L_1 截面尺寸 $b\times h=250\text{mm}\times500\text{mm}$，两端搭接在砖墙上，搭接长度 $a=240\text{mm}$，梁的跨度 $l=4800\text{mm}$。楼板做法为：25mm 厚水泥砂浆面层，30mm 厚素混凝土垫层，100mm 厚钢筋混凝土预制楼板（1.9kN/mm^2），15mm 厚混合砂浆板底抹灰。试计算梁的跨中最大弯矩和支座剪力设计值。

提示：梁的计算跨度 $l_0=l_n+a\leqslant l_n+h$，其中 a 为板在砌体墙上的搭接长度，h 为板厚。

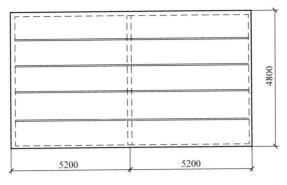

图 11-3　某教室平面图

职 考 链 接

1.【多项选择题】房屋结构的可靠度包括（　　）。

A. 经济性　　　　　B. 安全性　　　　C. 适用性　　　　　D. 耐久性　　　　　E. 美观性

2.【单项选择题】某工厂在经历强烈地震后，其结构仍能保持必要的整体性而不发生坍塌，此项功能属于结构的（　　）。

A. 安全性　　　　　B. 适用性　　　　C. 耐久性　　　　　D. 稳定性

3.【单项选择题】海洋环境下，混凝土内钢筋锈蚀的原因主要是（　　）。

A. 混凝土硬化　　　B. 反复冻融　　　C. 氯盐腐蚀　　　　D. 硫酸盐腐蚀

4.【多项选择题】建筑结构可靠性包括（　　）。

A. 安全性　　　　　B. 经济性　　　　C. 适用性　　　　　D. 耐久性　　　　　E. 合理性

第十二章 钢筋混凝土材料的力学性能

钢筋混凝土结构是由钢筋和混凝土两种材料组成的结构。钢筋和混凝土的力学性能以及共同工作的特性直接影响钢筋混凝土结构和构件的性能，也是钢筋混凝土结构计算理论和设计方法的基础。为了更好地掌握钢筋混凝土构件的受力性能，正确进行钢筋混凝土结构的设计与构造，本章主要讲述钢筋和混凝土的力学性能及相互作用。

第一节 钢 筋

用于混凝土结构的钢筋，应具有较高的强度和良好的塑性，便于加工和焊接，并应与混凝土之间具有足够的粘结力。特别是用于预应力混凝土结构的预应力钢筋应具有很高的强度，只有如此，才能建立起较高的张拉应力，从而获得较好的预压效果。

钢筋的种类

一、钢筋的种类

钢筋混凝土结构中所用的钢筋品种很多，按外形分为光圆钢筋和带肋钢筋（或称变形钢筋），如图 12-1 所示。光圆钢筋横截面通常为圆形，表面光滑。带肋钢筋横截面通常也为圆形，但表面带肋，钢筋表面的肋纹有利于钢筋和混凝土两种材料的结合。光圆钢筋的直径一般为 6～22mm，带肋钢筋的直径一般为 6～50mm。

直径较小的钢筋（直径小于6mm）也称为钢丝，钢丝的外形通常为光圆的。在光圆钢丝的表面上进行轧制肋纹，形成螺旋肋钢丝。将多股钢丝捻在一起，并经低温回火处理清除内应力后形成钢绞线。钢绞线可分为 2 股、3 股、7 股 3 种。

钢材按其化学成分的不同，可分为碳素钢和普通低合金钢。碳素钢的化学成分以铁为主，还含有少量的碳、硅、锰、硫、磷等元素。碳素钢按其

a)

c)

b)

d)

图 12-1 钢筋的形式

a) 光圆钢筋 b) 螺纹钢筋 c) 人字纹钢筋 d) 月牙纹钢筋

含碳量的多少可分为低碳钢（含碳量 <0.25%）、中碳钢（含碳量 0.25%～0.6%）、高碳钢（含碳量 0.6%～1.4%）。碳素钢的强度随含碳量的增加而提高，但塑性、韧性下降，同时降低可焊性、抗腐蚀性及冷弯性能。普通低合金钢是碳素钢中加入合金元素，如硅、锰、钒、钛等，能提高钢材的强度和抗腐蚀性能，又不显著降低钢的塑性。

用于钢筋混凝土结构中的钢筋和预应力混凝土结构的非预应力钢筋常用热轧钢筋，是由低碳钢、普通低合金钢在高温状态下轧制而成。热轧钢筋有热轧光圆钢筋（Hot Plain Bars）和热轧带肋钢筋（Hot rolled Ribbed Bars）。热轧光圆钢筋有 HPB300，其牌号由 HPB 与屈服强度特征值构成，用符号φ表示；热轧带肋钢筋有 HRB400、HRB500，其牌号由 HRB 与屈服强度特征值构成，分别用符号Φ、Φ表示。

热轧光圆钢筋的强度较低，但塑性及焊接性能很好，便于各种冷加工，实际工程中用于板、基础和荷载不大的梁、柱的受力主筋、箍筋以及其他构造钢筋。HRB335 和 HRB400 钢筋强度较高，塑性和焊接性能也较好，广泛用于大、中型钢筋混凝土结构的受力钢筋。HRB500 钢筋强度高，但塑性和焊接性能较差，可用作预应力钢筋。

此外，热轧钢筋还有细晶粒热轧钢筋（Hot rolled Ribbed Bars Fine）。细晶粒热轧钢筋是在热轧过程中，通过控轧和控冷工艺形成的钢筋。细晶粒热轧钢筋有 HRBF335、HRBF400、HRBF500，其牌号由 HRBF 与屈服强度特征值构成，分别用符号Φ^F、Φ^F、Φ^F表示。

《混凝土结构设计规范》（GB 50010—2010）建议钢筋混凝土结构及预应力混凝土结构的钢筋，应按下列规定选用：

普通纵向受力钢筋宜采用 HRB400、HRB500、HRBF400、HRBF500 钢筋；也可采 HPB300、RRB400 钢筋。

梁、柱纵向受力普通钢筋应采用 HRB400 和 HRB500、HRBF400 和 HRBF500 钢筋。

普通箍筋宜采用 HRB400、HRBF400、HRB500 、HRBF500 钢筋，也可采用 PB300 钢筋。

预应力钢筋宜采用预应力钢丝、钢绞线、预应力螺纹钢筋。

二、钢筋的强度和变形

在钢筋混凝土结构中，有明显流幅的钢筋称为软钢，如热轧钢筋；无明显流幅的钢筋称为硬钢，如钢丝、钢绞线等。通过对两类钢筋进行拉伸试验，可以获得对钢筋强度和变形性能的认识。图 12-2 和图 12-3 分别为对有明显流幅的钢筋和无明显流幅的钢筋拉伸试验记录到的两种应力—应变关系曲线，可以看到两者的特征具有明显差异。

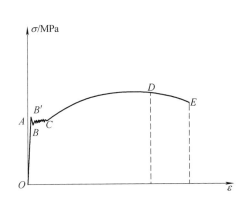

图 12-2　有明显流幅的钢筋的应力—应变曲线

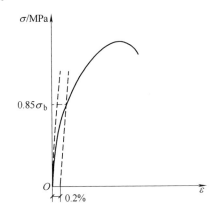

图 12-3　无明显流幅的钢筋的应力—应变曲线

1. 有明显流幅的钢筋（软钢）

图 12-2 中，有明显流幅的钢筋的应力—应变关系曲线分为四个阶段。A 点以前，应力与应变成线性比例关系，与 A 点相应的应力称为比例极限，这一阶段称为弹性阶段；过 A 点后，应变较应力增长稍快，到达 B' 点后，应变产生塑性流动现象，B' 点称为屈服上限，应力下降至 B 点屈服下限后，应力不增加，应变迅速增加，曲线接近水平线，$B'C$ 段曲线称为屈服台阶或流幅，这一阶段称为屈服阶段；过 C 点后，曲线继续上升，直至最高点 D，CD 段称为强化阶段，D 点相应的应力称为钢材的抗拉强度或极限强度；过 D 点后，变形迅速增加，试件最薄弱处的截面逐渐缩小，出现"颈缩现象"，应力随之下降，到达 E 点时试件断裂，这一阶段称为颈缩阶段。

有明显流幅的钢筋，断裂时有"颈缩现象"，破坏前有明显预兆，呈塑性破坏。

2. 无明显流幅的钢筋（硬钢）

图 12-3 中，无明显流幅的钢筋的应力—应变关系曲线看不到明显的屈服台阶，达到极限强

度后很快被拉断。该种钢材强度高、塑性差，破坏前没有明显预兆，呈脆性破坏。

有明显流幅的钢筋取屈服强度作为强度标准值，原因是构件中的钢筋应力达到屈服点后，将产生很大的塑性变形，使钢筋混凝土构件出现很大变形和不可闭合的裂缝，以至不能使用。由于屈服上限不稳定，一般取屈服下限作为强度标准值。无明显流幅的钢筋通常取相应于残余应变 $\varepsilon = 0.2\%$ 时所对应的应力 $\sigma_{0.2}$ 作为假想屈服强度或条件屈服强度，也就是该钢筋的强度标准值。$\sigma_{0.2}$ 不得小于抗拉强度的 85%（$0.85\sigma_b$）。因此实际中可取抗拉强度的 85% 作为条件屈服点。

3. 钢筋强度标准值和设计值

《混凝土结构设计规范》（GB 50010—2010）规定材料强度标准值 f_{yk} 应具有不小于 95% 的保证率。普通钢筋的屈服强度标准值、极限强度标准值按附表 A-1 采用，普通钢筋的抗拉强度设计值、抗压强度设计值按附表 A-2 采用。

预应力钢筋的屈服强度标准值、极限强度标准值按附表 A-3 采用，预应力钢筋的抗拉强度设计值、抗压强度设计值按附表 A-4 采用。

4. 钢筋的弹性模量

钢筋的弹性模量是反映弹性阶段钢筋应力与应变关系的物理量，用式（12-1）计算：

$$E_s = \frac{\sigma_s}{\varepsilon_s} \qquad (12-1)$$

式中　E_s——钢筋的弹性模量；

　　　σ_s——屈服前钢筋的应力，单位为 N/mm^2；

　　　ε_s——相应钢筋的应变。

钢筋的弹性模量由拉伸试验测定，对同一种类的钢筋，受拉和受压的弹性模量相同。钢筋的弹性模量见表 12-1。

表 12-1　钢筋的弹性模量

牌号或种类	弹性模量 $E_s/(\times 10^5 N/mm^2)$
HPB 300 钢筋	2.10
HRB 400、HRB 500 钢筋 HRBF 400、HRBF 500 钢筋 RRB 400 钢筋 预应力螺纹钢筋	2.00
消除应力钢丝、中强度预应力钢丝	2.05
钢绞线	1.95

第二节　混　凝　土

普通混凝土是由砂、石、水泥、水按一定比例配合，经搅拌、成型、养护而形成的人造石材。其中，砂、石起骨架作用，称为骨料。水泥与水形成水泥浆，包裹在骨料表面并填充其空隙。混凝土广泛应用于土木工程。

一、混凝土的强度

1. 立方体抗压强度

立方体抗压强度标准值是按标准方法制作、养护的边长为 150mm 的立方体试件，在 28d 龄期或设计规定龄期，以标准试验方法测得的具有 95% 保证率的抗压强度值，以 $f_{cu,k}$ 表示。

立方体抗压强度标准值的测得与试验时的试验方法、加载速度、试件尺寸的大小、混凝土的龄期有很大关系。

将表面不涂润滑剂的试件直接放在压力机的上下两块垫板之间进行加压，如图12-4a所示，试件纵向受压缩短，而横向将扩展，由于压力机垫板与试件上、下表面之间的摩擦力影响，将试件上下端箍住，阻碍了试件上下端的变形，提高了试件的立方体抗压强度。接近试件中间部分"箍"的约束影响减小，混凝土比较容易发生横向变形。随着荷载的增加，当压力使试件应力水平达到极限值时，试件由于受到竖向和水平摩擦力的复合作用，首先沿斜向破裂，中间部分的混凝

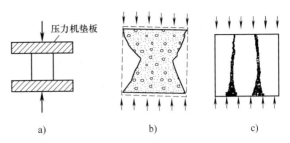

图 12-4　混凝土立方体抗压试验
a) 试验装置　b) 未涂润滑剂破坏情况
c) 涂润滑剂破坏情况

土最先达到极限应变而鼓出塌落，形成对顶的两个角锥体，如图12-4b所示。如果在试件和压力机之间加一些润滑剂，这时试件与压力机垫板间的摩擦力减小，其横向变形几乎不受约束。试件沿着几乎与力的作用方向平行地产生几条裂缝而破坏，如图12-4c所示。这样所测得的混凝土立方体抗压强度较低。《混凝土结构设计规范》（GB 50010—2010）规定的标准试验方法中不涂润滑剂，这比较符合实际使用情况。

试件的尺寸大小不同，试验时试件上下表面的摩擦力产生"箍"的作用也将不同，因此，当试件上下表面不涂润滑剂加压测试，得到的立方体抗压强度值与试件尺寸有很大关系，立方体试件尺寸越小，立方体抗压强度值越高。对于边长为非标准的立方体试件，根据试验资料分析，其立方体抗压强度值应乘以换算系数，以换成标准试件的立方体抗压强度。当采用边长为200mm和100mm的立方体试件时，其换算系数分别取1.05和0.95。

试验时加载速度对立方体抗压强度也有影响，加载速度越快，测得的立方体抗压强度越高。通常规定加载速度为：混凝土强度等级低于C30时，取每秒钟$0.3 \sim 0.5 \mathrm{N/mm^2}$；当混凝土强度等级等于或高于C30时，取每秒钟$0.5 \sim 0.8 \mathrm{N/mm^2}$。

此外，随着混凝土的龄期逐渐增长，立方体抗压强度增长速度开始较快，后来逐渐趋缓，这种强度增长的过程往往延续若干年，在潮湿环境中延续时间会更长。

立方体抗压强度标准值是基本代表值，也是混凝土强度等级的划分依据，其他强度可由它换算得到。混凝土强度等级的划分以混凝土立方体抗压强度标准值为标准，分为C15、C20、C25、C30、C35、C40、C45、C50、C55、C60、C65、C70、C75和C80共十四个等级，其中C50 ~ C80属于高强度混凝土范畴。混凝土强度等级中C代表混凝土，数字部分表示以$\mathrm{N/mm^2}$为单位的立方体抗压强度标准值的数值。

根据混凝土结构工程的不同情况，应选择不同强度等级的混凝土。《混凝土结构设计规范》（GB 50010—2010）建议：素混凝土结构的混凝土强度等级不应低于C15；钢筋混凝土结构的混凝土强度等级不应低于C20；当采用400MPa及以上的钢筋时，混凝土强度等级不应低于C25；预应力混凝土结构的混凝土强度等级不宜低于C40，且不应低于C30；承受重复荷载的构件，混凝土强度等级不应低于C30。

2. 轴心抗压强度

轴心抗压强度标准值是以150mm × 150mm × 300mm棱柱体为标准试件，在28d龄期，用标准试验方法测得的具有95%保证率的抗压强度值，以$f_{cu,k}$表示。

在实际工程中，钢筋混凝土轴心受压构件，如柱、屋架受压弦杆等，长度比横截面尺寸大得多，构件的混凝土强度与混凝土棱柱体轴心抗压强度接近。因此，轴心抗压强度采用棱柱体为标

准试件可以反映混凝土结构的实际受力情况，在构件设计时，混凝土强度多采用轴心抗压强度。

轴心抗压强度标准值的测得同样与试验时的试验方法、加载速度、试件的尺寸大小、混凝土的龄期有很大关系。其中，棱柱体试件高度越大，试验机垫板与试件之间的摩擦力对试件高度中部的横向变形的约束影响越小，所以棱柱体试件的高宽比越大轴心抗压强度值越低，如图12-5所示。根据试验分析，对于高宽比为2~3的棱柱体试件，可消除上述因素的影响。

棱柱体轴心抗压试验及破坏情况如图12-6。

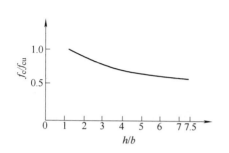

图12-5 棱柱体高宽比对抗压强度的影响

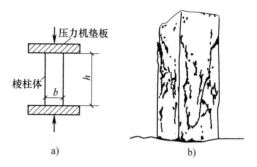

图12-6 混凝土轴心抗压试验及破坏情况
a) 试验装置 b) 破坏情况

在试验研究的基础上，考虑到实际结构构件制作、养护和受力情况，实际构件强度与试件强度之间存在的差异，《混凝土结构设计规范》（GB 50010—2010）基于安全，用下式表示轴心抗压强度标准值与立方体抗压强度标准值的关系：

$$f_{ck} = 0.88\alpha_1\alpha_2 f_{cu,k} \tag{12-2}$$

式中 α_1——棱柱体强度与立方体强度之比，对混凝土等级为C50及以下的取 $\alpha_1 = 0.76$，对C80取 $\alpha_1 = 0.82$，在此之间按线性插值法取值；

α_2——高强度混凝土的脆性折减系数，对C40取 $\alpha_2 = 1.00$,，对C80取 $\alpha_2 = 0.87$，在此之间按线性插值法取值；

0.88——考虑实际结构构件制作、养护和受力情况，实际结构构件与试件混凝土强度之间的差异而取用的折减系数。

《混凝土结构设计规范》（GB 50010—2010）给出的混凝土轴心抗压强度标准值和轴心抗压强度设计值见附表A-5、附表A-6。

3. 轴心抗拉强度

轴心抗拉强度试验的标准试件是两端预埋钢筋的棱柱体，如图12-7所示。

但采用图12-7所示的试件直接进行轴心抗拉试验并不容易保证试件处于轴心受拉状态，试件的偏心受力会影响轴心抗拉强度测定的准确性。所以国内外也常用图12-8所示的圆柱体或立方体的劈裂试验来直接测定混凝土抗拉强度。

《混凝土结构设计规范》（GB 50010—2010）用下式表示轴心抗拉强度标准值与立方体抗压强度标准值的关系：

$$f_{tk} = 0.88 \times 0.395 \times f_{cu,k}^{0.55}(1 - 1.645\delta)^{0.45} \times \alpha_2 \tag{12-3}$$

式中符号含义同式（12-2）。

混凝土轴心抗拉强度标准值和轴心抗拉强度设计值见附表A-5、附表A-6。

钢筋混凝土的抗裂性、抗剪承载力、抗扭承载力等均与混凝土的抗拉强度有关。在多轴应力状态下的混凝土强度理论中，混凝土的抗拉强度是一个非常主要的参数。

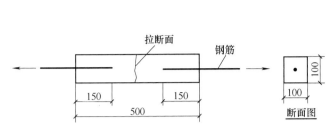

图 12-7　混凝土抗拉强度试验试件

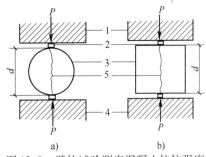

图 12-8　劈拉试验测定混凝土抗拉强度
a）圆柱体　b）立方体
1—压力机上压板　2—垫条　3—试件
4—压力机下压板　5—试件破裂线

二、混凝土的变形

1. 在一次短期加荷时的变形性能

混凝土在一次短期荷载作用下的应力—应变关系曲线反映了受荷各个阶段内部的变化及其破坏的机理，它是研究钢筋混凝土结构极限强度理论（截面应力分析、内力重分布、刚度和挠度、抗裂性和裂缝宽度控制、结构抗震性能等）的重要依据。

试验表明，完整的应力—应变曲线包括上升段和下降段两部分（图 12-9）：

（1）上升段（OC）　上升段分为三个阶段，从加荷至 A 点（应力约为 $0.3f_c \sim 0.4f_c$）由于试件中应力较小，混凝土的变形主要是骨料和水泥结晶体受力产生的弹性变形，水泥胶体的粘性流动以及初始微裂变化的影响很小，故应力与应变关系接近直线，一般称 A 点为比例极限点，OA 为第一阶段。超过 A 点，进入第二阶段——稳定裂缝扩展阶段，至临界点 B，临界点应力可作为

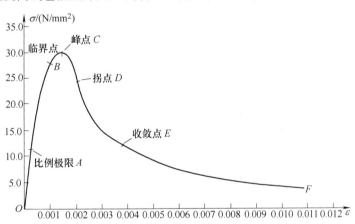

图 12-9　混凝土棱柱体受压应力—应变曲线

长期抗压强度的依据。此后试件中所积蓄的弹性应变能始终保持大于裂缝发展所需的能量，形成裂缝不稳定的快速发展状态直至峰点 C，即第三阶段（如前所述的受压破坏机理）。这时，达到的峰值应力 σ_{max} 称为混凝土棱柱体抗压强度 f_c，相应的应变称为峰值应变 ε_0，其值在 0.0015 ~ 0.0025 波动，平均值为 0.002。

（2）下降段（CE）　混凝土达到峰值应力后裂缝继续扩展。在峰值应力以后，裂缝迅速发展，内部结构的整体性受到越来越严重的破坏，赖以传递荷载的传力路线不断减少，试件的平均应力下降，所以应力—应变向下弯曲，直到曲线的凹向发生改变（即曲率为零的一点 D），称该点为"拐点"。超过"拐点"，结构受力性能开始发生本质的变化，骨料间的咬合力及摩擦力开始与残余承压面共同承受荷载。随着变形的增加，应力—应变曲线逐渐凸向水平轴方向，此段曲线中曲率最大的一点 E 称为"收敛点"。从"收敛点"开始以后的曲线称为收敛段，此时贯通的主裂缝已经很宽，结构内聚力已几乎耗尽，收敛段（EF）对于无侧向约束的混凝土已失去结构意义。

2. 混凝土在长期荷载作用下的变形性能

混凝土试件在受压后，除产生瞬时应变外，在维持其外力不变的条件下经过若干时间，其应变还将继续增大。这种在荷载长期作用下，即使应力不变的情形下，应变也随时间而增长的现象称为混凝土的徐变。

徐变的产生将使构件的变形增加（如长期荷载作用下受弯构件的挠度由于受压区混凝土的徐变可增加一倍），在截面中引起应力重分布（如使轴心受压构件中的钢筋应力增加，混凝土应力减少）。在预应力混凝土结构中，混凝土的徐变将引起相当大的预应力损失。

影响混凝土徐变的因素有：

1）混凝土的组成成分对徐变有很大影响，水泥用量越多，水灰比越大，徐变越大；增加混凝土的骨料的含量，其骨料越坚硬，弹性模量越高，对徐变的约束作用越大，混凝土徐变就减小。

2）混凝土的制作方法、养护条件，特别是养护时的温湿度对徐变有重要影响。养护条件好，养护时温度高、湿度大，水泥水化作用越充分，徐变越小。

3）加荷时混凝土的龄期越小，徐变越大，受荷后所处环境的温度越高、湿度越低，则徐变越大，构件加载前混凝土强度越高，徐变就越小。

4）构件截面的形状、尺寸也会对徐变产生很大的影响，大尺寸混凝土构件内部失水受到限制，徐变减小。

5）钢筋的存在以及应力的性质（拉、压应力等）对徐变也有影响。

6）混凝土在长期荷载作用下的应力大小。应力越大，则徐变越大。

3. 混凝土的收缩

混凝土在空气中结硬时体积减小的现象称为收缩。

混凝土的收缩值随时间而增长。蒸汽养护的收缩值要低于常温养护下的收缩值。引起混凝土收缩的主要原因，一是由于干燥失水而引起，如水泥水化凝固结硬、颗粒沉陷析水和干燥蒸发等；二是由于碳化作用而引起的。总之，收缩现象是混凝土内水泥浆凝固硬化过程中的物理化学作用的结果。

混凝土收缩的影响因素有：

1）水泥用量和水灰比。水泥越多和水灰比越大，收缩也越大。另外，减水剂的使用可减小收缩。

2）水泥标号和品种。高标号水泥制成的混凝土构件收缩大。不同品种的水泥制成的混凝土收缩水平不同，如矿渣水泥具有干缩性大的缺点。

3）骨料的物理性能。骨料的弹性模量大，收缩小。

4）养护和环境条件。在结硬过程中，养护和环境条件好（温、湿度大），收缩小。

5）混凝土制作质量。混凝土振捣越密实，收缩越小。

6）构件的体积与表面积比。比值大时，收缩小。

混凝土的自由收缩只会引起构件体积的缩小而不会产生裂缝。但当外部（如支承条件）或内部（钢筋）受约束时，因收缩受到限制而产生拉应力甚至开裂。

混凝土的收缩对钢筋混凝土和预应力混凝土结构构件会产生十分有害的影响。如混凝土构件受到约束时，混凝土的收缩就要使构件中产生收缩应力，收缩应力过大，就会使构件产生裂缝，以致影响结构的正常使用；在预应力混凝土构件中混凝土的收缩将引起钢筋预应力的损失等。因此，应当设法减小混凝土的收缩，避免对结构产生有害的影响。

第三节　钢筋和混凝土的粘结

一、粘结力的组成

钢筋和混凝土两种材料的物理力学性能很不相同，但它们却可以结合在一起共同工作。钢筋与混凝土能够共同工作的原因有两个：一是钢材与混凝土具有基本相同的线膨胀系数（钢材为 $1.2 \times 10^{-5}℃^{-1}$，混凝土为 $(1.0 \sim 1.5) \times 10^{-5}℃^{-1}$），因此当温度变化时，两种材料不会产生过大的变形差而导致两者间的粘结力破坏；二是它们之间存在粘结力，在荷载作用下，能够保证两种材料变形协调，共同受力。

钢筋与混凝土之间的粘结力由三部分组成：

（1）化学胶结力　由于混凝土颗粒的化学作用在钢筋表面产生的化学粘着力或吸附力。这种力一般很小，当接触面发生相对滑移时就消失了。

（2）摩擦力　由于混凝土收缩将钢筋紧紧握裹而产生的力。钢筋和混凝土之间的挤压力越大、接触面越粗糙，则摩擦力越大。

（3）机械咬合力　钢筋表面凹凸不平与混凝土之间产生的机械咬合作用而产生的力。变形钢筋的横肋会产生这种咬合力，它的咬合作用往往很大，是变形钢筋粘结力的主要来源。

二、粘结力的测定

粘结力的测定要通过专门试验，试验方法有两种，一种是拉拔试验或拔出试验（锚固粘结），另外一种是压入试验。

现以拔出试验为依据研究钢筋的粘结力。试验时，将钢筋的一端埋置在混凝土试件中，在伸出的一端施力将钢筋拔出，如图 12-10 所示。经测定，粘结应力的分布是曲线，从拔出力一边的混凝土端面开始迅速增长，在靠近端面的一定距离处达到峰值，其后逐渐衰减。而且，钢筋埋入混凝土中的长度越长，则将钢筋拔出混凝土试件所需的拔出力就越大。但是埋入长度过长则过长部分的粘结力很小，甚至为零，说明过长部分的钢筋不起作用。所以，受拉钢筋在支座或节点中保证有足够的长度，称为"锚固长度"，即可保证钢筋在混凝土中有可靠的锚固。

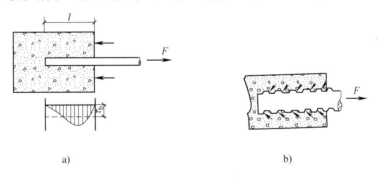

图 12-10　拔出试验

a）光圆钢筋拔出试验　b）变形钢筋拔出试验

试验还表明，变形钢筋由于钢筋表面凹凸不平，其粘结应力比光圆钢筋的大。

三、保证钢筋和混凝土之间粘结力的措施

1）保证足够的锚固长度，通过钢筋埋置段或机械措施将钢筋所受的力传给混凝土，从而保证钢筋和混凝土之间粘结力。锚固长度应满足《混凝土结构设计规范》（GB 50010—2010）的要求。

2）保证钢筋周围的混凝土应有足够的厚度，即保证保护层的厚度，使混凝土牢固包裹并保护钢筋。

3）光面钢筋的粘结性能较差，钢筋末端加弯钩可提高粘结力，变形钢筋不需加弯钩。

当普通纵向受拉钢筋末端采用弯钩或机械锚固措施时，弯钩和钢筋机械锚固的形式如图 12-11 所示。

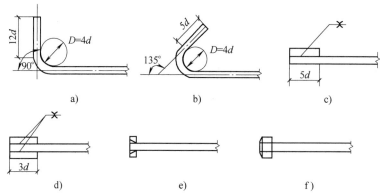

图 12-11 弯钩和钢筋机械锚固的形式

a) 90°弯钩 b) 135°弯钩 c) 一侧贴焊锚筋 d) 两侧贴焊锚筋 e) 焊端锚板 f) 螺栓锚头

小 结

一、钢筋混凝土结构中常用热轧钢筋，热轧钢筋有热轧光圆钢筋和热轧带肋钢筋。热轧光圆钢筋有 HPB300，用符号Φ表示；热轧带肋钢筋有 HRB335、HRB400、HRB500，分别用符号Φ、Φ、Φ表示。

二、在钢筋混凝土结构中，有明显流幅的钢筋称为软钢，如热轧钢筋；无明显流幅的钢筋称为硬钢，如钢丝、钢绞线等。有明显流幅的钢筋取屈服强度作为钢筋的强度标准值；无明显流幅的钢筋通常取假想屈服点或条件屈服点作为钢筋的强度标准值。

三、混凝土的强度有立方体抗压强度、轴心抗压强度、轴心抗拉强度。其中，立方体抗压强度标准值是基本代表值，也是混凝土强度等级的划分依据，其他强度可由它换算得到。混凝土强度等级依据混凝土立方体抗压强度标准值分为 C15、C20、C25、C30、C35、C40、C45、C50、C55、C60、C65、C70、C75 和 C80 共十四个等级。

四、在荷载长期作用下，即使应力不变的情形下，应变仍随时间而增长的现象称为混凝土的徐变。混凝土在空气中结硬时体积减小的现象称为收缩。徐变和收缩对钢筋混凝土和预应力混凝土结构构件会产生十分有害的影响。

五、钢筋与混凝土能够共同工作的原因有两个，一是钢材与混凝土具有基本相同的温度线膨胀系数；二是它们之间存在良好的粘结力，在荷载作用下，能够保证两种材料变形协调，共同受力。

课后巩固与提升

一、填空题

1. 热轧直条光圆钢筋强度等级代号为＿＿＿＿＿＿＿＿＿。
2. 热轧带肋钢筋 HRB400 牌号中的数字表示＿＿＿＿＿＿＿＿＿。
3. 混凝土的强度包括＿＿＿＿＿＿＿、＿＿＿＿＿＿＿和＿＿＿＿＿＿＿。
4. 钢筋的连接可分为＿＿＿＿＿＿＿、＿＿＿＿＿＿＿和＿＿＿＿＿＿＿等。
5. 光圆钢筋以＿＿＿＿＿＿＿力为主，变形钢筋以＿＿＿＿＿＿＿力为主。

二、选择题

1. 伸长率是衡量钢材的（　　　　）性能指标。

A. 弹性　　　　B. 塑性　　　　C. 脆性　　　　D. 韧性

2. 属于有明显屈服点的钢筋有（　　　）。

A. 热轧钢筋　　　B. 钢丝　　　　　C. 热处理钢筋　D. 钢绞线

3. 钢筋的变形能力用（　　　）评价。

A. 屈服强度　　　B. 冷弯性能　　　C. 伸长率　　　　D. 极限抗拉强度

4. HRB400 用（　　）表示。

A. Φ　　　　　　B. Φ　　　　　　C. Φ　　　　　　D. Φ

5. 在你施工的工程中，使用了"瘦身钢筋"，作为质检员的你（　　　）。

A. 没有责任，不是我让用的

B. 需负相关责任，因为作为质检员，有监测管理材料质量的义务

C. 我听领导的，这事领导负责，与我没有关系

D. 视而不见

6. 同一强度等级的混凝土，各强度之间的关系是（　　　）。

A. $f_{cu,k} > f_{ck} > f_{tk}$　　　　　　　　B. $f_{cu,k} < f_{ck} < f_{tk}$

C. $f_{cu,k} > f_{tk} > f_{ck}$　　　　　　　　D. $f_{ck} > f_{cu,k} > f_{tk}$

7. （多项选择题）关于混凝土收缩的说法正确的是（　　　）。

A. 收缩随时间而增长

B. 骨料弹性模量大，级配好，收缩越小

C. 环境湿度越小，收缩越小

D. 混凝土的收缩会导致应力重分布

8. （多项选择题）下列关于混凝土的徐变的说法正确的是（　　　）。

A. 初始加载时混凝土的龄期越小，则徐变越小

B. 混凝土组成材料的弹性模量高，徐变小

C. 水灰比大，徐变小

D. 高温干燥环境，徐变大

9. 《混凝土结构设计规范》（GB 50010—2010）规定的受拉钢筋的锚固长度 l_a（　　　）。

A. 随钢筋等级提高而增大

B. 随钢筋等级提高而降低

C. 随混凝土等级提高而降低，随钢筋等级提高而增大

D. 随混凝土等级提高而降低

10. 影响钢筋与混凝土粘结强度的主要因素有（　　　）。

A. 混凝土强度等级、钢筋的锚固长度、钢筋的强度

B. 混凝土强度等级、混凝土的保护层厚度、钢筋的表面形状

C. 钢筋的强度等级、混凝土的保护层厚度

D. 钢筋的强度等级、横向配筋的设置

三、简答题

1. 混凝土的立方体抗压强度标准值是如何确定的？混凝土强度等级如何确定？

2. 钢筋和混凝土为什么能在一起工作？粘结力由哪几部分组成？保证粘结力的措施有哪些？

3. 材料的设计值如何确定？

职考链接

1. 【多项选择题】混凝土的非荷载变形有（　　　）。

A. 化学收缩 B. 碳化收缩 C. 温度变形 D. 干湿变形 E. 徐变

2. 【单项选择题】常用较高要求抗震结构的纵向受力普通钢筋品种是（　　）。

A. HRB500 B. HRBF500 C. HRB500E D. HRB600

3. 【单项选择题】混凝土立方体抗压强度标准试件的边长是（　　）mm。

A. 70.7 B. 100 C. 150 D. 200

4. 【单项选择题】影响钢筋与混凝土之间粘结强度的因素有（　　）。

A. 混凝土强度 B. 混凝土抗拉强度 C. 混凝土抗压强度 D. 钢筋屈服强度

5. 【单项选择题】设计使用年限是50年，处于一般环境大截面钢筋混凝土柱，其混凝土强度等级不应低于（　　）。

A. C15 B. C20 C. C25 D. C30

6. 【单项选择题】在工程应用中，钢筋的塑性指标通常用（　　）表示。

A. 抗拉强度 B. 屈服强度 C. 强屈比 D. 伸长率

7. 【单项选择题】厕浴间楼板周边上翻混凝土的强度等级最低应为（　　）。

A. C15 B. C20 C. C25 D. C30

8. 【多项选择题】下列钢材包含的化学元素中，其含量增加会使钢材强度提高，但塑性下降的有（　　）。

A. 碳 B. 硅 C. 锰 D. 磷 E. 氮

第十三章　受弯构件承载力计算

第一节　受弯构件的一般构造要求

受弯构件是指在截面上同时承受弯矩和剪力的构件。在建筑结构中的梁、板均属于受弯构件。受弯构件在弯矩的作用下，可能发生正截面破坏；在弯矩和剪力的共同作用下也可能发生斜截面破坏，如图 13-1 所示。

图 13-1　受弯钩件的破坏情况

在进行钢筋混凝土结构和构件设计时，除了应有可靠的计算依据以外，还必须有合理的构造措施，这两者是相辅相成的。构造措施是针对计算过程中没有详尽考虑而又不能忽略的因素，在施工方便的条件下而采取的一种技术措施。因此，在进行受弯构件承载力计算过程中，需要了解有关截面尺寸和配筋的一般构造要求。

一、板的构造要求

1. 混凝土板计算原则

（1）两对边支撑的板应按单向板计算

（2）四边支撑的板应按下列规定计算

1）当长边与短边长度之比不大于 2.0 时，应按双向板计算。

2）当长边与短边长度之比大于 2.0，但小于 3.0 时，宜按双向板计算。

3）当长边与短边长度之比不小于 3.0 时，宜按短边方向受力的单向板计算，并应沿长边方向布置构造钢筋。

板的分类

2. 板的厚度

板的厚度不仅要满足强度、刚度和裂缝等方面的要求，还要考虑使用、施工和经济方面的因素。现浇板的厚度宜符合下列规定：

1）板的跨厚比。钢筋混凝土单向板不大于 30；双向板不大于 40；无梁支撑的有柱帽板不大于 35，无梁支撑的无柱帽板不大于 30；预应力板可适当增加；当板的荷载、跨度较大时宜适当减小。

2）现浇钢筋混凝土板的厚度不应小于表 13-1 规定的数值。确定板厚以 10mm 为模数。

表 13-1　现浇钢筋混凝土板的最小厚度

板 的 类 别		最小厚度/mm
单向板	屋面板	80
	民用建筑楼板	80
	工业建筑楼板	80
	车道下的楼板	80

（续）

板 的 类 别		最小厚度/mm
双向板		80
密肋楼盖	面板	80
	肋高	250
悬臂板（根部）	悬臂长度不大于500mm	80
	板的悬臂长度1200mm	100
无梁楼板		150
现浇空心楼盖		200

3. 板的配筋

板的平法施工图识读

板中的钢筋

板中通常布置三种钢筋：受力钢筋、分布钢筋和板面构造钢筋，如图13-2所示。受力钢筋沿板的受力方向布置，承受由弯矩作用而产生的拉应力，其用量由计算确定。分布钢筋是布置在受力钢筋内侧且与受力钢筋垂直的构造钢筋。分布钢筋与受力钢筋绑扎或焊接在一起，形成钢筋骨架，将荷载更均匀地传递给受力钢筋，并可起到在施工过程中固定受力钢筋位置、抵抗因混凝土收缩及温度变化而在垂直受力钢筋方向产生的拉应力。

（1）受力钢筋　受力钢筋的直径通常采用6mm、8mm、10mm、12mm等。

板中受力钢筋的间距：当板厚 $h \leqslant 150mm$

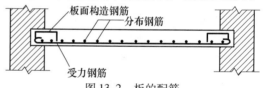

图13-2　板的配筋

时，不宜大于200mm；当板厚 $h > 150mm$ 时，不宜大于 $1.5h$，且不宜大于250mm；厚度 $h \geqslant 1000mm$ 的现浇板，不宜大于 $1/3h$，且不应大于500mm。为了便于施工，板中的钢筋间距也不宜过小，最小间距为70mm。

采用分离式配筋的多跨板，板底钢筋宜全部深入支座；支座负弯矩钢筋向跨内延伸的长度应根据负弯矩图确定，并满足钢筋锚固的要求。简支板或连续板下部纵向受力钢筋伸入支座的锚固长度不应小于直径的5倍，且宜伸过支座中心线。当连续板内温度、收缩应力较大时，伸入支座的长度宜适当增加。

（2）分布钢筋

分布钢筋的直径不宜小于6mm；截面面积不应小于单位长度上受力钢筋截面面积的15%，且配筋率不宜小于0.15%；其间距不大于250mm，当集中荷载较大时，分布钢筋的配筋面积应增加，间距不宜大于200mm。对于预制板，当有实践经验或可靠措施时，其分布钢筋可不受此限。对于经常处于温度变化较大环境中的板，分布钢筋可适当增加。

（3）板面构造钢筋

按简支边或非受力边设计的现浇混凝土板，当混凝土梁、墙整体浇筑或嵌固在砌体墙内时，应设置板面构造钢筋，布置位置如图13-3所示，并符合下列要求：

1）钢筋直径不宜小于8mm，间距不宜大于200mm，且单位宽度内的配筋面积不宜小于跨中相应方向板底钢筋截面面积的1/3。与混凝土梁、混凝土墙整体浇筑单向板的非受力方向，钢筋截面面积尚不宜小于受力方向跨中板底钢筋截面面积的1/3。

2）钢筋从混凝土梁、柱边、墙边伸入板内的长度不宜小于 $l_0/4$，砌体墙支座处钢筋伸入板边的长度不宜小于 $l_0/7$，其中计算跨度 l_0 对单向板按受力方向考虑，对双向板按短边方向考虑。

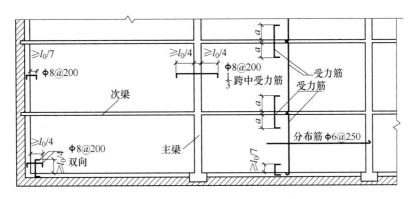

图 13-3 板端嵌入墙内的构造钢筋

3）在楼板角部，宜沿两个方向正交、斜向平行或放射状布置附加钢筋。

4）钢筋应在梁内、墙内或柱内可靠锚固。

二、梁的构造要求

1. 梁的截面形式

梁的常见截面形式有矩形、T 形、倒 L 形、L 形、工字形和花篮形等，如图 13-4 所示。

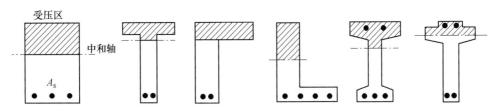

图 13-4 梁的截面形式

2. 梁的截面尺寸

梁的截面尺寸要满足承载力、刚度和裂缝宽度限值三方面的要求，截面高度 h 可根据梁的跨度来确定，表 13-2 给出了不需作刚度验算的截面最小高度。

表 13-2 不需作刚度验算的截面最小高度

项次	构件种类		简支	两端连续	悬臂
1	整体肋形梁	次梁	$l_0/15$	$l_0/20$	$l_0/8$
		主梁	$l_0/8$	$l_0/12$	$l_0/6$
2	独立梁		$l_0/12$	$l_0/15$	$l_0/6$

注：表中为 l_0 梁的计算跨度，当梁的跨度大于 9m 时，表中数值应乘以 1.2。

常见的梁高有 250mm、300mm、350mm、…、700mm、800mm、900mm、1000mm 等，800mm 以内以 50 为模数递增，800mm 以上以 100 为模数递增。梁的截面宽度 b 常由高宽比控制，即矩形截面梁的高宽比通常取 $h/b = 2.0 \sim 3.5$；T 形、工形截面梁的高宽比通常取 $h/b = 2.5 \sim 4.0$；常用的梁宽有 150mm、180mm、200mm、240mm、250mm、300mm、350mm、400mm 等，250mm 以上以 50 为模数递增。

3. 梁的配筋

梁中一般配置下面几种钢筋：纵向受力钢筋、箍筋、弯起钢筋、纵向构造钢筋（架力钢筋和腰筋等），如图 13-5 所示。

（1）纵向受力钢筋 纵向受力钢筋布置在梁的受拉区，承受由弯矩作用而产生的拉应力。

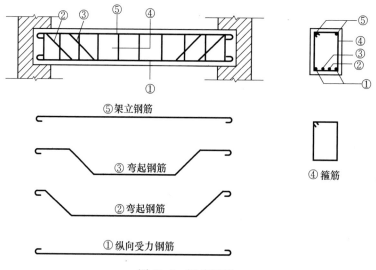

图 13-5 梁的配筋

1）纵向受力钢筋的数量和直径。纵向受力钢筋的数量由计算确定，但不得少于2根；常用的直径为 12 ~ 32mm。当梁高 $h \geqslant 300$mm 时，受力钢筋直径不应小于 10mm，当梁高 $h < 300$mm 时，其直径不应小于 8mm，同一截面受力钢筋直径一般不超过两种，直径之差应不小于 2mm，但也不宜超过 4 ~ 6mm。伸入梁支座范围内的钢筋数量不少于 2 根。

2）纵向受力钢筋的布置。梁中下部纵向受力钢筋应尽量布置成一层，如根数较多，也可布置成两层。当布置多于两层时，两层以上钢筋水平方向中距应比下面两层的中距增大一倍，要避免上下钢筋相互错位导致混凝土浇筑困难。梁内受力钢筋的净距如图 13-6 所示。

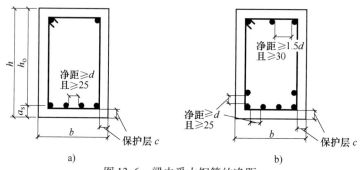

图 13-6 梁内受力钢筋的净距
a）单排纵筋 b）双排纵筋

3）并筋。在梁的配筋密集区域，如受力钢筋单根布置导致混凝土浇筑困难时，为了方便施工，可采用两根或三根钢筋并在一起布置，称为并筋（钢筋束），如图 13-7 所示。当采用并筋（钢筋束）的形式配筋时，并筋的数量不超过 3 根，并筋可视为一根等效钢筋。其等效直径：当采用二并筋时 $d_e = 1.41d$；当三并筋时 $d_e = 1.73d$，d 为单根钢筋的直径。等效直径可用于钢筋间距、保护层厚度、裂缝宽度验算、钢筋锚固长度、搭接接头面积百分率及搭接长度的计算中。

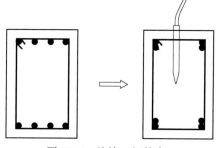

图 13-7 并筋（钢筋束）

有时在构件受压区也配置纵向受力钢筋与混凝土共同承受压力称为双筋截面，但这种做法很不经济，故应用较少。

4）纵向钢筋的锚固。

① 简支支座。对于简支支座，钢筋受力较小，因此，当梁端剪力 $V \leqslant \alpha_{cv} f_t b h_0$ 时，支座附近不会出现斜裂缝，纵筋适当伸入支座即可。但当剪力 $V > \alpha_{cv} f_t b h_0$ 时，可能出现斜裂缝，这时支座处的纵筋拉力由斜裂缝截面的弯矩确定。从而使支座处纵筋拉应力显著增大，若无足够的锚固长度，纵筋会从支座内拔出，发生斜截面弯曲破坏。为此，钢筋混凝土简支梁和连续梁简支端的下部纵向受力钢筋，其伸入支座范围内的锚固长度 l_{as} 应符合下列规定。

a. 当 $V \leqslant \alpha_{cv} f_t b h_0$ 时：　　$l_{as} \geqslant 5d$；

当 $V > \alpha_{cv} f_t b h_0$ 时：　　带肋钢筋，$l_{as} \geqslant 12d$；光面钢筋，$l_{as} \geqslant 15d$。

b. 如纵向受力钢筋伸入支座范围内的锚固长度不符合上述要求时，应采取在钢筋上加焊锚固钢板或将钢筋端部焊接在梁端预埋件上等有效的锚固措施。

c. 对混凝土强度等级为 C25 及以下的简支梁和连续梁的简支端，当距支座边 $1.5h$ 范围内作用有集中荷载，且 $V > \alpha_{cv} f_t b h_0$ 时，对带肋钢筋宜采取附加锚固措施，或取锚固长度 $l_{as} \geqslant 15d$。

d. 简支板或连续板下部纵向受力钢筋伸入支座的锚固长度不应小于 $5d$，d 为下部纵向受力钢筋的直径。当连续板内温度、收缩应力较大时，伸入支座的锚固长度宜适当增加。

② 中间支座。连续梁在中间支座处，一般上部纵向钢筋受拉，纵向受力钢筋应贯穿中间支座节点或中间支座范围。下部钢筋受压，其伸入支座的锚固长度分三种情况考虑。

a. 当计算中充分利用支座边缘处下部纵筋的抗压强度时，下部纵向钢筋应按受压钢筋锚固在中间支座处，此时其直线锚固长度不应小于 $0.7l_a$（l_a 为受拉钢筋锚固长度）；下部纵向钢筋也可伸过节点或支座范围，并在梁中弯矩较小处设置搭接接头，如图 13-8 所示。

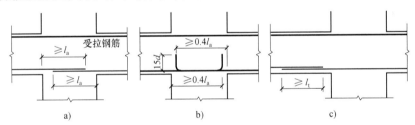

图 13-8　梁下部纵向钢筋在中间节点或中间支座范围内的锚固与搭接
a）直锚　b）弯锚　c）搭接

b. 当计算中充分利用钢筋的抗拉强度时，下部纵向钢筋应锚固在节点或支座内，此时，可采用直线锚固形式，钢筋的锚固长度不应小于 l_a。

c. 当计算中不利用支座边缘处下部纵筋的强度时，考虑到当连续梁达到极限荷载时，由于中间支座附近的斜裂缝和粘结裂缝的发展，钢筋的零应力点并不对应弯矩图反弯点，钢筋拉应力产生平移，使中间支座下部受拉。因此不论支座边缘内剪力设计值的大小，其下部纵向钢筋伸入支座的锚固长度 l_{as}，应满足简支支座 $V > \alpha_{cv} f_t b h_0$ 时的规定。

（2）箍筋　为了防止斜截面破坏，可以设置与梁轴线垂直的箍筋来阻止斜裂缝的开展，提高构件的抗剪承载力，同时也可以起到固定纵向钢筋的作用。

1）箍筋的形式与肢数。箍筋的形式有封闭式和开口式两种，如图 13-9 所示。通常采用封闭式箍筋。对现浇 T 形截面梁，由于在翼缘顶部通常另有横向钢筋（如板中承受负弯矩的钢筋），也可采用开口式箍筋。当梁中配有按计算需要的纵向受压钢筋时。箍筋应作成封闭式，箍筋端部弯钩通常用 135°，弯钩端部水平直段长度不应小于 $5d$（d 为箍筋直径）和 50mm。

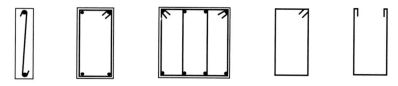

图 13-9 箍筋的形式

箍筋的肢数分单肢、双肢及复合箍（多肢箍），箍筋一般采用双肢箍，当梁宽 $b > 400$mm 且一层内的纵向受压钢筋多于 3 根时，或当梁宽 $b < 400$mm 但一层内的纵向受压钢筋多于 4 根时，应设置复合箍筋；梁截面高度减小时，也可采用单肢箍，具体要求见表 13-3。

表 13-3 箍筋的肢数和形式

梁宽 b/mm	肢　　数	形　　式
$b \leqslant 150$	单肢	
$150 < b \leqslant 350$	双肢	
$b > 350$	四肢	

注：当一排内纵向钢筋多于 5 根或受压钢筋多于 3 根也采用四肢。

2）箍筋的直径与间距。箍筋的直径应由计算确定，同时，为使箍筋与纵筋联系形成的钢筋骨架有一定的刚性，因此箍筋直径不能太小。箍筋的最小直径见表 13-4 的规定。

表 13-4 箍筋的最小直径 $d_{\min}$

梁高 h/mm	$d_{\min}$/mm
$h \leqslant 800$	6
$h > 800$	8

注：当有受压钢筋时，箍筋的直径不得小于 $d/4$（d 为受压钢筋的最大直径）。

箍筋的间距一般应由计算确定，同时，为控制使用荷载下的斜裂缝宽度，防止斜裂缝出现在两道箍筋之间而不与任何箍筋相交，梁中箍筋间距应符合下列规定：

① 梁中箍筋的最大间距宜符合表 13-5 的规定。

② 当梁中配有按计算需要的纵向受压钢筋时，箍筋的间距不应大于 $15d$，同时不应大于 400mm；当一层内的纵向受压钢筋多于 5 根且直径大于 18mm 时，箍筋间距不应大于 $10d$。d 为纵向受压钢筋的最小直径。

③ 支承在砌体结构上的钢筋混凝土独立梁，在纵向受力钢筋的锚固长度 l_{as} 范围内应配置不少于两个箍筋，其直径不宜小于纵向受力钢筋最大直径的 0.25 倍，间距不宜大于纵向受力钢筋最小直径的 10 倍；当采用机械锚固措施时，箍筋间距尚不宜大于纵向受力钢筋最小直径的 5 倍。

表 13-5　箍筋的最大间距 S_{max} （单位：mm）

梁高 h	$V > \alpha_{cv} f_t b h_0$	$V \leqslant \alpha_{cv} f_t b h_0$
$150 < h \leqslant 300$	150	200
$300 < h \leqslant 500$	200	300
$500 < h \leqslant 800$	250	350
$h > 800$	300	400

3）箍筋的布置。当按计算不需要箍筋时，对截面高度 $h > 300mm$ 的梁，也应沿梁全长按照构造要求设置箍筋，且箍筋的最小直径应符合表 13-4 的规定，最大间距应符合表 13-5 的规定；当截面高度 $h = 150 \sim 300mm$ 时，可仅在构件端部各 1/4 跨度范围内设置箍筋，但在构件中部 1/2 跨度范围内有集中荷载作用时，则应沿梁全长设置箍筋；当构件截面高度 $h < 150mm$ 时，可不设箍筋。

（3）弯起钢筋　梁中纵向受力钢筋在靠近支座的地方承受的拉应力较小，为了增加斜截面的抗剪承载能力，可将部分纵向受力钢筋弯起来伸至梁顶，形成弯起钢筋，有时也专门设置弯起钢筋来承担剪力。弯起钢筋在跨中附近和纵向钢筋一样可以承担正弯矩，在支座附近弯起后，其弯起段可以承受弯矩和剪力共同产生的主拉应力，弯起后的水平段有时还可以承受支座处的负弯矩，此时，弯起钢筋末端应有足够的锚固长度。

1）弯起钢筋的弯起角度。弯起钢筋的弯起角度一般为 45°，当梁高较大（$h \geqslant 800mm$）时可取 60°。梁底层钢筋中的角部钢筋不应弯起，顶层钢筋中的角部钢筋不应弯下。

2）弯起钢筋的间距。当设置抗剪弯起钢筋时，为防止弯起钢筋的间距过大，出现不与弯起钢筋相交的斜裂缝，使弯起钢筋不能发挥作用，当按计算需要设置弯起钢筋时前一排（对支座而言）弯起钢筋的弯起点到次一排弯起钢筋弯终点的距离不得大于表 13-5 中 $V > \alpha_{cv} f_t b h_0$ 栏规定的箍筋最大间距，且第一排弯起钢筋距支座边缘的距离也不应大于箍筋的最大间距，如图 13-10 所示。

3）弯起钢筋的锚固长度。在弯起钢筋的弯终点外应留有平行于梁轴线方向的锚固长度，其长度在受拉区不应小于 $20d$，在受压区不应小于 $10d$，此处，d 为弯起钢筋的直径，光面弯起钢筋末端应设弯钩，如图 13-11 所示。

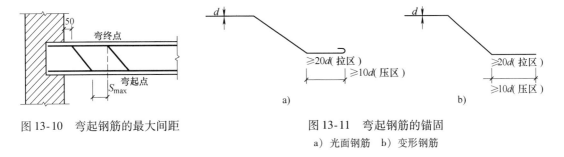

图 13-10　弯起钢筋的最大间距

图 13-11　弯起钢筋的锚固
a）光面钢筋　b）变形钢筋

4）弯起钢筋的形式。当不能弯起纵向受拉钢筋时，可设置单独的受剪弯起钢筋。单独的受剪弯起钢筋应采用"鸭筋"，而不应采用"浮筋"，否则一旦弯起钢筋滑动将使斜裂缝开展过大，如图 13-12 所示。

（4）纵向构造钢筋

1）架立钢筋。为了固定箍筋，以便与纵向受力钢筋形成钢筋骨架，并承担因混凝土收缩和温度变化产生的拉应力，应在梁的受压区平行于纵向受拉钢筋设置架立钢筋。如在受压区已有受

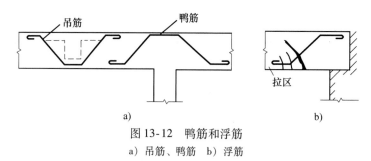

图 13-12　鸭筋和浮筋

a) 吊筋、鸭筋　b) 浮筋

压纵筋时，受压纵筋可兼作架立钢筋。架立钢筋应伸至梁端，当考虑其承受负弯矩时，架立钢筋两端在支座内应有足够的锚固长度。架立钢筋直径可参考表 13-6 选用。

表 13-6　架立钢筋直径

梁跨度 l/m	d_{min}/mm
$l<4$	8
$4\leqslant l\leqslant 6$	10
$l>6$	12

2）当梁的腹板高度 $h_w\geqslant 450$mm，为了加强钢筋骨架的刚度，以及防止当梁太高时由于混凝土收缩和温度变化在梁侧面产生竖向裂缝，应在梁的两侧沿梁高每 200mm 处各设一根直径不小于 10mm 的纵向构造钢筋，其截面面积不小于腹板截面面积 bh_w 的 0.1%，两根纵向构造钢筋之间用Φ6~Φ8 的拉筋拉结，拉筋间距一般为箍筋间距的 2 倍，如图 13-13 所示。

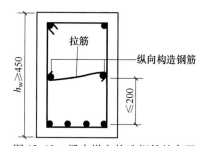

图 13-13　梁内纵向构造钢筋的布置

3）当梁端按简支计算但实际受到部分约束时，应在支座区上部设置纵向构造钢筋。其截面面积不应小于梁跨中下部纵向受力钢筋计算所需截面面积的 1/4，且不应少于两根。该纵向构造钢筋自支座边缘向跨内伸出的长度不应小于 $l_0/5$，l_0 为梁的计算跨度。

三、钢筋的混凝土保护层厚度 c 及截面的有效高度 h_0

1. 混凝土保护层厚度 c

为了防止钢筋锈蚀和保证钢筋与混凝土之间具有足够的粘结力，梁、板中的受力钢筋均应有足够厚度的混凝土保护层。混凝土保护层 c 应从最外层钢筋外边缘算起至混凝土表面的最小距离，其值应满足表 13-7 中混凝土保护层最小厚度的规定且不小于受力钢筋的直径 d。

表 13-7　混凝土保护层最小厚度　　　　（单位：mm）

环 境 类 别	板、墙、壳	梁、柱、杆
一	15	20
二 a	20	25
二 b	25	35
三 a	30	40
三 b	40	50

注：1. 混凝土强度等级不大于 C25 时，表中保护层厚度数值应增加 5mm。

　　2. 钢筋混凝土基础应设置混凝土垫层，基础中钢筋的混凝土保护层厚度应从垫层顶面算起，且不应小于 40mm。

2. 截面的有效高度 h_0

在计算梁、板承载能力时，梁、板因受弯开裂，受拉区混凝土退出工作，裂缝处的拉力由钢筋承担。此时梁、板能发挥作用的截面高度应为受拉钢筋截面的重心到受压混凝土边缘的垂直距离，此距离称为截面的有效高度，用 h_0 表示，如图13-6所示。截面的有效高度在设计计算时，可按下面方法估算：

梁中受拉钢筋的常用直径为 $12 \sim 32\mathrm{mm}$，平均按 $22\mathrm{mm}$ 算，在正常环境下当混凝土强度大于 C30 时，钢筋的混凝土保护层最小厚度为 $25\mathrm{mm}$，则其有效高度为：

一排钢筋　$h_0 = h - c - \varphi - d/2 = h - 25 - 8 - 11 = h - 44$

可近似取　$h_0 = h - 45$

二排钢筋　$h_0 = h - c - \varphi - d - 25/2 = h - 25 - 8 - 22 - 12.5 = h - 67.5$

可近似取　$h_0 = h - 70$

板中受拉钢筋的常用直径为 $6 \sim 12\mathrm{mm}$，平均按 $10\mathrm{mm}$ 算，在正常环境下当混凝土强度大于 C30 时，钢筋的混凝土保护层最小厚度为 $15\mathrm{mm}$，则其有效高度为：

$$h_0 = h - c - d/2 = h - 15 - 10/2 = h - 20$$

当钢筋直径较大时，应按实际尺寸算。

第二节　受弯构件正截面破坏形态及破坏特征

前面已经了解到钢筋和混凝土这两种力学性能不同的材料各自的受力性能，由于其组成的钢筋混凝土构件不能沿用力学中的计算公式进行承载力计算，必须通过试验研究了解钢筋混凝土受弯构件的破坏形式、破坏过程和截面的应力、应变分布规律，而建立相应的计算理论和计算公式。

图13-14是简支梁正截面承载力的试验，为了消除剪力的影响，采用两点对称加荷的方式，当忽略自重时，两个集中荷载之间的梁段截面上只有弯矩而没有剪力，称为"纯弯段"。所有试验数据由纯弯段试验得到。

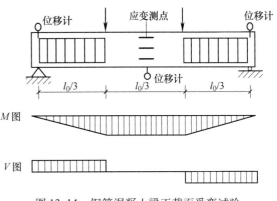

图13-14　钢筋混凝土梁正截面受弯试验

试验结果表明，梁的正截面破坏形式与纵向受力钢筋的含量、混凝土强度等级、截面形式等有关，影响最大的是梁内纵向受力钢筋的含量。梁内纵向钢筋的含量用配筋率 ρ 表示，其计算公式为

$$\rho = \frac{A_s}{bh_0} \tag{13-1}$$

式中　A_s——纵向受力钢筋的截面面积；

　　　b——梁截面的宽度；

　　　h_0——梁截面的有效高度。

随着纵向受拉钢筋配筋率 ρ 的不同，钢筋混凝土梁可分为适筋梁、超筋梁、少筋梁，其破坏形式也不同，如图13-15所示。

一、适筋梁

适筋梁是指正常配筋的梁。其破坏经历下面三个过程，如图13-16所示。

1. 第 I 阶段——开裂前的阶段

梁开始加荷载时截面弯矩很小，因而截面上应力、应变均很小，受拉区、受压区均处于弹性工作阶段。受拉区的拉力由钢筋和混凝土共同承担，受压区的压力完全由混凝土承担。随着荷载的增加，截面上的弯矩增大，由于混凝土的抗拉强度很低，受拉区混凝土表现出塑性，拉应力分布为曲线状态，使用中不允许出现裂缝的构件即处于这种受力状态。当弯矩达到开裂弯矩 M_{cr} 时，受拉区混凝土边缘拉应力达到了抗拉强度 f_t，应变达到混凝土受拉极限拉应变 ε_{tu}，梁处于将要裂未裂的状态，也就是第 I 阶段末，即 I_a。而受压区混凝土仍处于弹性工作状态，应力、应变呈三角形分布。

2. 第 II 阶段——截面开裂到受拉区钢筋屈服阶段

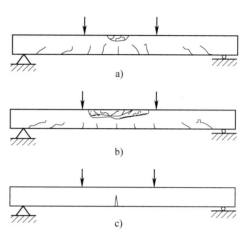

图 13-15 钢筋混凝土梁的三种破坏形态

a）适筋梁 b）超筋梁 c）少筋梁

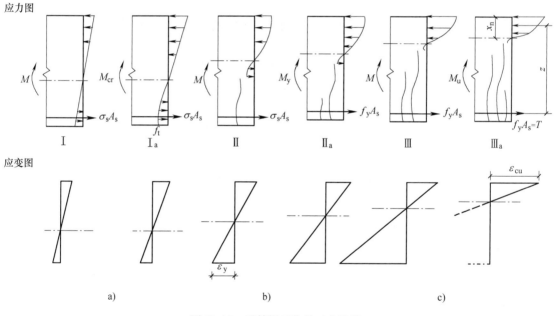

图 13-16 适筋梁工作的三个阶段

a）第 I 阶段 b）第 II 阶段 c）第 III 阶段

I 阶段后，稍加荷载便出现裂缝，裂缝截面处的应力分布状态发生了改变，裂缝处原来受拉的混凝土退出工作，拉力完全由钢筋承担，钢筋的应力比混凝土开裂前突然增大很多，即裂缝一出现就有相当的宽度，从而导致中性轴位置的上移。受压区混凝土面积减少，加之荷载继续加大，受压区混凝土压应力明显增大，表现出塑性性质，压应力图形呈曲线变化，这种现象称为应力重分布。继续增加荷载，梁上的裂缝会继续加宽，梁的弯曲变形也会逐渐加大。正常使用状态下的梁即处于这种状况。当受拉钢筋应力达到抗拉屈服强度 f_y 时，称为第 II 阶段末，即 II_a。

3. 第 III 阶段——破坏阶段

钢筋屈服后，梁进入第 III 阶段，由钢筋应力—应变曲线可知：钢筋屈服后，在应力不增加的情况下，应变急剧增大，其结果导致裂缝进一步加宽，中性轴再次上移；受压区高度减少，受压区混凝土应力迅速增大，压应力分布为比较丰满的曲线应力图形，当受压区混凝土边缘处的压应变达到极限压应变 ε_{cu} 时，受压区混凝土被压碎，称为第Ⅲ阶段末，即Ⅲ$_a$。

从上述适筋梁破坏过程可以看出：在Ⅰ$_a$阶段，受拉区混凝土应力达到抗拉强度 f_t，梁处于将裂未裂状态，故Ⅰ$_a$阶段的应力图形将作为构件抗裂度验算依据；对于正常工作的梁，一般都处于第Ⅱ阶段，故第Ⅱ阶段应力状态作为正常使用阶段变形和裂缝宽度计算的依据；在第Ⅲ阶段梁达到最大承载能力，钢筋和混凝土强度均能充分利用，故Ⅲ$_a$阶段作为正截面承载能力极限状态计算的依据。在梁的正截面设计中一定要设计成适筋梁。

二、超筋梁

超筋梁是指梁内纵向受拉钢筋配置过多的梁。这种梁在荷载作用下出现裂缝后，由于过多的钢筋承担裂缝处的拉力，因此钢筋的应力较小。随着荷载的增加，在受拉钢筋没有达到屈服强度时受压区混凝土达到极限压应变而被压碎，虽然钢筋尚未屈服，但梁已破坏，且破坏突然没有预兆，是脆性破坏。这种梁钢筋强度不能充分利用，且不经济，截面设计时不允许出现超筋梁，如图13-15b 所示。

三、少筋梁

少筋梁是指梁内纵向受力钢筋配置过少的梁。加荷载后，由于钢筋少，受拉区混凝土一旦开裂，钢筋很快屈服进入强化阶段，甚至被拉断。这种梁裂缝宽，挠度大，一裂即坏，破坏突然，是脆性破坏。截面设计时也不允许出现少筋梁，如图13-15c 所示。

第三节 单筋矩形截面受弯构件正截面承载力计算

单筋矩形截面是指仅在截面受拉区配置纵向受力钢筋的截面。有时由于截面尺寸限制或其他原因，也可能在受压区配置纵向受力钢筋，此时称为双筋截面。在施工中同时浇筑梁和板时形成整体而共同工作，形成 T 形截面。本节仅介绍单筋矩形截面受弯承载力计算。

一、基本假定

受弯构件正截面承载力的计算，是以适筋梁Ⅲ$_a$阶段的应力状态为依据，为了便于计算，《混凝土结构设计规范》（GB 50010—2010）作了如下假定：

1）截面应变保持平面。

2）不考虑混凝土的抗拉强度。

3）当混凝土压应变 $\varepsilon_c \leqslant 0.002$ 时，应力—应变图假定为抛物线；当压应变 $\varepsilon_c > 0.002$ 时，应力—应变图呈水平线，其极限压应变 $\varepsilon_{cu} = 0.0033$，相应的最大压应力取混凝土轴心抗压强度设计值，如图 13-17 所示。

4）钢筋的应力取值等于钢筋应变与其弹性模量的乘积，但其绝对值不应大于相应的强度设计值。

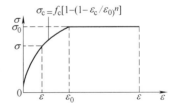

图 13-17 混凝土应力—应变曲线图

二、基本方程

1. 压区混凝土等效矩形应力图形

单筋矩形截面受弯构件在Ⅲ$_a$阶段的截面应力分布如图13-18b 所示，按此应力图形在计算截面的承载力时要进行积分运算求混凝土压力的合力，为了简化计算《混凝土结构设计规范》（GB 50010—2010）规定等效矩形应力图形，如图13-18c 所示。"等效"的条件是：保持受压区合力 F_c 的大小和作用点不变。等效矩形应力图形的应力取 $\alpha_1 f_c$，等效矩形应力图形的受压区高

度 $x = \beta_1 x_c$。系数 α_1、β_1 可按表 13-8 选取。

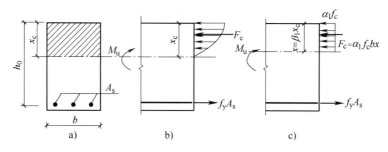

图 13-18　单筋矩形截面受弯构件应力分布图

a）梁的横截面　b）实际应力分布图　c）等效应力分布图

表 13-8　受压混凝土的简化应力图形系数 α_1 和 β_1 值

混凝土强度等级	≤C50	C55	C60	C65	C70	C75	C80
α_1	1.0	0.99	0.98	0.97	0.96	0.95	0.94
β_1	0.8	0.79	0.78	0.77	0.76	0.75	0.74

2. 界限相对受压区高度

为了研究问题方便，引入相对受压区高度的概念。将等效矩形应力图受压区高度 x 与截面有效高度 h_0 的比值称为相对受压区高度，用 ξ 表示，即：$\xi = x/h_0$。

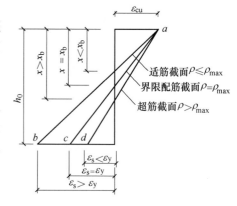

图 13-19　适筋、超筋、界限破坏时截面的平均应变图

界限相对受压区高度 $\xi_b = x_b/h_0$（其中 x_b 为界限破坏时的受压区高度）是适筋状态和超筋状态相对受压区高度的界限值，也就是截面上受拉钢筋达到抗拉强度 f_y 同时受压区混凝土达到极限压应变 ε_{cu} 时的相对受压区高度，此时的破坏状态称为界限破坏，相应的配筋率称为适筋构件的最大配筋率 ρ_{max}，界限破坏时的截面的平均应变图如图 13-19 所示。

对不同的钢筋级别和不同混凝土强度等级有着不同的 ξ_b 值，见表 13-9。当相对受压区高度 $\xi \leqslant \xi_b$ 时，属于适筋梁；相对受压区高度 $\xi > \xi_b$ 时，属于超筋梁。

表 13-9　有明显屈服点配筋的受弯构件的界限相对受压高度 ξ_b 值

混凝土强度等级	≤C50	C55	C60	C65	C70	C75	C80
HPB300	0.576	0.566	0.556	0.547	0.537	0.528	0.518
HRB335、HRBF335	0.550	0.541	0.531	0.522	0.512	0.503	0.493
HRB400、HRBF400、RRB400	0.518	0.508	0.499	0.490	0.481	0.472	0.463
HRB500、HRBF500、RRB500	0.482	0.473	0.464	0.455	0.447	0.438	0.429

3. 适筋构件的最小配筋率

最小配筋率是适筋构件与少筋构件临界状态时的配筋率，其确定的原则是钢筋混凝土受弯构件破坏时所能承受的弯矩与素混凝土受弯构件破坏时所能承受的弯矩相等，此时钢筋混凝土受弯构件的配筋率即为最小配筋率 $\rho_{\min}$，按表 13-10 取值。为了防止出现少筋破坏，必须满足要求：$A_s \geqslant \rho_{\min}bh$。

表 13-10　钢筋混凝土构件纵向受力钢筋最小配筋率

受 力 类 型			最小配筋百分率
受压构件	全部纵向钢筋	强度等级 500MPa	0.50
		强度等级 400MPa	0.55
		强度等级 300MPa、335MPa	0.60
	一侧纵向钢筋		0.20
受弯构件、偏心受拉、轴心受拉构件一侧的受拉钢筋			0.20 和 $45f_t/f_y$ 中较大值

注：1. 受压构件全部纵向钢筋最小配筋百分率，当采用 C60 以上强度等级的混凝土时，应按表中规定增大 0.10。
　　2. 板类受弯构件（不包括悬臂板）的受拉钢筋，当采用强度等级 400MPa、500MPa 的钢筋时，其最小配筋率应采用 0.15 和 $0.45f_t/f_y$ 中的较大值。
　　3. 偏心受拉构件中的受压钢筋，应按受压构件一侧纵向钢筋考虑。
　　4. 受压构件的全部纵向钢筋和一侧纵向钢筋的配筋率以及轴心受拉构件和小偏心受拉构件一侧受拉钢筋的配筋率应按构件的全截面面积计算。
　　5. 受弯构件、大偏心受拉构件一侧受拉钢筋的配筋率应按全截面面积扣除受压翼缘面积 $(b_f'-b)h_f'$ 后的截面面积计算。
　　6. 当钢筋沿构件截面周边布置时，"一侧纵向钢筋"是指沿受力方向两个对边中的一边布置的纵向钢筋。

在适筋范围内，选用不同的截面尺寸和混凝土强度等级，纵向受力钢筋的配筋率就不同，因此，合理选择截面尺寸可使总的造价最低。在 $\rho_{\min}$ 和 $\rho_{\max}$ 之间存在一个比较经济的配筋率。根据经验，实心板经济配筋率为 0.4% ~ 0.8%，矩形截面梁经济配筋率为 0.6% ~ 1.5%，T 形截面梁经济配筋率为 0.9% ~ 1.8%，设计中应尽量使配筋率处于经济配筋率范围内。

4. 基本公式

单筋矩形截面受弯构件正截面承载力计算简图如图 13-20 所示。

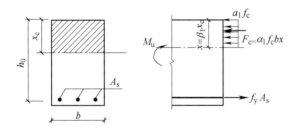

图 13-20　单筋矩形截面受弯构件正截面承载力计算简图

根据力的平衡条件，可列出其基本方程

$$\sum X = 0 \qquad \alpha_1 f_c bx = f_y A_s \tag{13-2}$$

$$\sum M_C = 0 \qquad \gamma_0 M \leqslant M_u = f_y A_s \left(h_0 - \frac{x}{2}\right) \tag{13-3}$$

$$\sum M_{As} = 0 \qquad \gamma_0 M \leqslant M_u = \alpha_1 f_c bx \left(h_0 - \frac{x}{2}\right) \tag{13-4}$$

5. 适用条件

1）为了防止超筋破坏，保证构件破坏时纵向受拉钢筋首先屈服，应满足 $\xi \leqslant \xi_b$。

2）为了防止少筋破坏，应满足 $A_s \geqslant \rho_{\min}bh$。

三、计算方法

受弯构件正截面承载力计算包括截面设计和承载力复核两类问题，计算方法有所不同。

1. 截面设计

已知截面设计弯矩 M、截面尺寸 $b \times h$、混凝土强度等级及钢筋级别，求受拉钢筋截面面积 A_s。

单筋矩形截面正
截面承载力计算

（1）平衡方程法

1）求截面有效高度 h_0。

2）由式（13-4）解二次方程式得：

$$x = h_0 - \sqrt{h_0^2 - \frac{2\gamma_0 M}{\alpha_1 f_c b}} \tag{13-5}$$

3）验算适用条件 1），要求满足 $\xi \leqslant \xi_b$。若 $\xi > \xi_b$，则要加大截面尺寸，或提高混凝土强度等级、或改用双筋矩形截面重新计算。

4）由式（13-2）解得：

$$A_s = \frac{\alpha_1 f_c b x}{f_y} = \xi \frac{\alpha_1 f_c}{f_y} b h_0 \tag{13-6}$$

5）验算适用条件 2），要求满足 $A_s \geqslant \rho_{min} bh$。若不满足，按 $A_s = \rho_{min} bh$ 配置。

（2）系数计算方法

$\xi = \dfrac{x}{h_0} \Rightarrow x = \xi \cdot h_0$ 带入式（13-2）和式（13-4），则式（13-2）和式（13-4）分别变为：

$$\alpha_1 f_c b \xi h_0 = f_y A_s \tag{13-7}$$

$$\gamma_0 M = \alpha_1 f_c b h_0^2 \xi (1 - 0.5\xi) \tag{13-8}$$

$$令 \alpha_s = \xi(1 - 0.5\xi)，则式（13-8）变为：\gamma_0 M = \alpha_s \alpha_1 f_c b h_0^2 \Rightarrow \alpha_s = \frac{\gamma_0 M}{\alpha_1 f_c b h_0^2} \tag{13-9}$$

$$\Rightarrow \xi = 1 - \sqrt{1 - 2\alpha_s} \tag{13-10}$$

带入式（13-7）得：

$$A_s = \frac{\xi \alpha_1 f_c b h_0}{f_y} \tag{13-11}$$

单筋矩形截面受弯构件设计系数法计算步骤：

1）求截面有效高度 h_0。

2）求 $\alpha_s = \dfrac{\gamma_0 M}{\alpha_1 f_c b h_0^2}$。

3）求 $\xi = 1 - \sqrt{1 - 2\alpha_s}$，并验证 $\xi \leqslant \xi_b$。若 $\xi > \xi_b$，则要加大截面尺寸，或提高混凝土强度等级、或改用双筋矩形截面重新计算。

4）$A_s = \dfrac{\xi \alpha_1 f_c b h_0}{f_y}$，并验证 $A_s \geqslant \rho_{min} bh$，若不满足，按 $A_s = \rho_{min} bh$ 配置。

（3）单筋矩形截面受弯构件正截面承载力设计

1）确定基本数据（材料的强度、各种系数等）。

2）确定截面尺寸。

3）确定计算简图：计算简图应包括支座及荷载情况、计算跨度（按表 13-11 取值）等信息。

4）配筋计算：平衡方程法或系数法。

5）验证适用条件。

6）绘配筋图。

表 13-11　板和梁的计算跨度

跨数	支座情形		计算跨度 l_0		符号意义
			板	梁	
单跨	两端简支		$l_0 = l_n + h$	$l_0 = \min\{l_n + a, 1.05l_n\}$	l——支座中心线间的距离
	一端简支、一端与梁整体连接		$l_0 = l_n + 0.5h$		
	两端与梁整体连接		$l_0 = l_n$		
多跨	两端简支		当 $a' \leqslant 0.1l$ 时，$l_0 = l_n$	当 $a' \leqslant 0.05l$ 时，$l_0 = l_n$	l_0——计算跨度
			当 $a' > 0.1l$ 时，$l_0 = 1.1l_n$	当 $a' > 0.05l$ 时，$l_0 = 1.05l_n$	l_n——支座净距
	一端入墙内、一端与梁整体连接	按塑性计算	$l_0 = l_n + 0.5h$	$l_0 = \min\{l_n + 0.5a, 1.025l_n\}$	h——板厚
		按弹性计算	$l_0 = l_n + 0.5(h + a')$	$l_0 = \min\{l, 1.025l_n + 0.5a'\}$	a——边支座宽度
	两端与梁整体连接	按塑性计算	$l_0 = l_n$	$l_0 = l_n$	a'——中间座宽度
		按弹性计算	$l_0 = l$	$l_0 = l$	

2. 承载力复核

已知截面尺寸 b、h，混凝土和钢筋材料级别 f_c 和 f_y，钢筋面积 A_s，验证在给定弯矩设计值 M 的情况下截面是否安全，或计算构件所能承担的弯矩设计值 M_u。

承载力复核的步骤：

1）确定基本数据，并根据构件的实际配筋计算有效高度 h_0。

2）验算使用条件 $A_s \geqslant \rho_{min} bh$。

3）根据实有配筋求出相对受压区高度 $\xi = \dfrac{A_s f_y}{\alpha_1 f_c bh_0}$。

4）若 $\xi \leqslant \xi_b$，计算 $\alpha_s = \xi(1 - 0.5\xi)$，求出 $M_u = \alpha_s \alpha_1 f_c bh_0^2$，将求出的 M_u 与设计弯矩值 M 比较；若 $\xi > \xi_b$，表明配筋过多，为超筋构件，则取 $M_u = \alpha_1 f_c bh_0^2 \xi_b (1 - 0.5\xi_b)$，将求出的 M_u 与设计弯矩值 M 比较。

若求得的 $M \leqslant M_u$ 时，说明安全；若求得的 $M > M_u$ 时，说明不安全。可采取提高混凝土等级、修改截面尺寸，或改为双筋截面等措施，提高承载能力。

例 13-1　已知某民用建筑内廊采用简支在砖墙上的现浇钢筋混凝土平板（图 13-21），安全等级为二级，处于一类环境，设计使用年限 50 年，承受均布荷载设计值为 6.50kN/m²（含板自重，板厚 $h = 100$mm）。选用 C30 混凝土和 HRB400 级钢筋。试配置该板的受拉钢筋。

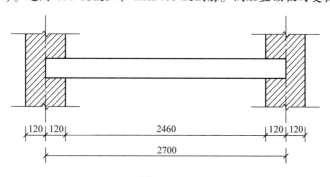

图　13-21

解: 本例题属于截面设计类

(1) 确定基本数据

C30 混凝土 $f_c = 14.3 \text{N/mm}^2$，$f_t = 1.43 \text{N/mm}^2$

HRB400 级钢筋 $f_y = 360 \text{N/mm}^2$

$\alpha_1 = 1.0$，$\xi_b = 0.518$，$\gamma_0 = 1.0$

$\rho_{\min} = 0.2\% > 0.45 \dfrac{f_t}{f_y} = 0.45 \times \dfrac{1.43}{360} = 0.18\%$

(2) 确定截面尺寸

板厚 $h = 100 \text{mm}$，则 $h_0 = h - 20 = 80 \text{mm}$

取 1m 宽板带为计算单元，$b = 1000 \text{mm}$

(3) 确定计算简图

板的计算跨度 $l_0 = l_n + h = (2460 + 100) \text{mm} = 2560 \text{mm}$

板的计算简图如图 13-22 所示：

(4) 配筋计算

跨中最大弯矩设计值：$M = \dfrac{1}{8} q l_0^2 =$

$\left(\dfrac{1}{8} \times 6.50 \times 2.56^2 \right) \text{kN} \cdot \text{m} = 5.325 \text{kN} \cdot \text{m}$

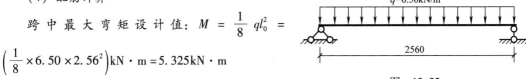

图 13-22

① 平衡方程法

$$x = h_0 - \sqrt{h_0^2 - \frac{2\gamma_0 M}{\alpha_1 f_c b}} = 80 - \sqrt{80^2 - \frac{2 \times 1.0 \times 5.325 \times 10^6}{1.0 \times 14.3 \times 1000}} = 4.8 \text{mm}$$

$$\xi = \frac{x}{h_0} = \frac{4.8}{80} = 0.06 < \xi_b = 0.518$$

$$A_s = \frac{\alpha_1 f_c b x}{f_y} = \frac{1.0 \times 14.3 \times 1000 \times 4.8}{360} \text{mm}^2 = 191 \text{mm}^2$$

② 系数法计算

$$\alpha_s = \frac{\gamma_0 M}{\alpha_1 f_c b h_0^2} = \frac{1.0 \times 5.325 \times 10^6}{1.0 \times 14.3 \times 1000 \times 80^2} = 0.058$$

$$\xi = 1 - \sqrt{1 - 2\alpha_s} = 1 - \sqrt{1 - 2 \times 0.058} = 0.06 < \xi_b = 0.518$$

$$A_s = \frac{\xi \alpha_1 f_c b h_0}{f_y} = \frac{0.06 \times 1.0 \times 14.3 \times 1000 \times 80}{360} = 191 \text{mm}^2$$

选择 $\Phi 8@200$ 实际 $A_s = 251 \text{mm}^2$

(5) 验证适用条件

$A_s = 252 \text{mm}^2 > \rho_{\min} bh = (0.20\% \times 1000 \times 100) \text{mm}^2 = 200 (\text{mm})^2$ 符合适用条件。

(6) 绘配筋图

计算分布钢筋：$A_{fb} \geqslant 251 \times 15\% = 37.65 \text{mm}^2$

$$\rho_{fb} = \frac{A_{fb}}{bh_0} \geqslant 0.15\%，即 A_{fb} \geqslant 0.15\% bh_0 = (0.15\% \times 1000 \times 80) \text{mm}^2 = 120 \text{mm}^2$$

选择 $\Phi 8@250$ 实际 $A_s = 201 \text{mm}^2$ 配筋图如图 13-23。

例 13-2 已知某住宅建筑矩形截面钢筋混凝土简支梁，安全等级为二级，处于一类环境，设计使用年限 50 年，计算跨度 $l_0 = 6.3 \text{m}$，截面尺寸 $b \times h = 250 \text{mm} \times 550 \text{mm}$，如图 13-24 所示，承受板传来永久荷载及梁的自重标准值 $g_k = 15.6 \text{kN/m}$，板传来的楼面活荷载标准值 $q_k =$

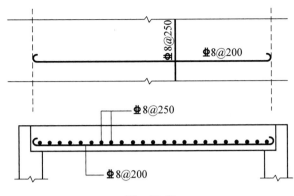

图　13-23

7.8kN/m。选用 C30 混凝土和 HRB400 级钢筋，试确定该梁所需的纵向钢筋面积并画出截面配筋图。

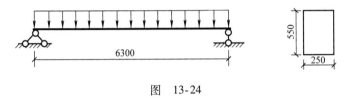

图　13-24

解：本例题属于截面设计类

（1）确定基本数据

C30 混凝土 $f_c = 14.3\text{N/mm}^2$，$f_t = 1.43\text{N/mm}^2$；

HRB400 级钢筋 $f_y = 360\text{N/mm}^2$；

$$\alpha_1 = 1.0,\ \xi_b = 0.518,\ \gamma_0 = 1.0$$

$$\rho_{\min} = 0.2\% > 0.45\frac{f_t}{f_y} = 0.45 \times \frac{1.43}{360} = 0.18\%$$

（2）确定计算简图

荷载分项系数：$\gamma_G = 1.3$，$\gamma_Q = 1.5$，年限调整系数：$\gamma_Q = 1.0$

$$q = \gamma_G g_k + \gamma_Q \gamma_L q_k = (1.3 \times 15.6 + 1.5 \times 1.0 \times 7.8)\text{kN/m} = 31.98\text{kN/m}$$

则楼板的荷载设计值为：$q = 31.98\text{kN/m}$，计算简图如图 13-25 所示。

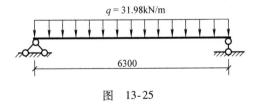

图　13-25

（3）配筋计算

跨中最大弯矩设计值：$M = \dfrac{1}{8}ql_0^2 = \left(\dfrac{1}{8} \times 31.98 \times 6.3^2\right)\text{kN·m} = 158.66\text{kN·m}$

系数法计算：假设受拉钢筋一层布置，则 $h_0 = h - 45 = (550 - 45)\text{mm} = 505\text{mm}$

$$\alpha_s = \frac{\gamma_0 M}{\alpha_1 f_c b h_0^2} = \frac{1.0 \times 158.66 \times 10^6}{1.0 \times 14.3 \times 250 \times 505^2} = 0.174$$

$$\xi = 1 - \sqrt{1 - 2\alpha_s} = 1 - \sqrt{1 - 2 \times 0.174} = 0.193 < \xi_b = 0.518$$

$$A_s = \frac{\xi \alpha_1 f_c b h_0}{f_y} = \frac{0.193 \times 1.0 \times 14.3 \times 250 \times 505}{360} = 968 \text{mm}^2$$

查询附表 B-2　选择 2Φ25　实际 $A_s = 982 \text{mm}^2$

（4）验证适用条件

$A_s = 982 \text{mm}^2 > \rho_{min} bh = 0.20\% \times 250 \times 550 = 275 \text{mm}^2$ 符合适用条件。

（5）绘截面配筋图（图 13-26、图 13-27）

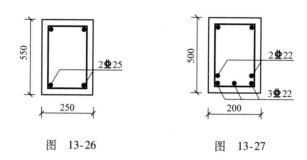

图　13-26　　　　　　　　　图　13-27

例 13-3　已知某矩形钢筋混凝土梁，安全等级为二级，处于一类环境，截面尺寸为 $b \times h = 200 \text{mm} \times 500 \text{mm}$，选用 C35 混凝土和 HRB400 级钢筋，截面配筋如图 13-28 所示。该梁承受的最大弯矩设计值 $M = 210 \text{kN} \cdot \text{m}$，复核该截面是否安全。

解：本例题属于截面复核类。

（1）确定基本数据，并根据构件的实际配筋计算有效高度 h_0

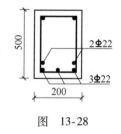

图　13-28

C35 混凝土 $f_c = 16.7 \text{N/mm}^2$，$f_t = 1.57 \text{N/mm}^2$；HRB400 级钢筋 $f_y = 360 \text{N/mm}^2$；$\alpha_1 = 1.0$，$\xi_b = 0.518$；$\rho_{min} = 0.2\% > 0.45\frac{f_t}{f_y} = 0.45 \times \frac{1.57}{360} = 0.196\%$；$\gamma_0 = 1.0$。

钢筋净间距 $s_n = \frac{200 - 2 \times 25 - 3 \times 22}{2} \text{mm} = 42 \text{mm} > d$，且 $s_n > 25 \text{mm}$，符合要求。

受拉钢筋两层布置，则 $h_0 = h - 70 = (500 - 70) \text{mm} = 430 \text{mm}$

（2）验算使用条件

$A_s = 1900 \text{mm}^2 \geqslant \rho_{min} bh = (0.2\% \times 200 \times 500) \text{mm}^2 = 200 \text{mm}^2$

（3）根据实有配筋求出相对受压区高度

$$\xi = \frac{A_s f_y}{\alpha_1 f_c b h_0} = \frac{1900 \times 360}{1.0 \times 16.7 \times 200 \times 430} = 0.476 < \xi_b = 0.518$$

（4）$\xi \leqslant \xi_b$，则

$\alpha_s = \xi(1 - 0.5\xi) = 0.476 \times (1 - 0.5 \times 0.476) = 0.363$

$M_u = \alpha_s \alpha_1 f_c b h_0^2 = (0.363 \times 1.0 \times 16.7 \times 200 \times 430^2) \text{N} \cdot \text{mm} = 224 \times 10^6 \text{N} \cdot \text{mm} = 224 \text{kN} \cdot \text{m}$

$M_u = 224 \text{kN} \cdot \text{m} > M = 210 \text{kN} \cdot \text{m}$，正截面承载力满足要求。

第四节　受弯构件斜截面的破坏形态和破坏特征

为了防止梁沿斜截面破坏，就需要在梁内设置足够的抗剪钢筋，通常由与梁轴线垂直的箍筋和与主拉应力方向平行的斜筋共同组成。斜筋常利用正截面承载力多余的纵向钢筋弯起而成，所以又称为弯起钢筋。箍筋与弯起钢筋通称腹筋。在受弯构件内，一般由纵向钢筋（受力和构造筋）和腹筋构成，如图 13-29 所示的钢筋骨架。

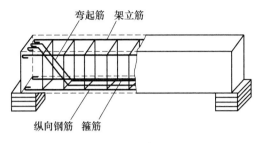

图 13-29　钢筋骨架图

一、斜截面破坏的主要形态

斜截面从开始加载到受力破坏，截面上的应力、应变变化过程与很多因素有关，如腹筋的配量、纵筋的多少、荷载的形式及其作用的位置以及剪跨比等。试验加载如图 13-30 所示，试验结果表明，剪跨比和箍筋含量是对斜截面破坏形式影响最大的因素。

剪跨比 λ 是指计算截面的弯矩 M 和剪力 V 与截面有效高度 h_0 乘积的比值，即：$\lambda = \dfrac{M}{Vh_0}$ 对于

集中荷载作用下的简支梁，计算截面取集中荷载作用点处的截面，该处的剪跨比为：$\lambda = \dfrac{a}{h_0}$。

式中　a——集中荷载与支座之间的距离。

配箍率 ρ_{sv} 表示箍筋数量的多少，如图 13-31 可计算其值。

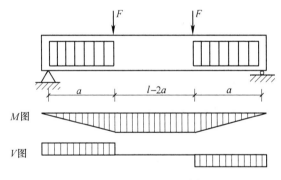

图 13-30　钢筋混凝土梁受弯试验

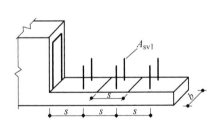

图 13-31　配箍率示意图

$$\rho_{sv} = \frac{A_{sv}}{bs} = \frac{nA_{sv1}}{bs} \tag{13-12}$$

式中　A_{sv}——配置在同一截面内箍筋各肢的全部面积；

　　　n——同一截面内箍筋肢数；单肢箍 $n=1$，双肢箍 $n=2$，四肢箍 $n=4$；

　　　A_{sv1}——单肢箍筋的截面面积；

　　　b——梁宽或肋宽；

　　　s——沿梁的长度方向箍筋的间距。

根据大量的试验观测，钢筋混凝土梁的斜截面剪切破坏，大致可归纳为下列三种主要破坏形态。

1. 斜拉破坏

当剪跨比较大（$\lambda > 3$），且梁内配置的腹筋数量过少时，将发生斜拉破坏（图13-32a）。此时，斜裂缝一旦出现，即很快形成临界斜裂缝，并迅速发展到受压边缘，将构件斜拉为两部分而破坏。破坏前斜裂缝宽度很小，甚至不出现裂缝，破坏是在无预兆情况下突然发生的，属于脆性破坏。这种破坏的危险性较大，在设计中应避免由它控制梁的承载能力。

2. 剪压破坏

当剪跨比适中（$1 < \lambda < 3$），且梁内配置的腹筋数量适当时，常发生剪压破坏（图13-32b）。这时，随着荷载的增加，首先出现一些垂直裂缝和微细的斜裂缝。当荷载增加到一定程度时，出现临界斜裂缝。临界斜裂缝出现后，梁还能继续承受荷载，随着荷载的增加，临界斜裂缝向上发展，直到与临界斜裂缝相交的箍筋和弯起钢筋的应力达到屈服强度，同时斜裂缝末端受压区的混凝土在剪应力和法向应力的共同作用

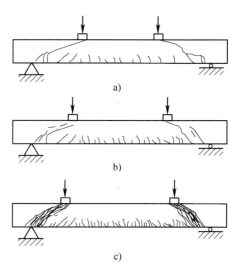

图13-32 受弯构件斜截面破坏形态
a）斜拉破坏 b）剪压破坏 c）斜压破坏

下达到强度极限值而破坏。这种破坏因钢筋屈服，使斜裂缝继续发展，具有较明显的破坏征兆，是设计中普遍要求的情况。

3. 斜压破坏

当剪跨比较小（$\lambda < 1$），或剪跨比适当但截面尺寸过小、腹筋配置过多时，都会由于主压应力过大，发生斜压破坏（图13-32c）。这时，随着荷载的增加，梁腹板出现若干条平行的斜裂缝，将腹板分割成许多倾斜的受压短柱。最后，因短柱被压碎而破坏。破坏时与斜裂缝相交的箍筋和弯起钢筋的应力尚未达到屈服强度，梁的抗剪承载力主要取决于斜压短柱的抗压承载力。

除了上述三种主要破坏形态外，斜截面还可能出现其他破坏形态，例如局部挤压破坏或纵向钢筋的锚固破坏等。

对于上述几种不同的破坏形态，设计时可采用不同的方法加以控制，以保证构件在正常工作情况下，具有足够的抗剪安全度。

一般用限制截面最小尺寸的办法，防止梁发生斜压破坏；用满足箍筋最大间距限制等构造要求和限制箍筋最小配筋率的办法，防止梁发生斜拉破坏。剪压破坏是设计中常遇到的破坏形态，而且抗剪承载力的变化幅度较大。

二、影响斜截面受剪承载力的主要因素

上述三种斜截面破坏形态和构件斜截面受剪承载力有密切的关系。因此，凡影响破坏形态的因素也就影响梁的斜截面受剪承载力，其主要影响因素有：

1. 剪跨比 λ

随着剪跨比（跨高比）的增大，梁的斜截面受剪承载力明显降低。小剪跨比时，大多发生斜压破坏，斜截面受剪承载力很高；中等剪跨比时，大多发生剪压破坏，斜截面受剪承载力次之；大剪跨比时，大多发生斜拉破坏，斜截面受剪承载力很低。当剪跨比 $\lambda > 3$ 以后，剪跨比对斜截面受剪承载力无显著的影响。

2. 配箍率 ρ_{sv} 及箍筋强度 f_{yv}

有腹筋梁出现斜裂缝后，箍筋不仅直接承受相当部分的剪力，而且有效地抑制斜裂缝的开

展和延伸，对提高剪压区混凝土的抗剪能力和纵向钢筋的销栓作用有着积极的影响。试验表明，在配箍最适当的范围内，梁的受剪承载力随配箍量的增多、箍筋强度的提高而有较大幅度的增长。配箍率和箍筋强度是梁抗剪强度的主要影响因素。

3. 混凝土强度

斜截面受剪承载力随混凝土的强度等级的提高而提高。梁斜压破坏时，受剪承载力取决于混凝土的抗压强度。梁为斜拉破坏时，受剪承载力取决于混凝土的抗拉强度，而抗拉强度的增加较抗压强度来得缓慢，故混凝土强度的影响就略小。剪压破坏时，混凝土强度的影响则居于上述两者之间。

4. 纵筋配筋率 ρ

增加纵筋配筋率 ρ 可抑制斜裂缝向受压区的伸展，从而提高斜裂缝间骨料咬合力，并增大了剪压区高度，使混凝土的抗剪能力提高，同时也提高了纵筋的销栓作用。因此，随着 ρ 的增大，梁的斜截面受剪承载力有所提高。

第五节　受弯构件斜截面承载力计算

一、基本公式

斜截面的承载力计算公式是由剪压破坏的应力图形建立起来的，取斜截面左边部分为隔离体，如图 13-33 所示为斜截面抗剪承载力计算图形。

利用平衡条件，梁斜截面发生剪压破坏时，其斜截面的抗剪能力由三部分组成：

$$\sum Y = 0 \qquad V_u = V_c + V_{sv} + V_{sb} = V_{cs} + V_{sb}$$

$$(13\text{-}13)$$

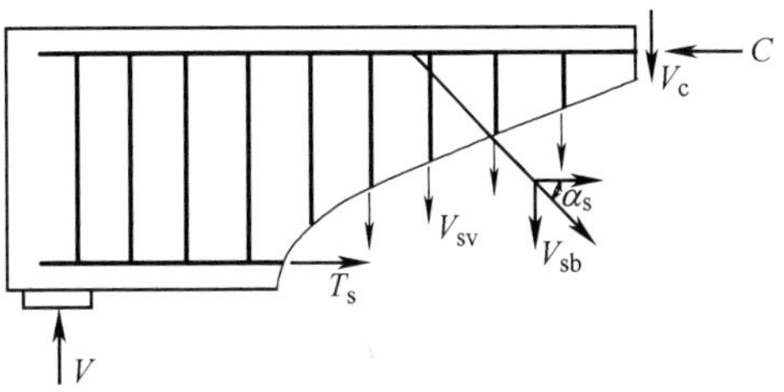

图 13-33　斜截面抗剪承载力计算图形

式中　V_u——梁斜截面抗剪承载力；

　　　V_c——斜裂缝末端剪压区混凝土的抗剪承载力；

　　　V_{sv}——与斜裂缝相交的箍筋的抗剪承载力；

　　　V_{sb}——与斜裂缝相交的弯起筋的抗剪承载力；

　　　V_{cs}——混凝土和箍筋的抗剪承载力。

所有力对剪压区混凝土受压合力点取矩，可建立斜截面抗弯承载力计算公式：

$$\sum M = 0 \qquad M_u = M_s + M_{sv} + M_{sb} \qquad (13\text{-}14)$$

式中　M——斜截面弯矩设计值；

　　　M_s——与斜截面相交的纵向受力钢筋的抗弯承载力；

　　　M_{sv}——与斜截面相交的箍筋的抗弯承载力；

　　　M_{sb}——弯起筋的抗弯承载力。

斜截面抗弯承载力计算很难用公式精确表示，可通过构造措施来保证。因此斜截面承载力计算就归结为抗剪承载力的计算。

二、斜截面抗剪承载力的计算

对仅配有箍筋的矩形、T 形和工字形截面一般受弯构件，受剪承载力可用下式计算：

$$V \le V_u = V_{cs} = V_c + V_{sv} = \alpha_{cv} f_t b h_0 + f_{yv} \frac{A_{sv}}{s} h_0 \qquad (13\text{-}15)$$

式中　V——斜截面上最大剪力设计值；

　　　V_{cs}——箍筋和混凝土共同承担的剪力设计值；

f_{yv}——箍筋抗拉设计强度值;

A_{sv}——配置在同一截面内箍筋各肢的全部截面积,$A_{sv} = nA_{sv1}$。

α_{cv}——截面混凝土受剪承载力系数,一般构件取 0.7;楼盖中次梁搁置的主梁或有明确的集中荷载作用的梁(如吊车梁)或包括作用多种荷载,且其中集中荷载对支座截面或节点边缘所产生的剪力值占总剪力值的 75% 以上的情况,取 $\alpha_{cv} = 1.75/\lambda + 1$,$\lambda$ 为计算截面的剪跨比。计算截面取集中荷载作用点处的截面;当 $\lambda < 1.5$ 时,取 $\lambda = 1.5$;当 $\lambda > 3$ 时,取 $\lambda = 3$。

弯起钢筋所能承受的剪力,按下式计算:

$$V_{sb} = 0.8f_y A_{sb}\sin\alpha_s \tag{13-16}$$

式中 A_{sb}——与斜裂缝相交的配在同一弯起平面内的弯筋或斜筋的截面面积;

f_y——弯起钢筋抗拉强度设计值;

α_s——弯起钢筋与构件纵轴线之间的夹角,一般取 45° 或 60°。

对于配有箍筋和弯起钢筋的矩形、T 形、工字形截面的受弯构件,其斜截面的受剪承载力可按下式计算:

$$V \leqslant V_u = V_{cs} + V_{sb} = V_c + V_{sv} + V_{sb} = \alpha_{cv}f_t bh_0 + f_{yv}\frac{A_{sv}}{s}h_0 + 0.8f_y A_{sb}\sin\alpha_s \tag{13-17}$$

三、公式的适用范围

1. 上限值——截面尺寸限制条件(最小值)

当构件截面尺寸较小而荷载又过大时,可能在支座上方产生过大的主压应力,使端部发生斜压破坏。这种破坏形态的构件斜截面受剪承载力基本上取决于混凝土的抗压强度及构件的截面尺寸,而腹筋的数量影响甚微。所以腹筋的受剪承载力就受到构件斜压破坏的限制。为了防止发生斜压破坏和避免构件在使用阶段过早地出现斜裂缝及斜裂缝开展过大,矩形、T 形和工字形截面的受弯构件,其受剪截面应符合下列条件:

$$当 \frac{h_w}{b} \leqslant 4 \text{ 时},\ V \leqslant 0.25\beta_c f_c bh_0 \tag{13-18}$$

$$当 \frac{h_w}{b} \geqslant 6 \text{ 时},\ V \leqslant 0.2\beta_c f_c bh_0 \tag{13-19}$$

当 $4 \leqslant \frac{h_w}{b} \leqslant 6$ 时,按直线内插法取用。

式中 V——构件斜截面上的最大剪力设计值;

β_c——混凝土强度影响系数,当混凝土强度等级不超过 C50 时,取 $\beta_c = 1.0$,当混凝土强度等级为 C80 时,取 $\beta_c = 0.8$,其间按线性内插法取用;

b——矩形截面宽度、T 形截面或工字形截面的腹板宽度;

h_w——截面的腹板高度,矩形截面取截面有效高度 h_0;T 形截面取截面有效高度减去翼缘高度;工字形截面取腹板净高。如不满足,则必须加大截面尺寸或提高混凝土强度等级。

2. 下限值——最小配箍率

上面讨论的腹筋抗剪作用的计算,只是在箍筋和斜筋(弯起钢筋)具有一定密度和一定数量时才有效。如腹筋布置得过少过稀,即使计算上满足要求,仍可能出现斜截面受剪承载力不足的情况。

(1) 配箍率要求 箍筋配置过少,一旦斜裂缝出现,由于箍筋的抗剪作用不足以替代斜裂缝发生前混凝土原有的作用,就会发生突然性的脆性破坏。为了防止发生剪跨比较大时的斜拉破坏,《混凝土结构设计规范》(GB 50010—2010)规定当 $V > V_c$ 时,箍筋的配置应满足它的最小

配筋率要求

$$\rho_{sv} = \frac{A_{sv}}{bs} \geq \rho_{sv,min} = 0.24\frac{f_t}{f_{yv}} \qquad (13-20)$$

式中 $\rho_{sv,min}$——箍筋的最小配筋率。

（2）腹筋间距要求   如腹筋间距过大，有可能在两根腹筋之间出现不与腹筋相交的斜裂缝，这时腹筋便无从发挥作用，如图13-34所示。同时箍筋分布的疏密对斜裂缝开展宽度也有影响。采用较密的箍筋对抑制斜裂缝宽度有利。为此有必要对腹筋的最大间距 s_{max} 加以限制。

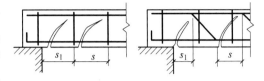

图13-34   腹筋间距过大时产生的影响

s_1—支座边缘到第一根弯起钢筋或箍筋的距离

s—弯起钢筋或箍筋的间距

四、计算截面位置

1）支座边缘处截面1—1，如图13-35所示。

2）受拉区弯起钢筋弯起点处截面2—2或3—3，如图13-35所示。

3）箍筋曲面面积或间距改变处截面4—4，如图13-35所示。

4）腹板厚度改变处的截面。

当计算弯起钢筋时，其剪力设计值可按下列规定采用：当计算第一排

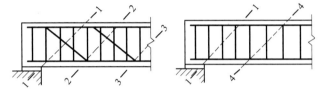

图13-35   斜截面抗剪强度的计算截面位置

（对支座而言）弯起钢筋时，取用支座边缘处的剪力值；当计算以后的每一排弯起钢筋时，取用前一排（对支座而言）弯起钢筋弯起点处的剪力值。

五、计算方法

梁斜截面受剪承载力计算，通常有两种情况：即截面设计和承载力校核。

1. 截面设计

已知某受弯构件斜截面剪力设计值 V、截面尺寸和材料强度，按要求确定箍筋和弯筋的数量。

1）确定控制截面的剪力值。

2）验算截面尺寸。

3）判别是否需要按计算配置腹筋。如果 $V \leq \alpha_{cv}f_t bh_0$，则不需按计算配置腹筋，按构造配置腹筋即可；反之则按计算配置腹筋。

4）箍筋和弯筋计算

① 对仅配箍筋时，可按下式计算：

$$V \leq \alpha_{cv}f_t bh_0 + f_{yv} \cdot \frac{n \cdot A_{sv1}}{s} \cdot h_0 \Rightarrow \frac{nA_{sv1}}{s} \geq \frac{V - \alpha_{cv}f_t bh_0}{f_{yv}h_0}$$

先按构造要求选择箍筋直径和肢数，然后将 A_{sv} 代入上式求箍筋间距 s。

② 对既配箍筋又有弯筋的情况。

情况一：先按常规配置箍筋数量（先选定箍筋的肢数、直径和间距），不足部分用弯起钢筋承担，则计算弯筋截面面积：

$$V_{sb} = 0.8A_{sb} \cdot f_y \cdot \sin\alpha_s \Rightarrow A_{sb} = \frac{V_{sb}}{0.8f_y\sin\alpha_s}$$

情况二：先选定弯起钢筋的截面面积，再按只配箍筋的方法计算箍筋用量：

$$\Rightarrow \frac{nA_{sv1}}{s} \geqslant \frac{V - \alpha_{cv}f_t bh_0 - 0.8f_y A_{sb}\sin\alpha_s}{f_{yv}h_0}$$

5）绘制配筋图

2. 承载力校核

已知：材料强度设计值 f_c、f_y；截面尺寸 b、h_0；配箍量 n、A_{sv1}、s 等。

1）复核截面尺寸。

2）复核配箍率及箍筋的构造要求。

3）复核斜截面所能承受的剪力 V_u

① 只配箍筋而不用弯起钢筋：

$$V \leqslant V_{cs} = \alpha_{cv}f_t bh_0 + f_{yv} \cdot \frac{n \cdot A_{sv1}}{s} \cdot h_0$$

② 既配箍筋又配弯起钢筋：

$$V \leqslant \alpha_{cv}f_t bh_0 + f_{yv} \cdot \frac{n \cdot A_{sv1}}{s} \cdot h_0 + 0.8f_y A_{sb}\sin\alpha_s$$

4）能承受的剪力 V_u，还能求出该梁斜截面所能承受的设计荷载值 q。

例13-4 如图13-36所示，钢筋混凝土矩形截面简支梁，支座为厚度240mm的砌体墙，净跨 $l_n = 3.56m$，承受均布荷载设计值 $q = 114kN/m$（包括梁自重）。梁的截面尺寸 $b \times h = 250mm \times 500mm$，混凝土强度等级为C30，箍筋采用HRB400级，环境类别一类，安全等级二级，设计使用年限50年，且已按正截面受弯承载力计算配置了 $2\underline{\Phi}22 + 1\underline{\Phi}16$ 纵向受力钢筋，试进行斜截面承载力计算。

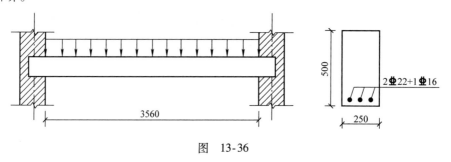

图 13-36

解：本例题属于截面设计类

（1）确定基本数据

C30 混凝土 $f_c = 14.3N/mm^2$，$f_t = 1.43N/mm^2$；

HRB400 级钢筋 $f_y = 360N/mm^2$；$\beta_c = 1.0$；$\gamma_0 = 1.0$，$\rho_{sv,min} = 0.24\frac{f_t}{f_{yv}} = 0.24 \times \frac{1.43}{360} = 0.095\%$

纵向受力钢筋一层布置，则 $h_0 = h - 45 = (500 - 45)mm = 455mm$

（2）计算剪力设计值

最危险截面在支座边缘处，该处剪力设计值为 $V = \frac{1}{2}ql_n = \left(\frac{1}{2} \times 114 \times 3.56\right)kN = 202.92kN$

（3）验算截面尺寸是否符合要求

$$\frac{h_w}{b} = \frac{h_0}{b} = \frac{455}{250} = 1.82 < 4$$

$0.25\beta_c f_c bh_0 = 0.25 \times 1.0 \times 14.3 \times 250 \times 455 = 407kN > V = 202.92kN$，截面尺寸满足要求。

（4）判断是否需按计算配置腹筋

$\alpha_{cv}f_tbh_0 = 0.7 \times 1.43 \times 250 \times 455 = 113.86\text{kN} < V = 202.92\text{kN}$，需按计算配置腹筋。

（5）计算腹筋用量

① 只配置箍筋

$$\frac{nA_{Sv1}}{S} \geqslant \frac{V - \alpha_{cv}f_tbh_0}{f_{yv}h_0} = \frac{202.92 \times 10^3 - 0.7 \times 1.43 \times 250 \times 455}{360 \times 455}\text{mm}^2/\text{mm} = 0.544\text{mm}^2/\text{mm}$$

选Φ8 双肢箍，则 $n = 2$，$A_{Sv1} = 50.3\text{mm}^2$ 代入上式得：

$$S \leqslant \frac{2 \times 50.3}{0.544} = 185\text{mm}，取 S = 180\text{mm} < S_{max} = 200\text{mm}（由表 13-5 得）$$

配股率 $\rho_{Sv} = \dfrac{A_{Sv}}{bS} = \dfrac{2 \times 50.3}{250 \times 180} = 0.224\% \geqslant \rho_{Sv,min} = 0.095\%$，满足要求。

绘制截面配筋图（图 13-37）：

② 同时配置箍筋和弯起钢筋

先按构造要求配置箍筋，选配Φ8@200，则

$$\rho_{Sv} = \frac{A_{Sv}}{bS} = \frac{2 \times 50.3}{250 \times 200} = 0.201\% \geqslant \rho_{Sv,min} = 0.095\%，满足要求。$$

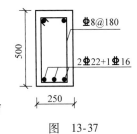

图 13-37

弯起钢筋用梁底纵向受力钢筋，弯起角度 $\alpha_s = 45°$，则需要的弯起钢筋面积：

$$V_{cS} = \alpha_{cv}f_tbh_0 + f_{yv}\frac{A_{Sv}}{S}h_0 = \left(0.7 \times 1.43 \times 250 \times 455 + 360 \times \frac{2 \times 50.3}{200} \times 455\right)\text{kN} = 196.3\text{kN}$$

$$V_{Sb} = 0.8A_{Sb} \cdot f_y \cdot \sin\alpha_s \Rightarrow A_{Sb} = \frac{V_{Sb}}{0.8f_y\sin\alpha_s} = \frac{(202.92 - 196.3) \times 10^3}{0.8 \times 360 \times \sin45°}\text{mm}^2 = 32.5\text{mm}^2$$

选择弯起 1Φ16，实际弯起面积 $V_{Sb} = 201.1\text{mm}^2 > V_{Sb} = 32.5\text{mm}^2$，满足要求。

弯起钢筋弯起点处的受剪承载力验算：弯起钢筋上弯点到支座边缘的水平距离取50mm，其弯起段水平投影长度为 $(500 - 20 \times 2 - 6 \times 2 - 16)\text{mm} = 432\text{mm}$，则下弯点 C 到支座边缘的水平距离 $x = (432 + 50)\text{mm} = 482\text{mm}$，下弯点处的剪力设计值为：

$$V_C = \frac{1}{2}ql_n - qx = \left(\frac{1}{2} \times 114 \times 3.56 - 114 \times 0.482\right)\text{kN} = 147.97\text{kN} < V_{cS} = 196.3\text{kN}，$$

满足要求，无须再弯起第二排钢筋。

绘制结构配筋图，如图 13-38 所示。

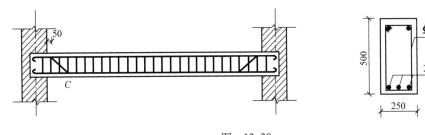

图 13-38

例 13-5 某矩形截面截面简支梁，截面尺寸如图 13-39 所示，梁的计算跨度 $l_0 = 6\text{m}$，承受均布荷载，永久荷载标准值 $g_k = 13\text{kN/m}$（包含梁自重），可变荷载的标准值 $q_k = 7\text{kN/m}$，准永久值系数 $\varphi_q = 0.4$，由正截面受弯承载力计算配置 4Φ18 的纵向受力钢筋（$A_s = 1017\text{mm}^2$），混凝土强度等级为 C25，钢筋为 HRB400，环境类别一类，安全等级二级，梁的允许挠度 $[f] = l_0/200$。试验算该梁的挠度。

解：① 确定基本数据

C25 混凝土：$E_c = 2.8 \times 10^4 \text{N/mm}^2$，$f_{tk} = 1.78 \text{N/mm}^2$

HRB335 钢筋：$E_s = 2 \times 10^5 \text{N/mm}^2$

纵向受力钢筋一层布置：$h_0 = h - 45 = (500 - 45) \text{mm} = 455 \text{mm}$

② 计算梁内最大弯矩

按荷载效应标准组合作用下的跨中最大弯矩为：

$$M_k = \frac{1}{8}(g_k + q_k)l_0^2 = \left[\frac{1}{8} \times (13 + 7) \times 6^2\right] \text{kN} \cdot \text{m} = 90 \text{kN} \cdot \text{m}$$

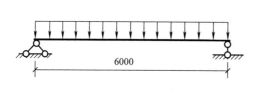

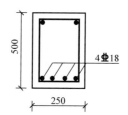

图 13-39

按荷载效应准永久组合作用下的跨中最大弯矩为：

$$M_k = \frac{1}{8}(g_k + \varphi_q q_k)l_0^2 = \left[\frac{1}{8} \times (13 + 0.4 \times 7) \times 6^2\right] \text{kN} \cdot \text{m} = 71.1 \text{kN} \cdot \text{m}$$

③ 计算短期刚度 B_s

计算系数 ψ：$\sigma_{sk} = \dfrac{M_k}{0.87 h_0 A_s} = \dfrac{90 \times 10^6}{0.87 \times 455 \times 1017} \text{N/mm}^2 = 224 \text{N/mm}^2$

$$\rho_{te} = \frac{A_s}{A_{te}} = \frac{A_s}{0.5bh} = \frac{1017}{0.5 \times 250 \times 500} = 0.0163$$

$$\psi = 1.1 - 0.65 \frac{f_{tk}}{\rho_{te}\sigma_{sk}} = 1.1 - 0.65 \times \frac{1.78}{0.0163 \times 224} = 0.783$$

$$\alpha_E = E_s/E_c = \frac{2 \times 10^5}{2.8 \times 10^4} = 7.14$$

$$\rho = \frac{A_s}{bh_0} = \frac{1017}{250 \times 455} = 0.0089$$

$$B_s = \frac{E_s A_s h_0^2}{1.15\psi + 0.2 + 6\rho\alpha_E} = \frac{2 \times 10^5 \times 1017 \times 455^2}{1.15 \times 0.783 + 0.2 + 6 \times 0.0089 \times 7.14} \text{N} \cdot \text{mm}^2 = 2.842 \times 10^{13} \text{N} \cdot \text{mm}^2$$

④ 计算长期刚度 B

$\rho' = 0$ 则：$\theta = 2 - 0.4\dfrac{\rho'}{\rho} = 2$

$$B = \frac{M_k}{M_q(\theta - 1) + M_k} \times B_s = \frac{90}{71.1 \times (2 - 1) + 90} \times 2.842 \times 10^{13} = 1.581 \times 10^{13}$$

⑤ 验算该梁的挠度

$$f_{\max} = s\frac{M_k l_0^2}{B} = \frac{5}{348} \times \frac{90 \times 10^6 \times 6000^2}{1.581 \times 10^{13}} = 21.35 \text{mm} \leqslant [f] = \frac{l_0}{200} = \frac{6000}{20} = 30 \text{mm}$$

满足要求。

例 13-6 钢筋混凝土矩形截面简支梁，支座处剪力设计值 $V = 90 \text{kN}$，梁的截面尺寸 $b \times h =$ 200mm×450mm，混凝土强度等级为 C25，箍筋采用 HPB300 级，已配 3 ⚡ 18 的纵向受力钢筋和

Φ6@150 的双肢箍。环境类别一类，安全等级二级，试验算斜截面承载力是否满足要求。

解：（1）确定基本数据

C25 混凝土 $f_c = 11.9\text{N/mm}^2$，$f_t = 1.27\text{N/mm}^2$；HPB300 级钢筋 $f_y = 270\text{N/mm}^2$；$\beta_c = 1.0$；

$\gamma_0 = 1.0$，$\rho_{sv,min} = 0.24 \dfrac{f_t}{f_{yv}} = 0.24 \times \dfrac{1.27}{270} = 0.113\%$。

纵向受力钢筋一层布置，则 $h_0 = h - 45 = (450 - 45)\text{mm} = 405\text{mm}$。

（2）复核截面尺寸

$$\frac{h_w}{b} = \frac{h_0}{b} = \frac{405}{200} = 2.025 \leqslant 4$$

$0.25\beta_c f_c b h_0 = (0.25 \times 1.0 \times 11.9 \times 200 \times 405)\text{kN} = 241\text{kN} > V = 90\text{kN}$，截面尺寸满足要求。

（3）复核配箍率及箍筋的构造要求

$$\rho_{sv} = \frac{A_{sv}}{bs} = \frac{2 \times 28.3}{200 \times 150} = 0.189\% \geqslant \rho_{sv,min} = 0.113\%$$

所以箍筋的配筋率、直径、间距均满足要求。

（4）复核斜截面所能承受的剪力 V_u

$$V_{cs} = \alpha_{cv}f_t b h_0 + f_{yv} \cdot \frac{n \cdot A_{sv1}}{s} \cdot h_0 = \left(0.7 \times 1.27 \times 200 \times 405 + 270 \times \frac{2 \times 28.3}{150} \times 405\right)\text{kN} = 113.27\text{kN}$$

$V = 90\text{kN} < V_{cs} = 113.27\text{kN}$，斜截面承载力满足要求。

六、纵向受力钢筋的弯起和截断

对钢筋混凝土受弯构件，在剪力和弯矩的共同作用下产生的斜裂缝，会导致与其相交的纵向钢筋拉力增加，引起沿斜截面受弯承载力不足及锚固不足的破坏，因此在设计中除了保证梁的正截面受弯承载力和斜截面受剪承载力外，在考虑纵向钢筋弯起、截断及钢筋锚固时，还需在构造上采取措施，保证梁的斜截面受弯承载力及钢筋的可靠锚固。

1. 抵抗弯矩图

为了理解这些构造措施，必须先建立抵抗弯矩图的概念。

抵抗弯矩图也称为材料图，是指按实际纵向受力钢筋布置情况画出的各截面抵抗弯矩，即受弯承载力 M_u 沿构件轴线方向的分布图形，以下称为 M_u 图。抵抗弯矩图中竖标表示的正截面受弯承载力设计值 M_u 称为抵抗弯矩，是截面的抗力。

（1）抵抗弯矩图的作法 按梁正截面承载力计算的纵向受拉钢筋是以同符号弯矩区段的最大弯矩为依据求得的，该最大弯矩处的截面称为控制截面。

以单筋矩形截面为例，若在控制截面处实际选配的纵筋截面面积为 A_s，则

$$M_u = f_y A_s \left(h_0 - \frac{0.5f_y A_s}{\alpha_1 f_c b}\right) \tag{13-21}$$

由上式知，抵抗弯矩 M_u 近似与钢筋截面面积成正比关系。

因此，在控制截面，各钢筋可按其面积占总钢筋面积的比例（若钢筋规格不同，按 $f_y A_s$）分担抵抗弯矩 M_u；在其余截面，当钢筋面积减小时（如弯起或截断部分钢筋），抵抗弯矩可假定按比例减少。随着钢筋面积的减少，M_u 的减小要慢些，两者并不成正比，但按这个假定做抵抗弯矩图偏于安全且大为方便。

下面具体说明抵抗弯矩图的作法。

1）纵向受拉钢筋全部伸入支座时 M_u 图的作法。图 13-40 所示均布荷载作用下的钢筋混凝土简支梁（设计弯矩图为抛物线），按跨中（控制截面）弯矩 M_{max} 进行正截面受弯承载力计算，需配 2Φ25 + 1Φ22 纵向受拉钢筋。如将 2Φ25 + 1Φ22 钢筋全部伸入支座并可靠锚固，则该梁任

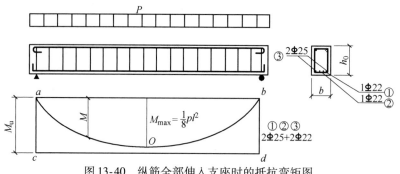

图13-40 纵筋全部伸入支座时的抵抗弯矩图

一正截面的 M_u 值是相等的，所以 M_u 图是矩形 abcd。由于抵抗弯矩图在弯矩设计值图的外侧，所以梁的任一正截面的受弯承载力都能够得到满足。

纵向受拉钢筋沿梁通长布置，虽然构造比较简单，但没有充分利用弯矩设计值较小部分处的纵向受拉钢筋的强度，因此是不经济的。为了节约钢材，可根据设计弯矩图的变化将一部分纵向受拉钢筋在正截面受弯不需要的地方截断或弯起作受剪钢筋。因此需要研究钢筋弯起或截断时 M_u 图的变化及其有关配筋构造要求，以使钢筋弯起或截断后的 M_u 图能包住 M 图，满足受弯承载力的要求。

2）部分纵向受拉钢筋截断时 M_u 图的作法。受弯构件的支座截面纵向受拉钢筋可以在保证斜截面受弯承载力的前提下截断。图13-41中，近似地按钢筋截面面积的比例划分出每根钢筋所承担的抵抗弯矩，假定①号纵筋抵抗控制截面 $A-A$ 的弯矩为图中纵坐标34部分，$A-A$ 为①号纵筋强度充分利用截面（4点称为其"充分利用点"）；沿3点作水平线交 M 图于 b、c 点，这说明在截面 $B-B$、$C-C$ 处按正截面受弯承载力已不再需要①号钢筋了，$B-B$ 和 $C-C$ 截面为按计算不需要该钢筋截面，可以把①号钢筋在 b、c 点截断，b、c 点称为该钢筋的"理论截断点"。当在 b、c 点把①号钢筋截断时，则在 M_u 图上就产生抵抗矩的突然减小，形成矩形台阶 ab 和 cd。

3）部分纵向受拉钢筋弯起时 M_u 图的作法。图13-42所示，假定将①号钢筋在梁上 C、E 处弯起，则在 C、E 点作竖直线与弯矩图上沿4点作的水平线交于 c、e 点，如果 c、e 点落在 M 图之外，说明在 C、E 处弯起时，在该处的正截面受弯承载力是满足的，否则就不允许。

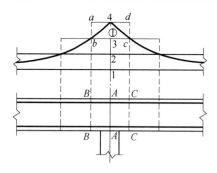

图13-41 纵筋截断时的抵抗弯矩图

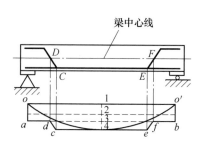

图13-42 纵筋弯起时的抵抗弯矩图

钢筋弯起后，其受弯承载力并不像截断那样突然消失了，而只是内力臂逐渐减小，所以还能提供一些抵抗弯矩，直到它与梁的形心线相交于 D、F 点处基本上进入受压区后才近似地认为不再承担弯矩了。因此，在梁上沿 D、F 点作竖线与弯矩图上经过3点作的水平线分别交于 d、f 点，连接 cd、ef，形成斜的台阶。显然，c、d 点和 e、f 点都应落在 M 图的外侧才是允许的，否则就应改变弯起点 C、E 的位置。截断和弯起纵向受拉钢筋所得到的 M_u 图越贴近 M 图，也即截

面抗力 R 越接近 $\gamma_0 S$，说明纵向受拉钢筋利用得越充分。当然，也应考虑到施工的方便，不宜使配筋构造过于复杂。

（2）抵抗弯矩图的作用

1）反映材料利用的程度。显然，抵抗弯矩图越接近弯矩图，表示材料利用程度越高。

2）确定纵向钢筋的弯起数量和位置。设计中，跨中部分纵向受拉钢筋弯起的目的有两个：一是用于斜截面抗剪，其数量和位置由斜截面受剪承载力计算确定；二是抵抗支座负弯矩。只有当抵抗弯矩图全部覆盖住弯矩图，各正截面受弯承载力才有保证；而要满足斜截面受弯承载力的要求，也必须通过作抵抗弯矩图才能确定弯起钢筋的数量和位置。

3）确定纵向钢筋的截断位置。通过抵抗弯矩图可确定纵向钢筋的理论截断点及其延伸长度，从而确定纵向钢筋的实际截断位置。

2. 保证斜截面受弯承载力的措施

图 13-43 中，②号钢筋在 G 点弯起时，虽然满足了正截面抗弯能力的要求，但是斜截面受弯能力却可能不满足，只有在满足了规定的构造措施后才能同时保证斜截面受弯承载力。

如果在支座与弯起点 G 点之间发生一条斜裂缝 AB，其顶端正好在弯起钢筋②号钢筋充分利用点的正截面 I 上。显

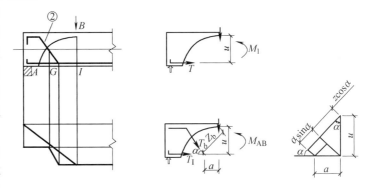

图 13-43 斜截面受弯承载力

然，斜截面的弯矩设计值与正截面 I 的弯矩设计值是相同的，都是 M_I。在正截面 I 上，②号钢筋的抵抗弯矩 $M_{u,I} = f_y A_s z$，其中，z 为正截面的内力臂；A_s 为②号钢筋的截面面积。②号钢筋弯起后，它在斜截面 AB 上的抵抗弯矩 $M_{u,AB} = f_y A_s z_b$。为保证斜截面的受弯承载力不低于正截面承载力要求 $M_{u,AB} \geqslant M_{u,I}$，即有 $z_b \geqslant z$，由几何关系知 $z_b = a\sin\alpha + z\cos\alpha$，所以

$$a \geqslant \frac{z(1 - \cos\alpha)}{\sin\alpha} \tag{13-22}$$

式中 a——钢筋弯起点至被充分利用点的水平距离。

弯起钢筋的弯起角度 α 一般为 $45° \sim 60°$，取 $z = (0.91 \sim 0.77)h_0$，则有

$$\alpha = 45°时, a \geqslant (0.372 \sim 0.319)h_0$$

$$\alpha = 60°时, a \geqslant (0.525 \sim 0.445)h_0$$

因此，为方便起见，可简单取为

$$a \geqslant 0.5h_0 \tag{13-23}$$

即钢筋弯起点位置与按计算充分利用该钢筋的截面之间的距离不应小于 $h_0/2$。同时弯起钢筋与梁中心线的交点位于不需要该钢筋的截面之外，就保证了斜截面受弯承载力而不必再计算。

3. 纵向受拉钢筋截断时的构造措施

纵向受拉钢筋不宜在受拉区截断。因为截断处，钢筋截面面积突然减小，混凝土拉应力骤增，致使截面处往往会过早地出现弯剪斜裂缝，甚至可能降低构件的承载能力。因此，对于梁底部承受正弯矩的纵向受拉钢筋，通常将计算上不需要的钢筋弯起作为抗剪钢筋或作为支座截面承受负弯矩的钢筋，而不采用截断钢筋的配筋方式。但是对于悬臂梁或连续梁、框架梁等构件，为了合理配筋，通常需将支座处承受负弯矩的纵向受拉钢筋按弯矩图形的变化，将计算上不需要的上部纵向钢筋在跨中分

批截断。为了保证钢筋强度的充分利用，截断的钢筋必须在跨中有足够的锚固长度。

当在受拉区截断纵向受拉钢筋时，应满足以下的构造措施。满足了这些构造措施，一般情况下就可保证斜截面的受弯承载力而不必再进行计算。但对于某些集中荷载较大或腹板较薄的受弯构件，如纵向受拉钢筋必须在受拉区截断时，尚应按斜截面受弯承载力进行计算。

（1）保证截断钢筋强度的充分利用　考虑到在切断钢筋的区段内，由于纵向受拉钢筋的销栓剪切作用常撕裂混凝土保护层而降低粘结作用，使延伸段内钢筋的粘结受力状态比较不利，特别是在弯矩和剪力均较大、切断钢筋较多时，将更为明显。因此，为了保证截断钢筋能充分利用其强度，就必须将钢筋从其强度充分利用截面向外延伸一定的长度 l_{d1}，依靠这段长度与混凝土的粘结锚固作用维持钢筋有足够的拉力。

（2）保证斜截面受弯承载力　结构设计中，应从上述两个条件中选用较长的外伸长度作为纵向受力钢筋的实际延伸长度 l_d，以确定其真正的切断点。《混凝土结构设计规范》（GB 50010—2010）规定：钢筋混凝土连续梁、框架梁支座截面的负弯矩钢筋不宜在受拉区截断。当必须截断时，其延伸长度可按表 13-12 中 l_{d1} 和 l_{d2} 中取外伸长度较大者确定。其中，l_{d1} 是从"充分利用该钢筋强度的截面"延伸出的长度；l_{d2} 是从"按正截面承载力计算不需要该钢筋的截面"延伸出的长度。l_a 为受拉钢筋的锚固长度，d 为钢筋的公称直径，h_0 为截面的有效高度。

表 13-12　负弯矩钢筋的延伸长度

截 面 条 件	充分利用截面伸出 l_{d1}	计算不需要截面伸出 l_{d2}
$V \leqslant 0.07f_tbh_0$	$1.2l_a$	$20d$
$V > 0.07f_tbh_0$	$1.2l_a + h_0$	$20d$ 且 h_0
$V > 0.07f_tbh_0$ 且截断点仍位于负弯矩受拉区内	$1.2l_a + 1.7h_0$	$20d$ 且 $1.3h_0$

【工程案例解析——福州小城镇住宅楼梁 L₂、板 LB₆ 设计】

1. 梁 L_2 设计

福州小城镇梁 L_2 的计算简图如图 3-44 所示，安全等级为二级，设计使用年限 50 年，处于一类环境，承受永久荷载标准值为 $g_k = 8.261 \text{kN/m}$，可变荷载标准值为 $q_k = 6.536 \text{kN/m}$。选用 C30 混凝土和 HRB400 级钢筋，确定梁 L_2 的钢筋布置。

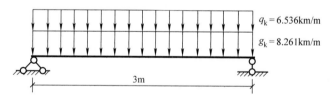

图 13-44　L_2 的计算简图

（1）确定基本数据

C30 混凝土 $f_c = 14.3 \text{N/mm}^2$，$f_t = 1.43 \text{N/mm}^2$

HRB400 级钢筋 $f_y = 360 \text{N/mm}^2$

$\alpha_1 = 1.0$，$\xi_b = 0.518$；$\gamma_0 = 1.0$

$\rho_{min} = 0.2\% > 0.45 \dfrac{f_t}{f_y} = 0.45 \times \dfrac{1.43}{360} = 0.18\%$

（2）截面尺寸

$h = 200 \text{mm} \times 300 \text{mm}$，则 $h_0 = h - 45 = 255 \text{mm}$

（3）确定荷载设计值

$q = 1.3 \times g_k + 1.5 \times 1.0 \times q_k = (1.3 \times 8.261 + 1.5 \times 1.0 \times 6.536) \mathrm{kN \cdot m} = 20.5433 \mathrm{kN \cdot m}$

（4）配筋计算

跨中最大弯矩设计值：$M = \dfrac{1}{8} q l_0^2 = \left(\dfrac{1}{8} \times 20.5433 \times 3^2\right) \mathrm{kN \cdot m} = 23.111 \mathrm{kN \cdot m}$

系数法计算：$\alpha_s = \dfrac{\gamma_0 M}{\alpha_1 f_c b h_0^2} = \dfrac{1.0 \times 23.111 \times 10^6}{1.0 \times 14.3 \times 200 \times 255^2} = 0.124$

$$\xi = 1 - \sqrt{1 - 2\alpha_s} = 1 - \sqrt{1 - 2 \times 0.124} = 0.133 < \xi_b = 0.518$$

$$A_s = \dfrac{\xi \alpha_1 f_c b h_0}{f_y} = \dfrac{0.133 \times 1.0 \times 14.3 \times 200 \times 255}{360} \mathrm{mm^2} = 270 \mathrm{mm^2}$$

选择 2Φ14　实际 $A_s = 308 \mathrm{mm^2}$

（5）验证适用条件

$A_s = 308 \mathrm{mm^2} > \rho_{\min} bh = (0.20\% \times 200 \times 300) \mathrm{mm^2} = 120 \mathrm{mm^2}$ 符合适用条件。

（6）确定剪力设计值

$$V = \dfrac{1}{2} q l_n = \left(\dfrac{1}{2} \times 20.5433 \times 2.7\right) \mathrm{kN} = 27.73 \mathrm{kN}$$

（7）验算截面尺寸是否符合要求

$$\dfrac{h_w}{b} = \dfrac{h_0}{b} = \dfrac{255}{200} = 1.275 < 4$$

$0.25 \beta_c f_c b h_0 = (0.25 \times 1.0 \times 14.3 \times 200 \times 255) \mathrm{kN} = 182 \mathrm{kN} > V = 27.73 \mathrm{kN}$

截面尺寸满足要求。

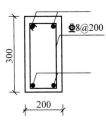

图 13-45

（8）判断是否需按计算配置腹筋

$\alpha_{cv} f_t b h_0 = (0.7 \times 1.43 \times 200 \times 255) \mathrm{kN} = 51 \mathrm{kN} > V = 27.73 \mathrm{kN}$，需按构造配置腹筋。

选择 Φ8@200 的箍筋满足要求。截面配筋图如图 13-45 所示。

2. 板 LB_6 设计

福州小城镇板 LB_6 的计算简图如图 13-46 所示，安全等级为二级，设计使用年限 50 年，处于一类环境，承受永久荷载标准值为 $g_k = 3.341 \mathrm{kN/m}$，可变荷载标准值为 $q_k = 2.5 \mathrm{kN/m}$。选用 C30 混凝土和 HRB400 级钢筋，确定板 LB_6 的钢筋布置。

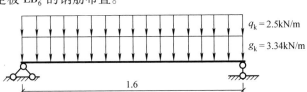

图 13-46　LB_6 的计算简图

（1）确定基本数据

C30 混凝土 $f_c = 14.3 \mathrm{N/mm^2}$，$f_t = 1.43 \mathrm{N/mm^2}$

HRB400 级钢筋 $f_y = 360 \mathrm{N/mm^2}$

$\alpha_1 = 1.0; \xi_b = 0.518; \gamma_0 = 1.0$

$$\rho_{min} = 0.2\% > 0.45 \frac{f_t}{f_y} = 0.45 \times \frac{1.43}{360} = 0.18\%$$

（2）截面尺寸

$h = 80mm$，则 $h_0 = (80 - 20)mm = 60mm$；选择1m宽的板带做为研究对象，则 $b = 1000mm$

（3）确定荷载设计值

$q = 1.3 \times g_k + 1.5 \times 1.0 \times q_k = (1.3 \times 3.34 + 1.5 \times 1.0 \times 2.5)kN \cdot m = 8.092kN \cdot m$

（4）配筋计算

跨中最大弯矩设计值：$M = \frac{1}{8}ql_0^2 = \left(\frac{1}{8} \times 8.092 \times 1.6^2\right)kN \cdot m = 2.589kN \cdot m$

◆ 系数法计算

$$\alpha_s = \frac{\gamma_0 M}{\alpha_1 f_c b h_0^2} = \frac{1.0 \times 2.589 \times 10^6}{1.0 \times 14.3 \times 1000 \times 60^2} = 0.05$$

$$\xi = 1 - \sqrt{1 - 2\alpha_s} = 1 - \sqrt{1 - 2 \times 0.05} = 0.0513 < \xi_b = 0.518$$

$$A_s = \frac{\xi \alpha_1 f_c b h_0}{f_y} = \frac{0.0513 \times 1.0 \times 14.3 \times 1000 \times 60}{360}mm^2 = 123mm^2$$

选择Φ8@200 实际 $A_s = 251mm^2$

（5）验证适用条件

$A_s = 251mm^2 > \rho_{min}bh = (0.20\% \times 1000 \times 80)mm^2 = 160mm^2$

符合适用条件。分布钢筋选择Φ8@200，截面配筋图如图13-47所示。

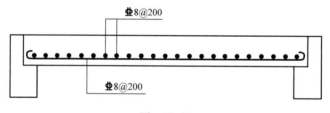

图 13-47

第六节　受弯构件的变形验算

一、概述

钢筋混凝土结构设计除应进行承载能力极限状态计算外，还应根据结构构件的工作条件和使用要求，进行正常使用极限状态验算，以保证结构构件的适用性、美观和适当的耐久性。例如，楼盖中梁板变形过大会造成粉刷剥落；支承轻质隔墙（如石膏板）的大梁变形过大会造成墙体开裂；工厂中吊车梁变形过大会妨碍吊车正常行驶，甚至发生安全事故。钢筋混凝土构件裂缝宽度过大会影响观瞻，并引起使用者的不安；在有侵蚀性液体或气体作用时，裂缝的发展会降低混凝土的抗渗性和抗冻性，使钢筋迅速锈蚀，从而严重影响其耐久性。

正常使用极限状态验算包括裂缝宽度验算及变形验算。与承载能力极限状态相比，超过正常使用极限状态所造成的危害性和严重性往往要小一些，因而对其可靠性的保证率可适当放宽一些，目标可靠指标可低一些。因此，在进行正常使用极限状态的计算中，荷载采用标准值，材料强度也采用标准值而不是设计值。

受弯构件的挠度应该满足下列条件：

$$f_{\max} \leqslant [f] \tag{13-24}$$

式中 $f_{\max}$——受弯构件的最大挠度，应按照荷载效应的标准组合并考虑长期作用影响进行计算；

  $[f]$——受弯构件的挠度限值，按表 11-10 采用。

二、受弯构件的挠度验算

在材料力学中，对于简支梁挠度计算的一般公式为：

$$f = s \frac{M l_0^2}{EI} \tag{13-25}$$

式中 f——梁跨中的最大挠度；

  M——梁跨中的最大弯矩；

  EI——截面抗弯刚度；

  s——与荷载形式有关的荷载效应系数，例如均布荷载时，$s = 5/48$；

  l_0——梁的计算跨度。

当梁的截面尺寸及材料给定时，抗弯刚度 EI 为常数，挠度 f 与弯矩 M 为线性关系。但实际上，钢筋混凝土属于弹塑性材料，且存在裂缝，梁的弯矩与挠度（M-f）的关系曲线如图 13-48（实线）所示。初加荷载时，M-f 为直线变化，说明抗弯刚度为常数，可以取为 $E_c I_c$（E_c 为混凝土的弹性模量，I_c 为换算截面惯性矩）；裂缝出现后，M-f 曲线出现转折，f 的增长比 M 增长快，说明刚度随受拉区裂缝的开展而逐渐降低；当钢筋屈服后（$M > M_y$），裂缝显著开展，M 增加很少而 f 却激增。这种现象说明，钢筋混凝土受弯构件的刚度是一个变量。同时，构件在荷载长期作用下，由于混凝土徐变等因素，构件的刚度还将随时间的增长而降低。

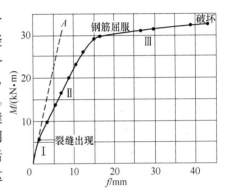

图 13-48 受弯构件的变形曲线

受弯构件正常使用极限状态的挠度，可根据考虑长期荷载作用的刚度 B，用结构力学的方法进行计算，用 B 来代替 EI，这样可以得到受弯构件的挠度计算公式为：

$$f_{\max} = s \frac{M_k l_0^2}{B} \leqslant [f] \tag{13-26}$$

因此，钢筋混凝土受弯构件的挠度计算问题，关键在于截面抗弯刚度的取值。混凝土受弯构件的变形验算中所用到的截面抗弯刚度，是指构件上一段长度范围内的平均截面抗弯刚度（以下简称刚度）；考虑到荷载作用时间的影响，这个刚度分为短期刚度 B_s 和长期刚度 B，且两者都随弯矩的增大而减小，随配筋率的降低而减小。因此，采用沿长度方向最小刚度原则：即在弯矩同号区段内，按最大弯矩截面确定的刚度值为最小，并认为弯矩同号区段内的刚度相等。

1. 短期刚度 B_s

钢筋混凝土受弯构件在荷载效应的标准组合作用下的刚度 B_s 简称短期刚度，《混凝土结构设计规范》（GB 50010—2010）规定，钢筋混凝土受弯构件和预应力混凝土受弯构件的短期刚度 B_s，可按下式计算：

$$B_s = \frac{E_s A_s h_0^2}{1.15\psi + 0.2 + 6\rho\alpha_E} \tag{13-27}$$

式中 α_E——钢筋的弹性模量和混凝土的弹性模量的比值，$\alpha_E = E_s / E_c$

  ψ——裂缝间纵向受拉钢筋应变不均匀系数，按下式计算：

$$\psi = 1.1 - 0.65 \frac{f_{tk}}{\rho_{te}\sigma_{sk}} \tag{13-28}$$

当 $\psi < 0.2$ 时，取 $\psi = 0.2$；当 $\psi > 1$ 时，取 $\psi = 1$；

式中 f_{tk}——混凝土强度标准值；

    ρ_{te}——按有效受拉混凝土截面积计算的纵向受拉钢筋配筋率，对矩形截面可按下式计算：

$$\rho_{te} = \frac{A_s}{A_{te}} = \frac{A_s}{0.5bh} \tag{13-29}$$

式中 σ_{sk}——按荷载效应的标准组合计算的构件纵向受拉钢筋的应力，按下式计算：

$$\sigma_{sk} = \frac{M_k}{0.87h_0 A_s} \tag{13-30}$$

式中 M_k——按荷载效应的标准组合计算的弯矩，取计算最大区段内的最大弯矩。

2. 长期刚度 B

在荷载长期作用下，受压混凝土将发生徐变，即荷载不增加而变形却随时间增长。在配筋率不高的梁中，由于裂缝间受拉混凝土的应力松弛以及钢筋的滑移等因素，使受拉混凝土不断退出工作，因而受拉钢筋平均应变和平均应力也将随时间而增大。同时，由于裂缝不断向上发展，使其上部原来受拉的混凝土退出工作，以及由于受压混凝土的塑性发展，使内力臂减小，也将引起钢筋应变和应力的某些增大。以上这些原因都会导致挠度增大、刚度降低。此外，由于受拉区与受压区混凝土的收缩不一致，使梁发生翘曲，也会导致曲率的增大和刚度的降低。凡是影响混凝土徐变和收缩的因素都将影响刚度的降低，使构件挠度增大。

对于受弯构件的变形计算，《混凝土结构设计规范》（GB50010-2010）规定按荷载标准组合并考虑荷载长期效应影响的刚度 B 进行计算，并建议用荷载准永久组合对挠度增大的影响系数来考虑荷载长期效应对刚度的影响。

$$B = \frac{M_k}{M_q(\theta - 1) + M_k} B_s \tag{13-31}$$

式中 M_q——按荷载效应的准永久组合计算的弯矩；

    θ——考虑荷载长期作用对挠度增大的影响系数；

$$\theta = 2 - 0.4\frac{\rho'}{\rho} \geq 1.6 \tag{13-32}$$

式中 ρ'——受压钢筋配筋率，$\rho' = \frac{A'_s}{bh_0}$

经过计算，当不满足式（13-26）的要求时，表示受弯构件的刚度不足，应设法予以提高。理论上讲，提高混凝土强度等级，增加纵向钢筋的数量，选择合理的截面形状（如 T 形、I 形等）都能提高梁的抗弯刚度，但效果最为显著的是增加梁的截面高度。

例 13-7 某矩形截面简支梁，截面尺寸如图 13-49 所示，梁的计算跨度 $l_0 = 6m$，承受均布荷载，永久荷载标准值 $g_k = 13kN/m$（包含梁自重），可变荷载标准值 $q_k = 7kN/m$，准永久值系数 $\varphi_q = 0.4$，由正截面受弯承载力计算配

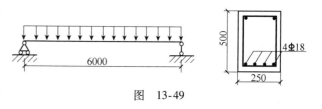

图 13-49

置 4 ⊉18 的纵向受力钢筋（$A_s = 1017mm^2$），混凝土强度等级为 C25，钢筋为 HRB335，环境类别一类，安全等级二级，梁的允许挠度 $[f] = l_0/200$。试验算该梁的挠度。

解：（1）确定基本数据

C25 混凝土：$E_c = 2.8 \times 10^4 N/mm^2$，$f_{tk} = 1.78 N/mm^2$。

HRB335 钢筋：$E_s = 2 \times 10^5 N/mm^2$

纵向受力钢筋一层布置：$h_0 = h - 45 = (500 - 45)\text{mm} = 455\text{mm}$

（2）计算梁内最大弯矩

按荷载效应标准组合作用下的跨中最大弯矩为：

$$M_k = \frac{1}{8}(g_k + q_k)l_0^2 = \left[\frac{1}{8} \times (13 + 7) \times 6^2\right]\text{kN} \cdot \text{m} = 90\text{kN} \cdot \text{m}$$

按荷载效应准永久组合作用下的跨中最大弯矩为：

$$M_k = \frac{1}{8}(g_k + \varphi_q q_k)l_0^2 = \left[\frac{1}{8} \times (13 + 0.4 \times 7) \times 6^2\right]\text{kN} \cdot \text{m} = 71.1\text{kN} \cdot \text{m}$$

（3）计算短期刚度 B_s

计算系数 ψ：$\sigma_{sk} = \dfrac{M_k}{0.87h_0 A_s} = \left(\dfrac{90 \times 10^6}{0.87 \times 455 \times 1017}\right)\text{N/mm}^2 = 224\text{N/mm}^2$

$$\rho_{te} = \frac{A_s}{A_{te}} = \frac{A_s}{0.5bh} = \frac{1017}{0.5 \times 250 \times 500} = 0.0163$$

$$\psi = 1.1 - 0.65\frac{f_{tk}}{\rho_{te}\sigma_{sk}} = 1.1 - 0.65 \times \frac{1.78}{0.0163 \times 224} = 0.783$$

$$\alpha_E = E_s/E_c = 2 \times 10^5/2.8 \times 10^4 = 7.14 \qquad \rho = \frac{A_s}{bh_0} = \frac{1017}{250 \times 455} = 0.0089$$

$$B_s = \frac{E_s A_s h_0^2}{1.15\psi + 0.2 + 6\rho\alpha_E} = \left(\frac{2 \times 10^5 \times 1017 \times 455^2}{1.15 \times 0.783 + 0.2 + 6 \times 0.0089 \times 7.14}\right)\text{N} \cdot \text{mm}^2 = 2.842 \times 10^{13}\text{N} \cdot \text{mm}^2$$

（4）计算长期刚度 B

$$\rho' = 0，则：\theta = 2 - 0.4\frac{\rho'}{\rho} = 2$$

$$B = \frac{M_k}{M_q(\theta - 1) + M_k}B_s = \frac{90}{71.1 \times (2 - 1) + 90} \times 2.842 \times 10^{13} = 1.588 \times 10^{13}$$

（5）验算该梁的挠度

$$f_{max} = s\frac{M_k l_0^2}{B} = \left(\frac{5}{48} \times \frac{90 \times 10^6 \times 6000^2}{1.588 \times 10^{13}}\right)\text{mm} = 21.25\text{mm} \leqslant [f] = \frac{l_0}{200} = \left(\frac{6000}{20}\right)\text{mm} = 30\text{mm}$$

满足要求。

第七节　受弯构件裂缝宽度验算

《混凝土结构设计规范》（GB 50010—2010）根据环境类别将钢筋混凝土和预应力混凝土结构的裂缝控制等级划分为三级：

一级——严格要求不出现裂缝的构件，按荷载效应标准组合计算时，构件受拉边缘混凝土不应产生拉应力。

二级——一般要求不出现裂缝的构件，按荷载效应标准组合计算时，构件受拉边缘混凝土拉应力不应大于混凝土轴心抗拉强度标准值，按荷载效应准永久组合计算时，构件受拉边缘混凝土不宜产生拉应力（当有可靠经验时可适当放松）。

三级——允许出现裂缝的构件，按荷载效应的标准组合并考虑长期作用影响计算时，构件的最大裂缝宽度不应超过最大裂缝宽度限值 ω_{lim} 值。

ω_{lim}——最大裂缝宽度限值，按表 13-13 采用，它是根据结构构件所处的环境类别确定的。

表 13-13　结构构件的裂缝控制等级及最大裂缝宽度限值 　　（单位：mm）

环 境 类 别	钢筋混凝土结构		预应力混凝土结构	
	裂缝控制等级	$\omega_{\lim}$	裂缝控制等级	$\omega_{\lim}$
一	三	0.3（0.4）	三	0.2
二	三	0.2	二	—
三	三	0.2	一	—

注：1. 表中的规定适用于采用热轧钢筋的钢筋混凝土构件和采用预应力钢丝、钢绞线及热处理钢筋的预应力混凝土构件；当采用其他类别的钢丝或钢筋时，其裂缝控制要求可按专门标准确定。
　　2. 对处于年平均相对湿度小于 60% 地区一类环境下的受弯构件，其最大裂缝宽度限值可采用括号内的数值。
　　3. 在一类环境下，对钢筋混凝土屋架、托架及需作疲劳验算的吊车梁，其最大裂缝宽度限值应取为 0.2mm；对钢筋混凝土屋面梁和托梁，其最大裂缝宽度限值应取为 0.3mm。
　　4. 在一类环境下，对预应力混凝土屋面梁、托梁、屋架、托架、屋面板和楼板，应按二级裂缝控制等级进行验算；在一类和二类环境下，对需作疲劳验算的预应力混凝土吊车梁，应按一级裂缝控制等级进行验算。
　　5. 表中规定的预应力混凝土构件的裂缝控制等级和最大裂缝宽度限值仅适用于正截面的验算。
　　6. 对于烟囱、筒仓和处于液体压力下的结构构件，其裂缝控制要求应符合专门标准的有关规定。
　　7. 对于处于四、五类环境下的结构构件，其裂缝控制要求应符合专门标准的有关规定。
　　8. 表中的最大裂缝宽度限值用于验算荷载作用引起的最大裂缝宽度。

钢筋混凝土受弯构件的裂缝有两种：一种是由于混凝土的收缩或温度变形引起；另一种是由荷载引起。对于前一种裂缝，主要是采取控制混凝土浇筑质量，改善水泥性能，选择合理的级配成分，设置伸缩缝等措施解决，不需要进行裂缝的宽度验算。对于后一种裂缝，由于混凝土的抗拉强度很低，当荷载还比较小时，构件受拉区就会开裂，因此大多数钢筋混凝土构件都是带裂缝工作的。但如果裂缝过大，会使钢筋暴露在空气中氧化锈蚀，从而降低结构的耐久性，并且裂缝的出现和扩展还降低了构件的刚度，从而使变形增大，甚至影响正常使用。

影响裂缝宽度的主要因素如下：

1）纵向钢筋的拉应力。裂缝宽度与钢筋应力大致呈线形关系。

2）纵向钢筋的直径。在构件内纵向受拉钢筋的面积相同的情况下，采用细而密的钢筋可以增加钢筋与混凝土的接触面积，使粘结力增大，裂缝宽度变小。

3）纵向钢筋的表面形状。变形钢筋由于与混凝土面有较大的粘结力，所以裂缝宽度较光面钢筋的小。

4）纵向钢筋的配筋率。配筋率越大，裂缝宽度越小。

5）保护层厚度。保护层厚度越大，钢筋距离混凝土边缘的距离越大，对边缘混凝土的约束力越小，混凝土的裂缝宽度越大。

当裂缝宽度较大，构件不能满足最小裂缝宽度限值时，可考虑以下措施减小裂缝宽度：

1）增大配筋量。

2）在钢筋截面面积相同的情况下，采用较小直径的钢筋。

3）采用变形钢筋。

4）提高混凝土强度等级。

5）增大构件截面尺寸。

6）减小混凝土保护层厚度。

其中，采用较小直径的变形钢筋是减小裂缝宽度的最简单而经济的措施。

《混凝土结构设计规范》（GB 50010—2010）规定，最大裂缝宽度 $\omega_{\max}$ 按下式计算：

$$\omega_{\max} = \alpha_{cr}\psi\frac{\sigma_{sk}}{E_s}\left(1.9c_s + 0.08\frac{d_{eq}}{\rho_{te}}\right) \tag{13-33}$$

式中　α_{cr}——构件受力特征系数，钢筋混凝土受弯、偏压构件 $\alpha_{cr}=1.9$，钢筋混凝土偏拉构件

　　　　　　$\alpha_{cr}=2.4$，钢筋混凝土轴拉构件 $\alpha_{cr}=2.7$；

　　　c_s——最外层纵向受力钢筋外边缘至受拉区底边的距离，当 $c_s<20mm$ 时，取 $c_s=20mm$；

　　　　　　当 $c_s>65mm$ 时，取 $c_s=65mm$；

　　　d_{eq}——受拉区纵向受力钢筋的等效直径，当钢筋直径不同时，$d_{eq}=\dfrac{4A_s}{u}$，u 为受拉区纵向

　　　　　　钢筋的总周长；

其他符号意义同前。

例13-8　按例13-6的条件，验算梁的裂缝宽度，允许裂缝宽度 $\omega_{lim}=0.3mm$。

解： 基本数据：$\alpha_{cr}=1.9$，$\psi=0.783$，$\sigma_{sk}=224N/mm^2$，$\rho_{te}=0.0163$，$c_s=20mm$。

$$\omega_{max}=\alpha_{cr}\psi\frac{\sigma_{sk}}{E_s}\left(1.9c_s+0.08\frac{d_{eq}}{\rho_{te}}\right)=\left[1.9\times0.783\times\frac{224}{2\times10^5}\times\left(1.9\times20+0.08\times\frac{18}{0.0163}\right)\right]mm=0.21mm$$

$\omega_{max}=0.21mm<0.3mm$　　　满足要求。

第八节　楼梯的设计

一、楼梯的类型

楼梯是多高层房屋的竖向通道，是房屋的重要组成部分。它的主要构件一般有踏步板、斜梁、平台板和平台梁。次要构件有栏杆（或栏板）、踢脚板等。

楼梯的类型很多，按结构构造可分为板式楼梯、梁式楼梯、悬挑式楼梯和螺旋式楼梯，如图13-50所示。按材料可分为钢楼梯、木楼梯及钢筋混凝土楼梯等。钢筋混凝土楼梯按施工方法又可分为现浇楼梯和预制楼梯。钢筋混凝土楼梯由于经济、耐用、防火性好，因而被广泛应用。

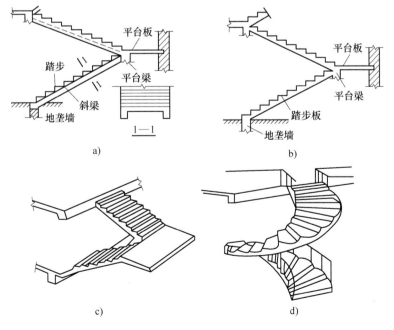

图 13-50　各种形式的楼梯示意图

a) 梁式楼梯　b) 板式楼梯　c) 悬挑式楼梯　d) 螺旋式楼梯

1. 板式楼梯

板式楼梯由梯段、平台梁和平台板组成，梯板是一块斜板，板的两端支承在平台梁上。优点：下表面平整，施工支模方便。缺点：斜板较厚，当跨度较大时，材料用量较多。板式楼梯外观美观，多用于住宅、办公楼、教学楼等建筑，目前跨度较大的公共建筑也多受用。

2. 梁式楼梯

在楼梯斜板侧面设置斜梁，斜梁两端支承在平台梁上，平台梁支承在梯间墙上或柱上，就构成了梁式楼梯。特点：梯段较长时比较经济，但支模及施工都比板式楼梯复杂，外观也显得笨重。

3. 悬挑式楼梯和螺旋式楼梯

悬挑式楼梯，整个楼梯由主体结构的边梁上挑出，其优点是首层休息平台和踏步下的空间可以较好的利用，外形美观轻巧。缺点是受力复杂。螺旋式楼梯，楼梯支模复杂，施工比较困难，材料用量较多，造价高。其多在美观要求较高的公共建筑中采用。

楼梯的结构设计包括以下内容：

1）根据使用要求和施工条件，确定楼梯的结构形式和结构布置。

2）根据建筑类别，按《建筑结构荷载规范》（GB 5009—2012）确定楼梯的活荷载标准值。

3）根据楼梯的组成和传力路线，进行楼梯各部件的内力计算和截面设计。

4）处理好连接部位的构造配筋，绘制施工图。

二、板式楼梯的计算与构造

板式楼体由梯段板、平台板和平台梁组成，梯段板是一块斜放的齿形板，板端支撑在平台梁和楼层梁上，最下端的梯段可支撑在地笼墙上，如图13-51所示。板式楼梯一般适用于梯段板的水平投影在3m以内的楼梯；当荷载较大，且水平投影大于3m时，采用梁式楼梯较为经济。板式楼梯的设计包括梯段板、平台板和平台梁。

1. 梯段板

梯段板可简化为两端支撑在平台梁的简支板，计算跨度取平台梁间的斜长净距 l'_0，它的正截面是与梯段板垂直的，设梯段板单位长度的竖向均布荷载 $p = g + q$，g 为沿斜板斜向单位长度的横荷载化为沿水平单位长度的竖向荷载，q 为沿水平方向的竖向活荷载。单位水平长度的竖向均布荷载 p 可等效转化为沿斜板单位长度上的竖向均布荷载 p'，$p' = pl_0/l'_0 = p\cos\alpha$，其中 l_0 为梯段板的水平净跨长，α 为梯段板与水平线间的夹角。梯段板的计算简图如图13-45所示。

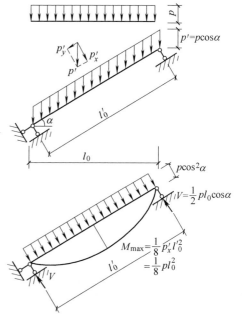

斜板的跨中最大弯矩和支座的最大剪力为：

$$M_{max} = \frac{1}{8}p'_x l'^2_0 = \frac{1}{8}p\cos\alpha\cos\alpha \times \left(\frac{l_0}{\cos\alpha}\right)^2 = \frac{1}{8}pl_0^2$$

(13-34)

$$V_{max} = \frac{1}{2}p'_x l'_0 = \frac{1}{2}p\cos\alpha\cos\alpha \times \frac{l_0}{\cos\alpha} = \frac{1}{2}pl_0\cos\alpha$$

(13-35)

图13-51 梯段板的计算简图

考虑梯段板与平台梁为整体连接，平台梁对梯段板的转动变形有一定的约束作用，梯段板的跨中最大弯矩可近似取：$M_{max} = \frac{1}{10}pl_n^2$（$l_n$ 为梯段板的水平投影净跨长)。

梯段板的其他构造要求：斜板厚一般为水平长度的 $1/30 \sim 1/25$，常用厚度 $100 \sim 120mm$。为避免斜板在支座处产生裂缝，应在板上面布置一定数量的钢筋，一般为 $\phi 8@200$，离支座边缘的距离为 $l_0/4$。梯段板内分布钢筋可采用 $\phi 6$ 或 $\phi 8$，放置在受力钢筋的内侧，每级踏步不少于一根。板式楼梯梯段斜板配筋构造如图 13-52 所示。

2. 平台板

平台板一般设计成单向板，可取 $1m$ 宽板带进行计算。当平台板两边与梁整浇时，考虑梁对板的约束，板中弯矩按下式计算：$M_{max} = \dfrac{1}{10}pl_n^2$（$l_n$ 为平台板的净跨长）。当平台板的一端与平台梁整体连接，另一端支撑在砖墙上时，板跨中弯矩可按下式计算：

$$M_{max} = \frac{1}{8}pl_0^2（l_0 \text{ 为平台板的计算跨度，按表 13-11 取）。}$$

考虑到板支座的转动会受到一定的约束，一般应将板下部钢筋在支座附近弯起一半，或在板面支座处另配钢筋，伸出支撑边缘长度 $l_0/4$，如图 13-53 所示。

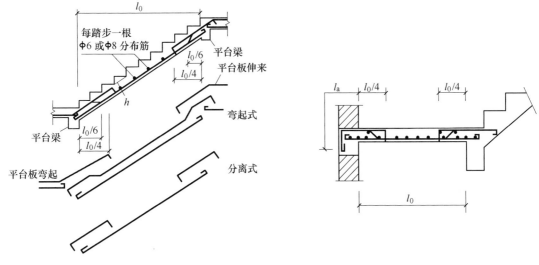

图 13-52 板式楼梯梯段斜板配筋   图 13-53 平台板配筋

3. 平台梁

平台梁承受平台板和梯段斜板传来的均布荷载，其计算和构造与一般受弯构件相同，内力计算时按简支梁计算。

三、梁式楼梯的计算与构造

梁式楼梯由踏步板、斜梁、平台板与平台梁组成，梁式楼梯的踏步板支承在斜梁上，斜梁再支承在平台梁上，其荷载传递路线：

梯段上荷载 →（均布荷载）→ 踏步板 →（均布荷载）→ 斜边梁 →（集中荷载）→ 平台梁 →（集中荷载）→ 侧墙（框架梁）

平台板 →（均布荷载）→ 平台梁

梁式楼梯的计算包括踏步板、斜梁、平台板和平台梁。

1. 踏步板

踏步板两端支承在斜梁上，按两端简支的单向板计算，一般取一个踏步作为计算单元，踏步板为梯形截面，板截面计算高度可近似取平均高度 $h = (h_1 + h_2)/2$，按矩形截面简支梁计算，计算简图如图 13-54 所示。

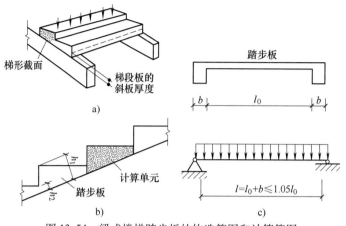

图 13-54 梁式楼梯踏步板的构造简图和计算简图
a）构造简图 b）计算单元 c）计算简图

板厚一般不小于 30~40mm。踏步板配筋除按计算确定外，要求每一踏步一般需配置不少于 2Φ6 的受力钢筋，沿斜向布置的分布钢筋不少于Φ6，间距不大于 300mm。

2. 斜梁

斜梁两端支撑在平台梁上，斜梁的内力计算不考虑平台梁的约束作用，按简支计算，跨中弯矩可近似取 $M_{max} = p l_0{}^2 / 8$。斜梁计算时近似看做矩形截面，截面高度一般取为 $h \geq l_0/20$，斜梁的配筋与一般梁相同。梁式楼梯斜梁配筋构造如图 13-55 所示。

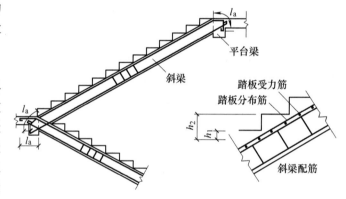

图 13-55 梁式楼梯斜梁配筋示意图

3. 平台板与平台梁

梁式楼梯平台板与平台梁的计算及构造与板式楼梯相同。

第九节 雨篷的设计

一、概述

雨篷、外阳台、挑檐是建筑工程中最常见的悬挑构件。根据悬挑长度的大小，可分为板式结构和梁板式结构布置方案。一般悬挑长度大于 1.5m 时，需设计成有悬挑边梁的梁板式结构；1.5m 以内时，则常设计成板式结构。它们的设计除了与一般梁板式结构相似外，还存在倾覆翻倒的危险，因此，还应进行抗倾覆验算。本节以雨篷为例，讲述其计算和构造要求。

板式雨篷一般由雨篷和雨篷梁组成，如图 13-56 所示。雨篷梁除支承雨篷板外，还兼作门窗过梁，承受上部墙体的重量和楼面梁板或楼梯平台传来的荷载。

梁板式雨篷一般由雨篷板和悬挑边梁组成。悬挑边梁支承雨篷板。

雨篷计算包括三个方面内容：雨篷板的正截面受弯承载力计算；雨篷梁、悬挑边梁在弯矩、剪力和扭矩共同作用下的承载力计算；雨篷抗倾覆验算。

二、雨篷计算

1. 雨篷板的计算

雨篷板的荷载有恒荷载（包括自重、粉刷等）、雪荷载、均布活荷载，以及施工或检修集中荷载。以上荷载中，雨篷均布活荷载与雪荷载不同时考虑，取两者中较大值；施工或检修集中荷载按作用于板悬臂端考虑。每一施工或检修集中荷载值为 1.0kN，进行承载力计算时，沿板宽每隔 1.0m 取一个集中荷载；进行倾覆验算时，沿板宽每隔

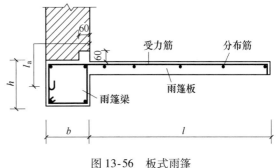

图 13-56　板式雨篷

2.5 ~ 3m 取一个集中荷载。施工集中荷载与均布活荷载不同时考虑。

雨篷板常取 1m 宽进行内力分析，当为板式结构时，其受力特点和一般悬臂板相同，应按恒荷载 g 与均布活荷载 q 组合（图 13-57a）和恒荷载 g 与集中荷载 P 组合（图 13-57b）分别计算内力，取较大的弯矩值进行正截面受弯承载力计算，计算截面取在梁截面外边缘，即雨篷板根部截面。

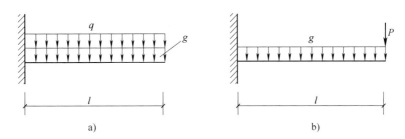

图 13-57　雨篷板的计算简图

a）恒荷载与均布活荷载的组合　b）恒荷载与集中荷载组合

对于梁板式结构的雨篷，其受力特点与一般梁板结构相同。

2. 雨篷梁的计算

雨篷梁所承受的荷载有自重、雨篷板传来的荷载、梁上砌体重，以及可能计入的楼盖传来的荷载。

如图 13-58 所示，由于雨篷板荷载的作用面不在雨篷梁的竖向对称平面内，故这些荷载对梁产生扭矩。当雨篷板上作用有均布荷载 p 时，板传给梁轴线沿单位板宽方向的扭矩 m_p 为

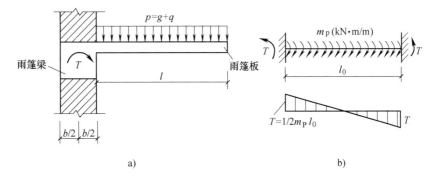

图 13-58　雨篷梁上的扭矩

a）雨篷板传来的扭矩　b）雨篷梁上的扭矩分布

$$m_p = pl\left(\frac{l+b}{2}\right) \tag{13-36}$$

由 m_p 在梁支座处产生的最大扭矩为：$T = m_p l_0 / 2$ (13-37)

式中　l_0——雨篷梁的计算跨度，可近似取为 $1.05 l_n$（l_n 为梁的净跨）；

　　　　l——雨篷板的悬挑长度；

　　　　b——雨篷梁的宽度。

雨篷梁在自重、梁上砌体重等荷载作用下产生弯矩和剪力；在雨篷板荷载作用下不仅产生扭矩，还产生弯矩和剪力。因此，雨篷梁是受弯、受剪和受扭的构件。

雨篷梁应按受弯、剪、扭构件计算所需纵向钢筋和箍筋的面积，并满足构造要求。

3. 雨篷抗倾覆验算

雨篷板上的荷载将绕雨篷梁底的计算倾覆 O 点产生倾覆力矩。而梁上自重、梁上砌体重等荷载将产生绕 O 点抗倾覆力矩，如图 13-59 所示。《砌体结构设计规范》（GB 50003—2011）取计算倾覆点 O 位于墙外边缘的内侧，其距离为 $x_0 = 0.13l$。要求满足：

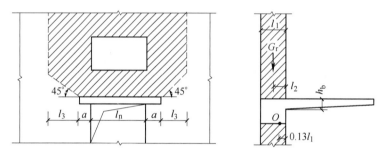

图 13-59　雨篷的抗倾覆荷载

$$M_r \geqslant M_{OV} \tag{13-38}$$

式中　M_{OV}——雨篷板的荷载设计值对计算倾覆点产生的倾覆力矩；

　　　　M_r——雨篷的抗倾覆力矩设计值，$M_r = 0.8 G_r (l_2 - x_0)$；

　　　　G_r——雨篷的抗倾覆荷载，为雨篷梁尾端上部 45° 扩散角范围（其水平长度为 l_s）内的砌体与楼面恒荷载标准值之和，不考虑楼面活荷载；

　　　　l_2——作用点至墙外边缘的距离，$l_2 = l_1 / 2$。

当式（13-38）不满足时，可适当增加雨篷梁两端埋入砌体的支承长度，以增大抗倾覆的能力，或者采用其他拉结措施。

三、雨篷板、梁的构造

一般雨篷板的挑出长度为 $0.6 \sim 1.2m$ 或更长，视建筑要求而定。根据雨篷板为悬臂板的受力特点，可设计成变厚度板，一般取根部板厚为 1/10 挑出长度，当悬臂长度不大于 500mm 时，板厚不小于 60mm；当悬臂长度不大于 1000mm 时，板厚不小于 100mm；当悬臂长度不大于 1500mm 时，板厚不小于 150mm；端部板厚不小于 60mm。雨篷板周围往往设置凸沿以便能有组织排水。雨篷板受力按悬臂板计算确定，最小不得少于Φ6@200，受力钢筋必须伸入雨篷梁，并与梁中箍筋连接。此外，还必须按构造要求配置分布钢筋，一般不少于Φ6@300，如图 13-60 所示为一悬臂板式雨篷的配筋图。

雨篷梁的宽度一般与墙厚相同，梁的高度按承载力确定。梁两端埋入砌体的长度应考虑雨篷抗倾覆的因素来确定。一般当梁净跨长 $l_n < 1.5m$ 时，梁一端埋入砌体的长度 a 宜取 $a \geqslant 300mm$，当 $l_n \geqslant 1.5m$ 时，宜取 $a \geqslant 500mm$。雨篷梁按弯、剪、扭构件设计配筋，其箍筋必须按受

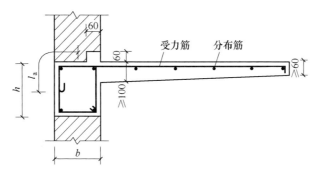

图 13-60　悬臂板式雨篷的配筋图

扭箍筋要求制作。

小　结

一、受弯构件的破坏分为正截面破坏和斜截面破坏。正截面破坏由弯矩引起，斜截面破坏由弯矩和剪力引起。为了保证受弯构件的正常工作需进行正截面承载力设计和斜截面承载力设计。

二、梁、板的构造主要包括材料确定，截面确定，配筋种类，各类钢筋直径、间距、面积等，混凝土保护层厚度等构造，需熟练掌握。

三、单筋矩形截面受弯构件正截面破坏分为少筋破坏、适筋破坏、超筋破坏三种，适筋破坏是一种塑性破坏。适筋梁的破坏分为三个阶段，第三阶段末期作为单筋矩形截面受弯构件正截面承载力计算的依据。

四、单筋矩形截面受弯构件正截面承载力计算公式基于适筋梁破坏得到，掌握其承载力公式及其适用条件。

五、能熟练应用单筋矩形截面受弯构件正截面承载力计算公式进行截面设计和强度校核。

六、受弯构件斜截面破坏分为斜拉破坏、剪压破坏及受压破坏。

七、受弯构件斜截面承载力计算公式基于剪压破坏得到，掌握其承载力公式及其适用条件。

八、纵向钢筋的弯起和截断需满足构造要求。

九、受弯构件需进行变形和裂缝宽度验算。裂缝控制等级分为三级。

十、楼梯根据其传力路径不同分为板式楼梯和梁式楼梯。板式楼梯由梯段板、平台梁和平台板组成；梁式楼梯由踏步板、斜梁、平台梁和平台板组成。这些构件均为受弯构件，这些构件的设计均为受弯构件的设计。

十一、雨篷由雨篷板和雨篷梁组成。二者均为受弯构件，构件设计均为受弯构件的设计。

课后巩固与提升

一、选择题

1. (　　) 作为受弯构件正截面承载力计算的依据。

A. I_a 状态　　　　B. II_a 状态　　　　C. III_a 状态　　　　D. 第 II 阶段

2. 受弯构件正截面承载力计算基本公式的建立是依据 (　　) 破坏形态建立的。

A. 少筋破坏　　　B. 适筋破坏　　　C. 超筋破坏　　　D. 界限破坏

3. 下列哪个条件不能用来判断适筋破坏与超筋破坏的界限 (　　)。

A. $\xi \leqslant \xi_b$ B. $x \leqslant \xi_b h_0$ C. $x \leqslant 2a'_s$ D. $\rho \leqslant \rho_{max}$

4. 提高受弯构件正截面受弯能力最有效的方法是（   ）。

A. 提高混凝土强度等级   B. 增加保护层厚度

C. 增加截面高度   D. 增加截面宽度

5. 混凝土保护层厚度是指（   ）。

A. 纵向钢筋内表面到混凝土表面的距离

B. 纵向钢筋外表面到混凝土表面的距离

C. 箍筋外表面到混凝土表面的距离

D. 纵向钢筋重心到混凝土表面的距离

6. 四边支撑的钢筋混凝土板的长边 l_1 与板的短边 l_2 之比为（   ）时，应按双向板计算。

A. $l_1/l_2 > 2$ B. $l_1/l_2 \leqslant 3$ C. $l_1/l_2 \leqslant 2$ D. $l_1/l_2 > 3$

7. 设计中初定梁的截面尺寸时梁高主要根据（   ）确定的。

A. 梁的支撑条件   B. 所受荷载的大小   C. 梁的跨度   D. 钢筋与混凝土的强度等级

8. 钢筋混凝土梁在正常使用情况下（   ）。

A. 通常是带裂缝工作的

B. 一旦出现裂缝，裂缝贯通全截面

C. 一旦出现裂缝，沿全长混凝土与钢筋间的粘结力丧尽

D. 通常是无裂缝的

二、填空题

1. 梁中的主要配筋包括_____、_____、_____和_____。

2. 板中的主要配筋包括_____、_____和_____。

3. 钢筋混凝土受弯构件正截面设计要保证不发生超筋破坏必须满足_____，要保证不发生少筋破坏必须满足_____；钢筋混凝土受弯构件斜截面设计要保证不发生斜压破坏必须满足_____，要保证不发生斜拉破坏必须满足_____。

三、实训题

钢筋混凝土现浇板的支承条件、尺寸及配筋如图13-61所示，将钢筋正确的画在图13-61板中，并说明两种钢筋的上下位置关系。

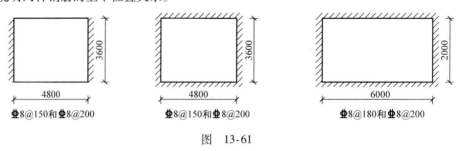

图 13-61

四、简答题

1. 钢筋混凝土梁、板的截面高度应满足哪些要求？

2. 梁板中各有几种钢筋，分别有什么构造要求？

3. 钢筋混凝土受弯构件正截面有几种破坏形态？各有什么特点？

4. 正截面设计计算中如何避免超筋破坏和少筋破坏？

5. 钢筋混凝土受弯构件斜截面有几种破坏形态？各有什么特点？

6. 斜截面设计计算中如何避免斜压破坏和斜拉破坏？

7. 为何要进行正常使用极限状态的验算？应验算哪些内容？分别如何验算？

8. 常见的楼梯有几种类型？各有什么特点？板式楼梯和梁式楼梯各有什么计算要点和构造要求？

9. 雨篷板和雨篷梁有哪些计算要点和构造要求？

五、计算题

1. 已知梁的截面尺寸 $b=250\text{mm}$，$h=500\text{mm}$，混凝等级 C40，采用 HRB400 级钢筋，承受弯矩设计值 $M=300\text{kN}\cdot\text{m}$，结构安全等级二级，环境类别为一类，设计使用年限 50 年。试计算需配置的纵向受力钢筋。

2. 已知某简支钢筋混凝土平板的计算跨度为 $l_0=1.92\text{m}$，板厚 $h=80\text{mm}$，承受均布荷载设计值 $q=4\text{kN/m}^2$，混凝等级 C30，采用 HPB300 级钢筋，结构安全等级二级，环境类别为一类，设计使用年限 50 年。求板的配筋。

3. 某均布荷载作用下的矩形截面简支梁，计算跨度 $l_0=6.06\text{m}$，承受均布荷载设计值 $q=72\text{kN/m}^2$（包括梁的自重），截面尺寸为寸 $b=250\text{mm}$，$h=550\text{mm}$，混凝等级 C30，箍筋采用 HRB400 级钢筋，纵向受拉钢筋一层布置，结构安全等级二级，环境类别为一类，设计使用年限 50 年。求腹筋用量。

4. 某教学楼连廊采用普通梁板结构，平面布置如图 13-62 所示。楼面构造层分别为：20mm 厚水泥砂浆抹面（重力密度 20kN/m³），50mm 厚钢筋混凝土垫层（重力密度 25kN/m³），现浇钢筋混凝土楼板（重力密度 25kN/m³），20mm 厚板底石灰砂浆抹灰（重力密度 17kN/m³）。楼面活荷载 3.5kN/m²，结构安全等级二级，环境类别为一类，设计使用年限 50 年。混凝土 C30，钢筋 HRB400。板以梁为支撑，梁下为 400mm×400mm 柱支撑，设计 B_1。

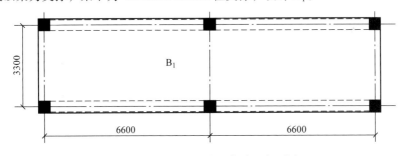

图 13-62　某教学楼连廊平面布置图

5. 某教学楼楼盖平面布置如图 13-63 所示。楼面构造层分别为：30mm 厚水磨石面层（重力密度 22kN/m³），50mm 厚素混凝土垫层（重力密度 23kN/m³），120mm 预制钢筋混凝土楼板（重力密度 25kN/m³），20mm 厚板底石灰砂浆抹灰（重力密度 17kN/m³）。楼面活荷载 2.5kN/m²，结构安全等级二级，环境类别为一类，设计使用年限 50 年。梁的材料：混凝土 C35，钢筋 HRB400。设计楼盖大梁 L_1。

6. 已知某简支梁截面尺寸为寸 $b=200\text{mm}$，$h=450\text{mm}$，混凝土等级 C30，纵向受拉钢筋为 3Φ16 的钢筋，承受的弯矩设计值 $M=65\text{kN}\cdot\text{m}$，环境类别为一类，安全等级为二级，设计使用年限 50 年。验算此截面是否安全。

7. 简支梁如图 13-64 所示，混凝等级 C30，采用 HRB400 级钢筋，环境类别为一类，安全等级为二级，设计使用年限 50 年。求所能承受的均布荷载（包括梁的自重）q。

8. 某钢筋混凝土矩形截面简支梁，计算跨度 $l_0=6.3\text{m}$，截面尺寸 $b\times h=250\text{mm}\times550\text{mm}$，承受永久荷载标准值 $g_k=42\text{kN/m}$（包括自重），可变荷载标准值 $q_k=5\text{kN/m}$，混凝土采用 C30 级，钢筋采用 HRB400，环境类别为一类，安全等级为二级，设计使用年限 50 年。请确定纵向钢

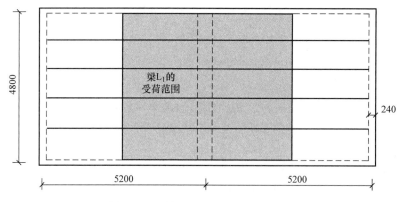

图 13-63 某教学楼楼盖平面布置图

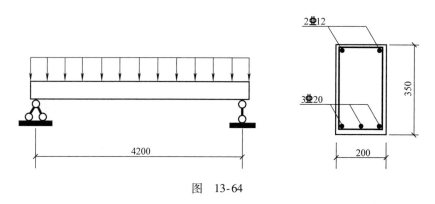

图 13-64

筋和箍筋的数量,并验算该梁的变形及裂缝宽度是否满足要求,画出截面配筋图。

职 考 链 接

1.【单项选择题】下列钢筋混凝土梁正截面破坏的影响因素中,影响最小的是( )。

A. 配筋率　　　　　　B. 箍筋　　　　　　　C. 截面形式　　　　　　D. 混凝土强度

2.【单项选择题】下列因素中,对梁的斜截面破坏影响最大的是( )。

A. 截面尺寸　　　　B. 混凝土强度等级　　C. 配箍率　　　　　　D. 荷载形式

3.【单项选择题】影响钢筋混凝土梁的正截面破坏形式的主要因素是( )。

A. 荷载形式　　　　B. 混凝土强度等级　　C. 截面形式　　　　　　D. 配筋率

E. 箍筋含量

4.【单项选择题】关于钢筋混凝土梁配筋的说法,正确的是( )。

A. 纵向受拉钢筋应布置在梁的受压区

B. 梁的箍筋主要作用是承担剪力和固定主筋位置

C. 梁的箍筋直径最小可采用4mm

D. 当梁的截面高度小于200mm时,不应设置箍筋

第十四章 受压构件承载力计算

以承受轴向压力为主的构件属于受压构件。例如，多层和高层建筑中的框架柱、剪力墙、单层厂房柱、屋架的上弦杆和受压腹杆等均属于受压构件。受压构件在结构中起着重要作用，一旦产生破坏，有可能直接影响整个结构的安全，因此不可忽视受压构件的设计。

当轴向压力的作用线与结构构件的截面重心轴重合时，该结构构件称为轴心受压构件；当轴向压力和弯矩共同作用于结构构件的截面上或轴向压力的作用线与截面重心轴不重合时，该结构构件称为偏心受压构件。偏心受压构件按照偏心力在截面上作用位置的不同又可分为单向偏心受压构件和双向偏心受压构件，如图 14-1 所示。

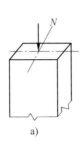  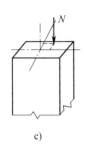

a)   b)   c)

图 14-1 受压构件

a）轴心受压 b）单向偏心受压 c）双向偏心受压

第一节 受压构件的构造

一、材料强度要求

由于混凝土强度等级对受压构件的承载能力影响较大，为了减小构件的截面尺寸，节约钢材，故混凝土强度等级宜采用强度等级较高的混凝土，一般采用 C25 及以上等级的混凝土，对于高层建筑的底层柱，必要时可采用更高强度等级的混凝土。

纵向钢筋一般采用 HRB400 级，也可采用 HRB500、RRB400 级。由于高强度钢筋与混凝土共同受压时，不能充分发挥其作用，故纵向钢筋不宜采用高强度钢筋。

箍筋一般采用 HPB300 级，也可采用 HRB400 级钢筋。

二、截面形式和尺寸

为制作方便，轴心受压构件截面形式多采用正方形或矩形，有时也采用圆形或正多边形。

偏心受压构件截面形式一般采用矩形、工字形、T 形。为了节约混凝土和减轻柱的自重，特别是在装配式柱中，较大尺寸的柱常采用工字形截面。

构件截面尺寸应能满足承载力、刚度、建筑使用和经济等方面的要求。为了使矩形截面受压构件不致因长细比过大而使承载力降低过多，常取 $l_0/b \leqslant 30$，$l_0/h \leqslant 25$，$l_0/d \leqslant 25$。此处 l_0 为柱的计算长度，b 为矩形截面短边边长，h 为矩形截面长边边长，d 为圆形截面直径。构件截面尺寸宜符合模数，800mm 及以下的，取 50mm 的倍数，800mm 以上的，可取 100mm 的倍数。

对于工字形截面，为防止翼缘太薄，使构件过早出现裂缝，翼缘厚度不宜小于 120mm。为避免混凝土浇捣困难，腹板厚度不宜小于 100mm，抗震区使用工字形截面柱时，其腹板宜再加厚些。当腹板开孔时，宜在孔洞周边每边设置 2~3 根直径不小于 8mm 的补强钢筋，每个方向补强钢筋的截面面积不宜小于该方向被截断钢筋的截面面积。

三、纵向受力钢筋

纵向受力钢筋的作用主要是帮助混凝土受压，也可承受温度变化或混凝土收缩产生的拉应力，对于偏心受压柱，纵向受力钢筋还抵抗由偏心压力产生的弯矩。

纵向受力钢筋的直径不宜小于 12mm，通常在 12 ~ 32mm 范围内选用。为了减少钢筋在施工时可能产生的纵向弯曲，纵向受力钢筋宜采用较粗的钢筋。

轴心受压柱中纵向受力钢筋应沿截面的四周均匀放置，矩形截面钢筋根数不得少于 4 根。圆柱中纵向受力钢筋不宜少于 8 根且不应少于 6 根。

偏心受压柱的纵向受力钢筋应放置在偏心方向截面的两边。配筋方式有对称配筋和非对称配筋两种。实际工程中，受压构件常常承受异号弯矩的作用，当弯矩数值相差不大，可采用对称配筋。此外，采用对称配筋不会在施工中产生差错，故有时为方便施工或对于装配式构件采用对称配筋。

纵向受力钢筋的截面面积不能太少，需满足最小配筋率的要求，见表 13-11。同时，受压构件全部纵向受力钢筋的配筋率不宜大于 5%，以免配筋率过大造成施工不便和不经济。

柱中纵向受力钢筋的净距不应小于 50mm，且不宜大于 300mm。在水平位置上浇注的预制柱，其纵向钢筋的最小净距可按照梁的有关规定采用。偏心受压构件中，垂直于弯矩作用平面的侧面的纵向受力钢筋以及轴心受压柱中各边的纵向受力钢筋，其中距不宜大于 300mm。

对于偏心受压柱，当截面高度 $h \geqslant 600mm$ 时，在柱的侧面应设置直径不小于 10mm 的纵向构造钢筋，并相应地设置复合箍筋或拉筋，如图 14-2 所示。

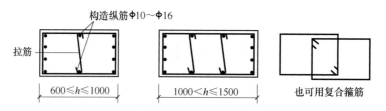

图 14-2 偏心受压柱纵向构造钢筋的设置

四、箍筋

柱中配置箍筋，可以固定纵向受力钢筋，并与其形成钢筋骨架，防止纵向受力钢筋压屈，同时还可提高柱的抗剪承载力。

为防止纵向受力钢筋压曲，柱中箍筋须做成封闭式。对于截面形状复杂的构件，不可采用具有内折角的箍筋，避免产生向外的拉力，致使折角处的混凝土破损，如图 14-3 所示。

箍筋的直径不应小于 $d/4$（d 为纵向受力钢筋的最大直径），且不应小于 6mm。箍筋的间距不应大于 400mm 及构件截面的短边尺寸，且不应大于 15d（d 为纵向受力钢筋的最小直径）。当柱中全部纵向受力钢筋配筋率大于 3% 时，箍筋直径不应小于 8mm，其间距不应大于 10d，且不应大于 200mm，箍筋末端应做成 135°弯钩，弯钩末端平直段长度不应小于 10d（d 为纵向受力钢筋的最小直径）。

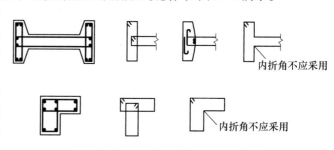

图 14-3 I 形及 L 形截面柱的箍筋形式

当柱截面的短边尺寸大于 400mm 且各边纵向受力钢筋多于 3 根，或当柱截面的短边尺寸不大于400mm但各边纵向受力钢筋多于4根，应设置复合箍筋，如图14-4所示。

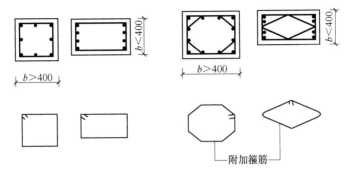

图 14-4　复合箍筋的设置

第二节　轴心受压构件正截面承载力计算

在实际结构中，理想的轴心受压构件几乎不存在。通常由于材料本身的不均匀性、施工的尺寸误差以及荷载作用位置的偏差等原因，很难使轴向压力精确地作用在截面重心上。但是，有些构件，如以恒载为主的等跨多层房屋的内柱、桁架中的受压腹杆等，因为主要承受轴向压力，弯矩很小，一般忽略弯矩的影响，可近似按轴心受压构件计算，如图14-5所示。

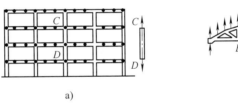
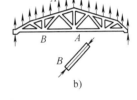

图 14-5　工程中常见的轴心受压构件
a）框架结构房屋柱　b）屋架的受压腹杆

轴心受压柱依据箍筋的配置方式分为普通箍筋柱和螺旋箍筋柱（或焊接环形箍筋柱），如图14-6所示。

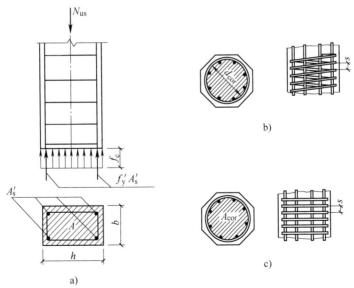

图 14-6　轴心受压柱
a）普通箍筋柱　b）螺旋箍筋柱　c）焊接环形箍筋柱

一、轴心受压柱的受力特点和破坏形态

当柱为矩形截面时,长细比 $l_0/b \leq 8$ 为短柱; $l_0/b > 8$ 为长柱, l_0 为计算长度, b 为截面短边。试验表明,轴心受压短柱与轴心受压长柱的受力特点和破坏形态是不相同的。

1. 轴心受压短柱的受力特点和破坏形态

轴心受压短柱在轴心力作用下,整个截面的压应变沿构件长度基本是均匀分布的。由于钢筋与混凝土之间粘结力的存在,从开始加载直至破坏,使两者的应变基本相同,即混凝土与纵向受力钢筋始终保持共同变形。

当荷载较小时,混凝土和钢筋均处于弹性工作阶段,柱压缩变形的增加与荷载的增加成正比,混凝土压应力和钢筋压应力增加与荷载的增加也成正比。当荷载较大时,由于混凝土塑性变形的发展,压缩变形的增加速度快于荷载增加速度,而钢筋的压应力比混凝土的压应力增加得快,如图 14-7 所示,即钢筋和混凝土之间的应力出现了重分布现象。随着荷载的继续增加,柱中开始出现微细裂缝,在临近破坏荷载时,柱四周出现明显的纵向裂缝,纵向受力钢筋在箍筋间呈灯笼状向外压屈,混凝土达到轴心抗压强度被压碎,柱即破坏,如图 14-8 所示。

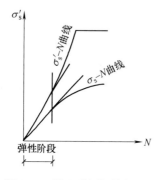

图 14-7 轴心受压短柱的 N-σ

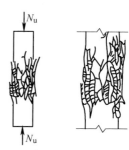

图 14-8 轴心受压短柱的破坏

在构件计算时,通常取混凝土轴心受压的极限应变值为 0.002 为控制条件,认为此时混凝土达到了轴心抗压强度 f_c。相应地,当混凝土被压碎时,纵向钢筋的应力 $\sigma_s = \varepsilon_s E_s \approx 0.002 \times 200000 \mathrm{N/mm^2} = 400 \mathrm{N/mm^2}$。因此,如果构件采用热轧钢筋 HPB300、HRB335、HRB400 和 RRB400 为纵向钢筋,则破坏时其应力已达到屈服强度;如果采用高强钢筋为纵向钢筋,则破坏时其应力达不到屈服强度,不能充分利用。

由以上分析可知,轴心受压短柱在达到承载能力极限状态时的截面应力情况如图 14-9 所示,此时,混凝土应力达到其轴心抗压强度设计值 f_c,受压钢筋应力达到抗压强度设计值 f_y'。

轴心受压短柱的承载力由混凝土承担的压力和钢筋承担的压力两部分组成:

$$N_{us} = f_c A + f_y' A_s' \qquad (14\text{-}1)$$

式中 N_{us}——轴心受压短柱的承载力;

f_c——混凝土轴心抗压强度设计值;

f_y'——纵向钢筋抗压强度设计值;

A——构件截面面积;

A_s'——全部纵向钢筋的截面面积。

2. 轴心受压长柱的受力特点和破坏形态

轴心受压长柱由于材料本身的不均匀性、施工的尺寸误差等原因,存在初始偏心距,加载后在构件中产生附加弯矩和相应的侧向挠度,而侧向挠度又加大了原来的初始偏心距。随着荷载的增加,附加弯矩和侧向挠度不断加大,这样相互影响的结果,最终使轴心受压长柱在轴心压力

和弯矩的共同作用下发生破坏。破坏时，首先在凹侧出现纵向裂缝，随后混凝土被压碎，纵向钢筋压屈向外凸出；凸侧混凝土出现垂直纵轴方向的横向裂缝，侧向挠度迅速增大，构件破坏，如图 14-10 所示。对于特别细长的柱，甚至还可能发生失稳破坏。

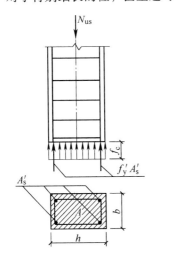

图 14-9 轴心受压短柱截面应力情况

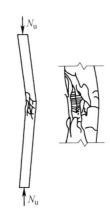

图 14-10 轴心受压长柱的破坏

试验表明，轴心受压长柱的承载力低于同条件下的轴心受压短柱的承载力。《混凝土结构设计规范》（GB 50010—2010）采用降低系数 φ 来反映这种承载力随长细比增大而降低的现象，称为稳定系数。稳定系数主要与构件的长细比有关。轴心受压构件的稳定系数取值见表 14-1。

表 14-1　钢筋混凝土轴心受压构件的稳定系数 φ

l_0/b	≤8	10	12	14	16	18	20	22	24	26	28
l_0/d	≤7	8.5	10.5	12	14	15.5	17	19	21	22.5	24
l_0/i	≤28	35	42	48	55	62	69	76	83	90	97
φ	1.0	0.98	0.95	0.92	0.87	0.81	0.75	0.70	0.65	0.60	0.56
l_0/b	30	32	34	36	38	40	42	44	46	48	50
l_0/d	26	28	29.5	31	33	34.5	36.5	38	40	41.5	43
l_0/i	104	111	118	125	132	139	146	153	160	167	174
φ	0.52	0.48	0.44	0.40	0.36	0.32	0.29	0.26	0.23	0.21	0.19

注：l_0 为柱的计算长度，b 为矩形截面短边边长，h 为矩形截面长边边长，d 为圆形截面直径，i 为回转半径。

轴心受压长柱的承载力：

$$N_{ul} = \varphi N_{us} \qquad\qquad (14-2)$$

式中　　φ——轴心受压构件的稳定系数。

轴心受压柱和偏心受压柱的计算长度 l_0 可按下列规定取用：

1）一般多层房屋中梁柱为刚接的框架结构，各层柱的计算长度 l_0 可按表 14-2 的规定取用。

2）刚性屋盖单层房屋排架柱、露天吊车柱和栈桥柱的计算长度 l_0 具体见《混凝土结构设计规范》（GB 50010—2010）规定。

二、轴心受压构件的基本计算公式

通过以上分析，轴心受压构件正截面承载力设计表达式可统一为：

表 14-2 框架结构各层柱的计算长度 l_0

项 次	楼盖类型	柱的类别	计算长度 l_0
1	现浇楼盖	底层柱	$1.0H$
		其余各层柱	$1.25H$
2	装配式楼盖	底层柱	$1.25H$
		其余各层柱	$1.5H$

注：表中 H 对底层柱为从基础顶面到一层楼面的高度；其余各层柱为上下两层楼盖顶面之间的高度。

$$N \leq N_u = 0.9\varphi(f_c A + f'_y A'_s) \tag{14-3}$$

式中 N——轴向压力设计值；

N_u——轴心受压构件的受压承载力；

0.9——为了保持与偏心受压构件正截面承载力具有相近的可靠度而引入的系数；

φ——轴心受压构件的稳定系数，按表 14-1 取用；

f_c——混凝土轴心抗压强度设计值；

f'_y——纵向钢筋抗压强度设计值；

A——构件截面面积；当纵向钢筋的配筋率大于 3% 时，A 应改用 $(A - A'_s)$ 代替；

A'_s——全部纵向钢筋的截面面积。

三、轴心受压构件的设计

轴心受压构件的设计问题可分为截面设计和截面复核两类。

1. 截面设计

已知轴心压力设计值 N，材料强度设计值 f_c、f'_y，构件的计算长度 l_0。求构件截面尺寸 $b \times h$ 及纵向受压钢筋的面积 A'_s。

由式（14-3）知，仅有一个公式需求解三个未知量（φ、A、A'_s），无确定解，故必须增加或假设一些已知条件。一般可以先假定 $\varphi = 1$，配筋率 $\rho' = 0.6\% \sim 5\%$（一般取 1%），然后代入式（14-3）估算出构件截面面积 A，根据 A 来选定实际的构件截面尺寸。再由长细比 l_0/b 查表 14-1 确定稳定系数 φ，代入式求实际的 A'_s。最后验算是否满足配筋率的要求。

例 14-1 某钢筋混凝土轴心受压柱，计算长度 4.9m，承受轴向力设计值 1580kN，采用 C25 级混凝土和 HRB400 级钢筋，求柱截面尺寸及纵向钢筋截面面积。

解：查表得 $f_c = 11.9\text{N/mm}^2$，$f'_y = 360\text{N/mm}^2$。

（1）估算截面尺寸

假定 $\rho' = \dfrac{A'_s}{A} = 1\%$，$\varphi = 1$，代入式（14-3）得：

$$A \geq \frac{N}{0.9\varphi(f_c + \rho f'_y)} = \left[\frac{1580 \times 10^3}{0.9 \times 1 \times (11.9 + 0.01 \times 360)}\right]\text{mm}^2 = 113262\text{mm}^2$$

取 $b = h = \sqrt{A} = 336.54\text{mm}$

实取 $b = h = 350\text{mm}$，则 $A = 122500\text{mm}^2$。

（2）求稳定系数

$l_0/b = 4900/350 = 14$，查表 14-1 得 $\varphi = 0.92$。

（3）求纵筋面积

$$A'_s \geq \frac{\dfrac{N}{0.9\varphi} - f_c A}{f'_y} = \frac{\dfrac{1580 \times 10^3}{0.9 \times 0.92} - 11.9 \times 122500}{360}\text{mm}^2 = 1251\text{mm}^2$$

实际选配钢筋 4 **Φ** 20（$A_s' = 1256\text{mm}^2$）。

配筋率 $\rho' = 1256/122500 = 1.02\% > \rho_{\min} = 0.55\%$，满足要求。

2. 截面复核

已知构件截面尺寸 $b \times h$ 及纵向受压钢筋的面积 A_s'，材料强度设计值 f_c、f_y'，构件的计算长度 l_0。求柱所能承担的轴心压力设计值。

截面复核比较简单，只需将有关数据代入式（14-3），即能求出柱所能承担的轴心压力设计值。

例 14-2 某钢筋混凝土轴心受压柱 $350\text{mm} \times 350\text{mm}$，计算长度 4.9m，采用 C25 级混凝土和 HRB400 级钢筋，实际选配钢筋 4 **Φ** 20（$A_s' = 1256\text{mm}^2$），求柱所能承担的轴心压力设计值。

解：查表得 $f_c = 11.9\text{N/mm}^2$，$f_y' = 360\text{N/mm}^2$。

（1）求稳定系数

$l_0/b = 4900/350 = 14$，查表 14-1 得 $\varphi = 0.92$。

（2）柱所能承担的轴心压力设计值

$$N_u = 0.9\varphi(f_c A + f_y' A_s') = [0.9 \times 0.92 \times (11.9 \times 122500 + 360 \times 1256)]\text{kN} = 1581\text{kN}$$

第三节　偏心受压构件正截面承载力计算

在工程中，偏心受压构件的应用颇为广泛，如常见的多高层框架柱、单层刚架柱、单层厂房排架柱（图 14-11）；水塔、烟囱的筒壁和屋架、托架的上弦杆等均为偏心受压构件。

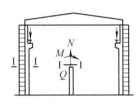

图 14-11 单层厂房柱

一、偏心受压构件的受力性能

按照轴向力的偏心距和纵向钢筋配筋情况的不同，偏心受压构件的破坏可分为受拉破坏和受压破坏两种情况。

1. 受拉破坏

当轴向压力偏心距较大，且受拉钢筋配置不太多时，构件发生受拉破坏。在这种情况下，构件受轴向压力 N 后，离 N 较远一侧的截面受拉，另一侧截面受压，如图 14-12a 所示。当 N 增加到一定程度，首先在受拉区出现横向裂缝，随着荷载的增加，裂缝不断发展和加宽，裂缝截面处的拉应力全部由钢筋承担。荷载继续加大，受拉钢筋首先达到屈服，并形成一条明显的主裂缝，随后主裂缝明显加宽并向受压一侧延伸，受压区高度迅速减小。最后，受压区边缘出现纵向裂缝，受压区混凝土被压碎而导致构件破坏。此时，受压钢筋一般也能屈服，如图 14-12b 所示。由于受拉破坏通常在轴向压力偏心距较大时发生，故习惯上也称为大偏心受压破坏。受拉破坏有明显预兆，属于延性破坏。

2. 受压破坏

当轴向压力偏心距较小，或偏心距较大且配置的受拉钢筋过多时，构件发生受压破坏。

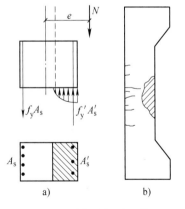

图 14-12 受拉破坏时的截面
应力和受拉破坏形态
a）截面应力 b）受拉破坏形态

当偏心距较大，但纵筋的配筋率很高时，虽然同样是部分截面受拉，但受拉区裂缝出现后，受拉钢筋应力增长缓慢。破坏是由于受压区混凝土到达其抗压强度被压碎，破坏时受压钢筋到达屈服，而受拉一侧钢筋应力未达到其屈服强度，破坏形态与超筋梁相似，如图 14-13a 所示。

当偏心距较小，加荷后整个截面全部受压或大部分受压，如图14-13b所示。受荷后截面大部分受压时，中和轴靠近受拉钢筋。因此，受拉钢筋应力很小，无论配筋率的大小，破坏总是由于受压钢筋屈服，受压区混凝土到达抗压强度被压碎。临近破坏时，受拉区混凝土可能出现细微的裂缝。受荷后全截面受压时，破坏是由于靠近轴力一侧的受压钢筋屈服，混凝土被压碎，距轴力较远一侧的受压钢筋未达到屈服。当偏心距趋近于零时，可能受压钢筋均达到屈服，整个截面混凝土受压破坏，其破坏形态相当于轴心受压构件。

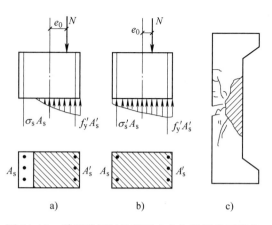

图 14-13　受压破坏时的截面应力和受压破坏形态
a)、b) 截面应力　c) 受压破坏形态

总之，受压破坏形态的特点是由于受压区混凝土达到其抗压强度，距轴力较远一侧的钢筋，无论受拉或受压，一般均未到达屈服，其承载力主要取决于受压区混凝土及受压钢筋，故称为受压破坏，如图14-13c所示。由于受压破坏通常在轴向压力偏心距较小时发生，习惯上也称为小偏心受压破坏。这种破坏缺乏明显的预兆，具有脆性破坏的性质。在截面配筋计算时，一般应避免出现偏心距大而配筋率高的情况。

3. 两类偏心受压破坏的界限

从以上两类偏心受压破坏的特征可以看出，两类破坏的本质区别就在于破坏时受拉钢筋能否达到屈服。若受拉钢筋先屈服，然后是受压区混凝土压碎即为受拉破坏；若受拉钢筋或远离轴向力一侧钢筋无论受拉还是受压均未屈服，则为受压破坏。那么两类破坏的界限应该是当受拉钢筋应力达到屈服强度的同时，受压区混凝土达到极限压应变被压碎，与受弯构件中的适筋破坏与超筋破坏的界限完全相同。此时其相对受压区高度为界限相对受压区高度 ξ_b，与受弯构件的界限相对受压区高度计算公式相同。

当 $\xi \leqslant \xi_b$，属于大偏心受压构件；当 $\xi > \xi_b$，属于小偏心受压构件。

二、N-M 相关曲线

对于给定截面、配筋及材料强度相同但偏心距 e_0 不同的偏心受压构件，进行试验得到破坏时每个构件所承受的不同轴向力和弯矩。如图14-14所示，到达承载能力极限状态时，截面承受的内力设计值 N、M 并不是独立的，而是相关的。轴向力与弯矩对于构件的作用效应存在着叠加和制约的关系。

如图14-14所示，AB 段表示大偏心受压时的 M-N 相关曲线，为二次抛物线，由曲线趋向可以看出，随着轴向压力 N 的增大，会提高截面的抗弯承载力。B 点为受拉钢筋与受压混凝土同时达到其强度值的界限状态，此时偏心受压构件承受的弯矩 M 最大。BC 段表示小偏心受压时的 M-N 曲线，是一条接近于直线的二次函数曲线。由曲线趋向可以看出，在小偏心受压情况下，随着轴向压力的增大，截面所能承担的弯矩反而降低。图中 A 点表示受弯构件的情况，C 点代表轴心受压构件的情况。曲线上任一点 D

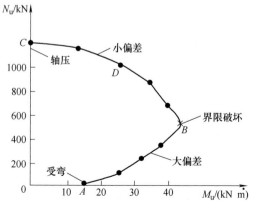

图 14-14　偏心受压构件的 N-M 相关曲线

的坐标代表截面承载力的一种 M 和 N 的组合。如任意点 E 位于图中曲线的内侧，说明截面在该点坐标给出的内力组合下未达到承载能力极限状态，是安全的；若 E 点位于图中曲线的外侧，则表明截面的承载能力不足。

三、长细比对偏心受压构件承载力的影响

在截面和初始偏心距相同的情况下，长柱、短柱、细长柱侧向挠度的大小不同，影响程度会有很大差别，将产生不同的破坏类型，如图 14-15 所示。

对于短柱，侧向挠度 f 与初始偏心距 e_i 相比很小，柱跨中弯矩 $M = N(e_i + f)$ 随轴力 N 的增加基本呈线性增长，直至达到截面承载力极限状态产生破坏，属于材料破坏。因此，对于短柱，可以忽略侧向挠度的影响。

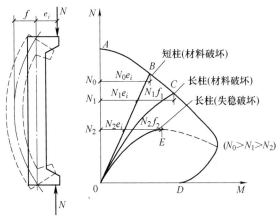

图 14-15　长细比对承载力的影响

对于长柱，侧向挠度与附加偏心距相比已不能忽略，长柱是在侧向挠度引起的附加弯矩作用下发生的材料破坏。图 14-15 中长柱侧向挠度随轴力增大而增大，跨中弯矩 $M = N(e_i + f)$ 的增长速度大于轴力 N 的增长速度，即 M 随轴力 N 的增加呈明显的非线性增长，虽然最终在 M 和 N 的共同作用下达到截面承载力极限状态，但轴向承载力明显低于同样截面和初始偏心距情况下的短柱。因此，对于长柱，在设计中应考虑附加挠度对弯矩增大的影响。

对于细长柱侧向挠度的影响已经很大，在未达到截面承载力极限状态之前，侧向挠度已呈不稳定发展，即柱的轴向荷载最大值发生在 $N—M$ 相关曲线相交之前，这时混凝土及钢筋的应变均未达到其极限值，材料强度并未耗尽，但侧向挠度已出现不收敛的增长，这种破坏为失稳破坏，应进行专门计算。

四、偏心受压构件正截面受压承载力计算中的两个问题

1. 附加偏心距

如前所述，由于混凝土的非均匀性及施工偏差等原因，实际偏心受压构件轴向力的偏心距 e_0 有可能增大或减小，即使轴心受压构件也不存在 $e_0 = 0$。显然，偏心距的增加会使截面的偏心弯矩增大，考虑这种不利影响，现取

$$e_i = e_0 + e_a \tag{14-4}$$

式中　e_i——实际的初始偏心距；

　　　e_0——轴向力的偏心距，$e_0 = M/N$；

　　　e_a——附加偏心距，《混凝土结构设计规范》（GB 50010—2010）规定附加偏心距 e_a 取
　　　　　20mm 和偏心方向截面尺寸的 1/30 两者中的较大值。

2. 弯矩增大系数

由前述分析，对于短柱，可以忽略侧向挠度的影响。故《混凝土结构设计规范》（GB 50010—2010）规定：对于弯矩作用平面内截面对称的偏心受压构件，当同一主轴方向的杆端弯矩比 M_1/M_2 不大于 0.9 且设计轴压比不大于 0.9 时，若构件的长细比满足式（14-5）的要求，可不考虑该方向构件自身挠曲产生的附加弯矩影响；当不满足式（14-5）时，需按截面的两个主轴方向分别考虑构件自身挠曲产生的附加弯矩影响。

$$\frac{l_0}{i} \leqslant 34 - 12\left(\frac{M_1}{M_2}\right) \qquad (14\text{-}5)$$

式中 M_1、M_2——分别为偏心受压构件两端截面按结构分析确定的对同一主轴的弯矩设计值，绝对值较大端为 M_2，绝对值较小端为 M_1，当构件按单曲率弯曲时 M_1/M_2 为正，否则为负；

l_0——偏心受压构件的计算长度，可取偏心受压构件相应主轴方向两支撑点之间的距离；

i——偏心方向的回转半径。

对于长柱、细长柱在设计中应考虑附加挠度对弯矩增大的影响，故引入偏心距调节系数和弯矩增大系数来表示柱端附加弯矩。《混凝土结构设计规范》（GB 50010—2010）规定：除排架结构柱以外的偏心受压构件，在其偏心方向上考虑构件自身挠曲影响（附加弯矩）的弯矩设计值取为：

$$M = C_m \eta_{ns} M_2 \qquad (14\text{-}6)$$

当 $C_m \eta_{ns} < 1.0$ 时，取 $C_m \eta_{ns} = 1.0$；对剪力墙及核心筒墙，可取 $C_m \eta_{ns} = 1.0$。

式中 C_m——偏心距调节系数，按下式计算：

$$C_m = 0.7 + 0.3\frac{M_1}{M_2} \qquad (14\text{-}7)$$

η_{ns}——弯矩增大系数，按下式计算：

$$\eta_{ns} = 1 + \frac{1}{1300\left(\dfrac{M_2}{N} + e_a\right)/h_0}\left(\frac{l_0}{h}\right)^2 \zeta_c \qquad (14\text{-}8)$$

h——截面高度；

h_0——截面有效高度，计算方法与受弯构件类似；

N——与弯矩设计值 M_2 相应的轴向压力设计值；

ζ_c——截面曲率修正系数，当 $\zeta_c > 1.0$ 时，取 $\zeta_c = 1.0$；

$$\zeta_c = \frac{0.5f_c A}{N}$$

式中 A——构件的截面面积。

五、矩形截面偏心受压构件正截面受压承载力计算公式

偏心受压构件与受弯构件正截面受力分析方法相同，仍采用以平截面假定为基础的计算理论，对受压区混凝土采用等效矩形应力图。

1. 矩形截面大偏心受压构件正截面受压承载力计算公式

（1）计算公式 如图 14-16 所示，根据力的平衡条件及各力对受拉钢筋合力点取矩的力矩平衡条件，可以得到下面两个基本计算公式：

$$N = \alpha_1 f_c bx + f_y' A_s' - f_y A_s \qquad (14\text{-}9)$$

$$Ne = \alpha_1 f_c bx\left(h_0 - \frac{x}{2}\right) + f_y' A_s'(h_0 - a_s') \qquad (14\text{-}10)$$

式中 e——轴向压力作用点至受拉钢筋 A_s 合力点之间的距离；

$$e = e_i + \frac{h}{2} - a \qquad (14\text{-}11)$$

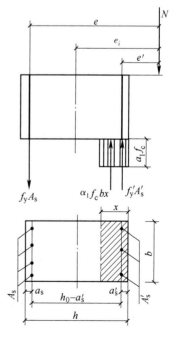

图 14-16 大偏心受压破坏
的截面计算图形

式中　e_i——初始偏心距，见式（14-4）；

　　　N——轴向力设计值；

　　　α_1——混凝土强度调整系数；当混凝土强度等级不超过 C50 时，取 α_1 为 1.0，当混凝土强度等级为 C80 时，取 α_1 为 0.94，其间按线性内插法取用；

　　　x——混凝土受压区计算高度；

A_s、A'_s——纵向受拉钢筋、纵向受压钢筋的截面积；

f_y、f'_y——纵向受拉钢筋、纵向受压钢筋的屈服强度设计值；

　　　a'_s——纵向受压钢筋 A'_s 中心至截面受压区边缘的距离；

　　　h_0——截面有效高度。

（2）公式的适用条件

1）为了保证构件破坏时受拉区钢筋应力先达到屈服强度，要求满足：

$$x \leq x_b = \xi_b h_0 \text{ 或 } \xi \leq \xi_b \tag{14-12}$$

式中　x_b——界限受压区计算高度；

　　　ξ_b——界限相对受压区计算高度。

2）为了保证构件破坏时，受压钢筋应力能达到屈服强度，要求满足：

$$x \geq 2a'_s \tag{14-13}$$

当 $x < 2a'_s$ 时，纵向受压钢筋 A'_s 不能屈服，可取 $x = 2a'_s$，其应力图形如图 14-17 所示。近似认为受压区混凝土所承担的压力的作用位置与受压钢筋承担压力的位置重合，由平衡条件，得

$$Ne' = f_y A_s (h_0 - a_s') \tag{14-14}$$

则有

$$A_s = \frac{Ne'}{f_y A_s (h_0 - a_s')} \tag{14-15}$$

式中　e'——轴向压力作用点至纵向受压钢筋 A'_s 合力点之间的距离。

$$e' = e_i - \frac{h}{2} + a'_s \tag{14-16}$$

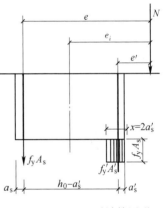

图 14-17　$x = 2a'_s$ 时计算图形

2. 矩形截面小偏心受压构件正截面受压承载力计算公式

（1）计算公式　如图 14-18 所示，根据力的平衡条件及力矩平衡条件，可以得到下面两个基本计算公式：

$$N = \alpha_1 f_c bx + f'_y A'_s - \sigma_s A_s \tag{14-17}$$

$$Ne = \alpha_1 f_c bx \left(h_0 - \frac{x}{2} \right) + f'_y A'_s (h_0 - a_s') \tag{14-18}$$

式中　σ_s——钢筋的应力，可根据截面应变保持平面的假定计算，《混凝土结构设计规范》（GB 50010—2010）可近似取：

$$\sigma_s = \frac{\xi - \beta_1}{\xi_b - \beta_1} f_y \tag{14-19}$$

要求 σ_s 满足 $f'_y \leq \sigma_s \leq f_y$。

式中　β_1——混凝土受压区等效矩形应力图系数，当混凝土强度等级不超过 C50 时，β_1 取 0.8；当混凝土强度等级为 C80 时，β_1 取 0.74，其间按线性内插法确定，与受弯构件正截面承载力计算时等效矩形应力图系数相同。

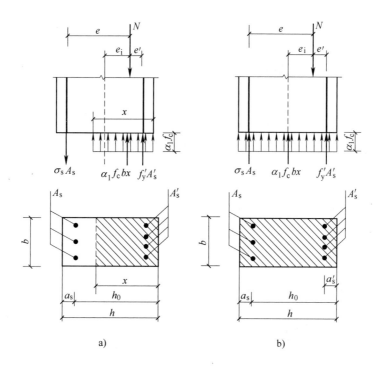

图 14-18 小偏心受压破坏的截面计算图形
a）部分截面受压时截面计算图形 b）全截面受压时计算图形

其他符号含义同大偏心受压构件。

（2）公式的适用条件

1）$x > x_b = \xi_b h_0$，或 $\xi > \xi_b$。

2）$x \leqslant h$ 当 $x > h$，在计算时，取 $x = h$。

对于小偏心受压构件除应计算弯矩作用平面内的受压承载力外，尚应按轴心受压构件验算垂直于弯矩作用平面的受压承载力。

六、对称配筋矩形截面偏心受压构件正截面受压承载力计算

本节主要介绍常见的矩形截面对称配筋（即 $A_s' = A_s$，$f_y = f_y'$，$a_s' = a_s$）的截面设计。

已知截面尺寸 $b \times h$，混凝土的强度等级，钢筋种类（在一般情况下 A_s 及 A_s' 取同一种钢筋），轴向力设计值 N 及弯矩设计值 M，长细比 l_0/h。求钢筋截面面积 A_s 及 A_s'。

1. 大小偏心受压的判别

将 $A_s' = A_s$，$f_y = f_y'$，$a_s = a_s'$ 代入式（14-9），可得

$$N = \alpha_1 f_c b x \tag{14-20}$$

从而可得

$$x = \frac{N}{\alpha_1 f_c b} \tag{14-21}$$

则

$$\xi = \frac{N}{\alpha_1 f_c b h_0} \tag{14-22}$$

当 $x \leqslant x_b = \xi_b h_0$ 或 $\xi \leqslant \xi_b$，属于大偏心受压构件；当 $x > x_b = \xi_b h_0$ 或 $\xi > \xi_b$，属于小偏心受压构件。

2. 大偏心受压构件的计算

当 $2a_s' < x < \xi_b h_0$ 时，将式（14-21）代入式（14-10），则可得钢筋面积：

$$A_s = A'_s = \frac{Ne - \alpha_1 f_c bx \left(h_0 - \dfrac{x}{2} \right)}{f'_y (h_0 - a'_s)} \quad (14\text{-}23)$$

当 $x < 2a'_s$ 时，则表示受压钢筋达不到受拉屈服强度，按式（14-15）计算，使 $A'_s = A_s$，并验算配筋率。

3. 小偏心受压构件的计算

小偏心受压构件的配筋计算可按《混凝土结构设计规范》（GB 50010—2010）近似公式法求解。求解 ξ 的近似公式：

$$\xi = \frac{N - \xi_b \alpha_1 f_c b h_0}{\dfrac{Ne - 0.43 \alpha_1 f_c b h_0^2}{(\beta_1 - \xi_b)(h_0 - a'_s)} + \alpha_1 f_c b h_0} + \xi_b \quad (14\text{-}24)$$

可求得钢筋面积：

$$A'_s = A_s = \frac{Ne - \alpha_1 f_c b h_0^2 \xi (1 - 0.5\xi)}{f'_y (h_0 - a'_s)} \quad (14\text{-}25)$$

最后验算配筋率。

例 14-3 已知某柱截面尺寸 $b \times h = 300\text{mm} \times 500\text{mm}$，柱计算高度 $l_0 = 4.5\text{m}$，承受轴向压力设计值 $N = 860\text{kN}$，沿长边方向作用的柱端较大弯矩 $M_2 = 172\text{kN} \cdot \text{m}$，混凝土强度等级 C30，HRB400 级钢筋，$a_s = a'_s = 40\text{mm}$，采用对称配筋，试求所需纵向钢筋的截面面积 A'_s 和 A_s（假定两端弯矩相等，即 $M_1 / M_2 = 1$）。

解：（1）基本数据

查表可得 $f_c = 14.3\text{N/mm}^2$，$f_y = f'_y = 360\text{N/mm}^2$。

$a_s = a'_s = 40\text{mm}$，则 $h_0 = h - 40 = (500 - 40)\text{mm} = 460\text{mm}$；$\xi_b = 0.518$。

（2）确定设计弯矩 M

$$i = \sqrt{\frac{\frac{1}{12} bh^3}{bh}} = \frac{h}{2\sqrt{3}} = \frac{500}{2\sqrt{3}}\text{mm} = 144.34\text{mm}，则$$

$\dfrac{l_0}{i} = \dfrac{4500}{144.34} = 31.18 > 34 - 12 \left(\dfrac{M_1}{M_2} \right) = 34 - 12 \times 1 = 22$，所以需要考虑附加弯矩的影响。

$$\zeta_c = \frac{0.5 f_c A}{N} = \frac{0.5 \times 14.3 \times 300 \times 500}{860} = 1.247 > 1，取 \zeta_c = 1$$

$$C_m = 0.7 + 0.3 \frac{M_1}{M_2} = 0.7 + 0.3 = 1 > 0.7$$

$$e_a = \frac{h}{30} = \frac{500}{30} = 16.67\text{mm} < 20\text{mm}，取 e_a = 20\text{mm}$$

$$\eta_{ns} = 1 + \frac{1}{1300 \left(\dfrac{M_2}{N} + e_a \right) / h_0} \left(\frac{l_0}{h} \right)^2 \zeta_c$$

$$= 1 + \frac{1}{1300 \times \left(\dfrac{172 \times 10^6}{860 \times 10^3} + 20 \right) / 460} \times \left(\frac{4500}{500} \right)^2 \times 1$$

$$= 1.13$$

柱的弯矩设计值为：

$$M = C_m \eta_{ns} M_2 = (1 \times 1.13 \times 172)\text{kN} \cdot \text{m} = 194.36\text{kN} \cdot \text{m}$$

（3）判别大、小偏心受压

$$\xi = \frac{N}{\alpha_1 f_c b h_0} = \frac{860 \times 10^3}{1 \times 14.3 \times 300 \times 460} = 0.436 < 0.518$$

故为大偏心受压柱。

则

$$x = \xi h_0 = (0.436 \times 460) mm = 200.56 mm > 2a_s' = (2 \times 40) mm = 80 mm$$

（4）求 A_s' 和 A_s

$$e_0 = \frac{M}{N} = \frac{194.36 \times 10^6}{860 \times 10^3} mm = 226 mm$$

$$e_i = e_0 + e_a = (226 + 20) mm = 246 mm$$

$$e = e_i + h/2 - a_s = (246 + 500/2 - 40) mm = 456 mm$$

$$A_s = A_s' = \frac{Ne - \alpha_1 f_c b x \left(h_0 - \frac{x}{2} \right)}{f_y' (h_0 - a_s')}$$

$$= \frac{860 \times 10^3 \times 456 - 1 \times 14.3 \times 300 \times 200.56 \times (460 - 200.56/2)}{360 \times (460 - 40)}$$

$$= 546.7 mm^2 > A_s' = \rho_{min}' b h = (0.002 \times 300 \times 500) mm^2 = 300 mm^2$$

（5）选配钢筋并验算配筋率

每边选配钢筋 2 Φ 20 （$A_s' = A_s = 628 mm^2$）。

验算配筋率：

$$A_s' + A_s = (628 + 628) mm^2 = 1256 mm^2 \quad \rho = \frac{1256}{300 \times 500} = 0.8\% > 0.55\%$$

故满足要求。

【工程案例解析——福州小城镇住宅楼中柱设计】

根据福州小城镇住宅项目的结构图和设计资料可知：

福州小城镇住宅楼项目中 KZ_1 计算简图如图 14-19 所示，一层柱所承受的轴心压力设计值为 $N = (321.3 + 298.35 + 298.35) kN = 918 kN$，底层层高为 4.1m。

设计中采用强度等级为 C30 混凝土和 HRB400 级钢筋。

一层柱设计：

（1）查表得 $f_c = 14.3 N/mm^2$，$f_y = 360 N/mm^2$

（2）估算截面尺寸

本例为现浇楼盖，查表14-2得一层柱的计算长度 $l_0 = 1.0H = 4.1m$

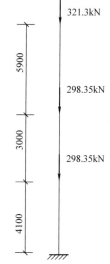

图 14-19 KZ_1 计算简图

设 $\varphi = 1.0$，$\rho' = 1\%$，则 $A_s' = \rho A_s = 0.01A$，代入式（14-3）

得：$A \geq \frac{N}{0.9\varphi(f_c + \rho f_y)} = \frac{918 \times 10^3}{0.9 \times 1.0 \times (14.3 + 0.01 \times 360)} mm^2 = 56983 mm^2$

$b = h = \sqrt{A} = 239 mm$，实取 $b = h = 400 mm$

则柱自重（三层）为：$[25 \times 0.4 \times 0.4 \times (5.9 + 3 + 4.1)] kN = 52 kN$

所以一层柱底轴向压力设计值 $N = (918 + 1.3 \times 52) kN = 985.6 kN$

（3）求稳定系数 φ

长细比 $l_0/b = 4100/400 = 10.25$，查表 14-1 得稳定系数 $\varphi = $

0.97625

（4）纵向钢筋计算

$$A'_s \geq \frac{\frac{N}{0.9\varphi} - f_c A}{f'_y} = \frac{\frac{985.6 \times 10^3}{0.9 \times 0.97625} - 14.3 \times 400 \times 400}{360} = \frac{-1166247N}{360N/mm^2}$$

此处出现负值（-1166247N），说明公式中 $\frac{N}{0.9\varphi} < f_c A$，即混凝土足够承担全部压力，按计算不需要配置纵向受力钢筋。根据构造要求，矩形截面柱纵向钢筋的根数不应少于4根，直径采用12~32mm，所以本题的纵向受力钢筋选用4Φ20（$A'_s = 1257mm^2$）。

$$配筋率 \rho' = \frac{A'_s}{A} = \frac{1257mm^2}{400mm \times 400mm} = 0.786\% \begin{cases} > \rho'_{min} = 0.55\% \\ < \rho'_{max} = 5\% \\ 且 < 3\% \end{cases}$$

（5）确定箍筋

箍筋选用 Φ8@250，其箍筋间距 ≤ 400mm，且 ≤15d = 300mm

箍筋直径 $> \frac{d}{4} = \frac{20mm}{4} = 5mm$，且 >6mm，满足构造要求

柱截面配筋如图14-20所示。

（6）分析可知，二层、三层柱底所受轴向压力设计值均小于一层柱底所受压力设计值，由此可以推出，二层、三层柱也需要按构造要求确定纵向受力钢筋为4Φ20，箍筋为Φ8@250（计算过程略）。

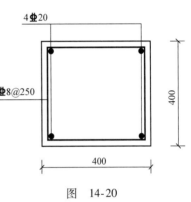

图 14-20

小　结

一、以承受轴向压力为主的构件属于受压构件。当轴向压力的作用线与结构构件的截面重心轴重合时，该结构构件称为轴心受压构件；当轴向压力和弯矩共同作用于结构构件的截面或轴向压力的作用线与截面重心轴不重合时，该结构构件称为偏心受压构件。

二、当柱为矩形截面时，长细比 $l_0/b \leq 8$ 为短柱；$l_0/b > 8$ 为长柱，l_0 为计算长度，b 为截面短边。

三、轴心受压短柱在轴心力作用下，整个截面的压应变沿构件长度基本均匀分布。轴心受压长柱由于材料本身的不均匀性、施工的尺寸误差等原因，存在初始偏心距，加载后在构件中产生附加弯矩和相应的侧向挠度，而侧向挠度会加大初始偏心距，最终使轴心受压长柱在轴心压力和弯矩的共同作用下发生破坏。

四、偏心受压构件按照轴向力的偏心距和纵向钢筋配筋情况的不同，破坏可分为受拉破坏和受压破坏，习惯上也称为大偏心受压破坏和小偏心受压破坏。大偏心受压破坏有明显预兆，属于延性破坏。小偏心受压破坏缺乏明显的预兆，具有脆性破坏的性质。

五、两类偏心受压破坏的本质区别就在于破坏时受拉钢筋能否达到屈服，以界限相对受压区高度作为判别依据。当 $\xi \leq \xi_b$，属于大偏心受压构件；当 $\xi > \xi_b$，属于小偏心受压构件。

六、对于偏心受压破坏短柱，侧向挠度 f 与初始偏心距 e_i 相比很小，，可以忽略侧向挠度的影响。对于偏心受压破坏长柱、细长柱在设计中应考虑附加挠度对弯矩增大的影响，引入偏心距

调节系数和弯矩增大系数来表示柱端附加弯矩。

七、对偏心受压构件，除进行正截面受压承载力计算外，还要验算其斜截面受剪承载力。

课后巩固与提升

一、填空题

1. 受压构件按照轴向压力作用线是否与构件截面重心轴重合可分为_____和_____。

2. 对于偏心受压柱，当截面高度 h 大于等于600mm 时，在柱的侧面应设置直径不小于_____的纵向构造钢筋，并相应的设置_____或_____。

3. 当_____时，属于大偏心受压构件；当_____时，属于小偏心受压构件。

4. 根据构件的长细比不同，轴心受压柱可以分为_____和_____。

二、单项选择题

1. 轴心受压构件中，纵向受力钢筋的作用主要是（   ）。

A. 帮助混凝土受压　　　　　　　B. 承受温度变化产生的拉应力

C. 承受混凝土收缩产生的拉应力　　D. 抵抗偏心压力产生的弯矩

2. 轴心受压柱中，纵向受力钢筋的根数最少是（   ）。

A. 1 根　　　　　B. 2 根　　　　　C. 3 根　　　　　D. 4 根

3. 钢筋混凝土柱中，纵向受力钢筋的净距不应小于（   ），且不宜大于（   ）。

A. 100mm，300mm　　　　　　　B. 50mm，300mm

C. 150mm，300mm　　　　　　　D. 200mm，300mm

4. 长柱的承载力（   ）相同条件下短柱的承载力。

A. 高于　　　　　B. 等于　　　　　C. 低于　　　　　D. 二者无关

5. 钢筋混凝土轴心受压构件，稳定系数是考虑了（   ）的影响。

A. 初始偏心距　　B. 荷载长期作用　C. 两端约束情况　D. 附加弯矩

6. KZ_3 表示编号为 3 的（   ）。

A. 转换柱　　　　B. 构造柱　　　　C. 剪力墙上柱　　D. 框架柱

7. 为防止纵向受力钢筋压屈，柱中箍筋须做成（   ）。

A. 开口式　　　　B. 封闭式　　　　C. 内折角式　　　D. 外折角式

三、多项选择题

1. 如图 14-21 所示截面图，正确的有（   ）。

A. b 边的尺寸是 600mm

B. h 边的尺寸是 650mm

C. 角筋是 4 根直径为 22mm 的三级钢

D. 箍筋加密区间隔100mm，非加密区间隔200mm

E. b 边一侧的中部筋是 5 根直径为 22mm 的三级钢

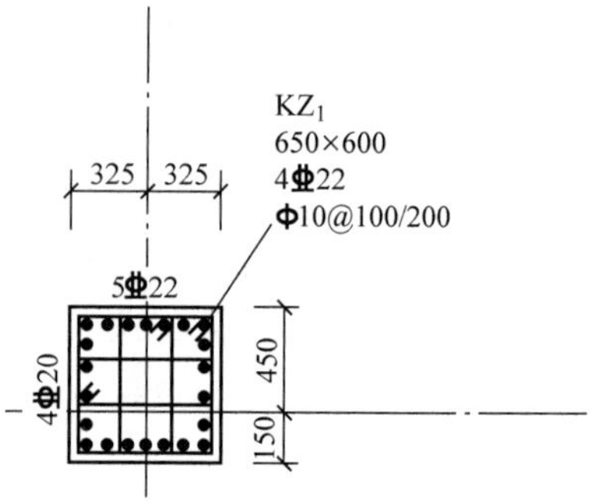

2. 柱中配置箍筋的作用有（   ）。

A. 固定纵向受力钢筋

B. 与纵向受力钢筋形成骨架

C. 防止纵向受力钢筋压曲

D. 提高柱的抗剪承载力

E. 帮助混凝土受压

图 14-21

四、计算题

1. 某工程钢筋混凝土柱截面尺寸为 500mm × 500mm，承受轴向压力设计值 $N = 2000$kN，柱计算长度 $l_0 = 5.4$m，混凝土为 C30，钢筋为 HRB400 级，求纵筋面积。

2. 一钢筋混凝土现浇柱截面尺寸为 400mm × 400mm，计算长度 l_0 为 4.8m，配有纵向钢筋 4 ⊕ 22，HRB400 级钢筋，混凝土为 C30，柱承受的轴向力设计值 $N = 1850$kN，复核此柱是否安全。

五、案例分析

2020 年 3 月 7 日 19 时 14 分，位于福建省泉州市鲤城区的欣佳酒店所在建筑物发生坍塌事故，造成 29 人死亡、42 人受伤，直接经济损失 5794 万元。

基于案例分析，各小组讨论以下问题：

1. 查阅资料，了解事故的具体详情。

2. 分析事故发生的直接原因是什么？

3. 分析事故的间接原因是什么？

4. 事故中，违反了哪些法律法规？

5. 对我们有哪些警示？

职 考 链 接

1.【单项选择题】框架结构抗震构造做法正确的是（　　　）。

A. 加强内柱　　　　B. 短柱　　　　　　C. 强节点　　　　　D. 强梁弱柱

2.【单项选择题】设计使用年限为 50 年，处于一般环境大截面钢筋混凝土柱，其混凝土强度等级不应低于（　　　）。

A. C15　　　　　　B. C20　　　　　　C. C25　　　　　　D. C30

第十五章　钢筋混凝土平面楼盖概述

第一节　现浇钢筋混凝土平面楼盖概述

钢筋混凝土梁板结构是由钢筋混凝土受弯构件（梁、板）组成，被广泛应用于工业和民用建筑中，它既可用来建造房屋中的楼面、屋面、楼梯和阳台，也可用来建造基础、挡土墙、水池顶板等结构。施工方法分可分为现浇楼盖、装配式楼盖和装配整体式楼盖。按组成形式可分为交梁楼盖、无梁楼盖、密肋梁楼盖等形式。按照楼板的形式可把交梁楼盖分为单向板肋梁楼盖和双向板肋梁楼盖（包括井字梁楼盖）。图 15-1 所示为部分楼盖形式。

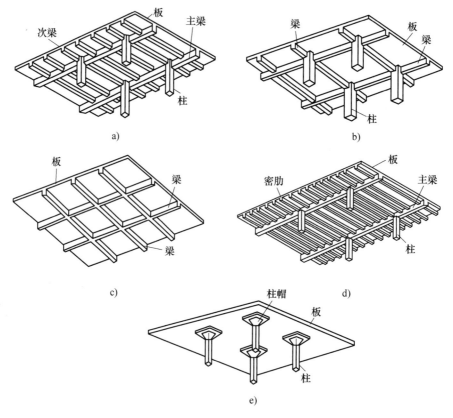

图 15-1　楼盖的形式

a）单向板肋梁楼盖　b）双向板肋梁楼盖　c）井字梁楼盖　d）密肋梁楼盖　e）无梁楼盖

一、单向板肋梁楼盖

单向板肋梁楼盖一般是由板、次梁、主梁组成，如图 15-2 所示，板的四边支承在梁（墙）上，次梁支承在主梁上。单向板的长边 l_2 与短边 l_1 之比较大（按弹性理论，$l_2/l_1 > 2$ 时；按塑性理论，$l_2/l_1 > 3$ 时），所以单向板是沿单向（短向）传递荷载。其传力途径为板上荷载传至次梁（墙），次梁荷载传至主梁（墙），最后总荷载由墙、柱传至基础和地基。

在单向板肋梁楼盖中主梁跨度一般为 5 ～ 8m，次梁跨度一般为 4 ～ 6m，板常用跨度一般为 1.7 ～ 2.7m。板厚不小于 60mm，且不小于板跨的 1/30。为了增强房屋的横向刚度，主梁一般沿房屋的横向布置（也可纵向布置），次梁则沿纵向布置，主梁必须避开门窗洞口。梁格布置应力求整齐、贯通并有规律性，其荷载传递应直接。梁、板最好是等跨布置，由于边跨梁的内力要比中间跨梁的内力大一些，边跨梁的跨度可略小于中间跨梁的跨度（一般在 10% 以内）。板厚和梁高尽量统一，这样便于设计和施工。单向板肋梁楼盖一般适用于较大跨度的公共建筑和工业建筑。

二、双向板肋梁楼盖

双向板肋梁楼盖是指板的长边 l_2 与短边 l_1 之比小于或等于 2 的肋梁楼盖，双向板是在两个方向均受力工作，如图 15-3 所示。其传力途径为板上荷载传至次梁（墙）和主梁（墙），次梁和主梁上荷载传至墙、柱最后传至基础和地基。双向板肋梁楼盖的跨度可达 12m 或更大，适用于较大跨度的公共建筑和工业建筑，同跨时板厚比单向板薄。

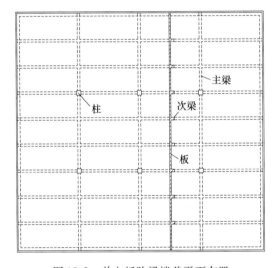

图 15-2　单向板肋梁楼盖平面布置

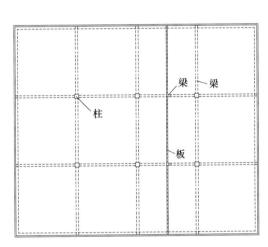

图 15-3　双向板肋梁楼盖平面布置

三、井字梁楼盖

井字梁楼盖是从双向板演变而来的一种结构形式，当在双向板肋梁楼盖的范围内不设柱则组成井字梁楼盖，井字梁楼盖双向的梁通常是等高的。不分主次梁，各项梁协同工作，共同承担和分配楼面荷载。具有良好的空间整体性能。

井字梁板结构的布置一般有以下五种：

（1）正式网格梁　网格梁的方向与屋盖或楼板矩形平面两边相平行。正向网格梁宜用于长边与短边之比不大于 1.5 的平面，且长边与短边尺寸越接近越好。

（2）斜向网格梁　当屋盖或楼盖矩形平面长边与短边之比大于 1.5 时，为提高各项梁承受荷载的效率，应将井字梁斜向布置。该布置的结构平面中部双向梁均为等长等效率，与矩形平面的长度无关。当斜向网格梁用于长边与短边尺寸较接近的情况，平面四角的梁短而刚度大，对长梁起到弹性支承的作用，有利于长边受力。为构造及计算方便，斜向梁的布置应与矩形平面的纵横轴对称，两向梁的交角可以是正交也可以是斜交。此外斜向矩形网格对不规则平面也有较大的适应性。

（3）三向网格梁　当楼盖或屋盖的平面为三角形或六边形时，可采用三向网格梁。这种布置方式具有空间作用好、刚度大、受力合理、可减小结构高度等优点。

（4）设内柱的网格梁　当楼盖或屋盖采用设内柱的井式梁时，一般情况沿柱网双向布置主梁，再在主梁网格内布置次梁，主、次梁高度可以相等也可以不等。

（5）有外伸悬挑的网格梁　单跨简支或多跨连续的井式梁板有时可采用有外伸悬挑的网格梁。这种布置方式可减少网格梁的跨中弯矩和挠度。

四、密肋梁楼盖

在前述的肋梁楼盖或无梁楼盖中，如果用模壳在板底形成规则的"挖空"部分，没有挖空的部分在两个方向形成高度相等的肋（梁），当肋梁间距很小时，一般小于1.5m，就形成了密肋梁楼盖。密肋梁楼盖的楼板可以设计成很薄，一般为60～130mm，但不得小于40mm。在我国的工程实践中，钢筋混凝土密肋梁楼盖的跨度一般不超过9m，预应力混凝土密肋梁楼盖的跨度一般不超过12m。

五、无梁楼盖

当楼板直接支撑在柱上而不设梁时，成为无梁楼盖。整个无梁楼盖由板、柱帽和柱组成。无梁楼盖的板一般采用等厚的钢筋混凝土平板，其厚度由计算确定，一般较有梁楼盖的板厚，常用的厚度约为跨度的1/30。为了保证板应有足够的刚度，板厚一般不宜小于柱网长边尺寸的1/35，且不得小于150mm。为了改善板的受冲切性能，适应传力的需要，在柱的顶端尺寸放大，形成"柱帽"，也可设计成无柱帽的无梁楼盖。无梁楼盖的柱网布置以正方形最为经济，每一方向的跨数不少于3跨，柱距一般≥6m。

在维持同样的净空高度时，无梁楼盖可以降低建筑物的高度，故较经济。无梁楼盖板底平整美观；施工时可采用升板法施工，施工进度快。

无梁楼盖适用于各种多层的工业和民用建筑，如厂房、仓库、商场、冷藏库等，但有很大的集中荷载时则不宜采用。

第二节　现浇单向板肋梁楼盖设计

现浇单向板肋梁楼盖由板、次梁、主梁组成，其荷载传递的路线是：荷载→板→次梁→主梁→柱（墙）→基础→地基，即柱（墙）是主梁的支座，主梁是次梁的支座，次梁是板的支座。

现浇单向板肋梁楼盖的设计步骤：

1) 确定结构平面布置图，包括板厚、次梁和主梁的截面尺寸。
2) 板的设计（荷载计算、确定计算简图、内力及配筋计算）。
3) 次梁的设计（荷载计算、确定计算简图、内力及配筋计算）。
4) 主梁的计算简图（荷载计算、确定计算简图、内力及配筋计算）。
5) 构造处理。
6) 绘制施工图。

一、结构的平面布置图

为使得结构的布置合理应按下列原则进行：

1) 应满足建筑物的正常使用要求。
2) 应考虑结构受力是否合理。
3) 应考虑材料的节约、减低造价的要求。

在现浇单向板肋梁楼盖中，柱（墙）的间距决定了主梁的跨度，主梁的间距决定了次梁的跨度，次梁的间距决定了板的跨度。根据工程经验，单向板的常用跨度：1.7～2.5m，荷载大时取较小值；次梁的常用跨度：4～6m；主梁的常用跨度：5～8m。另外，应尽量将整个柱网布置成正方形

单向板肋梁楼盖
设计—结构的
平面布置

或长方形，板梁应尽量布置成等跨度的，以使板的厚度和梁的截面尺寸都统一，便于计算，有利施工。

常用的单向板肋梁楼盖的结构平面布置方案有以下三种：

（1）主梁横向布置，次梁纵向布置（图 15-4a） 主梁和柱可形成横向框架，提高房屋的横向抗侧移刚度，而各榀横向框架间由纵向的次梁联系，故房屋的整体性较好。此外由于外纵墙处仅布置次梁，窗户高度、宽度可开的大些，这样有利于房屋室内的采光和通风。

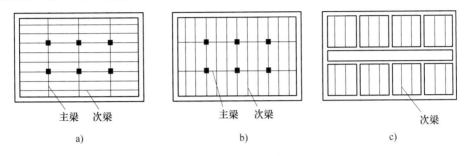

图 15-4 梁的平面布置

a）主梁横向布置 b）主梁纵向布置 c）只布置次梁

（2）主梁纵向布置，次梁横向布置（图 15-4b） 这种布置方案适用于横向柱距大得多的情况，这样可以减小主梁的截面高度，增加室内净空。

（3）只布置次梁，不设主梁（图 15-4c） 这种布置仅适用于有中间走廊的砌体墙承重的混合结构房屋。

在进行楼盖的结构布置时，应注意以下问题：

1）受力处理。荷载传递要简洁、明确，梁宜拉通，避免凌乱；尽量避免将梁，特别是主梁搁置在门、窗过梁上，否则会增大过梁的荷载，影响门窗的开启；在楼、屋面上有机器设备、冷却塔、悬吊装置和隔墙等荷载比较大的地方，宜设次梁承重；主梁跨内最好不要只放置一根次梁，以减少主梁跨内弯矩的不均匀；楼板上开有较大尺寸（大于 800mm）的洞口时，应在洞口边设置小梁。

2）满足建筑要求。不封闭的阳台、厨房和卫生间的板面标高宜低于相邻板面 30~50mm；当房间不做吊顶时，一个房间平面内不宜只放一根梁，否则会影响美观。

3）方便施工。梁的布置尽可能规则，梁的截面类型不宜过多，梁的截面尺寸应考虑支模的方便。

二、梁板的计算简图

在确定计算简图时，现浇楼盖中板和梁按多跨连续板、多跨连续梁考虑，为了简化计算，通常做如下简化假定：梁板能自由转动，支座处没有竖向位移；不考虑薄膜效应对板内力的影响；在确定传递荷载时，忽略板、次梁的连续性，每一跨都按简支构件来计算支座竖向反力。

下面对支撑条件、计算单元及从属面积、计算跨数、计算跨度、荷载计算进行讨论。

1. 支撑条件

板、次梁、主梁的支撑起始端简化为铰支座，中间支撑简化为连杆。忽略约束所引起的误差可以通过适当调整板、次梁的荷载设计值及梁的支座截面弯矩设计值和剪力设计值的方法来弥补。在楼盖中，如果主梁的支座为截面较大的钢筋混凝土柱，当主梁与柱的线刚度比小于 4 时，以及柱的两边主梁跨度相差较大（>10%）时，由于柱对梁的转动有较大的约束和影响，故不能再按铰支座考虑，而应将梁、柱视作框架来计算。

2. 计算单元及从属面积

结构内力分析时，常常不是对整个结构进行分析计算，而是从实际结构中选取有代表性的一部分作为计算对象，称为计算单元，如图 15-5 所示。

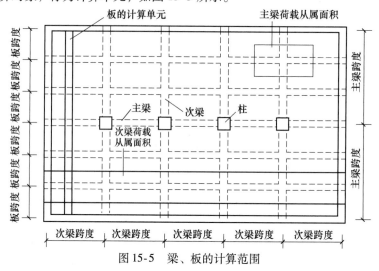

图 15-5　梁、板的计算范围

对于板取 1m 宽的板带作为计算单元，主、次梁的计算宽度取梁两侧各延伸 1/2 梁间距的范围，板承受楼面均布荷载，次梁承受板传来的均布线荷载，主梁承受次梁传来的集中荷载。

3. 计算跨数

对于五跨和五跨以内的连续梁、板，按实际跨数计算；对于实际跨数超过五跨的等跨连续板、梁，可按五跨计算。因为中间各跨的内力与第三跨的内力非常接近，为了减少计算工作量，所有中间跨的内力和配筋均可按第三跨处理；对于非等跨，但跨度相差不超过 10% 的连续梁、板可以按等跨计算。

4. 计算跨度

梁、板的计算跨度 l_0 是指在内力计算时所采用的跨间长度，该值与构件的支撑长度和构件的抗弯刚度有关。

5. 荷载计算

板：板所承受的荷载即为板带自重及板带上的均布活载，常取宽度为 1m 的板带作为计算单元。

次梁：取相邻板跨中线所分割出来的面积作为它的受荷面积，次梁所承受的荷载为次梁自重及其受荷面积上板传来的荷载。

主梁：承受主梁自重及由次梁传来的集中荷载。但由于主梁自重与次梁传来的荷载相比往往较小，故为了简化计算，一般可将主梁均布自重折算为若干集中荷载，加入次梁传来的集中荷载合并计算。

板、次梁、主梁的计算简图如图 15-6 所示。

当楼面承受集中（或局部）荷载时，可按楼面的集中或局部荷载换算成等效均布荷载进行计算，换算方法可参阅《建筑结构荷载规范》（GB 50009—2012）。

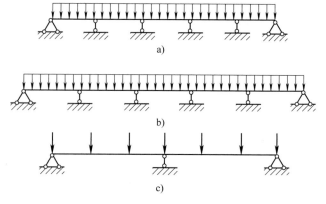

图 15-6　梁、板的计算简图

a) 板的计算简图　b) 次梁的计算简图　c) 主梁的计算简图

总之，单向板、次梁要简化成均布荷载，而主梁按集中荷载处理。

三、内力计算

1. 板和次梁的内力计算

梁、板的内力计算有弹性计算法（力矩分配法）和塑性计算法（弯矩调幅法）两种。塑性计算法是考虑了混凝土开裂、受拉钢筋屈服、内力重分布的影响，进行了内力调幅，降低和调整了按弹性理论计算的某些截面的最大弯矩。对重要构件及使用中一般不允许出现裂缝的构件，如主梁及其他处于有腐蚀性、湿度大等环境的构件，不宜采用塑性计算法计算，应采用弹性计算法计算内力。

板和次梁的内力一般采用塑性理论进行计算，不考虑活荷载的不利位置。对于等跨连续板、梁，其弯矩值为：

$$M = \alpha_{mb}(g+q) l_0^2 \qquad (15\text{-}1)$$

式中 M——弯矩设计值；

α_{mb}——连续梁、板考虑内力重分布的弯矩计算系数，按表 15-1 采用；

g、q——均布恒荷载和活荷载的设计值；

l_0——计算跨度。

对于四周与梁整体连接的单向板，由于存在着拱的作用，因而跨中弯矩和中间支座截面的弯矩可减少 20%，但边跨及离板端的第二支座不可以。

表 15-1   连续梁和连续单向板考虑塑性内力重分布的弯矩计算系数 α_{mb}

端支座支撑情况		截 面 位 置					
		端支座	边跨跨中	离端第 2 支座	离端第 2 跨跨中	中间支座	中间跨跨中
		A	I	B	梁	C	梁
梁、板搁置在墙上		0	1/11	二跨连续 −1/10 三跨以上连续 −1/11	1/16	−1/14	1/16
板	与梁整浇连接	−1/16	1/14				
梁		−1/24	1/14				
梁与柱整浇连接		−1/16	1/14				

次梁的剪力按下式计算：

$$V = \alpha_{vb}(g+q) l_n \qquad (15\text{-}2)$$

式中 V——剪力设计值；

α_{vb}——连续梁、板考虑内力重分布的剪力计算系数，按表 15-2 采用；

g、q——均布恒荷载和活荷载的设计值；

l_n——净跨度。

表 15-2   连续梁考虑塑性内力重分布的剪力计算系数 α_{vb}

荷 载 情 况	端支座支撑情况	截 面 位 置				
		端支座右侧	离端第 2 支座左侧	离端第 2 支座右侧	中间支座左侧	中间支座右侧
均布荷载	梁搁置在墙上	0.45	0.60	0.55	0.55	0.55
	梁与梁或梁与柱整浇连接	0.50	0.55			
集中荷载	梁搁置在墙上	0.42	0.65	0.60	0.55	0.55
	梁与梁或梁与柱整浇连接	0.50	0.60			

2. 主梁的内力计算

主梁的内力应按弹性理论进行计算。假定梁为理想的弹性体系，可按力学方法计算其内力。此时要考虑活荷载的不利组合。恒荷载作用于结构上，其分布不会发生变化，而活荷载的布置可以变化。活荷载的分布方式不同，梁的内力也不同。为了保证结构的安全性，就需要找出产生最大内力的活荷载布置方式及内力，并与恒荷载产生的内力叠加作为设计的依据，这就是荷载不利组合的概念。

如图 15-7 所示连续梁，欲求跨中截面最大正弯矩时，除应在该跨布置活荷载外，其余各跨则隔一跨布置活荷载（图 15-7a、b）；欲求某支座截面最大负弯矩时，除应在该支座左、右两跨布置活荷载外，其余各跨则隔一跨布置活荷载（图 15-7c、d）；欲求某支座截面（包括左或右二截面）最大剪力时，其活荷载布置同导致该支座截面出现最大负弯矩的活荷载布置。

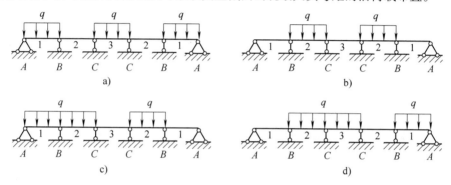

图 15-7　连续梁最不利活荷载位置

a) M_{1max}、M_{3max}、V_{Amax}　b) M_{2max}　c) M_{Bmax}、V_{Bmax}　d) M_{Cmax}、V_{Cmax}

活荷载的最不利位置确定后，对于等跨（包括跨差≤10% 的不等跨）连续梁，可直接利用附录 C 查得在恒荷载和各种活荷载作用下梁的内力系数，求出梁有关截面的弯矩和剪力。

在均布荷载及三角形荷载作用下：　　$M = k_1 g l_0^2 + k_2 q l_0^2 ; V = k_3 g l_0 + k_4 q l_0$　　　　(15-3)

在集中荷载作用下：　　　　$M = k_5 G l_0 + k_6 Q l_0 ; V = k_7 G l + k_8 Q l$　　　　(15-4)

式中　　　　g、q——均布恒荷载和活荷载的设计值；

　　　　　　G、Q——集中恒荷载和活荷载的设计值；

　　　　　　l_0——计算跨度；

k_1、k_2、k_5、k_6——按附录 C 相应栏中的弯矩系数；

k_3、k_4、k_7、k_8——按附录 C 相应栏中的剪力系数。

主梁按弹性理论计算内力时，中间跨的计算跨度取为支座中心线间的距离，忽略了支座宽度，这样求得的支座截面负弯矩和剪力值都是支座中心位置的。实际上内力设计值应按支座边缘截面确定，则支座弯矩和剪力设计值应按下式修正：

支座边缘截面的弯矩设计值：　　　　$M = M_c - V_0 \dfrac{b}{2}$　　　　　　　　(15-5)

支座边缘截面的剪力设计值：均布荷载时：$V = V_c - (g + q)\dfrac{b}{2}$　　　　(15-6)

集中荷载时：　　　　　　　　　　$V = V_c$　　　　　　　　　　　　　(15-7)

式中　M_c、V_c——支座中心处的弯矩和剪力设计值；

　　　　V_0——按简支梁计算支座中心处的剪力设计值，取绝对值；

　　　　b——支座宽度。

四、配筋计算

梁和板都是受弯构件，内力求出后，可按钢筋混凝土受弯构件正截面强度计算和斜截面强度计算基本公式进行配筋计算。

五、构造要求

1. 板的构造要求

（1）板的厚度　参见第十三章第一节。

（2）配筋构造　受力钢筋的直径与间距，参见第十三章第一节。

受力钢筋的布置：连续板中受力钢筋的配置可采用弯起式和分离式两种。弯起式配筋，如图15-8a、b所示是将跨中一部分受力钢筋（一般为$\frac{1}{3} \sim \frac{1}{2}$全部受力钢筋）在支座附近$l_n/6$弯起（弯起角度一般为30°）作为支座负弯矩筋，若面积不足则再另加直筋。弯起式配筋具有钢筋锚固好，节约钢材等优点，但施工麻烦，一般用于板厚≥120mm及经常承受动荷载的板。分离式配筋（图15-8c、d）是指板支座和跨中截面的钢筋全部各自单独配置，分离式配筋最大优点是施工方便，但钢筋锚固差且用钢量大。

钢筋的截断：跨内承受正弯矩的钢筋，当部分截断时，截断位置可取距离支座边缘$l_n/10$处；支座承受负弯矩的钢筋可在距支座边缘a处截断，a值：当$q/g \leq 3$时，$a = 1/4l_n$；当$q/g > 3$时，$a = 1/3l_n$。

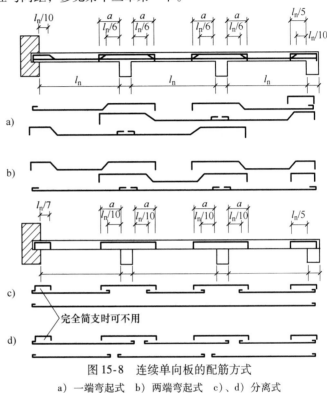

图15-8　连续单向板的配筋方式
a）一端弯起式　b）两端弯起式　c）、d）分离式

分布钢筋布置于受力钢筋内侧，与受力钢筋垂直放置并互相帮扎（或焊接），起固定受力钢筋位置、抵抗混凝土的温度应力和收缩应力、承担并分散板上局部荷载产生的内力的作用。分布钢筋的单位长度上的面积不少于单位长度上受力钢筋面积的10%，其间距不应大于300mm。现浇式板的分布钢筋的直径及间距可按表15-3选用。

表15-3　现浇式板的分布钢筋的直径及间距　　　　　　　　　　（单位：mm）

受力钢筋直径	受力钢筋间距													
	70	75	80	85	90	95	100	110	120	130	140	150	160	170~200
6~8	Φ6@300													
10	Φ6@250					Φ6@300								
12	Φ8@300					Φ6@250				Φ6@300				
14	Φ8@200		Φ8@250			Φ8@300				Φ6@250			Φ6@300	
16	Φ8@150 Φ10@250		Φ8@200 Φ10@250			Φ8@250					Φ8@300			

板的支承长度应满足其受力钢筋在支座内的锚固要求,且一般不小于板厚及 120mm。伸入支座的钢筋截面面积不得少于跨中受力钢筋截面面积的 1/3,且间距不大于 400mm。对于现浇楼板的板面构造钢筋的布置要求详见第十三章第一节。

在单向板中,当板的受力钢筋与主梁平行时,在主梁附近的板由于受主梁的约束,将产生一定的负弯矩。为了防止板与主梁连接处的顶部产生裂缝,应在板面沿主梁方向每米长度内配置不少于 5φ8 与主梁垂直的构造钢筋,且单位长度内的总截面面积不应小于板单位长度内受力钢筋截面面积的 1/3,伸入板的长度从主梁边缘算起不小于板计算跨度的 1/4,如图 15-9 所示。

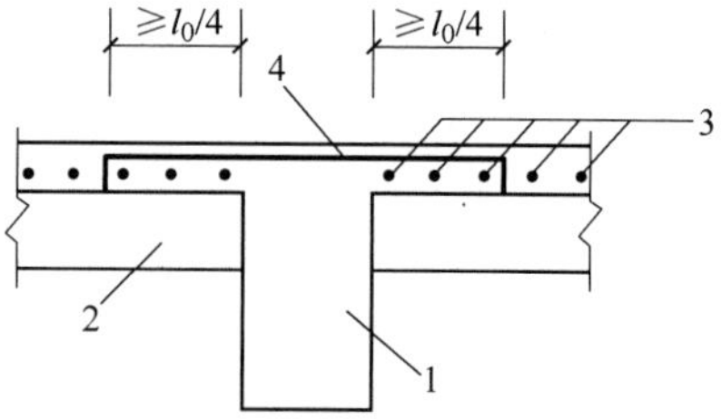

图 15-9 板与主梁连接的构造钢筋

2. 次梁的构造要求

次梁在砖墙上的支承长度不应小于 240mm,并应满足墙体局部受压承载力的要求。次梁的钢筋直径、净距、混凝土保护层、钢筋锚固、弯起及纵向钢筋的搭接、截断等,均按受弯构件的有关规定计算。

次梁的剪力一般较小,斜截面强度计算中一般仅需设置箍筋即可,弯筋可按构造设置。

次梁的构造

次梁的纵筋有两种配置方式:一种是跨中正弯矩钢筋全部伸入支座,不设弯起筋,支座负弯矩钢筋全部另设。此时,跨中纵筋伸入支座的长度不小于规定的受压钢筋的搭接长度 l_{as},所有伸入支座的纵向钢筋均可在同一截面上搭接。支座负弯矩钢筋的切断位置与一次切断数量,对承受均布荷载的次梁,当 $q/g \le 3$ 且跨度差不大于 20% 时,可按图 15-10a 所示构造要求确定。另一种方式是将跨中部分正弯矩钢筋在支座处弯起,但靠近支座(距支座边缘 $\le h_0/2$)第一排弯筋不得作为支座负弯矩钢筋,而第二、三排弯筋可计入抵抗支座负弯矩钢筋面积中,如仍需另加直筋,则直筋不宜少于两根。位于梁两侧的跨中正弯矩钢筋不宜弯起,且至少应有两根伸入支座。弯筋的位置及支座负弯矩钢筋的切断按图 15-10b 所示构造要求确定。支座负弯矩钢筋切断后,应设架立钢筋,架立钢筋的截

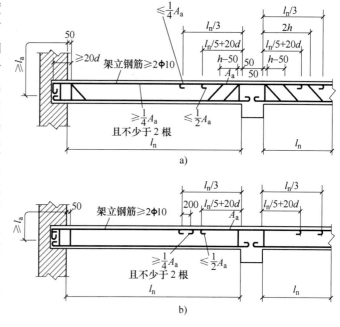

图 15-10 次梁的配筋方式
a) 无弯起钢筋时 b) 设弯起钢筋时

面面积不少于支座负弯矩钢筋截面面积的 1/4,且不少于两根,搭接长度一般为 150~200mm。

3. 主梁的构造要求

主梁支承在砌体上的长度不应小于 370mm,并应满足砌体局部受压承载力的要求。主梁的截面尺寸、钢筋选择等应按基本受弯构件的规定。主梁受力钢筋的弯起和截断应通过在弯矩包络图上作抵抗弯矩图确定。

　　在主梁与次梁的交接处，由于主梁与次梁的负弯矩钢筋彼此相交，且次梁的钢筋置于主梁的钢筋之上（图15-11），因而计算主梁支座的负弯矩钢筋时，其截面有效高度应按下列规定减小：当单排钢筋时，$h_0 = h - 60\mathrm{mm}$；当为双排钢筋时，$h_0 = h - 80\mathrm{mm}$。

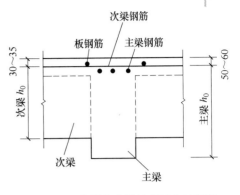

图 15-11　主梁和次梁的截面有效高度

　　在次梁和主梁相交处，次梁的集中荷载传至主梁的腹部，有可能引起斜裂缝（图15-12a）。为防止斜裂缝的发生引起局部破坏，应在次梁支承处的主梁内设置附加横向钢筋，将上述集中荷载有效的传至主梁的上部。

　　附加的横向钢筋包括箍筋和吊筋（图15-12b），布置在长度 s（$s = 2h_1 + 3b$，h_1 为主梁与次梁的高度差，b 为次梁腹板宽度）的范围内。附加横向钢筋宜优先采用箍筋，其截面面积可按下列公式计算：

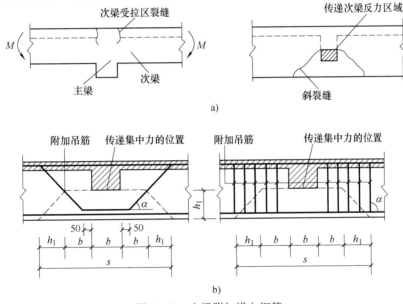

a)

b)

图 15-12　主梁附加横向钢筋

仅设附加箍筋时：
$$G + P \leq m f_{yv} \cdot A_{sv1} \cdot n \tag{15-8}$$

仅设吊筋时：
$$G + P \leq 2 f_y \cdot A_{sb} \cdot \sin\alpha \tag{15-9}$$

式中　$G + P$——由次梁传来的恒荷载和活荷载；

　　　f_{yv}、f_y——分别为附加箍筋和附加吊筋抗拉强度设计值；

　　　A_{sv1}——附加箍筋的单肢截面面积；

　　　n——附加箍筋的肢数；

　　　m——在 s 长范围内箍筋的总根数；

　　　A_{sb}——吊筋的截面面积；

　　　α——吊筋与梁轴线间的夹角，一般取45°吊筋不得小于 $2\phi12$。

六、单向板肋梁楼盖设计例题

1. 设计资料

某多层工业建筑采用混合结构方案，其标准层楼面布置如图15-13所示，楼面拟采用现浇钢筋混凝土单向板肋梁楼盖，对此楼面进行设计。

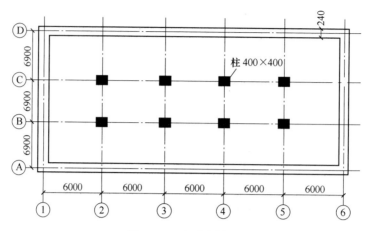

图 15-13　标准层楼面

1）楼面做法：30mm 厚水磨石地面；钢筋混凝土现浇板；20mm 厚底板石灰砂浆抹灰。

2）楼面荷载：均布的活荷载标准值为 $6kN/m^2$。

3）材料：梁板混凝土强度等级均采用 C30，梁内受力纵筋采用 HRB400，板内受力筋和梁内箍筋均采用 HRB335，其余钢筋采用 HPB300。

2. 楼面的结构平面布置

主梁横向布置，跨度为 6.9m，则次梁的跨度为 6m，主梁每跨内布置两根次梁，板跨为 2.3m，楼盖结构平面布置如图 15-14 所示。

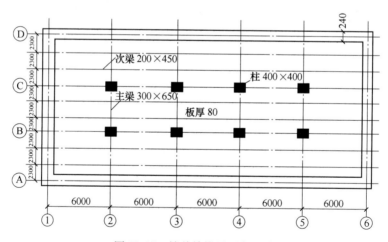

图 15-14　楼盖结构平面布置图

板厚：工业建筑楼板的最小厚度为 80mm，取 $h=80$mm，$2300/80=28.75<30$，满足高厚比条件。

次梁：截面高度应满足 $h=(1/18\sim1/12)l=6000/18\sim6000/12=(333\sim500)$mm，取 $h=450$mm，截面宽度取为 $b=200$mm。

主梁：截面高度应满足 $h=(1/15\sim1/10)l=6900/15\sim6900/10=(460\sim690)$mm，取 $h=650$mm，截面宽度取为 $b=300$mm。

板、次梁、主梁的配筋如图 15-15～图 15-18 所示。

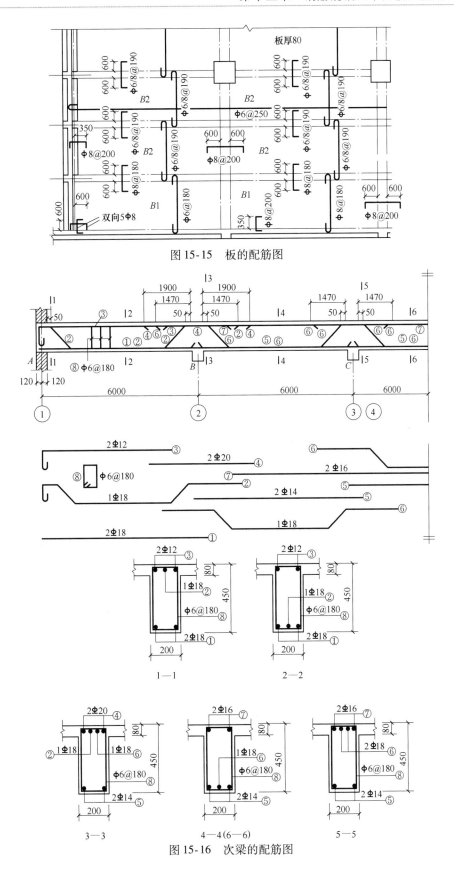

图 15-15 板的配筋图

图 15-16 次梁的配筋图

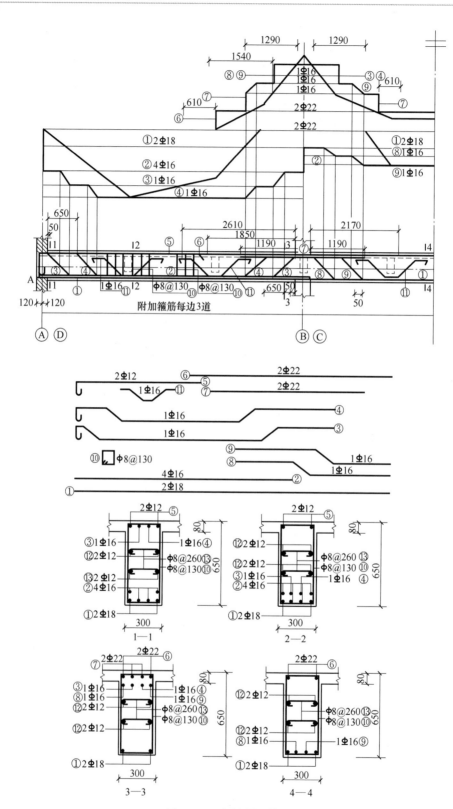

图 15-17　主梁的配筋图

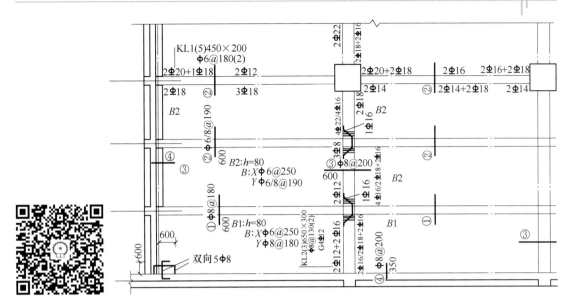

图 15-18 板、次梁、主梁的平法配筋图

梁的平法施工
图识读

第三节 现浇双向板肋梁楼盖设计

当四边支撑板的两向跨度之比小于或等于 2（按塑性计算小于或等于 3）时，即为双向板。双向板肋梁楼盖的梁格可以布置成正方形或接近正方形，外观整齐美观，常用于民用房屋的较大房间及门厅处。当楼盖为 5m 左右的方形区格且使用荷载较大时，双向板楼盖比单向板楼盖经济，所以也常用于个工业房屋的楼盖。双向板的受力特点是两个方向传递荷载。板中因有扭矩存在，使板的四角有翘起的趋势，受到墙的约束后，使板的跨中弯矩减少，刚度增大。因此双向板的受力性能比单向板优越，其内力计算方法可分为弹性理论计算方法和塑性理论计算方法。

一、弹性法计算板的内力

弹性理论计算法，是将双向板视为均质弹性体，不考虑塑性，按弹性力学理论进行的内力计算。为了简化计算，计算时可查计算用表。直接承受动力和重复荷载的结构以及在使用阶段不允许出现裂缝或对裂缝开展有严格限制的结构通常采用弹性理论方法计算内力。

1. 单区格双向板的内力计算

单区格双向板有六种支撑情况：四边简支；一边固定、三边简支；两对边固定、两对边简支；两邻边固定、两邻边简支；三边固定、一边简支；四边固定。

根据不同的支承情况，可在表中查的相应的弯矩系数，利用式（15-10）即可算出双向板跨中及支座弯矩，即

$$M = 表中系数 \times ql^2 \tag{15-10}$$

式中　M——跨中或支座单位板宽内的弯矩；

　　　q——板面均布荷载；

　　　l——板的计算跨度，取 l_x 和 l_y 中较小者。

2. 多区格双向板的实用计算

多区格双向板的内力计算也应该考虑活荷载的最不利布置，其精确计算很复杂。在设计中，对两个方向均为等跨或在同一方向区格的跨度相差小于等于 20% 的不等跨双向板，可采用简化

的实用计算法。

（1）基本假定

1）支撑梁的抗弯刚度很大，其垂直变形可以忽略不计。

2）支撑梁的抗弯刚度很小，板可以绕梁转动。

3）同一方向的相邻最大与最小跨度之差小于20%。

（2）计算方法

1）区格跨中最大弯矩。当某区格跨中为最大弯矩时，活荷载的最不利布置如图15-19所示，即为棋盘式布置。求跨中弯矩时，将荷载分解为各跨满布的对称荷载 $g+p/2$ 和各跨向上向下相间作用的反对称荷载 $\pm p/2$ 两部分。

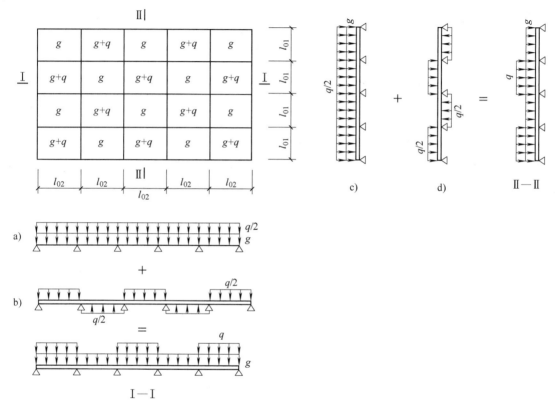

图 15-19 多区格双向板的计算简图

在对称荷载（$g+p/2$）作用下，中间支座均可视为固定支座，从而所有中间区格板均可视为四边固定双向板，而边、角区格的外边界条件按实际情况确定，例如，楼盖周边可视为简支。按单跨双向板计算其弯矩 M_{x1} 和 M_{y1}。

在反对称荷载（$\pm p/2$）作用下，可近似认为支座截面弯矩为零，即将所有中间支座均可视为简支支座，如楼盖周边可视为简支，则所有各区格板均可视为四边简支板。按单跨双向板计算其弯矩 M_{x2} 和 M_{y2}。

最后将各区格板在上述两种荷载作用下的跨中弯矩相叠加，即得到各区格板跨中弯矩，即 $M_x = M_{x1} + M_{x2}$，$M_y = M_{y1} + M_{y2}$。

2）区格支座的最大负弯矩。为简化计算，不考虑活荷载的不利布置，可近似认为恒荷载和活荷载皆满布在连续双向板所有各区格时支座产生最大弯矩。于是，所有内区格板均按四边固定板来计算支座弯矩，受 $g+q$ 作用；外区格按实际支承情况考虑。

二、双向板支梁的计算

当双向板承受均布荷载作用时，传给梁的荷载可采用近似方法计算。从每一区格的四角分别45°线与平行于长边的中线相交板成四块，每块板上的荷载由相邻的支撑梁承受。则传给长边梁的荷载为梯形分布，传给短边梁的荷载为三角形分布，如图15-20所示。梯形及三角形分布荷载的最大值q等于板面均布荷载乘以短边支撑梁的跨度l_1，长边梁与短边梁可分别单独计算。

为计算多跨连续梁的内力，可将梯形荷载及三角形荷载按支座弯矩相等的原则折算成等效均布荷载，等效荷载值如

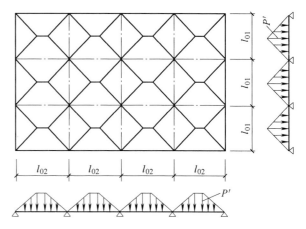

图15-20 双向板支撑梁承受的荷载计算简图

图15-21所示。按各种活荷载的最不利位置分别求出其支座弯矩，再根据梁上实际荷载按简支梁静力平衡条件计算跨度中弯矩及支座剪力。

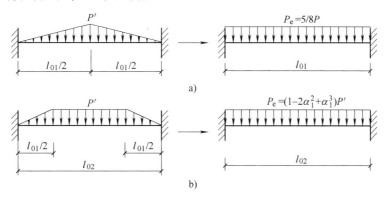

图 15-21 分布荷载转化为等效均布荷载

a）三角形分布荷载 b）梯形分布荷载

三、双向板的截面设计及构造要求

1. 截面设计

板的厚度参见表13-1。短跨方向的受力钢筋放在长跨方向受力钢筋的外侧，板的截面有效高度：短边$h_0 = h - 20mm$，长边$h_0 = h - 30mm$。内力臂系数$\gamma_0 = 0.9 \sim 0.95$。

由于板的内拱作用，弯矩实际值在下述情况下可予以折减：

1）中间区格的跨中截面及中间支座截面上可减少20%。

2）边区的跨中截面及楼板边缘算起的第二支座截面上：当$l_b/l < 1.5$时，计算弯矩可减少20%；当$1.5 \leqslant l_b/l \leqslant 2.0$时，计算弯矩可减少10%；当$l_b/l > 2.0$时，弯矩不折减。其中$l_b$为沿板边缘方向的计算跨度，$l$为垂直于板边缘方向的计算跨度。

3）对角区格，计算弯矩不应减少。

2. 构造要求

1）双向板的配筋方式类似于单向板，有分离式和弯起式两种。

2）双向板的板边若置于砖墙上时，其板边、板角应设置构造筋，其数量、长度等同单向板。

小　结

一、楼盖根据施工方法不同分为现浇整体式楼盖、装配式楼盖和装配整体式楼盖。

二、现浇整体式楼盖根据传力路径不同可分为肋梁楼盖、井字楼盖、密肋楼盖及无梁楼盖等。

三、肋梁楼盖根据其中板的类型不同可分为单向板肋梁楼盖和双向板肋梁楼盖，本章主要介绍单向板肋梁楼盖。

四、单向板肋梁楼盖的设计步骤为结构平面布置、计算简图确定、内力计算、截面设计、变形验算和施工图绘制。

五、结构平面布置包括柱网和梁格的布置。

六、计算截图的确定包括计算单元选取、构件简化、支座简化、跨数确定、跨度确定及荷载的简化。

七、内力计算分为塑性内力计算法和弹性内力计算法，板和次梁采用塑性内力计算法，主梁采用弹性内力计算法。

八、板的截面设计仅需进行正截面设计，无需进行斜截面设计。次梁、主梁既要进行正截面设计又要进行斜截面设计，进行正截面设计是跨中为T形截面，支座为矩形截面。

九、板中除了配有受力钢筋外，还需配置构造钢筋，主要包括分布钢筋、墙边或梁边的板面构造钢筋及沿着主梁的板面构造钢筋。

十、次梁和主梁中钢筋的弯起和截断要满足构造要求。

十一、双向板肋梁楼盖的设计中荷载和内力的计算与单向板肋梁楼盖不同，但截面设计相同。

课后巩固与提升

一、填空题

1. 肋梁楼盖中的主要受力构件有_____ 、_____ 和_____。

2. 肋梁楼盖设计时，板、次梁的内力计算采用_____法，主梁内力计算采用_____法。

3. 主次梁交接处应设置_____或_____作为附加横向钢筋。

二、选择题

1. 当板四边支承时，板的长边与板的短边之比为（　　）时，一定应按单向板计算。

A. > 2　　　　　　　B. ≤ 3　　　　　　　C. > 3

2. 采用弹性理论计算梁板的内力时，应考虑活荷载的最不利布置，当计算某跨支座最大负弯矩时，活荷载应（　　）。

A. 本跨布置，然后隔跨布置

B. 满跨布置

C. 邻跨布置，然后隔跨布置

3. 如图15-22所示，当现浇板的受力钢筋与梁平行时，应沿梁长方向配置与梁垂直的上部构造钢筋，上部构造钢筋从梁边伸出长度应满足（　　）。

A. 如果 $q/g \geq 3$，取 $l0/3$，如果 $q/g < 3$，取 $l0/4$

B. 取 $l0/7$

C. 取 $l0/4$

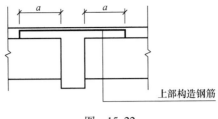

图　15-22

三、简答题

1. 钢筋混凝土楼盖有几种类型，说说他们各自的特点和适用范围。

2. 钢筋混凝土梁板结构设计的一般步骤是什么？

3. 什么是单向板？什么是双向板？如何判别？

4. 现浇单向板肋梁楼盖结构布置可从哪几个方面来体现结构的合理性？

5. 什么是活荷载的最不利布置？规律是怎样的？

6. 单向板肋梁楼盖设计的步骤及计算要点是什么？

7. 单向板肋梁楼盖中板、次梁、主梁的构造要求有哪些？

8. 装配式楼盖中各构件之间的连接构造有哪些？

四、实训题

1. 已知图 15-23 现浇板中配置的板底钢筋为 ⊕8@100 和 ⊕8@180，将钢筋画在图 15-23 板中。

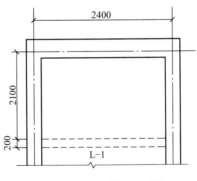

图 15-23　现浇板平面图

2. 某框架梁结构施工图的平面注写如图 15-24 所示，请分别做 1—1、2—2、3—3、4—4 的剖面图。

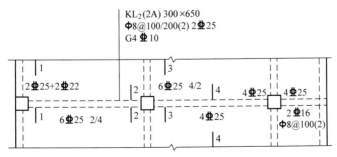

图 15-24　某框架梁平法施工图

五、案例分析

2008 年，第 29 届奥运会在中国举办，这不仅是体育盛事，也是建筑盛事。我国为成功举办奥运会修建了一系列运动场馆，运用了很多新兴技术，攻克了很多技术难关。图 15-25 所示的是国家游泳中心——"水立方"。同学们查阅资料，完成以下问题：

图 15-25　"水立方"

1. 分析"水立方"的楼盖结构类型。
2. "水立方"在 2022 年冬奥会时，进行了改造，改造过程中应用了哪些新技术？

职 考 链 接

【单项选择题】框架结构的主梁、次梁与板交叉处，其上部钢筋从上往下的顺序是（　　）。
A. 板、主梁、次梁　B. 板、次梁、主梁　C. 次梁、板、主梁　D. 主梁、次梁、板

第十六章　钢筋混凝土高层建筑结构简介

第一节　高层建筑结构综述

一、高层建筑结构的概念

1972 年，在国际高层建筑有关会议上提出高层建筑的分类为：第一类 9 ~ 16 层，高度不超过 50m；第二类 17 ~ 25 层，高度不超过 75m；第三类 26 ~ 40 层，高度不超过 100m；第四类为 40 层以上，高度 100m 以上。我国《高层建筑混凝土结构技术规程》（JGJ3—2010）规定：10 层及 10 层以上或房屋高度大于 28m 的建筑物，称为高层建筑，9 层及 9 层以下或房屋高度不超过 28m 的建筑物，称为多层建筑。

多层和高层建筑结构都要抵抗竖向荷载和水平荷载。在多层建筑中，结构主要是以竖向荷载控制设计的，也有的由竖向荷载和水平荷载共同控制结构的设计。而在高层建筑中，在水平荷载作用下，如同悬臂梁受均布荷载作用，其轴力 N、弯矩 M 和位移 u 可表示为：$N = WH$，$M = \dfrac{1}{2}qH^2$，$u = \dfrac{qH^4}{8EI}$。由此可见，结构产生的内力和位移随建筑物高度 H 的增加而迅速增加，结构的设计一般是由水平荷载控制的，这是高层建筑结构设计的特点。

在非地震区，设计高层建筑结构时，必须控制风荷载作用下的结构水平位移，以保证建筑物的正常使用和结构的安全。

在地震区，除了要求结构具有一定的强度和刚度外，还要求结构具有良好的抗震性能（即由变形来控制设计）。

二、高层建筑结构的结构体系

结构体系是指结构抵抗外部作用的结构构件的组成方式，高层建筑的结构体系主要有下列几种：框架结构、剪力墙结构、框架—剪力墙结构、筒体结构和巨型结构等。

1. 框架结构体系

框架结构是由梁和柱为主要构件组成的承受竖向和水平作用的结构。框架结构是高层建筑常用的结构形式之一，如图 16-1 所示。框架结构体系的优点是：建筑平面布置灵活、能获得大空间（如商场、餐厅等），建筑立面也容易处理，结构自重较轻，计算理论也比较成熟，在一定的高度范围内造价较低。框架结构体系的缺点是：框架结构本身的柔性较大，抗侧力能力较差，在风荷载作用下产生较大的水平位移，在地震作用下非结构性的部件破坏比较严重（如建筑装饰、填充墙、设备管道等），因此要控制高度。钢筋混凝土框架结构的建筑高度宜控制在 15 层以下。

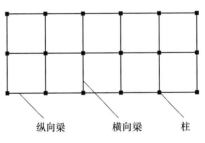

图 16-1　框架结构平面图

框架结构体系常用在多层和高层办公楼、旅馆、医院、学校、商店及住宅等建筑中。

2. 剪力墙结构体系

用钢筋混凝土墙板来承受竖向荷载和水平荷载的结构称为剪力墙结构（图 16-2）。剪力墙结构在其自身平面内具有很大的抗侧移刚度。这种结构体系的优点是：抗侧力能力强，能抵抗很大的风荷载和地震荷载，结构的水平位移小。从经济上分析，剪力墙结构以30层左右为宜；根据理论分析，剪力墙结构体系也适用于超高层建筑。剪力墙结构体系的缺点是：结构自重大，建筑平面布置局限性也大，且较难获得很大的建筑空间，因此，它比较适用于高层住宅、旅馆、办公楼等建筑。如朝鲜平壤的柳京大厦（1990年），101层，

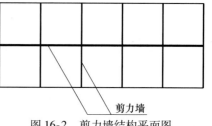

图 16-2　剪力墙结构平面图

高305m，采用小开间（3.5~4.0m）的全剪力墙结构（图16-3）。剪力墙的厚度从下到上分别为400mm、350mm、300mm、250mm。楼板的厚度有两种尺寸，分别是160mm和140mm。

3. 框架—剪力墙结构体系

在框架结构中，加上一定数量的剪力墙，作为抵抗水平力的主要构件，以加强水平刚度和强度，形成框架—剪力墙结构体系。剪力墙可以单片分散布置，也可以集中布置（图16-4）。框架—剪力墙结构是框架结构和剪力墙结构的结合，发挥了框架结构和剪力墙结构的特长。其中剪力墙将承担大部分水平荷载，而框架只承担较小的一部分水平荷载。在框架—剪力墙结构体系中，楼盖是重要的连接构件，要求其具有很好的整体性和很大的水平刚度。

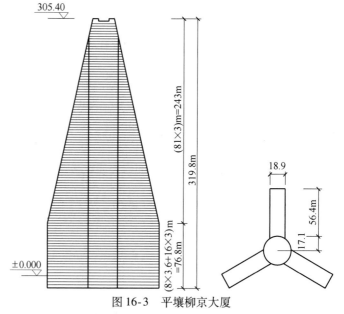

图 16-3　平壤柳京大厦

框架—剪力墙结构体系常作为12~25层房屋的承重结构，最高不宜超过40层，常用于办公楼、旅馆、公寓、住宅。

4. 筒体结构体系

以竖向筒体为主组成的承受竖向和水平作用的高层建筑结构称为筒体结构。筒体结构的筒体分为由剪力墙围成的薄壁筒和由密柱框架或壁式框架围成的框筒。一般利用建筑平面上的电梯间、楼梯间或管道井等组成的核心筒来抵抗水平荷载，或利用建筑物四周的外墙组成外筒体以抵抗水平荷载的结构均称为单筒体结构体系；外筒体和内核心筒体同时存在共同抵抗水平荷载的结构称为筒中筒结构体系（包括双筒体、三重筒体等），如图16-5所示。筒体结构实际上

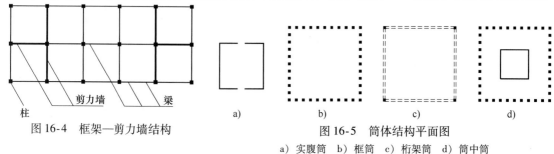

图 16-4　框架—剪力墙结构

图 16-5　筒体结构平面图

a）实腹筒　b）框筒　c）桁架筒　d）筒中筒

是由剪力墙所组成的空间受力体系，它犹如竖立着的薄壁箱大梁，这类结构比平面剪力墙的侧向刚度要大得多，因此它具有极大的抗侧力能力，是超高层建筑中比较理想的结构体系。

筒体结构常用于 30 层以上或高度超过 100m 的建筑物中。如美国芝加哥西尔斯大厦（1974 年），110 层，高 443m，采用了钢结构成束筒结构体系，底层平面由 9 个筒组成。

此外还有其他一些新的结构体系（图 16-6），如以筒体、刚架、桁架、拱等作为承重结构组成的悬挂结构体系（一般每段吊 10 层左右）；以巨型梁、

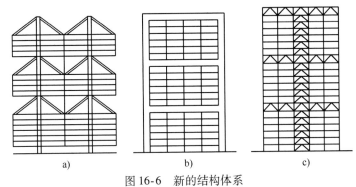

a)　　　　　　　　b)　　　　　　　　c)

图 16-6　新的结构体系

a）悬挂结构　b）巨型框架结构　c）刚性横梁或刚性桁架结构

柱组成的巨型框架结构体系（一般 10~13 层为一段，梁高为 1~2 层楼层高）等。

第二节　高层建筑结构设计的一般规定

一、高层建筑结构布置的一般原则

高层建筑不应采用严重不规则的结构体系，其平面布置和竖向布置应满足下列要求：

1）应使建筑平面尽可能规整、均匀对称，体型力求简单以尽可能减少结构的扭转效应。

2）进行建筑结构的平、立面设计时，应尽可能减少开间、进深的类型；尽可能统一柱网和层高，重复使用标准层，以期最大限度地减少构件的种类、规格，达到简化设计与施工的目的。

3）为了使建筑结构具有必要的抗侧移刚度，高宽比不宜过大，见表 16-1。

表 16-1　高宽比的限值

结 构 类 型	非抗震设计	抗震设防烈度		
		6、7 度	8 度	9 度
框架、板柱—剪力墙	5	4	3	2
框架—剪力墙	5	5	4	3
剪力墙	6	6	5	4
筒中筒、框架—核心筒	6	6	5	4

4）高层建筑的总长宜控制在最大伸缩缝间距内，见表 16-2。

表 16-2　温度—伸缩缝最大间距

结 构 类 型	施 工 方 法	最大间距/m
框架结构	现浇	55
剪力墙结构	现浇	45

5）不设伸缩缝时可采取以下措施：

① 在顶层、底层、山墙、内纵墙端部开间等温度影响较大部位提高配筋率。对于剪力墙，构造要求最小配筋率为 0.25%，实际结构都在 0.3% 以上。

② 直接受阳光照射的屋面应加厚屋面隔热、保温层或设置架空通风屋面。

③ 顶层可以局部改变结构形式，如剪力墙结构顶层改为框架，或顶层分为长度较小的几段。

④ 施工中留后浇带。后浇带应选择对结构受力影响较小的部位通过，不要在一个平面内。后浇带使整个结构全断开，包括梁（主筋不宜断开）、板。每隔 40m 留 700～1000mm 的混凝土后浇带。后浇带一般是在主体混凝土浇灌两个月后（至少一个月）采用高强度等级的混凝土充填，浇灌时的温度宜与主体混凝土浇灌时的温度接近。

6）高层建筑结构的水平位移应控制在一定范围内，否则将会引起居住者的不安和非结构性构件的损坏，因此，设计高层结构时必须考虑结构具有足够的侧向刚度，以保证建筑物的正常使用。

7）基础应力求类型、埋深一致，且基础本身刚度宜尽可能大些，否则应设沉降缝。高层房屋宜设地下室。

二、高层建筑结构体系合理高度的选择

钢筋混凝土高层建筑结构的最大适用高度和高宽比分为 A 级和 B 级。B 级高度高层建筑结构的最大适用高度和高宽比可较 A 级适当放宽，其结构抗震等级、有关计算和构造措施应相应加强。A 级钢筋混凝土结构建筑的最大适用高度见表 16-3。

表 16-3　A 级钢筋混凝土结构建筑的最大适用高度　（单位：m）

结 构 体 系		非抗震设计	抗震设防烈度			
			6 度	7 度	8 度	9 度
框架		70	60	55	45	25
框架—剪力墙		140	130	120	100	50
剪力墙	全部落地剪力墙	150	140	120	100	60
	部分框支剪力墙	130	120	100	80	不应采用
筒体	框架—核心筒	160	150	130	100	70
	筒中筒	200	180	150	120	80
板柱—剪力墙		70	40	35	30	不应采用

注：1. 高度指室外地面至檐口高，不包括突出小房间。
　　2. 超过规定时，设计应有可靠依据并采取有效措施。
　　3. 位于Ⅳ类场地或平面、竖向均不规则的结构，高度应适当降低。

三、高层建筑的楼板选用

房屋高度超过 50m 的框架—剪力墙结构、筒体结构及复杂高层建筑结构应采用现浇楼盖结构，剪力墙结构和框架结构宜采用现浇楼盖结构。现浇楼盖结构的混凝土强度等级不宜低于 C20、不宜高于 C40；房屋高度不超过 50m 时，8、9 度抗震设计的框架—剪力墙结构宜采用现浇楼盖结构，6、7 度抗震设计的框架—剪力墙结构可采用装配整体式楼盖，并应满足相关规定。

四、高层建筑的抗震等级

钢筋混凝土房屋应根据烈度、结构类型和房屋高度采用不同的抗震等级。A 级高度丙类建筑的抗震等级应按表 16-4 确定。

表 16-4　现浇钢筋混凝土结构的抗震等级

结构类型		设防烈度						
		6 度		7 度		8 度		9 度
框架结构	高　度/m	≤30	>30	≤30	>30	≤30	>30	≤25
	框架	四	三	三	二	二	一	一
框架—剪力墙结构	高　度/m	≤60	>60	≤60	>60	≤60	>60	≤50
	框　架	四	三	三	二	二	一	一
	剪力墙	三		二		一		一
剪力墙结构	高　度/m	≤80	>80	≤80	>80	≤80	>80	≤60
	剪力墙	四	三	三	二	二	一	一
框支剪力墙结构	非底部加强部位剪力墙	四	三	三	二	二		不应采用
	底部加强部位剪力墙	三	二	二		一		
	框支框架	二		二	一	一		
筒体结构	框架—核心筒　框架	三		二		一		一
	核心筒	二		二		一		一
	筒中筒　内筒	三		二		一		一
	外筒	三		二		一		一
板柱—剪力墙结构	板柱的柱	三		二		一		不应采用
	剪力墙	二		二		二		

注：1. 建筑场地为 I 类时，除 6 度外可按表内降低 1 度所对应的抗震等级采取抗震构造措施，但相应的计算要求不应降低。

2. 接近或等于高度分界时，应允许结合房屋不规则程度及场地、地基条件确定抗震等级。

3. 部分框支抗震墙结构中，抗震墙加强部位以上的一般部位，应允许按抗震墙结构确定其抗震等级。

五、高层建筑选型例题

例 16-1　一幢 47 层超高层建筑，建筑物内设超市、娱乐厅、餐厅、客房、办公用房等。底层至 4 层的层高为 4.8m，5~47 层的层高为 3m，室内外高差为 1.2m，按 7 度设防。试确定本工程结构形式。

解： 1）因本工程要求有大开间，无法采用纯剪力墙结构，而纯框架结构满足不了超高层建筑的受力要求。

2）建筑物总高度。

室内外高差　　　　　　1.2m

1~4 层　　　　4.8m×4 = 19.2 m

5~47 层　　　　3m×43 = 129 m

总高度　　　　　149.4m

3）查表 16-3，本工程采用筒中筒结构（外周为框筒，内部为核心筒）。

六、高层建筑结构的荷载分类及其特点

1. 荷载分类

高层建筑的结构荷载可分为两类：竖向荷载（或垂直荷载）和水平荷载（或侧向荷载）。竖向荷载主要是指结构的自重和楼层的使用荷载（活荷载）。侧向荷载是指水平的风荷载和水平的

地震作用。

2. 风荷载的特点

空气的流动受到建筑物的阻碍，并在建筑物表面形成了压力和吸力，这些压力和吸力称为建筑物所受的风荷载，它的大小与建筑物所在地区、体型、高度及周围环境等因素有密切关系。风荷载具有静力和动力作用的双重特点，其静力部分称为稳定风，动力部分称为脉动风。脉动风会引起高层建筑的振动。

风荷载对建筑物的作用结果有：

1）强风会使外墙、装饰等产生损坏。

2）风力作用会使结构开裂或留下较大的残余变形。

3. 风荷载与地震作用的差异

风荷载和地震作用虽然都属于水平荷载，但是就它们的特点和对结构的影响而言，是有许多不同之处的：

1）地震作用完全属于动荷载，而风荷载具有静荷载和动荷载的双重性。

2）地震作用与建筑物的重量直接有关，而风荷载与建筑物的重力荷载无关。

3）地震作用是由建筑物的基础运动而引起的，而风荷载仅存在于地面以上的建筑物表面。

4）建筑物固有振动周期越长，对承受地震荷载越有利，而对承受风荷载却是很不利的。

5）地震作用一般为瞬时作用或极短期作用，而风荷载可以延续相当长的时间。

6）对于同一个地基上的建筑物来讲，地震作用是不受建筑物周围环境影响的，而风荷载的大小则与建筑物周围的环境有直接关系。

第三节　高层建筑框架结构

框架结构是由梁和柱以刚接或铰接相连而构成承重体系的结构。框架结构按施工方法的不同可分为全现浇式、半现浇式、装配式和装配整体式等。框架结构体系具有平面布置灵活，容易满足生产工艺和使用要求以及施工方便等优点。从受力特点来说，框架结构是高次超静定结构，其内力分布较为均匀，适用于多层和高度一般不超过50m的高层建筑，所以框架结构被广泛应用。

一、框架结构的布置

1. 柱网的布置

柱网的布置应遵守下列原则：

1）工业建筑的柱网布置应满足生产工艺的要求。

2）柱网布置应满足建筑平面功能的要求。

3）柱网布置应使结构受力合理。

4）柱网布置应方便施工，以加快施工进度，降低工程造价。

2. 承重框架的布置

框架结构实际上是一个空间受力体系，但为了计算分析简便，可把实际框架结构看成纵横两个方向的平面框架。平行于短轴方向的框架称为横向框架，平行于长轴方向的框架称为纵向框架。横向框架和纵向框架分别承受各自方向上的水平作用，楼面竖向荷载则传递到纵横两个方向的框架上。按楼面竖向荷载传递路径的不同，承重框架的布置方案可分为横向框架承重、纵向框架承重和纵横向框架混合承重。

1）横向框架承重方案。横向框架承重方案指横向布置承重框架梁，楼面荷载主要由横向框架梁承担并传给柱。由于横向框架梁跨数较少，主梁沿横向布置有利于增强建筑物的横向抗侧刚度。纵向梁高度一般较小，有利于室内的采光和通风。

2）纵向框架承重方案。纵向框架承重方案在纵向布置承重梁，楼面荷载主要由纵向框架梁承担并传给柱，所以横向框架梁高度较小，有利于设备管线的穿行，当房屋纵向需要较大空间时，纵向框架承重方案可获得较大的室内净高，但房屋的横向刚度较小。

3）纵横向框架混合承重方案。纵横向框架混合承重方案是在两个方向均布置承重框架梁以承受楼面荷载。该方案具有较好的整体工作性能，对抗震有利。当楼面上作用有较大荷载，或楼面有较大开洞，或当柱网布置为正方形或接近正方形时，常采用这种方案。

二、框架结构的构造

1. 材料强度的要求

（1）混凝土的强度等级　现浇框架梁、柱、节点的混凝土强度等级，按一级抗震等级设计时，不应低于C30；按二～四级和非抗震设计时，不应低于C20。现浇框架梁的混凝土强度等级不宜大于C40；框架柱的混凝土强度等级，抗震设防烈度为9度时不宜大于C60，抗震设防烈度为8度时不宜大于C70。

（2）纵向受力钢筋　《混凝土结构设计规范》（GB 50010—2010）规定，梁、柱中受力钢筋强度应采用HRB400、HRB500、HRBF400、HRBF500。

框架梁中纵向受力钢筋最小配筋率见表16-5。

表16-5　框架梁中纵向受力钢筋最小配筋率

抗震等级	位置	
	支座（取较大值）	跨中（取较大值）
一级	0.40 和 $80f_t/f_y$	0.30 和 $65f_t/f_y$
二级	0.30 和 $65f_t/f_y$	0.25 和 $55f_t/f_y$
三级、四级	0.25 和 $55f_t/f_y$	0.20 和 $45f_t/f_y$

2. 梁、柱截面尺寸

（1）框架梁截面尺寸　梁的截面尺寸主要是要满足竖向荷载作用下的刚度要求。梁的截面高度 h_b 可按　$h_b = (\frac{1}{18} \sim \frac{1}{10}) l_b$ 估算，l_b 为主梁的计算跨度；梁的截面宽度 b_b 约为 $(\frac{1}{3} \sim \frac{1}{2})$ h_b，同时梁的宽度还不宜小于柱宽的1/2。梁的宽度不宜小于200mm，梁的高宽比不宜大于4。为了防止梁的剪切脆性破坏，梁的净跨与截面高度之比不宜小于4。

（2）框架柱截面尺寸　矩形截面柱的边长，圆柱截面直径不宜小于350mm；柱剪跨比宜大于2，截面高宽比不宜大于3。

3. 梁、柱纵筋在节点区的锚固

（1）中间层节点　中间层中间节点和端节点处，柱纵向受力钢筋应在节点处贯通。

梁的负弯矩钢筋在中间节点处应贯通，在端节点处可以直锚也可以弯锚；直锚时不应小于 l_a，且伸过柱中心线的长度不宜小于5倍的梁纵向钢筋直径（图16-7a）；当柱截面尺寸不足时，梁上部纵向钢筋应伸至节点对边并向下弯折，锚固段弯折前的水平投影长度不应小于 $0.4l_a$，弯折后的竖直投影长度应取15倍的梁纵向钢筋直径（图16-7b）。

梁下部纵向钢筋在节点内的锚固，当计算中不利用梁下部纵向钢筋的抗拉强度时，其伸入节点内的锚固长度应取不小于12倍的梁纵向钢筋直径；当计算中充分利用梁下部纵向钢筋的抗拉强度时，梁下部纵向钢筋可采用直线方式或向上90°弯折方式锚固于节点内，直锚时的锚固长度不应小于 l_a；弯锚时，锚固段的水平投影长度不应小于 $0.4l_a$，竖直投影长度应取15倍的梁纵向钢筋直径（图16-7c）；当计算中充分利用钢筋的抗压强度时，梁下部纵向钢筋应按受压钢筋的要求锚固，锚固长度不应小于$0.7l_a$。梁下部纵筋也可贯穿框架节点，在节点外梁弯矩较小部位搭接（图16-7d）。

（2）顶层中间节点 顶层中间节点中梁的纵筋锚固同中间层中间节点。

顶层中间节点柱纵向钢筋和边节点柱内侧纵向钢筋应伸至柱顶；当从梁底边计算的直锚长度不小于l_a时，可不必水平弯折，采用直锚（图16-8a），否则应向柱内或梁、板内水平弯折，当充分利用柱纵向节点区钢筋的抗拉强度时，其锚固段弯折前的竖直投影长度不应小于$0.5l_a$，弯折后的水平投影长度不宜小于12倍的柱纵向钢筋直径（图16-8b）；当柱顶有现浇楼板且板厚不小于100mm时，柱纵筋也可向外弯折，弯折后的水平投影长度不宜小于12倍的柱纵向钢筋直径（图16-8c）。

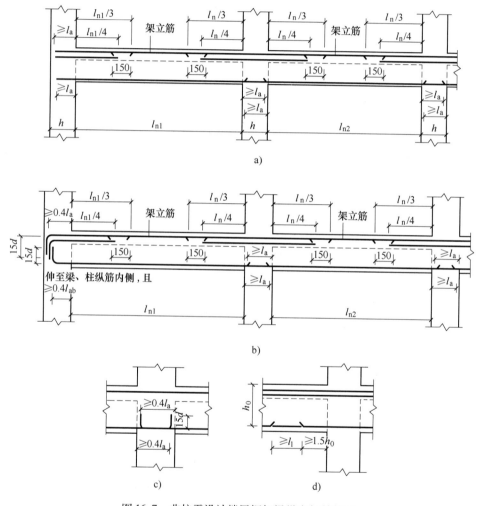

图16-7 非抗震设计楼层框架梁纵向钢筋构造

a）一端支座直锚 b）一端支座弯锚 c）节点中弯锚 d）节点外搭接

（3）顶层端节点 框架结构顶层端节点柱外侧纵筋可弯入梁内作为梁上部纵向受力钢筋使用，也可将梁上部纵向钢筋和柱外侧纵向钢筋在节点及附近部位搭接。

1）柱外侧纵向钢筋与梁上部纵向钢筋沿顶层端节点外侧及梁端顶部搭接。在梁宽范围以内的柱外侧纵向钢筋可与梁上部纵向钢筋搭接，搭接长度不应小于$1.5l_{ab}$（图16-9）；其中，伸入梁内的柱外侧钢筋截面面积不宜小于其全部面积的65%；在梁宽范围以外的柱外侧纵向钢筋宜

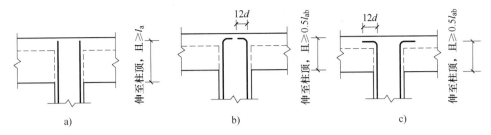

图 16-8　顶层中间节点柱纵筋的锚固

沿节点顶部伸至柱内边锚固，当柱外侧纵向钢筋位于柱顶第一层时，钢筋伸至柱内边后宜向下弯折不小于 8 倍纵向钢筋直径后截断（图 16-9），当柱外侧纵向钢筋位于柱顶第二层时，可不向下弯折；当现浇板厚度不小于 100mm 时，在梁宽范围以外的柱外侧纵向钢筋也可伸入现浇板内，其伸入长度与伸入梁内的长度相同。当柱外侧纵向钢筋的配筋率大于 1.2% 时，伸入梁内的柱纵向钢筋宜分两批截断，其截断点之间的距离不宜小于 20 倍的柱纵向钢筋直径（图 16-10）。

2）柱外侧纵向钢筋与梁上部纵向钢筋沿节点柱顶外侧直线搭接。纵向钢筋搭接接头也可沿着节点柱顶外侧直线布置（图 16-11），此时，搭接长度自柱顶算起不应小于 $1.7l_{ab}$；当梁上部纵向钢筋的配筋率大于 1.2% 时，弯入柱外侧的梁上部纵向钢筋宜分两批截断，其截断点之间的距离不宜小于 20 倍梁上部纵向钢筋直径。

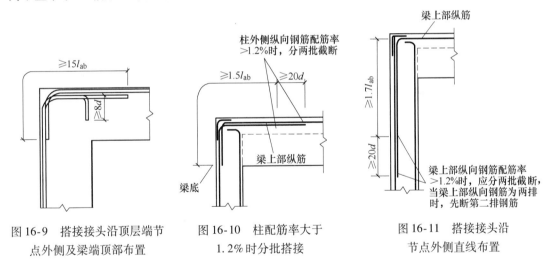

图 16-9　搭接接头沿顶层端节点外侧及梁端顶部布置　　图 16-10　柱配筋率大于 1.2% 时分批搭接　　图 16-11　搭接接头沿节点外侧直线布置

第四节　钢筋混凝土柱施工图识读

框架结构是由梁和柱以刚接或铰接相连而构成承重体系的结构。框架结构中梁的施工图表达一般采用平法，柱的平法施工图目前设计中常用的表达方法有列表注写方式和截面注写方式两种。下面分别讲述两种施工图的表达。

一、列表注写方式

如图 16-12 所示为柱平法施工图列表注写方式。柱的列表注写方式是在柱平面图上，分别在同一编号的柱中选择一个截面标注几何参数代号，在柱表中注写柱号、柱段起止标高、几何尺寸及配筋的具体数值，并配以各种柱截面形状及其箍筋类型图。图中主要包括各结构层的楼面标高、结构层高及相应的结构层号表、结构平面布置图、柱表及箍筋类型图。

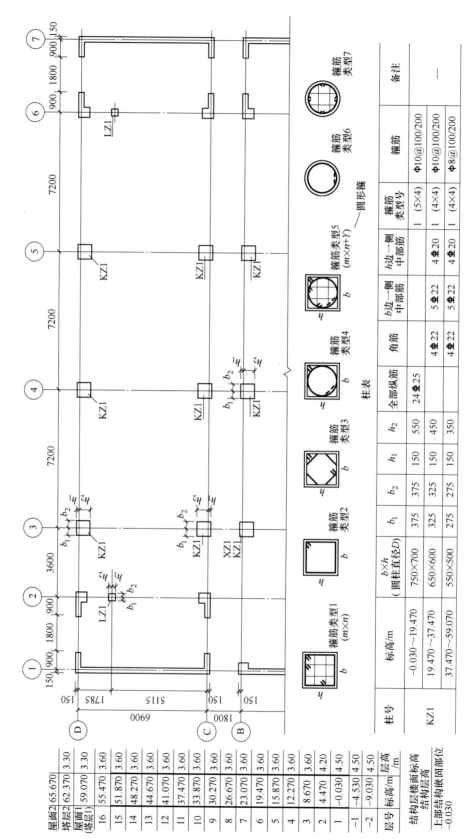

图16-12 柱平法施工图列表注写方式

1. 各结构层的楼面标高、结构层高及相应的结构层号表

在该表中主要表达层号、各楼层的标高及结构层高，在该表中竖线加粗的部分表明该张图所表达的柱的配筋情况是粗线所在楼层。

2. 结构平面布置图

在图中右上侧所示的平面图中，主要反映柱的种类及其平面位置。

3. 柱表

柱表中主要包括柱号、标高、截面尺寸、与轴线的平面位置关系及配筋等内容。

柱的平法制图规则

（1）柱号　柱号由柱的类型代号和序号组成，常见柱的编号见表16-6。柱的总高、分段截面尺寸及配筋不同时应分别编号。当柱的总高、分段截面尺寸和配筋均对应相同，仅分段截面与轴线的关系不同时，仍可将其编为同一柱号。

表16-6　柱编号

柱 编 号	代 号	序 号
框架柱	KZ	××
框支柱	KZZ	××
芯柱	XZ	××
梁上柱	LZ	××
剪力墙上柱	QZ	××

（2）标高　自柱根部往上以变截面位置或截面未变但配筋改变处为界分段注写。框架柱和框支柱的根部标高指基础顶面标高，芯柱的根部标高是根据结构实际需要而定的起始位置标高，梁上柱的根部标高指梁顶面标高。在图16-12的柱表中KZ1根据标高分为三段。

（3）截面尺寸及柱与轴线位置关系　矩形截面柱的截面尺寸用宽度b与高度h的乘积表示，圆柱的截面尺寸用直径d表示。

对于矩形柱，注写柱截面尺寸$b \times h$及与轴线关系的几何参数代号b_1、b_2和h_1、h_2的具体数值，须对应于各段柱分别注写。对于圆柱，表中$b \times h$一栏改用在圆柱直径数字前加d表示。为表达简单，圆柱截面与轴线的关系也用b_1、b_2和h_1、h_2表示，并使$d = b_1 + b_2$；$h = h_1 + h_2$。

（4）柱纵筋　当柱纵筋直径相同，各边根数也相同时（包括矩形柱、圆柱和芯柱），将纵筋注写在"全部纵筋"一栏中；除此之外，柱纵筋分角筋、截面b边中部筋和h边中部筋三项分别注写，对于采用对称配筋的矩形截面柱，可仅注写一侧中部筋，对称边省略不注。图16-12中的KZ1在 − 0.030 ~ 19.470段采用全部纵筋表示，每边7根，在其余两段则分别注写。

（5）箍筋　箍筋注写包括箍筋类型、钢筋级别、直径与间距。

箍筋类型由类型号和箍筋肢数两部分组成。具体工程中所设计的箍筋类型图及箍筋复合方式需画在表的上部或整张图的合适位置，并在其上标注与表中相对应的$b \times h$和类型号。

箍筋的级别、直径和间距也在表中表达。当为抗震设计时，用斜线"/"区分柱端箍筋加密区与柱身非加密区长度范围内箍筋的不同间距。施工人员须根据标准构造详图的规定，在规定的几种长度值中取其最大者作为加密区长度。

柱的截面注写方式

二、截面注写方式

截面注写方式是在分标准层绘制的柱平面布置图的柱截面上，分别在同一编号的柱中选择一个截面，原位放大，以直接注写截面尺寸和配筋的具体数值的方式来表达柱平法施工图，如图16-13所示。

图中主要包括各结构层的楼面标高、结构层高及相应的结构层号表、标准层结构平面布置图以及原位放大的各柱配筋图。柱的编号、截面尺寸、与轴线的位置关系、纵筋配筋情况、箍筋配筋情况等都体现在原位标注中。

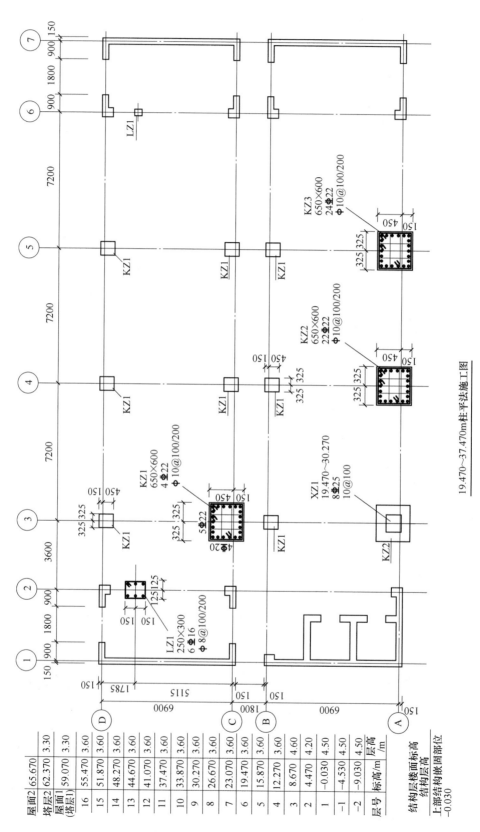

19.470~37.470m柱平法施工图

图16-13 柱平法施工图截面注写方式

小　　结

一、按组成高层建筑结构的材料，可将高层建筑结构分为钢结构高层建筑、混凝土结构高层建筑、钢—混凝土混合结构高层建筑三种形式。按结构承重体系，可将高层建筑分为框架结构体系、剪力墙结构体系、框架—剪力墙结构体系、筒体结构体系、巨型框架结构体系和悬挂结构体系等。

二、高层建筑结构设计的第一步就是根据使用功能和建筑物的高度等因素确定结构的承重体系，然后进行结构设计。

三、高层建筑结构承受有竖向荷载（恒载、活载）水平荷载（风荷载、地震作用）。高层建筑结构的受力特点是水平荷载起决定性作用，所以高层建筑结构的抗侧力设计是关键。

四、框架结构的设计步骤是：首先初定框架梁、柱的截面尺寸并进行结构的平面布置，然后进行结构计算，最后绘制结构施工图。

课后巩固与提升

一、单项选择题

1. 下列属于高层建筑的是（　　　）。

A. 8 层的住宅　　　　B. 12 层的住宅　　　C. 25m 高的公寓　　　　D. 18m 高的公寓

2. 在柱的平法施工图中 KZ 表示（　　　）

A. 框架柱　　　　　　B. 框支柱　　　　　　C. 抗风柱　　　　　　　D. 芯柱

3. 在列表注写法中，柱中纵筋都写在全部纵筋一栏，表示（　　　）。

A. 纵筋可任意布置　　　　　　　　　　B. 纵筋在水平方向布置较多

C. 纵筋在竖直方向布置较多　　　　　　D. 纵筋在截面上均匀分布

二、多项选择题

1. 在柱的列表注写法中，关于箍筋标注ϕ10@100/200 说法正确的是（　　　）

A. 柱中纵筋直径为 10mm

B. 柱中箍筋直径为 10mm

C. 柱中箍筋间距为 100mm

D. 柱中箍筋间距加密区为 100mm

E. 柱中箍筋间距非加密区间距为 200mm

2. 如图 16-14 所示的截面注写法中，4Φ表示（　　　）。

A. 柱中纵筋为 4 根

B. 柱中角部纵筋为 4 根

C. 柱中角部纵筋直径为 4mm

D. 柱中角部纵筋直径为 22mm

E. 柱中角部纵筋直径为三级钢

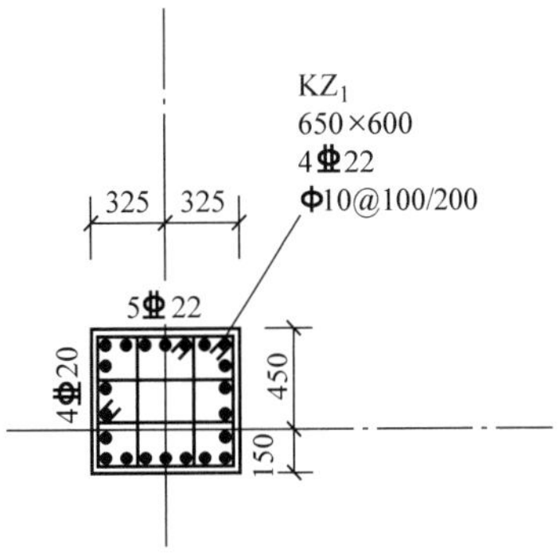

KZ₁
650×600
4Φ22
Φ10@100/200

图　16-14

职 考 链 接

1.【单项选择题】常用建筑结构体系中，应用高度最高的结构体系是（　　　）。

A. 筒体　　　　　　　B. 剪力墙　　　　　　C. 框架剪力墙　　　　　D. 框架结构

2.【单项选择题】按照民用建筑分类标准，属于超高层建筑的是（　　　）。

A. 高度 50m 的建筑　　B. 高度 70m 的建筑　　C. 高度 90m 的建筑　　　D. 高度 110m 的建筑

第十七章　砌　体　结　构

砌体结构是以块体和砂浆砌筑而成的墙、柱作为建筑物主要受力构件的结构。它分为无筋砌体和配筋砌体两大类，常用的无筋砌体包括砖砌体、砌块砌体和石砌体；配有钢筋或钢筋混凝土的砌体称为配筋砌体。砌体结构在房屋建筑中应用广泛。

第一节　砌体结构材料选择

一、砌体的种类

砌体是由不同尺寸和形状的起骨架作用的块体材料和起胶结作用的砂浆按一定的砌筑方式砌筑而成的整体，常用作一般工业与民用建筑物受力构件中的墙、柱、基础，多层高层建筑物的外围护墙体和内部分隔填充墙体，以及挡土墙、水池、烟囱等。根据砌体的受力性能分为无筋砌体结构、约束砌体结构和配筋砌体结构。

1. 无筋砌体结构

常用的无筋砌体结构有砖砌体、砌块砌体和石砌体结构。

(1) 砖砌体　由砖和砂浆砌筑而成的整体材料称为砖砌体。砖砌体包括烧结普通砖砌体、烧结多孔砖砌体、蒸压粉煤灰普通砖砌体、蒸压硅酸盐砖砌体、混凝土普通砖砌体和混凝土多孔砖砌体。在房屋建筑中，砖砌体常用作一般单层和多层工业与民用建筑的内外墙、柱、基础等承重结构，以及多层高层建筑的围护墙与隔墙等自承重结构等。实心砖砌体墙常用的砌筑方法有一顺一丁（砖长面与墙长度方向平行的为顺砖，砖短面与墙长度方向平行的则为丁砖）、二顺一丁（梅花丁）和三顺一丁，如图 17-1 所示。

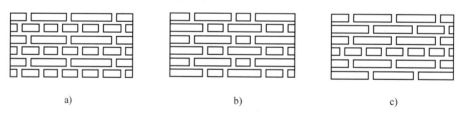

a)　　　　　　　　　　　　　b)　　　　　　　　　　　　　c)

图 17-1　实心砖砌体砌筑方法

a) 一顺一丁　b) 梅花丁　c) 三顺一丁

试验表明，采用同强度等级的材料，按照上述几种方法砌筑的砌体，其抗压强度相差不大。但应注意上下两皮顺砖间的顺砖数量越多，则宽为 240mm 的两片半砖墙之间的联系越弱，很容易产生"两片皮"的效果，而急剧降低砌体的承载能力。

烧结普通砖的规格尺寸为 240mm × 120mm × 53mm，标准砌筑的实心墙体厚度常为 240mm（一砖）、370mm（一砖半）、490mm（两砖）、620mm（两砖半）、740mm（三砖）等。

砖砌体结构的使用面很广。根据现阶段我国墙体材料革新的要求，实行限时限地禁止使用实心粘土砖，除此之外的砖均属于新型砌体材料，但应认识到烧结粘土多孔砖是砌体材料革新的一个过渡产品，其生产和使用也将逐步受到限制。

(2) 砌块砌体　由砌块和砂浆砌筑而成的整体材料称为砌块砌体。常用的砌块砌体以混凝土空心砌块砌体为主，其中包括以普通混凝土为块体材料的普通混凝土空心砌块砌体和以轻骨料混凝土为块体材料的轻骨料混凝土空心砌块砌体。砌块砌体是替代实心粘土砖砌体的主要承重砌体材料。

砌块按尺寸大小的不同分为小型、中型和大型三种。小型砌块尺寸较小，型号多，尺寸灵活，施工时可不借助吊装设备而用手工砌筑，适用面广，但劳动量大。中型砌块尺寸较大，适于机械化施工，便于提高劳动生产率，但其型号少，使用不够灵活。大型砌块尺寸大，有利于工业化生产，机械化施工，可大幅提高劳动生产率，加快施工进度，但需要有相当的生产设备和施工能力。砌块砌体主要用于住宅、办公楼及学校等建筑以及一般工业建筑的承重墙或围护墙。砌块大小的选用主要取决于房屋墙体的分块情况及吊装能力。砌块排列设计是砌块砌筑施工前的一项重要工作，设计时应充分利用其规律性，尽量减少砌块类型，使其排列整齐，避免通缝，并砌筑牢固，以取得较好的经济技术效果。

（3）石砌体 由天然石材和砂浆（或混凝土）砌筑而成的整体材料称为石砌体。根据石材的规格和砌体施工方法的不同分为料石砌体、毛石砌体和毛石混凝土砌体。用作石砌体块材的石材分为毛石和料石两种。毛石又称为片石，是采石场由爆破直接获得的形状不规则的石块。根据平整程度又将其分为乱毛石和平毛石两类，其中乱毛石指形状完全不规则的石块，平毛石指形状不规则但有两个平面大致平行的石块。料石是由人工或机械开采出的较规则的六面体石块，再略经凿琢而成。根据表面加工的平整程度分为毛料石、粗料石、半细料石和细料石四种。毛石混凝土砌体是在模板内交替铺置混凝土层及形状不规则的毛石而构成。

2. 约束砌体结构

通过竖向和水平钢筋混凝土构件约束砌体的结构，称为约束砌体结构。最为典型的是在我国广为应用的钢筋混凝土构造柱—圈梁形成的砌体结构体系。它在抵抗水平作用时使墙体的极限水平位移增大，从而提高墙的延性，使墙体裂而不倒。其受力性能介于无筋砌体结构和配筋砌体结构之间，或者相对于配筋砌体结构而言，是配筋加强较弱的一种配筋砌体结构。如果按照提高墙体的抗压强度或抗剪强度要求设置加密的钢筋混凝土构造柱，则属于配筋砌体结构，这是近年来我国对构造柱作用的一种新发展。

3. 配筋砌体结构

配筋砌体结构是由配置钢筋的砌体作为主要受力构件的结构，即通过配筋使钢筋在受力过程中强度达到流限的砌体结构。这种结构可以提高砌体强度，减少其截面尺寸，增加砌体结构（或构件）的整体性。配筋砌体可分为配筋砖砌体和配筋砌块砌体，其中配筋砖砌体又可分为网状配筋砖砌体、组合砖砌体，配筋砌块砌体又可分为均匀配筋砌块砌体、集中配筋砌块砌体以及均匀—集中配筋砌块砌体。

（1）网状配筋砖砌体 网状配筋砖砌体又称为横向配筋砖砌体，是在砖柱或砖墙中每隔几皮砖的水平灰缝中设置直径为 $3 \sim 4mm$ 的方格网式钢筋网片（图 17-2a），或直径 $6 \sim 8mm$ 的连弯式钢筋网片砌筑而成的砌体结构。在砌体受压时，网状配筋可约束和限制砌体的横向变形以及竖向裂缝的开展和延伸，从而提高砌体的抗压强度。网状配筋砖砌体可用作承受较

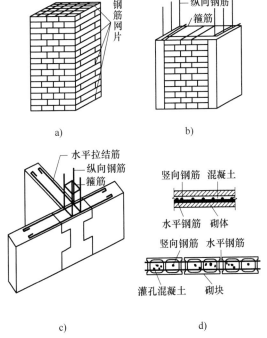

图 17-2 配筋砌体截面

大轴心压力或偏心距较小的较大偏心压力的墙、柱。

（2）组合砖砌体 组合砖砌体是由砖砌体和钢筋混凝土面层或钢筋砂浆面层构成的整体材料。工程应用上有两种形式，一种是采用钢筋混凝土或钢筋砂浆作面层的砌体，这种砌体可以用作承受偏心距较大的偏心压力的墙、柱（图 17-2b）；另一种是在砖砌体的转角、交接处以及每隔一定距离设置钢筋混凝土构造柱，并在各层楼盖处设置钢筋混凝土圈梁，使砖砌体墙与钢筋混凝土构造柱、圈梁组成一个共同受力的整体结构（图 17-2c）。组合砖砌体建造的多层砖混结构房屋的抗震性能较无筋砌体砖混结构房屋的抗震性能有显著改善，同时它的抗压和抗剪强度也有一定程度的提高。

（3）配筋砌块砌体 配筋砌块砌体是在混凝土小型空心砌块砌体的水平灰缝中配置水平钢筋，在孔洞中配置竖向钢筋并用混凝土灌实的一种配筋砌体（图 17-2d）。其中，集中配筋砌块砌体是仅在砌块墙体的转角、接头部位及较大洞口的边缘砌块孔洞中设置竖向钢筋，并在这些部位砌体的水平灰缝中设置一定数量的钢筋网片，主要用于中、低层建筑。均匀配筋砌块砌体是在砌块墙体上下贯通的竖向孔洞中插入竖向钢筋，并用灌孔混凝土灌实，使竖向和水平钢筋与砌体形成一个共同工作的整体，故又称为配筋砌块剪力墙，可用于大开间建筑和中高层建筑。均匀—集中配筋砌块砌体在配筋方式和建造建筑物方面均处于上述两种配筋砌块砌体之间。配筋砌体不仅加强了砌体的各种强度和抗震性能，还扩大了砌体结构的使用范围，比如高强混凝土砌块通过配筋与浇筑灌孔混凝土，作为承重墙体可砌筑 10～20 层的建筑物，而且相对于钢筋混凝土结构具有不需要支模、不需再做贴面处理及耐火性能更好等优点。

4. 国外配筋砌体

国外配筋砌体类型较多，大致可概括为两类，一类是在空心砖或空心砌块的水平灰缝或凹槽内设置水平直钢筋或桁架状钢筋，在孔洞内设置竖向钢筋，并灌筑混凝土；另一类是在内外两片砌体的中间空腔内设置竖向钢筋和横向钢筋，并灌筑混凝土，其配筋形式如图 17-2d 所示。

二、砌体材料的种类及强度

构成砌体的材料包括块体材料和胶结材料，块体材料和胶结材料（砂浆）的强度等级主要是根据其抗压强度划分的，也是确定砌体在各种受力状态下强度的基础数据。块体强度等级以符号"MU"（Masonry Unit）表示，其后数字表示块体的抗压强度值，单位为 MPa。砂浆强度等级以符号"M"（Modar）表示。对于混凝土小型空心砌块砌体，砌筑砂浆的强度等级以符号"Mb"表示，灌孔混凝土的强度等级以符号"Cb"表示，其中符号"b"指 block。

1. 砖

砖包括烧结普通砖、烧结多孔砖、非烧结硅酸盐砖和混凝土砖。

（1）烧结砖 烧结普通砖与烧结多孔砖统称为烧结砖，一般是由粘土、煤矸石、页岩或粉煤灰等为主要原料，压制成土坯后经烧制而成。烧结砖按其主要原料种类的不同又可分为烧结粘土砖、烧结页岩砖、烧结煤矸石砖及烧结粉煤灰砖等。

烧结普通砖包括实心砖或孔洞率不大于 35% 且外形尺寸符合规定的砖，其规格尺寸为 240mm×115mm×53mm，如图 17-3a 所示。烧结普通砖重力密度在 16～18kN/m³ 之间，具有较高

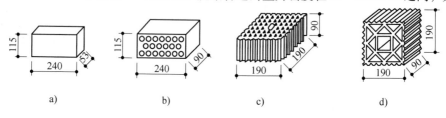

图 17-3 砖的规格

的强度、良好的耐久性和保温隔热性能，且生产工艺简单、砌筑方便，故生产应用最为普遍，但因为占用和毁坏农田，在一些大中城市现已逐渐被禁止使用。

烧结多孔砖是指孔洞率不小于35%，孔的尺寸小而数量多，多用于承重部位的砖。多孔砖分为 P 型砖与 M 型砖，P 型砖的规格尺寸为 240mm×115mm×90mm，如图 17-3b 所示。M 型砖的规格尺寸为 190mm×190mm×90mm，如图 17-3c 所示，以及相应的配砖。此外，用粘土、页岩、煤矸石等原料还可经焙烧成孔洞较大、孔洞率大于35%的烧结空心砖，如图 17-3d 所示，多用于砌筑围护结构。一般烧结多孔砖重力密度在 $11 \sim 14 \text{ kN} / \text{m}^3$ 之间，而大孔空心砖重力密度则在 $9 \sim 11 \text{kN/m}^3$ 之间。多孔砖与实心砖相比，可以减轻结构自重、节省砌筑砂浆、减少砌筑工时，此外其原料用量与耗能也可相应减少。

（2）非烧结砖 非烧结砖包括蒸压灰砂砖和蒸压粉煤灰砖。蒸压灰砂砖是以石灰和砂为主要原料，经坯料制备、压制成型、蒸压养护而成的实心砖，简称灰砂砖。蒸压粉煤灰砖是以粉煤灰、石灰为主要原料，掺加适量石膏和集料，经坯料制备、压制成型、高压蒸汽养护而成的实心砖，简称粉煤灰砖。蒸压灰砂砖与蒸压粉煤灰砖的规格尺寸与烧结普通砖相同。

（3）混凝土砖 混凝土砖包括混凝土普通砖和混凝土多孔砖。混凝土砖是以水泥为胶结材料，以砂、石等为主要集料，加水搅拌、成型、养护制成的一种多孔的混凝土半盲孔砖或实心砖。多孔砖的主规格尺寸为 240mm×115mm×90mm、240mm×190mm×90mm、190mm×190mm×90mm 等；实心砖的主规格尺寸为 240mm×115mm×53mm、240mm×115mm×90mm 等。

（4）砖的强度等级 烧结普通砖、烧结多孔砖的强度等级为：MU30、MU25、MU20、MU15 和 MU10；蒸压灰砂砖、蒸压粉煤灰砖的强度等级为：MU25、MU20 和 MU15；混凝土普通砖、混凝土多孔砖的强度等级为：MU30、MU25、MU20 和 MU15。

仅用抗压强度作为衡量含孔洞块材的强度指标是不全面的，多孔砖或空心砖（砌块）孔形、孔的布置不合理将导致砌体的抗折强度降低很大，降低了墙体的延性，墙体容易开裂。用于承重的多孔砖及蒸压硅酸盐砖的折压比限值和用于承重的非烧结材料多孔砖的孔洞率、壁及肋尺寸限值及碳化、软化性能应符合现行国家标准《墙体材料应用统一技术规范》（GB 50574—2010）的有关规定。

2. 砌块

砌块一般指混凝土空心砌块、加气混凝土砌块及硅酸盐实心砌块，此外还有用粘土、煤矸石等为原料，经焙烧而制成的烧结空心砌块，如图 17-4 所示。

砌块按尺寸大小可分为小型、中型和大型三种，通常把砌块高度为 180～350mm 的称为小型砌块，高度为 360～900mm 的称为中型砌块，高度大于900mm 的称为大型砌块。

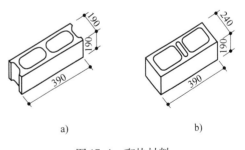

图 17-4 砌块材料
a）390mm×190mm×190mm
b）390mm×190mm×240mm

（1）混凝土小型空心砌块 我国目前在承重墙体材料中使用最为普遍的是混凝土小型空心砌块，它由普通混凝土或轻集料混凝土制成，主要规格尺寸为 390mm×190mm×190mm，空心率一般在 25%～50% 之间，一般简称为混凝土砌块或砌块。混凝土空心砌块的重力密度一般在 $12 \sim 18 \text{kN/m}^3$ 之间，而加气混凝土砌块及板材的重力密度在 10kN/m^3 以下，可用作隔墙。采用较大尺寸的砌块代替小块砖砌筑砌体，可减轻劳动量并可加快施工进度，是墙体材料改革的一个重要方向。

（2）实心砌块 实心砌块以粉煤灰硅酸盐砌块为主，其加工工艺与蒸压粉煤灰砖类似，其重力密度一般在 15~20kN/m³ 之间，主要规格尺寸为 880mm × 190mm × 380mm、580mm × 190mm×380mm 等。加气混凝土砌块由加气混凝土和泡沫混凝土制成，其重力密度一般在 4~6kN/m³ 之间。由于自重轻，加工方便，故可按使用要求制成各种尺寸，且可在工地进行切锯，因此广泛应用于工业与民用建筑的围护结构。

（3）砌块的强度　混凝土空心砌块的强度等级是根据标准试验方法，按毛截面面积计算的极限抗压强度值来划分的。混凝土小型空心砌块的强度等级为 MU20、MU15、MU10、MU7.5、MU5 五个等级。为了保证承重类多孔砌块的结构性能，用于承重的双排孔或多排孔轻集料混凝土砌块的孔洞率不应大于 35%。

3. 石材

用作承重砌体的石材主要来源于重质岩石和轻质岩石。重质岩石的抗压强度高，耐久性好，但导热系数大。轻质岩石的抗压强度低，耐久性差，但易开采和加工，导热系数小。石砌体中的石材，应选用无明显风化的石材。

石材按其加工后的外形规则程度，分为料石和毛石。料石又分为细料石、半细料石、粗料石和毛料石。毛石的形状不规则，但要求毛石的中部厚度不小于 200mm。

因石材的大小和规格不一，通常用边长为 70mm 的立方体试块进行抗压试验，取 3 个试块破坏强度的平均值作为确定石材强度等级的依据。石材的强度等级划分为 MU100、MU80、MU60、MU5O、MU40、MU30 和 MU20。

4. 砌筑砂浆

将砖、石、砌块等块体材料粘结成砌体的砂浆即砌筑砂浆，它由胶结料、细集料和水配制而成，为改善其性能，常在其中添加掺合料和外加剂。砂浆的作用是将砌体中的单个块体连成整体，并抹平块体表面，从而促使其表面均匀受力，同时填满块体间的缝隙，减少砌体的透气性，提高砌体的保温性能和抗冻性能。

（1）普通砂浆　砂浆按胶结料成分不同可分为水泥砂浆、水泥混合砂浆以及不含水泥的石灰砂浆、粘土砂浆和石膏砂浆等。水泥砂浆是由水泥、砂和水按一定配合比制成的砂浆；水泥混合砂浆是在水泥砂浆中加入一定量的熟化石灰膏拌制成的砂浆；而石灰砂浆、粘土砂浆和石膏砂浆分别是用石灰、粘土和石膏与砂和水按一定配合比拌制而成的砂浆。工程上常用的砂浆为水泥砂浆和水泥混合砂浆，临时性砌体结构砌筑时多采用石灰砂浆。

砂浆的强度等级根据其试块的抗压强度确定，用边长为 70.7mm 的立方体标准试块，在温度为 15~25℃环境下硬化，龄期 28d（石膏砂浆为 7d）的抗压强度来确定。砌筑砂浆的强度等级为 M15、M10、M7.5、M5 和 M2.5。工程上由于块体的种类较多，确定砂浆强度等级时应采用同类块体为砂浆试块底模。如蒸压灰砂砖砌体和蒸压粉煤灰砖砌体的抗压强度指标是采用同类砖为砂浆试块底模时所得砂浆强度而确定的。当采用粘土砖作底模时，其砂浆强度提高，实际上砌体的抗压强度约低 10% 左右。对于多孔砖砌体，应采用同类多孔砖侧面为砂浆强度试块底模。

（2）蒸压灰砂普通砖和蒸压粉煤灰普通砖砌体专用砌筑砂浆　蒸压灰砂普通砖、蒸压粉煤灰普通砖等蒸压硅酸盐砖是采用半干压法生产的，制砖钢模十分光亮，在高压成型时会使砖质地密实、表面光滑，吸水率也较小，这种光滑的表面影响了砖与砖的砌筑与粘结，使墙体的抗剪强度较烧结普通砖低 1/3，从而影响了这类砖的推广和应用。故采用工作性好、粘结力高、耐候性强且方便施工的专用砌筑砂浆。这种砂浆由水泥、砂、水以及根据需要掺入的掺合料和外加剂等组分，按一定比例，采用机械拌和制成，专门用于砌筑蒸压灰砂砖或蒸压粉煤灰砖砌体，且砌体抗剪强度应不低于烧结普通砖砌体的取值的砂浆。其强度等级为 Ms15、Ms10、Ms7.5 和 Ms5.0 四级。

（3）混凝土小型空心砌块砌筑砂浆　对于混凝土小型空心砌块砌体，应采用由胶结料、细集料、水及根据需要掺入的掺合料及外加剂等成分，按照一定比例，采用机械搅拌的专门用于砌筑混凝土砌块的砌筑砂浆。其掺合料主要采用粉煤灰，外加剂包括减水剂、早强剂、促凝剂、缓凝剂、防冻剂、颜料等。与使用传统的砌筑砂浆相比，专用砂浆可使砌体灰缝饱满，粘结性能好，减少墙体开裂和渗漏，提高砌块建筑质量。这种砂浆的强度划分为 Mb30、Mb25、Mb20、Mb15、Mb10、Mb7.5 和 Mb5 七个等级，其抗压强度指标相应于 M30、M25、M20、U15、M10、M7.5 和 M5 等级的一般砌筑砂浆抗压强度指标。通常 Mb5～Mb20 采用 32.5 级普通水泥或矿渣水泥，Mb25 和 Mb30 则采用 42.5 级普通水泥或矿渣水泥。砂浆的稠度为 50～80mm，分层度为 10～30mm。

（4）混凝土小型空心砌块灌孔混凝土　混凝土小型空心砌块灌孔混凝土是砌块建筑灌注芯柱、孔洞的专用混凝土，即由水泥、集料、水以及根据需要掺入的掺合料和外加剂等组分，按一定比例，采用机械搅拌后，用于浇筑混凝土小型空心砌块砌体芯柱或其他需要填实孔洞部位的混凝土。其掺合料主要采用粉煤灰。外加剂包括减水剂、早强剂、促凝剂、缓凝剂、膨胀剂等。它是一种高流动性和低收缩性的细石混凝土，是保证砌块建筑整体工作性能、抗震性能、承受局部荷载的重要施工配套材料，混凝土小型空心砌块灌孔混凝土的强度划分为 Cb40、Cb35、Cb30、Cb25 和 Cb20 五个等级，相应于 C40、C35、C30、C25 和 C20 混凝土的抗压强度指标。这种混凝土的拌合物应均匀、颜色一致，且不离析、不泌水，其坍落度不宜小于 180mm。

三、砌体材料的选择

砌体结构所用材料，应因地制宜，就地取材，并确保砌体在长期使用过程中具有足够的承载力和符合要求的耐久性，还应满足建筑物整体或局部所处于不同环境条件下正常使用时建筑物对其材料的特殊要求。除此之外，还应贯彻执行国家墙体材料革新政策，研制使用新型墙体材料来代替传统的墙体材料，以满足建筑结构设计的经济、合理、技术先进的要求。

对于具体的设计，砌体材料的选择应遵循如下原则：

1）处于环境类别三～五等有侵蚀性介质的砌体材料应符合下列规定。

① 不应采用蒸压灰砂普通砖、蒸压粉煤灰普通砖。

② 应采用实心砖，砖的强度等级不应低于 MU20，水泥砂浆的强度等级不应低于 M10。

③ 混凝土砌块的强度等级不应低于 MU15，灌孔混凝土的强度等级不应低于 Cb30，砂浆的强度等级不应低于 Mb10。

④ 应根据环境条件对砌体材料的抗冻指标、耐酸性能、耐碱性能提出要求，或符合有关规范的规定。

2）对于地面以下或防潮层以下的砌体所用材料，应提出最低强度要求，对于潮湿房间墙体所用材料的最低强度等级要求见表 17-1。

表 17-1　地面以下或防潮层以下的砌体、潮湿房间墙体所用材料的最低强度等级

基土的潮湿程度	烧结普通砖	混凝土普通砖、蒸压灰砂砖	混凝土砌块	石　　材	水泥砂浆
稍湿	MU15	MU20	MU7.5	MU30	M5
很湿	MU20	MU20	MU10	MU30	M7.5
含水饱和	MU20	MU25	MU15	MU40	M10

注：1. 在冻胀地区，地面以下或防潮层以下的砌体，不宜采用多孔砖，如采用时，其孔洞应用不低于 M10 的水泥砂浆预先灌实；当采用混凝土砌块时，其孔洞应采用强度等级不低于 Cb20 的混凝土预先灌实。

2. 对于安全等级为一级或设计使用年限大于 50 年的房屋，墙、柱所用材料的最低强度等级，还应比上述规定至少提高一级。

3）对于长期受热 200℃ 以上、受急冷急热或有酸性介质侵蚀的建筑部位，规范规定不得采用蒸压灰砂砖和蒸压粉煤灰砖，MU15 和 MU15 以上的蒸压灰砂砖可用于基础及其他建筑部位，

蒸压粉煤灰砖用于基础或用于受冻融和干湿交替作用的建筑部位时必须使用一等砖。

第二节 砌体结构力学性能

一、砌体的受压性能

1. 砌体的受压破坏特征

（1）普通砖砌体的受压破坏特征 砖砌体轴心受压时，按照裂缝的出现、发展和破坏特点，可划分为三个受力阶段，如图17-5所示。

第一阶段，从砌体受压开始，当压力增大至50%~70%的破坏荷载时，砌体内出现第一条（批）裂缝。在此阶段，单块砖内产生细小裂缝，且多数情况下裂缝约有数条，如果不再增加压力，单块砖内的裂缝也不继续发展，砌体处于弹性受力阶段，如图17-5a所示。

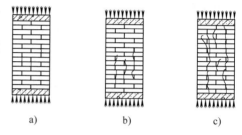

图17-5 砖砌体受压破坏形态

第二阶段，随着荷载的增加，砌体内裂缝增多，当压力增大至80%~90%的破坏荷载时，单个块体内的裂缝将不断发展，裂缝沿着竖向灰缝通过若干皮砖或砌块，逐渐在砌体内连接成一段段较连续的裂缝。其特点在于砌体进入弹塑性受力阶段，此时荷载即使不再增加，砌体压缩变形增长快，砌体内裂缝仍会继续发展，砌体已临近破坏，在工程实践中可视为处于十分危险状态，如图17-5b所示。砌体结构在使用中若出现这种状态，应立即采取措施或进行加固处理。

第三阶段，随着荷载的继续增加，砌体中的裂缝迅速延伸、宽度扩展，连续的竖向贯通裂缝把砌体分割成小柱体，个别砖块可能被压碎或小柱体失稳，从而导致整个砌体的破坏，如图17-5c所示。以砌体破坏时的压力除以砌体截面面积所得的应力值称为该砌体的极限抗压强度。

砌体由块体与砂浆粘结而成，砌体在压力作用下，其强度将取决于砌体中块体和砂浆的受力状态，这与单一匀质材料的受压强度是不同的。在砌体试验时，测得的砌体强度远低于块体的抗压强度，这是因其砌体中单个块体所处复杂应力状态所造成的，而复杂应力状态是砌体自身性质决定的。

首先，由于砌体内灰缝的厚薄不一，砂浆难以饱满、均匀密实，砖的表面又不完全平整和规则，砌体受压时，砖并非想像得那样均匀受压，而是处于受拉、受弯和受剪的复杂应力状态，如图17-6所示。

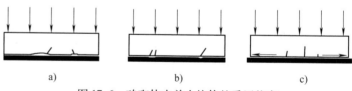

图17-6 砖砌体中单个块体的受压状态

a）块体表面不规整 b）砂浆表面不平 c）砂浆变形

由于砌体中块体的抗弯和抗剪的能力一般都较差，故砌体内第一批裂缝的出现在单个块体材料内，这是因单个块体材料受弯、受剪所引起的。

其次，砖和砂浆这两种材料的弹性模量和横向变形不相等，也增大了上述复杂应力。砂浆的横向变形一般大于砖的横向变形，砌体受压后，它们相互约束，使砖内产生拉应力。砌体内的砖又可视为弹性地基（水平缝砂浆）上的梁，砂浆（基底）的弹性模量越小，砖的变形越大。但由于砌体中砂浆的硬化粘结，块体材料和砂浆间存在切向粘结力，在此粘结力作用下，块体将约束砂浆的横向变形，而砂浆则有使块体横向变形增加的趋势，由此在块体内产生拉应力，故单个块体在砌体中处于压、弯、剪及拉的复合应力状态，其抗压强度降低；相反，砂浆的横向变形由于块体的约束而减小，故砂浆处于三向受压状态，抗压强度提高。由于块体与砂浆的这种交互作用，使得砌体的抗压强度比相应块体材料的强度要低很多，而当用较低强度等级的砂浆砌筑砌体时，砌体的抗压强度却接近或超过砂浆本身的强度，甚至刚砌筑好的砌体，砂浆强度为零时也能承受一定荷载，这也与砌块和砂浆的交互作用有关。

此外，砌体内的竖向砂浆往往不密实，砖在竖缝处易产生一定的应力集中，同时竖向灰缝内的砂浆和砌块的粘结力也不能保证砌体的整体性。因此，在竖向灰缝上的单个块体内将产生拉应力和剪应力的集中，从而加快块体的开裂，引起砌体强度的降低。

上述种种原因均导致砌体内的砖受到较大的弯曲、剪切和拉应力的共同作用。由于砖是一种脆性材料，它的抗弯、抗剪和抗拉强度很低。因而砌体受压时，首先是单块砖在复杂应力作用下开裂，破坏时砌体内砖的抗压强度得不到充分发挥。这是砌体受压性能不同于其他建筑材料受压性能的一个基本特点。

（2）多孔砖砌体的受压破坏特征　多孔砖砌体轴心受压时，也划分为三个受力阶段，但砌体内产生第一批裂缝时的压力较上述普通砖砌体产生第一批裂缝时的压力高，约为破坏压力的70%。在砌体受力的第二阶段，出现裂缝的数量不多，但裂缝竖向贯通的速度快，且临近破坏时砖的表面普遍出现较大面积的剥落。多孔砖砌体轴心受压时，自第二至第三个受力阶段所经历的时间也较短。上述现象是由于多孔砖的高度比普通砖的高度大，且存在较薄的孔壁，致使多孔砖砌体较普通砖砌体具有更为显著的脆性破坏特征。

（3）毛石砌体的受压破坏特征　毛石砌体受压时，由于毛石和灰缝形状不规则，砌体的匀质性较差，砌体的复杂应力状态更为不利，产生第一批裂缝时的压力与破坏压力的比值相对于普通砖砌体的比值更小，且毛石砌体内产生的裂缝分布不如普通砖砌体那样规律。

2. 影响砌体抗压强度的因素

砌体是一种复合材料，其抗压性能不仅与块体和砂浆材料的物理、力学性能有关，还受施工质量以及试验方法等多种因素的影响。通过对各种砌体在轴心受压时的受力分析及试验结果表明，影响砌体抗压强度的主要因素有以下几个方面。

（1）砌体材料的物理、力学性能

1）块体与砂浆的强度。块体与砂浆的强度等级是确定砌体强度最主要的因素。一般来说，砌体强度将随块体和砂浆强度的提高而提高，且单个块体的抗压强度在某种程度上决定了砌体的抗压强度，块体抗压强度高时，砌体的抗压强度也较高，但砌体的抗压强度并不会与块体和砂浆强度等级的提高同比例提高。此外，砌体的破坏主要由于单个块体受弯、剪应力作用引起，故对单个块体材料除了要求要有一定的抗压强度外，还必须有一定的抗弯或抗折强度。对于砌体结构中所用砂浆，其强度等级越高，砂浆的横向变形越小，砌体的抗压强度也将有所提高。对于混凝土砌块砌体的抗压强度，提高砌块强度等级比提高砂浆强度等级的影响更为明显。但就砂浆的粘结强度而言，则应选择较高强度等级的砂浆。对于灌孔混凝土砌块砌体，砌块和灌孔混凝土的强度是影响砌体强度的主要因素，砌筑砂浆强度的影响不明显。为了充分发挥材料强度，应使砌块强度与灌孔混凝土强度相匹配。

2）块体的规整程度和尺寸。块体表面的规则、平整程度对砌体抗压强度有一定的影响，块体的表面越平整，灰缝的厚度越均匀，越利于改善砌体内的复杂应力状态，使砌体抗压强度提高。块材的尺寸，尤其是块体高度（厚度）对砌体抗压强度的影响较大，高度大的块体抗弯、抗剪和抗拉能力增大，砌体受压破坏时第一批裂缝推迟出现，其抗压强度提高；砌体中块体的长度增加时，块体在砌体中引起的弯、剪应力也较大，砌体受压破坏时第一批裂缝相对出现早，其抗压强度降低。因此砌体强度随块体高度的增大而加大，随块体长度的增大而减小。

3）砂浆的变形与和易性。低强度砂浆的变形率较大，在砌体中随着砂浆压缩变形的增大，块体受到的弯、剪应力和拉应力也增大，砌体抗压强度降低。和易性好的砂浆，施工时较易铺砌成饱满、均匀、密实的灰缝，可减小砌体内的复杂应力状态，砌体抗压强度提高。

（2）砌体工程施工质量 砌体工程施工质量综合了砌筑质量、施工管理水平和施工技术水平等因素的影响，从本质上来说，它较全面地反映了对砌体内复杂应力作用的不利影响的程度。具体来说，上述因素有水平灰缝砂浆饱满度、块体砌筑时的含水率、砂浆灰缝厚度、砌体组砌方法以及施工质量控制等级等。这些也是影响砌体工程各种受力性能的主要因素。

1）水平灰缝砂浆饱满度。水平灰缝砂浆铺砌饱满、均匀，可改善块体在砌体中的受力性能，使之较均匀地受压，从而提高砌体抗压强度；反之，则降低砌体强度。试验表明，当水平灰缝砂浆饱满度为73%时，砌体抗压强度可达到规定的强度值。砌体施工中，要求砖砌体水平灰缝的砂浆饱满度不得小于80%，竖向灰缝不得出现透明缝、暗缝和假缝，砖柱和宽度小于1m的窗间墙竖向灰缝的砂浆饱满度不得低于60%。在保证质量的前提下，采用快速砌筑法能使砌体在砂浆硬化前受压，可增加水平灰缝的密实性而提高砌体的抗压强度；对混凝土小型砌块砌体，水平灰缝的砂浆饱满度不得低于90%（按净面积计算），竖向灰缝饱满度不得低于80%，不得出现透明缝和瞎缝；对石砌体，砂浆饱满度不得低于80%。

2）块体砌筑时的含水率。砌体抗压强度随块体砌筑时的含水率的增大而提高，而采用干燥的块体砌筑的砌体比采用饱和含水率块体砌筑的砌体的抗压强度约下降15%；但它对砌体抗剪强度的影响则不同。施工中既要保证砂浆不至失水过快又要避免砌筑时产生砂浆流淌，因而应采用适宜的含水率。烧结普通砖、多孔砖含水率宜为10%~15%，灰砂砖、粉煤灰砖含水率宜为8%~12%，且应提前1~2d浇水湿润。对普通混凝土小型砌块，它具有饱和吸水率低和吸水速度迟缓的特点，一般情况下施工时可不浇水（在天气干燥炎热的情况下可提前浇水湿润）；轻骨料混凝土小型砌块的吸水率较大，可提前浇水湿润。

3）砂浆灰缝厚度。砂浆灰缝的作用在于将上层砌体传下来的压力均匀地传到下层去。灰缝厚，容易铺砌均匀，对改善单块砖的受力性能有利，但砂浆横向变形的不利影响也相应增大。灰缝薄，虽然砂浆横向变形的不利影响可大大降低，但难以保证灰缝的均匀与密实性，使单块块体处于弯剪作用明显的不利受力状态，严重影响砌体的强度。因此，应控制灰缝的厚度，使其处于既容易铺砌均匀密实，厚度又尽可能薄。对于砖和小型砌块砌体，灰缝厚度应为8~12mm，对于料石砌体，一般不宜大于20mm。

4）砌体组砌方法。砌体组砌方法直接影响到砌体强度和结构的整体受力性能，不可忽视。应采用正确的组砌方法，上下错缝，内外搭砌。工程中常采用一顺一丁、梅花丁和三顺一丁法砌筑的砖砌体，整体性好，砌体抗压强度可得到保证。砖柱不得采用包心砌法，因为这样砌筑的砌体整体性差，抗压强度大大降低，容易酿成严重的工程事故。对砌块砌体应对孔、错缝和反砌。反砌是指将砌块生产时的底面朝上砌筑于墙体上，这样有利于铺砌砂浆和保证水平灰缝砂浆的饱满度。

5）施工质量控制等级。砌体工程除与上述砌筑质量有关外，还应考虑施工现场的技术水平和管理水平等因素的影响，即施工质量控制等级的影响。《砌体结构工程施工质量验收规范》（GB 50203—2011）依据施工现场的质量管理、砂浆和混凝土强度、砌筑工人技术等级综合水平，从宏观上将砌体工程施工质量控制等级分为A、B、C三级，将直接影响到砌体强度的取值。

6）砌体强度试验方法及其他因素。砌体抗压强度是按照一定的尺寸、形状和加载方法等条件，通过试验确定的。如果这些条件不一致，所测得的抗压强度显然是不同的。砌体抗压强度及其他强度按《砌体基本力学性能试验方法标准》（GB/T 50129—2011）的要求来确定。

砌体的抗压强度除以上一些影响因素外，还与砌体的龄期和抗压试验方法等因素有关。因砂浆强度随龄期增长而提高，故砌体的强度也随龄期增长而提高，但在龄期超过28d后强度增长缓慢。另一方面，结构在长期荷载作用下，砌体强度有所降低。

二、砌体的局部受压性能

局部受压是砌体结构常见的一种受压状态，其特点在于轴向用力仅作用于砌体的部分截面上。如砌体结构房屋中，承受上部柱或墙传来的压力的基础顶面，在梁或屋架端部支承处的截面上，均产生局部受压。视局部受压面积上压应力分布的不同，分为局部均匀受压和局部不均匀受压。当砌体局部截面上受均匀压应力作用，称为局部均匀受压，如图 17-7 所示。当砌体局部截面上受不均匀压应力作用，称为局部不均匀受压，如图 17-8 所示。

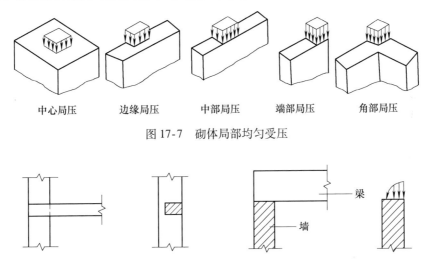

中心局压　　边缘局压　　中部局压　　端部局压　　角部局压

图 17-7　砌体局部均匀受压

图 17-8　砌体局部不均匀受压

1. 砌体局部受压破坏特征

根据试验结果，砌体局部受压有三种破坏形态。

（1）因竖向裂缝的发展而破坏　图 17-9 为中部作用局部压力的墙体。当砌体的截面面积 A 与局部受压面积 A_l 的较小时，施加局部压力后，第一批裂缝并不在与钢垫板直接接触的砌体内出现，而大多是在距钢垫板 1~2 皮砖以下的砌体内产生，裂缝细而短小。随着局部压力的继续增加，裂缝数量不断增多，纵向裂缝逐渐向上和向下发展，并出现其他纵向裂缝和斜裂缝。当其中的部分纵向裂缝延伸形成一条主要裂缝时（裂缝上下贯通，上、下较细，中间较宽），试件即将破坏，如图 17-9a 所示。开裂荷载一般小于破坏荷载。在砌体的局部受压中，这是一种较为常见的破坏形态。

（2）劈裂破坏　当砌体的截面面积 A 与局部受压面积 A_l 的比值相当大时，在局部压力作用下，砌体产生数量少但较集中的纵向裂缝，如图 17-9b 所示；而且纵向裂缝一出现，砌体很快就发生犹如刀劈一样的破坏，开裂荷载一般接近破坏荷载。在大量的砌体局部受压试验中，仅有少数为劈裂破坏情况。

（3）局部受压面积附近的砌体压坏　在实际工程中，当砌体的强度较低，但所支承的墙梁的高跨比较大时，有可能发生梁端支承处砌体局部被压碎而破坏。在砌体局部受压试验中，这种破坏极少发生。

2. 局部受压的工作机理

在局部压力作用下，局部受压区的砌体在产生竖向压缩变形的同时还产生横向受拉变形，而周围未直接承受压力的砌体像套箍一样阻止该横向变形，且与垫板接触的砌体处于双向受压或三向受压状态，使得局部受压区砌体的抗压能力（局部抗压强度）较一般情况下的砌体抗压强度有较大程度的提高，这是"套箍强化"作用的结果，如图17-10所示。

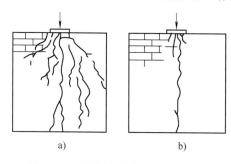

图17-9　砌体局部均匀受压破坏形态

a）纵向裂缝发展而破坏　b）劈裂破坏

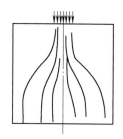

图17-10　砌体局部受压套箍强化

对于边缘及端部局部受压情况，上述"套箍强化"作用不明显甚至不存在。

砌体局部受压时，尽管砌体局部抗压强度得到提高，但局部受压面积往往很小，这对于上部结构是很不利的。因砌体局部受压承载力不足曾发生过多起房屋倒塌事故，对此不可掉以轻心。

三、砌体的轴心受拉性能

砌体轴心受拉时，依据拉力作用于砌体的方向，有三种破坏形态。当轴心拉力与砌体水平灰缝平行时，砌体可能沿灰缝Ⅰ—Ⅰ齿状截面（或阶梯形截面）破坏，即为砌体沿齿状灰缝截面轴心受拉破坏，如图17-11a所示。在同样的拉力作用下，砌体也可能沿块体和竖向灰缝Ⅱ—Ⅱ较为整齐的截面破坏，即为砌体沿块体（及灰缝）截面的轴心受拉破坏，如图17-11a所示。当轴心拉力与砌体的水平灰缝垂直时，砌体可能沿Ⅲ—Ⅲ通缝截面破坏，即为砌体沿水平通缝截面轴心受拉破坏，如图17-11b所示。

砌体轴心受拉的破坏均较突然，属于脆性破坏。在上述各种受力状态下，砌体抗拉强度取决于砂浆的粘结强度，该粘结强度包括切向粘结强度和法向粘结强度。当轴心拉力与砌体水平灰缝平行作用时，若块体与砂浆连接面的切向粘结强度低于块体的抗拉强度，则砌体将沿水平和竖向灰缝成齿状或阶梯形破坏。此时砌体的抗拉力主要由水平灰缝的切向粘结力提供，砌体的竖向灰缝因其一般不能很好地填满砂浆，且砂浆在其硬化过程中

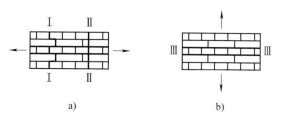

图17-11　砌体轴心受拉破坏形态

的收缩大大削弱，甚至完全破坏了块体与砂浆的粘结，故不考虑竖向灰缝参与受力。而块体与砂浆间的粘结强度取决于砂浆的强度等级，这样，砌体的抗拉强度将由破坏截面上水平灰缝的面积和砂浆的强度等级决定。在同样的拉力作用下，若块体与砂浆连接面的切向粘结强度高于块体的抗拉强度，即砂浆的强度等级较高，而块体的强度等级较低时，砌体则可能沿块体与竖向灰缝截面破坏。此时，砌体的轴心抗拉强度完全取决于块体的强度等级。由于同样不考虑竖向灰缝参与受力，实际抗拉截面面积只有砌体受拉面积的一半，而一般为了计算方便，仍取用全部受拉面积，但强度以块体强度的一半计算。当轴心拉力与砌体的水平灰缝垂直作用时，由于砂浆和块体之间的法向粘结强度数值非常小，故砌体容易产生沿水平通缝的截面破坏。而实际工程中受砌筑质量等因素的影响，此法向粘结强度往往得不到保证，因此在设计中不允许采用如

图 17-11b 所示的沿水平通缝截面轴心受拉的构件。

四、砌体的弯曲受拉性能

砌体结构弯曲受拉时，按其弯曲拉应力使砌体截面破坏的特征，同样存在三种破坏形态，即可分为沿齿缝截面受弯破坏（图 17-12a）、沿块体与竖向灰缝截面受弯破坏（图 17-12b）以及沿通缝截面受弯破坏（图 17-12c）三种形态。

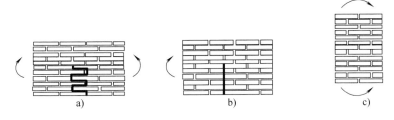

图 17-12　弯曲受拉破坏形式

a）齿缝破坏　b）块体破坏　c）通缝破坏

与轴心受拉时的情况相同，砌体的弯曲抗拉强度主要取决于砂浆和块体之间的粘结强度。沿齿缝截面受弯破坏和沿水平通缝截面受弯破坏分别取决于砂浆与块体之间的切向和法向粘结强度，而沿块体与竖向通缝截面受弯破坏通过提高块体的最低强度等级，可以避免和防止此类受弯破坏。

五、砌体的受剪性能

实际工程中，砌体截面上存在垂直压应力的同时往往同时作用剪应力，因此砌体结构的受剪是受压砌体结构的另一种重要受力形式，而其受力性能和破坏特征也与其所受的垂直压应力密切相关。

当砌体结构在竖向压应力的作用下受剪时（图 17-13a），通缝截面上的法向压应力与剪应力的比值（σ_y/τ）是变化的，故当其比值在不同范围内时，构件可能发生以下三种不同的受剪破坏形态。当 σ_y/τ 较小时，即通缝方向与竖直方向的夹角 $\theta < 45°$ 时，砌体沿水平通缝方向受剪，在摩擦力作用下产生滑移而破坏（图 17-13b），称为剪摩破坏；当 σ_y/τ 较大时，即通缝方向与竖直方向的夹角 $45° \leqslant \theta \leqslant 60°$ 时，砌体将沿阶梯形灰缝截面受剪破坏，称为主拉应力破坏，也称为剪压破坏（图 17-13c）；当 σ_y/τ 更大时，通缝方向与竖直方向的夹角 $60° < \theta < 90°$ 时，砌体将沿块体与灰缝截面受剪破坏，称为斜压破坏（图 17-13d）。

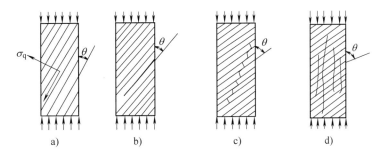

图 17-13　垂直压力作用下砌体剪切破坏形态

a）受压墙体试件　b）剪摩破坏（$\theta < 45°$）　c）剪压破坏（$\theta \leqslant 45° \leqslant 60°$）　d）斜压破坏（$60° < \theta < 90°$）

砌体的受剪破坏属于脆性破坏，上述斜压破坏更具脆性，设计上应予避免。

第三节 砌体结构构件的设计方法

一、砌体结构设计方法

工程结构设计方法是处理工程结构的安全性、适用性与经济性的理论和方法，主要解决工程结构产生的各种作用效应与结构材料抗力之间的关系。根据现行国家标准《建筑结构可靠度设计统一标准》（GB 50068—2001），砌体结构采用以概率理论为基础的极限状态设计方法，以可靠指标度量结构构件的可靠度，采用分项系数的设计表达式进行计算。

结构构件应根据承载能力极限状态和正常使用极限状态的要求，分别进行下列计算和验算：

1) 对所有结构构件均应进行承载力计算，必要时还应进行结构的滑移、倾覆或漂浮验算。

2) 对使用上需要控制变形的结构构件，应进行变形验算。

3) 对使用上要求不出现裂缝的构件，应进行抗裂验算；对使用上允许出现裂缝的构件，应进行裂缝宽度验算。

结构设计的一般程序是先按承载能力极限状态的要求设计结构构件，然后再按正常使用极限状态的要求进行验算。考虑砌体结构的特点，其正常使用极限状态的要求，在一般情况下可由相应的结构措施保证。

砌体结构构件的承载能力极限状态设计表达式如下所示。

1) 砌体结构按承载能力极限状态设计时，应按下列公式中的最不利组合进行计算：

$$\gamma_0 \left(1.2 S_{GK} + 1.4 \gamma_L S_{Q1K} + \gamma_L \sum_{i=2}^{n} \gamma_{Qi} \varphi_{ci} S_{QiK} \right) \leqslant R(f, a_k, \cdots) \tag{17-1}$$

$$\gamma_0 \left(1.35 S_{GK} + 1.4 \gamma_L \sum_{i=1}^{n} \varphi_{ci} S_{QiK} \right) \leqslant R(f, a_k, \cdots) \tag{17-2}$$

式中 γ_0——结构重要性系数，对安全等级为一级或设计使用年限为 50 年以上的结构构件，不应小于 1.1；对安全等级为二级或设计使用年限为 50 年的结构构件，不应小于 1.0；对安全等级为三级或设计使用年限为 1~5 年的结构构件，不应小于 0.9；

γ_L——结构构件的抗力模型不定性系数，对静力设计，考虑结构设计使用年限的荷载调整系数，设计使用年限为 50 年，取 1.0；设计使用年限为 100 年，取 1.1；

S_{GK}——永久荷载标准值的效应；

S_{Q1K}——在基本组合中起控制作用的一个可变荷载标准值的效应；

S_{QiK}——第 i 个可变荷载标准值的效应；

γ_{Qi}——第 i 个可变荷载的分项系数，一般情况下，γ_{Qi} 取 1.4；当楼面活荷载标准值大于 4kN/m² 时，γ_{Qi} 取 1.3；

φ_{ci}——第 i 个可变荷载的组合值系数，一般情况下取 0.7；对书库、档案库、储藏库或通风机房、电梯机房取 0.9；

$R(\cdot)$——结构构件的抗力函数；

f——砌体的强度设计值，$f = f_k / \gamma_f$；

f_k——砌体的强度标准值；

γ_f——砌体结构的材料性能分项系数，一般情况下，宜按施工质量控制等级为 B 级考虑，取 $\gamma_f = 1.6$；当为 C 级时，取 $\gamma_f = 1.8$；

a_k——几何参数标准值。

2) 当砌体结构作为一个刚体，需验算整体稳定性，例如倾覆、滑移、漂浮等时，应按下式进行验算：

$$\gamma_0 \left(1.2 S_{G2K} + 1.4 \gamma_L S_{Q1K} + \gamma_L \sum_{i=2}^{n} S_{QiK} \right) \leq 0.8 S_{G1K} \tag{17-3}$$

$$\gamma_0 \left(1.35 S_{G2K} + \gamma_L \sum_{i=2}^{n} S_{QiK} \right) \leq 0.8 S_{G1K} \tag{17-4}$$

式中 S_{G1K}——起有利作用的永久荷载标准值的效应；

S_{G2K}——起不利作用的永久荷载标准值的效应。

二、砌体的强度标准值和设计值

1. 砌体的强度标准值

砌体的强度标准值取具有 95% 保证率的强度值，即按下式计算：

$$f_k = f_m - 1.645 \sigma_f \tag{17-5}$$

式中 f_m——砌体的强度平均值；

σ_f——砌体强度的标准差。

根据大量试验数据，通过统计分析，得到了砌体抗压、砌体轴心抗拉、砌体弯曲抗拉及抗剪等强度平均值 f_m 的计算公式以及砌体强度的标准差 σ_f，由此得出的各类砌体的强度标准值见《砌体结构设计规范》（GB 50003—2011）。

2. 砌体的强度设计值

砌体的强度设计值是在承载能力极限状态设计时采用的强度值，按下式计算：

$$f = f_k / \gamma_f \tag{17-6}$$

施工质量控制等级为 B 级、龄期为 28d、以毛截面计算的各类砌体的抗压强度设计值、轴心抗拉强度设计值、弯曲抗拉强度设计值及抗剪强度设计值可查表 17-2 ~ 表 17-9。我国砌体施工质量控制等级分为 A、B、C 三级，在结构设计中通常按 B 级考虑，即取 $\gamma_f = 1.6$；当为 C 级时，取 $\gamma_f = 1.8$，即表中数值应乘以砌体强度设计值的调整系数 $\gamma_a = 1.6/1.8 = 0.89$，当为 A 级时，取 $\gamma_f = 1.5$，可取 $\gamma_a = 1.05$。砌体强度与施工质量控制等级的上述规定，旨在保证相同可靠度的要求下，反映管理水平、施工技术和材料消耗水平的关系。工程施工时，施工质量控制等级由设计方和建设方商定，并应明确写在设计文件和施工图上。

表 17-2 烧结普通砖和烧结多孔砖砌体的抗压强度设计值 （单位：MPa）

砖强度等级	砂浆强度等级					砂浆强度
	M15	M10	M7.5	M5	M2.5	0
MU30	3.94	3.27	2.93	2.59	2.26	1.15
MU25	3.60	2.98	2.68	2.37	2.06	1.05
MU20	3.22	2.67	2.39	2.12	1.84	0.94
MU15	2.79	2.31	2.07	1.83	1.60	0.82
MU10	—	1.89	1.69	1.50	1.30	0.67

注：当烧结多孔砖的孔洞率大于 30% 时，表中数值应乘以 0.9。

烧结多孔砖砌体和烧结普通砖砌体的抗压强度设计值均列在同一表内，这是因为随着多孔砖孔洞率的增大，制坯时需增大压力挤出砖坯，砖的密实性增加，它平衡或部分平衡了由于孔洞引起的砖强度的降低。另外，多孔砖的块高比普通砖的块高大，有利于改善砌体内的复杂应力状态，砌体抗压强度提高。因而当多孔砖的孔洞率不大时，上述二者砌体抗压强度相等。但由于烧结多孔砖砌体受压破坏时脆性增大，所以当砖的孔洞率大于 30% 时，其抗压强度设计值应乘以 0.9，予以适当的降低。

表 17-3 蒸压灰砂砖和粉煤灰砖砌体的抗压强度设计值 （单位：MPa）

砖强度等级	砂浆强度等级				砂浆强度
	M15	M10	M7.5	M5	0
MU25	3.60	2.98	2.68	2.37	1.05
MU20	3.22	2.67	2.39	2.12	0.94
MU15	2.79	2.31	2.07	1.83	0.82

大量的试验结果表明，蒸压灰砂砖砌体、蒸压粉煤灰砖砌体的抗压强度与烧结普通砖砌体的抗压强度接近。因此在 MU10 ~ MU25 的情况下，表 17-2 的值与表 17-3 的值相等。应当注意的是：蒸压灰砂砖砌体和蒸压粉煤灰砖砌体的抗压强度指标是采用同类砖为砂浆强度试块底模时的抗压强度指标。若采用粘土砖做底模，砂浆强度会提高，相应的砌体强度约降低 10%。还应指出，表 17-3 不适用于蒸养灰砂砖砌体和蒸养粉煤灰砖砌体。

表 17-4 混凝土普通砖和混凝土多孔砖砌体的抗压强度设计值 （单位：MPa）

砖强度等级	砂浆强度等级					砂浆强度
	Mb20	Mb15	Mb10	Mb7.5	Mb5	0
MU30	4.61	3.94	3.27	2.93	2.59	1.15
MU25	4.21	3.60	2.98	2.68	2.37	1.05
MU20	3.77	3.22	2.67	2.39	2.12	0.94
MU15	—	2.79	2.31	2.07	1.83	0.82

表 17-5 单排孔混凝土和轻骨料混凝土砌块砌体的抗压强度设计值 （单位：MPa）

砌块强度等级	砂浆强度等级					砂浆强度
	Mb20	Mb15	Mb10	Mb7.5	Mb5	0
MU20	6.30	5.68	4.95	4.44	3.94	2.33
MU15	—	4.61	4.02	3.61	3.20	1.89
MU10	—	—	2.79	2.50	2.22	1.31
MU7.5	—	—	—	1.93	1.71	1.01
MU5	—	—	—	—	1.19	0.70

注：1. 对错孔砌筑的砌体，应按表中数值乘以 0.8。
　　2. 对独立柱或厚度为双排组砌的砌块砌体，应按表中数值乘以 0.7。
　　3. 对 T 形截面砌体，应按表中数值乘以 0.85。
　　4. 表中轻骨料混凝土砌块为煤矸石和水泥煤渣混凝土砌块。

孔洞率不大于 35% 的双排孔或多排孔轻骨料混凝土砌块砌体的抗压强度设计值，应按表 17-6 采用。

表 17-6 双排孔、多排孔轻骨料混凝土砌块砌体的抗压强度设计值 （单位：MPa）

砌块强度等级	砂浆强度等级			砂浆强度
	Mb10	Mb7.5	Mb5	0
MU10	3.08	2.76	2.45	1.44
MU7.5	—	2.13	1.88	1.12
MU5	—	—	1.31	0.78
MU3.5	—	—	0.95	0.56

注：1. 表中的砌块为火山灰、浮石和陶粒混凝土砌块。
　　2. 对厚度方向为双排组砌的轻骨料混凝土砌块砌体的抗压强度设计值，应按表中数值乘以 0.8。

表 17-7　高度为 180～350mm 的毛料石砌体的抗压强度设计值　（单位：MPa）

毛料石强度等级	砂浆强度等级			砂浆强度
	M7.5	M5	M2.5	0
MU100	5.42	4.80	4.18	2.13
MU80	4.85	4.29	3.73	1.91
MU60	4.20	3.71	3.23	1.65
MU50	3.83	3.39	2.95	1.51
MU40	3.43	3.04	2.64	1.35
MU30	2.97	2.63	2.29	1.17
MU20	2.42	2.15	1.87	0.95

注：对下列各类料石砌体，应按表中数值分别乘以如下系数：细料石砌体为 1.4；粗料石砌体为 1.2；干砌勾缝石砌体为 0.8。

表 17-8　毛石砌体的抗压强度设计值　（单位：MPa）

毛石强度等级	砂浆强度等级			砂浆强度
	M7.5	M5	M2.5	0
MU100	1.27	1.12	0.98	0.34
MU80	1.13	1.00	0.87	0.30
MU60	0.98	0.87	0.76	0.26
MU50	0.90	0.80	0.69	0.23
MU40	0.80	0.71	0.62	0.21
MU30	0.69	0.61	0.53	0.18
MU20	0.56	0.51	0.44	0.15

表 17-9　砌体沿灰缝截面破坏时的轴心抗拉强度设计值、弯曲抗拉强度设计值和抗剪强度设计值

（单位：MPa）

强度类别	破坏特征及砌体种类		砂浆强度等级			
			≥M10	M7.5	M5	M2.5
轴心抗拉	沿齿缝	烧结普通砖、烧结多孔砖 蒸压灰砂砖、蒸压粉煤灰砖　混凝土砌块　毛石	0.19 0.12 0.09 0.08	0.16 0.10 0.08 0.07	0.13 0.08 0.07 0.06	0.09 0.06 — 0.04
弯曲抗拉	沿齿缝	烧结普通砖、烧结多孔砖 蒸压灰砂砖、蒸压粉煤灰砖　混凝土砌块　毛石	0.33 0.24 0.11 0.13	0.29 0.20 0.09 0.11	0.23 0.16 0.08 0.09	0.17 0.12 — 0.07
	沿通缝	烧结普通砖、烧结多孔砖 蒸压灰砂砖、蒸压粉煤灰砖　混凝土砌块	0.17 0.12 0.18	0.14 0.10 0.06	0.11 0.08 0.05	0.08 0.06 —

（续）

强 度 类 别	破坏特征及砌体种类	砂浆强度等级			
		≥M10	M7.5	M5	M2.5
抗剪	烧结普通砖、烧结多孔砖	0.17	0.14	0.11	0.08
	蒸压灰砂砖、蒸压粉煤灰砖	0.12	0.10	0.08	0.06
	混凝土砌块	0.09	0.08	0.06	—
	毛石	0.21	0.19	0.16	0.11

注：1. 对于用形状规则的块体砌筑的砌体，当搭接长度与块体高度的比值小于1时，其轴心抗拉强度设计值和弯曲抗拉强度设计值应按表中数值乘以搭接长度与块体高度比值后采用。

2. 对孔洞率不大于35%的双排孔或多排孔轻骨料混凝土砌块砌体的抗剪强度设计值，可按表中混凝土砌块砌体抗剪强度设计值乘以1.1。

3. 对蒸压灰砂砖、蒸压粉煤灰砖砌体，当有可靠的试验数据时，表中强度设计值允许作适当调整。

4. 对烧结页岩砖、烧结煤矸石砖、烧结粉煤灰砖砌体，当有可靠的试验数据时，表中强度设计值允许作适当调整。

3. 砌体的强度设计值调整系数

考虑实际工程中各种可能的不利因素，各类砌体的强度设计值，当符合表17-10所列使用情况时，应乘以调整系数 γ_a。

表 17-10　砌体强度设计值的调整系数

使 用 情 况		γ_a
有吊车房屋砌体，跨度≥9m的梁下烧结普通砖砌体，跨度≥7.5m的梁下烧结多孔砖、蒸压灰砂砖、蒸压粉煤灰砖砌体，混凝土和轻骨料混凝土砌块砌体		0.9
构件截面面积 $A < 0.3 \text{m}^2$ 的无筋砌体		0.7 + A
构件截面面积 $A < 0.2 \text{m}^2$ 的配筋砌体		0.8 + A
采用水泥砂浆砌筑的砌体（若为配筋砌体，仅对砌体的强度设计值乘以调整系数）	对表17-2~表17-8中的数值	0.9
	对表17-9中的数值	0.8
验算施工中房屋的构件时		1.1

注：1. 表中构件截面面积 A 以 m² 计。

2. 当砌体同时符合表中所列几种使用情况时，应将砌体的强度设计值连续乘以调整系数 γ_a。

施工阶段砂浆尚未硬化的新砌砌体的强度和稳定性，可按砂浆强度为零进行验算。对于冬期施工采用掺盐砂浆法施工的砌体，砂浆强度等级按常温施工的强度等级提高一级时，砌体强度和稳定性可不验算。配筋砌体不得用掺盐砂浆施工。

三、砌体结构的耐久性设计

砌体结构的耐久性应根据环境类别和设计使用年限进行设计。砌体结构的耐久性包括两个方面，一是对配筋砌体结构构件中钢筋的保护，二是对砌体材料的保护。

砌体结构的环境类别根据表17-11划分。

表 17-11　砌体结构的环境类别

环 境 类 别	条 件
1	正常居住及办公建筑的内部干燥环境
2	潮湿的室内或室外环境，包括与无侵蚀性土和水接触的环境
3	严寒和使用化冰盐的潮湿环境（室内或室外）
4	与海水直接接触的环境，或处于滨海地区的盐饱和的气体环境
5	有化学侵蚀的气体、液体或固态形式的环境，包括侵蚀性土壤的环境

1. 砌体结构构件中钢筋的保护

1）当设计使用年限为 50 年时，砌体中钢筋的耐久性选择应符合表 17-12 的规定。

表 17-12　砌体中钢筋的耐久性选择

环境类别	钢筋种类和最低保护要求	
	位于砂浆中的钢筋	位于灌孔混凝土中的钢筋
1	普通钢筋	普通钢筋
2	重镀锌或有等效保护的钢筋	当采用混凝土灌孔时，可采用普通钢筋；当采用砂浆灌孔时，应采用重镀锌或有等效保护的钢筋
3	不锈钢或有等效保护的钢筋	重镀锌或有等效保护的钢筋
4 和 5	不锈钢或有等效保护的钢筋	不锈钢或有等效保护的钢筋

注：1. 对夹心墙的外叶墙，应采用重镀锌或有等效保护的钢筋。
2. 表中的钢筋即为国家现行标准《混凝土结构设计规范》（GB 50010—2010）和《冷轧带肋钢筋混凝土结构技术规程》（JGJ 95—2011）等标准规定的普通钢筋或非预应力钢筋。

灰缝中钢筋外露砂浆保护层的厚度不应小于 15mm；所有钢筋端部均应有与对应钢筋的环境类别条件相同的保护层厚度。对填实的夹心墙或特别的墙体构造，钢筋的最小保护层厚度应符合下列规定：环境类别为 1 时，应取 20mm 厚砂浆或灌孔混凝土与钢筋直径较大者；环境类别为 2 时，应取 20mm 厚灌孔混凝土与钢筋直径较大者；采用重镀锌钢筋时，应取 20mm 厚砂浆或灌孔混凝土与钢筋直径较大者；采用不锈钢筋时，应取钢筋的直径。

2）设计使用年限为 50 年时，砌体中钢筋的保护层厚度，应符合下列规定：

① 配筋砌体中钢筋的最小保护层厚度应符合表 17-13 的规定。

表 17-13　钢筋的最小保护层厚度　　（单位：mm）

环境类别	混凝土强度等级			
	C20	C25	C30	C35
	最低水泥含量/（kg/m³）			
	260	280	300	320
1	20	20	20	20
2	—	25	25	25
3	—	40	40	30
4	—	—	40	40
5	—	—	—	40

注：1. 材料中最大氯离子含量和最大碱含量应符合现行国家标准《混凝土结构设计规范》（GB 50010—2010）的规定。
2. 当采用防渗砌体块体和防渗砂浆时，可以考虑部分砌体（含抹灰层）的厚度作为保护层，但对环境类别为 1、2、3，其混凝土保护层的厚度相应不应小于 10mm、15mm、20mm。
3. 钢筋砂浆面层的组合砌体构件的钢筋保护层厚度宜比表 17-13 规定的混凝土保护层厚度数值增加 5～10mm。
4. 对安全等级为一级或设计使用年限为 50 年以上的砌体结构，钢筋保护层的厚度应至少增加 10mm。

② 设计使用年限为 50 年时，夹心墙的钢筋连接件或钢筋网片、连接钢板、锚固螺栓或钢筋，应采用重镀锌或等效的防护涂层，镀锌层的厚度不应小于 290g/m²；当采用环氧涂层时，灰缝钢筋涂层厚度不应小于 290μm，其余部件涂层厚度不应小于 450μm。

2. 砌体材料的要求

设计使用年限为 50 年时，砌体材料应符合最低强度的要求，其要求与本章第一节的"三、砌体材料的选择"相同。

第四节 砌体结构房屋的平面布置及墙体设计

砌体结构房屋中的墙、柱自重约占房屋总重的60%，其费用约占总造价的40%。因此，墙、柱设计是否合理对满足建筑使用功能要求以及确保房屋的安全、可靠具有十分重要的影响。在砌体结构房屋的设计中，承重墙、柱的布置十分重要。因为承重墙、柱的布置直接影响到房屋的平面划分、空间大小，荷载传递，结构强度、刚度、稳定，造价及施工的难易等。

过去我国砌体结构房屋的墙体材料大多采用粘土砖，由于粘土砖的烧制要占用大量农田，破坏环境资源，近年来国家已经限制了粘土实心砖的使用，主要采用粘土空心砖、蒸压灰砂砖、蒸压粉煤灰砖等墙体材料。

通常将平行于房屋长向布置的墙体称为纵墙；平行于房屋短向布置的墙体称为横墙；房屋四周与外界隔离的墙体称为外墙；外横墙又称为山墙，其余墙体称为内墙。

一、砌体结构房屋的结构布置

在砌体结构房屋的设计中，承重墙、柱的布置不仅影响房屋的平面划分、房间大小和使用要求，还影响房屋的空间刚度，同时也决定了荷载的传递路径。砌体结构房屋中的屋盖、楼盖、纵墙、横墙、柱和基础等是主要承重构件，它们互相连接，共同构成承重体系。根据结构的承重体系和荷载的传递路径，房屋的结构布置可分为以下几种方案。

1. 纵墙承重方案

纵墙承重方案是指屋盖、楼盖传来的荷载由纵墙承重的结构布置方案。对于要求有较大空间的房屋（如单层工业厂房、仓库等）或隔墙位置可能变化的房屋，通常无内横墙或横墙间距很大，因而由纵墙直接承受楼面或屋面荷载，从而形成纵墙承重方案（图17-14）。这种方案房屋的竖向荷载的主要传递路径为：板→梁（屋架）→纵向承重墙→基础→地基。

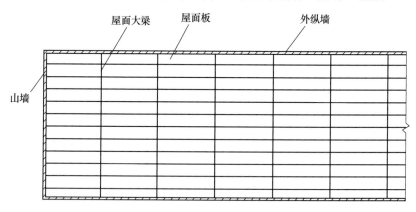

图 17-14 纵墙承重方案

纵墙承重方案的特点如下：

1）纵墙是主要的承重墙。横墙的设置主要是为了满足房间的使用要求，保证纵墙的侧向稳定和房屋的整体刚度，因而房屋的划分比较灵活。

2）由于纵墙承受的荷载较大，在纵墙上设置的门、窗洞口的大小及位置都受到一定的限制。

3）纵墙间距一般比较大，横墙数量相对较少，房屋的空间刚度不如横墙承重体系。

4）与横墙承重体系相比，楼盖材料用量相对较多，墙体材料用量较少。

纵墙承重方案适用于使用上要求有较大空间的房屋（如教学楼、图书馆）以及常见的单层及多层空旷砌体结构房屋（如食堂、俱乐部、中小型工业厂房）等。纵墙承重的多层房屋，特别是空旷的多层房屋，层数不宜过多，因为纵墙承受的竖向荷载较大，若层数较多，需显著增加纵墙厚度或采用大截面尺寸的壁柱，这从经济上或适用性上都不合理。因此，当层数较多、楼面荷载较大时，宜选用钢筋混凝土框架结构。

2. 横墙承重方案

房屋的每个开间都设置横墙，楼板和屋面板沿房屋纵向搁置在横墙上，板传来的竖向荷载全部由横墙承受，并由横墙传至基础和地基，纵墙仅承受墙体自重起围护作用，因此这类房屋称为横墙承重方案（图17-15）。这种方案房屋的竖向荷载的主要传递路径为：楼（屋）面板→横墙→基础→地基。

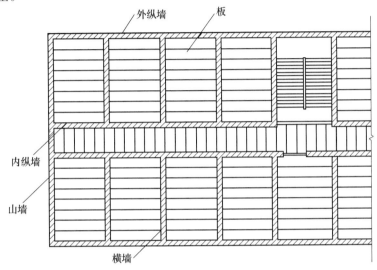

图 17-15 横墙承重方案

横墙承重方案的特点如下：

1）横墙是主要的承重墙。纵墙的作用主要是围护、隔断以及与横墙拉结在一起，保证横墙的侧向稳定。由于纵墙是非承重墙，对纵墙上设置门、窗洞口的限制较少，外纵墙的立面处理比较灵活。

2）横墙间距较小，一般为 3~4.5m，同时又有纵向拉结，形成良好的空间受力体系，横向刚度大，整体性好。对抵抗沿横墙方向作用的风力、地震作用以及调整地基的不均匀沉降等较为有利。

3）由于在横墙上放置预制楼板，结构简单，施工方便，楼盖的材料用量较少，但墙体的用料较多。

4）因横墙较密，建筑平面布置不灵活，建成后如改变房屋使用条件，拆除横墙较困难。横墙承重方案适用于宿舍、住宅、旅馆等居住建筑和由小房间组成的办公楼等。横墙承重方案中，横墙较多，承载力及刚度比较容易满足要求，故可建造较高层的房屋。

3. 纵横墙混合承重方案

纵横墙混合承重方案是指屋盖、楼盖传来的荷载由纵墙、横墙承重的结构布置方案（图17-16）。当建筑物的功能要求房间的大小变化较多时，为了结构布置的合理性，通常采用纵横墙混合承重方案。

这种方案房屋的竖向荷载的主要传递路径为：楼（屋）面板→$\left\{\begin{array}{l}梁→纵墙\\横墙或纵墙\end{array}\right\}$→基础→地基。

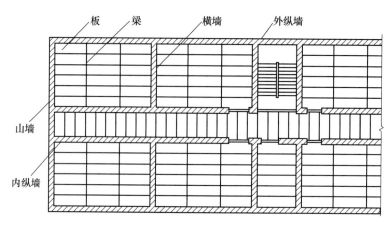

图 17-16 纵横墙混合承重方案

纵横墙混合承重方案的特点如下：

1）纵横墙均作为承重构件，使得结构受力较为均匀，能避免局部墙体承载过大。

2）由于钢筋混凝土楼板（屋面板）可以依据建筑设计的使用功能灵活布置，较好地满足使用要求，结构的整体性较好。

3）在占地面积相同的条件下，外墙面积较小。

纵横墙混合承重方案，既可保证有灵活布置的房间，又具有较大的空间刚度和整体性，所以适用于教学楼、办公楼、医院、多层塔式住宅等建筑。

4. 底部框架承重方案

当沿街住宅底部为公共房时，在底部也可以用钢筋混凝土框架结构同时取代内外承重墙体，相关部位形成结构转换层，成为底部框架承重方案（图 17-17）。此时，梁板荷载在上部几层通过内外墙体向下传递，在结构转换层部位，通过钢筋混凝土梁传给柱，再传给基础。

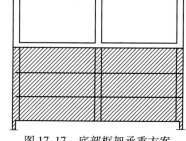

图 17-17 底部框架承重方案

底部框架承重方案的特点如下：

1）墙和柱都是主要承重构件，以柱代替内外墙体，在使用上可获得较大的使用空间。

2）由于底部结构形式的变化，其抗侧刚度发生了明显的变化，成为上部刚度较大，底部刚度较小的上刚下柔结构房屋。

二、砌体结构房屋的静力计算方案

1. 房屋的空间受力性能

砌体结构房屋是由屋盖、楼盖、墙、柱、基础等主要承重构件组成的空间受力体系，共同承担作用在房屋上的各种竖向荷载（结构的自重，屋面、楼面的活荷载）、水平风荷载和地震作用。砌体结构房屋中仅墙、柱为砌体材料，因此墙、柱设计计算成为本章两个主要方面的内容。墙体计算主要包括内力计算和截面承载力计算（或验算）。

计算墙体内力首先要确定其计算简图，即如何确定房屋的静力计算方案的问题。计算简图既要尽量符合结构实际受力情况，又要使计算尽可能简单。现以单层房屋为例，说明在竖向荷载（屋盖自重）和水平荷载（风荷载）作用下，房屋的静力计算是如何随房屋空间刚度不同而变化的。

情况一，如图 17-18 所示为两端没有设置山墙的单跨房屋，外纵墙承重，屋盖为装配式钢筋混凝土楼盖。该房屋的水平风荷载传递路径是：风荷载→纵墙→纵墙基础→地基；竖向荷载的传递路径是：屋面板→屋面梁→纵墙→纵墙基础→地基。

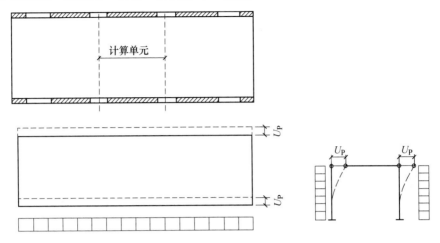

图 17-18　无山墙单跨房屋的受力状态及计算简图

　　假定作用于房屋的荷载是均匀分布的，外纵墙的刚度是相等的，因此在水平荷载作用下整个房屋墙顶的水平位移是相同的。如果从其中任意取出一单元，则这个单元的受力状态将和整个房屋的受力状态一样。因此，可以用这个单元的受力状态来代表整个房屋的受力状态，这个单元称为计算单元。

　　在这类房屋中，荷载作用下的墙顶位移主要取决于纵墙的刚度，而屋盖结构的刚度只是保证传递水平荷载时两边纵墙位移相同。如果把计算单元的纵墙看作排架柱，屋盖结构看作横梁，把基础看作柱的固定支座，屋盖结构和墙的连接点看作铰结点，则计算单元的受力状态就如同一个单跨平面排架，属于平面受力体系，其静力分析可采用结构力学的分析方法。

　　情况二，如图 17-19 所示为两端设置山墙的单跨房屋。在水平荷载作用下，屋盖的水平位移受到山墙的约束，水平荷载的传递路径发生了变化。屋盖可以看做是水平方向的梁（跨度为房屋长度，梁

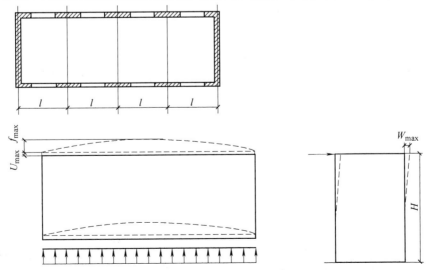

图 17-19　有山墙单跨房屋在水平力作用下的变形情况

高为屋盖结构沿房屋横向的跨度），两端弹性支承在山墙上，而山墙可以看作竖向悬臂梁支承在基础上。因此，该房屋的水平风荷载传递路径是：风荷载→纵墙 $\begin{Bmatrix}屋盖结构→山墙→山墙基础\\纵墙基础\end{Bmatrix}$→地基。

从上面的分析可以清楚地看出，这类房屋，风荷载的传递体系已经不是平面受力体系，而是空间受力体系。此时，墙体顶部的水平位移不仅与纵墙自身刚度有关，而且与屋盖结构水平刚度和山墙顶部水平方向的位移有关。

可以用空间性能影响系数 η 来表示房屋空间作用的大小。假定屋盖在水平面内是支承于横墙上的剪切型弹性地基梁，纵墙（柱）为弹性地基，由理论分析可以得到空间性能影响系数为：

$$\eta = \frac{\mu_s}{\mu_p} = 1 - \frac{1}{chks} \leq 1 \qquad (17-7)$$

式中　μ_s——考虑空间工作时，外荷载作用下房屋排架水平位移的最大值；

　　　μ_p——外荷载作用下，平面排架的水平位移值；

　　　k——屋盖系统的弹性系数，取决于屋盖的刚度；

　　　s——横墙的间距。

η 值越大，表明考虑空间作用后的排架柱顶最大水平位移与平面排架的柱顶位移越接近，房屋的空间作用越小；η 值越小，则表明房屋的空间作用越大。因此，η 又称为考虑空间作用后的侧移折减系数。横墙的间距 s 是影响房屋刚度和侧移大小的重要因素。

2. 房屋静力计算方案的划分

影响房屋空间性能的因素很多，除上述的屋盖刚度和横墙间距外，还有屋架的跨度、排架的刚度、荷载类型及多层房屋层与层之间的相互作用等。《砌体结构设计规范》（GB 50003—2011）为方便计算，仅考虑屋盖刚度和横墙间距两个主要因素的影响，按房屋空间刚度（作用）大小，将砌体结构房屋静力计算方案分为三种，见表17-14。

表17-14 房屋的静力计算方案

	屋盖或楼盖类别	刚弹性方案	弹性方案	刚性方案
1	整体式、装配整体式和装配式无檩体系钢筋混凝土屋盖或钢筋混凝土楼盖	$s<32$	$32 \leq s \leq 72$	$s>72$
2	装配式有檩体系钢筋混凝土屋盖、轻钢屋盖和有密铺望板的木屋盖或楼盖	$s<20$	$20 \leq s \leq 48$	$s>48$
3	瓦材屋面的木屋盖和轻钢屋盖	$s<16$	$16 \leq s \leq 36$	$s>36$

注：1. 表中 s 为房屋横墙间距，其长度单位为 m。

2. 当多层房屋的屋盖、楼盖类别不同或横墙间距不同时，可按本表规定分别确定各层（底层或顶部各层）房屋的静力计算方案。

3. 对无山墙或伸缩缝处无横墙的房屋，应按弹性方案考虑。

（1）刚性方案　房屋的空间刚度很大，在水平风荷载作用下，墙、柱顶端的相对位移 $u_s/H \approx 0$（H 为纵墙高度）。此时屋盖可看成纵向墙体上端的不动铰支座，墙、柱内力可按上端有不动铰支承的竖向构件进行计算，这类房屋称为刚性方案房屋。这种房屋的横墙间距较小，楼盖和屋盖的水平刚度较大，房屋的空间刚度也较大，因而在水平荷载作用下房屋墙、柱顶端的相对位移 u_s/H 很小，房屋的空间性能影响系数 $\eta<0.33 \sim 0.37$。混合结构的多层教学楼、办公楼、宿舍、医院、住宅等一般均属于刚性方案房屋。

（2）弹性方案　房屋的空间刚度很小，即在水平风荷载作用下 $u_s \approx u_p$，墙顶的最大水平位移接近于平面结构体系，其墙、柱内力计算应按不考虑空间作用的平面排架或框架计算，这类房屋称为弹性方案房屋。这种房屋横墙间距较大，屋（楼）盖的水平刚度较小，房屋的空间性能

影响系数 $\eta > 0.77 \sim 0.82$。混合结构的单层厂房、仓库、礼堂、食堂等多属于弹性方案房屋。

（3）刚弹性方案　房屋的空间刚度介于上述两种方案之间，在水平风荷载作用下 $0 < u_s < u_p$，纵墙顶端水平位移比弹性方案要小，但又不可忽略不计，其受力状态介于刚性方案和弹性方案之间，这时墙、柱内力计算应按考虑空间作用的平面排架或框架计算，这类房屋称为刚弹性方案房屋。这种房屋在水平荷载作用下，墙、柱顶端的相对水平位移较弹性方案房屋的小，但又不可忽略不计，房屋的空间性能影响系数为 $0.33 < \eta < 0.82$。刚弹性方案房屋墙、柱的内力计算可根据房屋刚度的大小，将其水平荷载作用下的反力进行折减，然后按平面排架或框架计算。

在设计多层砌体结构房屋时，不宜采用弹性方案，否则会造成房屋的水平位移较大，当房屋高度增大时，可能会因为房屋的位移过大而影响结构的安全。

3. 刚性和刚弹性方案房屋的横墙要求

由前面的分析可知，刚性方案和刚弹性方案房屋中的横墙应具有足够的刚度，刚性方案和刚弹性方案房屋的横墙应符合下列条件：

1）横墙的厚度不宜小于 180mm。

2）横墙中开有洞口时，洞口的水平截面面积不应超过横墙截面面积的 50%。

3）单层房屋的横墙长度不宜小于其高度，多层房屋的横墙长度不宜小于 $H/2$（H 为横墙总高度）。

当横墙不能同时符合上述要求时，应对横墙的刚度进行验算。如其最大水平位移值 $u_{max} \leqslant H/4000$（H 为横墙总高度）时，仍可视作刚性和刚弹性方案房屋的横墙；凡符合此刚度要求的一段横墙或其他结构构件（如框架等），也可以视作刚性或刚弹性方案房屋的横墙。

横墙在水平集中力 F 作用下产生剪切变形（u_v）和弯曲变形（u_b），故总水平位移由两部分组成。对于单层单跨房屋（图 17-20），计算水平位移时，可将其视作竖向悬臂梁，如纵墙受均布风荷载作用，且当横墙上门窗洞口的水平截面面积不超过其水平全截面面积的 75% 时，横墙顶点的最大水平位移 u_{max} 可按下式计算：

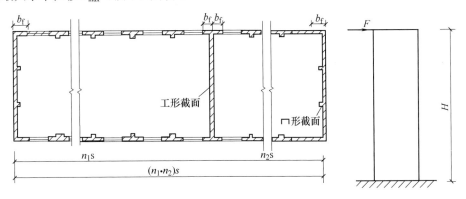

图 17-20　单层房屋横墙简图

$$u_{max} = u_v + u_b = \frac{FH^3}{3EI} + \frac{FH}{\zeta GA} \tag{17-8}$$

式中　F——作用于横墙顶端的水平集中荷载；

　　　H——横墙总高度；

　　　E——砌体的弹性模量；

　　　I——横墙的惯性矩，考虑转角处有纵墙共同工作时按 I 形或 ⊏ 形截面计算，但从横墙中心线算起的翼缘宽度每边取 $b_f = 0.3H$；

　　　ζ——剪应力分布不均匀和墙体洞口影响的折算系数，近似取 0.5；

G——砌体的剪变模量，$G = \dfrac{E}{2(1+\mu)} = 0.4E$；

A——横墙毛截面面积。

4. 墙、柱的计算高度

对墙、柱进行内力分析、承载力计算或验算高厚比时所采用的高度，称为计算高度。它是由墙、柱的实际高度 H，根据房屋类别和构件两端的约束条件来确定的。按照弹性稳定理论分析结果，为了偏于安全，砌体结构房屋墙、柱的计算高度 H_0 与房屋的静力计算方案和墙、柱周边支承条件等有关。刚性方案房屋的空间刚度较大，而弹性方案房屋的空间刚度较小，因此刚性方案房屋的墙、柱计算高度往往比弹性方案房屋的小；对于带壁柱墙或周边有拉结的墙，其横墙间距 s 的大小与墙体稳定性有关。因此，墙、柱计算高度 H_0 应根据房屋类别和墙、柱支承条件等因素按表 17-15 的规定采用。

表 17-15　受压构件的计算高度 H_0

房屋类型			柱		带壁柱墙或周边拉结的墙		
			排架方向	垂直排架方向	$s > 2H$	$2H \geqslant s > H$	$s \leqslant H$
有吊车的单层房屋	变截面柱上段	弹性方案	$2.5H_u$	$1.25H_u$	$2.5H_u$		
		刚性、刚弹性方案	$2.0H_u$	$1.25H_u$	$2.0H_u$		
	变截面柱下段		$1.0H_l$	$0.8H_l$	$1.0H_l$		
无吊车的单层房屋和多层房屋	单跨	弹性方案	$1.5H$	$1.0H$	$1.5H$		
		刚弹性方案	$1.2H$	$1.0H$	$1.2H$		
	多跨	弹性方案	$1.25H$	$1.0H$	$1.25H$		
		刚弹性方案	$1.10H$	$1.0H$	$1.10H$		
	刚性方案		$1.0H$	$1.0H$	$1.0H$	$0.4s + 0.2H$	$0.6s$

注：1. 表中 H_u 为变截面柱的上段高度；H_l 为变截面柱的下段高度。

2. 对于上端为自由端的构件，$H_0 = 2H$。

3. 对于独立柱，当无柱间支撑时，柱在垂直排架方向的 H_0 应按表中数值乘以 1.25 后采用。

4. s 为房屋横墙间距。

5. 自承重墙的计算高度应根据周边支承或拉结条件确定。

6. 表中的构件高 H 应按下列规定采用：在房屋底层，为楼板顶面到构件下端支点的距离，下端支点的位置可取在基础顶面，当埋置较深且有刚性地坪时，可取室外地面下 500mm 处；在房屋的其他层，为楼板或其他水平支点间的距离；对于无壁柱的山墙，可取层高加山墙尖高度的 1/2；对于带壁柱的山墙，可取壁柱处山墙的高度。

第五节　砌体结构构件的高厚比验算

砌体结构构件静力计算主要包括墙身高厚比验算、受压承载力计算、局部受压承载力计算、受剪承载力计算、受拉承载力计算和受弯承载力计算。

砌体结构房屋中的墙、柱均是受压构件，除了应满足承载力的要求外，还必须保证其稳定性，《砌体结构设计规范》（GB 50003—2011）规定：用验算墙、柱高厚比的方法来保证墙、柱的稳定性。构件的高厚比是构件的计算高度 H_0 与相应方向边长 h 的比值，用 β 表示，即 $\beta = H_0/h$。墙、柱的高厚比越大，其稳定性越差，越易产生倾斜或变形，从而影响墙、柱的正常使用甚至发生倒塌事故。因此，必须对墙、柱高厚比加以限制，即墙、柱的高厚比要满足允许高厚

比 $[\beta]$ 的要求，它是确保砌体结构稳定、满足正常使用极限状态要求的重要构造措施之一。

一、允许高厚比 $[\beta]$

允许高厚比 $[\beta]$ 值与墙、柱砌体材料的质量和施工技术水平等因素有关，随着科学技术的进步，在材料强度日益增高，砌体质量不断提高的情况下，$[\beta]$ 值有所增大。墙、柱允许高厚比 $[\beta]$ 值按表 17-16 取用。

表 17-16 墙、柱允许高厚比 $[\beta]$ 值

砌体类型	砂浆强度等级	墙	柱
无筋砌体	M2.5	22	15
	M5.0 或 Mb5.0、Ms5.0	24	16
	≥M7.5 或 Mb7.5、Ms7.5	26	17
配筋砌块砌体	—	30	21

注：1. 毛石墙、柱允许高厚比应按表中数值降低 20%。
　　2. 组合砖砌体构件的允许高厚比，可按表中数值提高 20%，但不得大于 28。
　　3. 验算施工阶段砂浆尚未硬化的新砌砌体高厚比时，允许高厚比对墙取 14，对柱取 11。

二、墙、柱高厚比验算

1. 一般墙、柱高厚比验算

$$\beta = \frac{H_0}{h} \leq \mu_1 \mu_2 [\beta] \tag{17-9}$$

式中　H_0——墙、柱的计算高度，按表 17-15 取用；

　　　h——墙厚或矩形柱与 H_0 相对应的边长；

　　$[\beta]$——墙、柱允许高厚比，按表 17-16 取用；

　　μ_1——自承重墙允许高厚比的修正系数，按下述规定采用：对于厚度 $h \leq 240\text{mm}$ 的自承重墙，当 $h = 240\text{mm}$ 时，$\mu_1 = 1.2$，当 $h = 180\text{mm}$ 时，$\mu_1 = 1.32$，当 $h = 150\text{mm}$ 时，$\mu_1 = 1.44$，当 $h = 120\text{mm}$ 时，$\mu_1 = 1.5$，上端为自由端墙的允许高厚比，除按上述规定提高外，尚可再提高 30%；对厚度小于 90mm 的墙，当双面用不低于 M10 的水泥砂浆抹面，包括抹面层的墙厚不小于 90mm 时，可按墙厚等于 90mm 验算高厚比；

　　μ_2——有门窗洞口的墙允许高厚比修正系数，按下式计算：

$$\mu_2 = 1 - 0.4 \frac{b_s}{s} \tag{17-10}$$

　　b_s——在宽度 s 范围内的门窗洞口总宽度（图 17-21）；

　　s——相邻窗间墙或壁柱之间的距离。

当按式（17-10）计算的 μ_2 值小于 0.7 时，应采用 0.7；当洞口高度等于或小于墙高的 1/5 时，μ_2 取 1.0；当洞口高度等于或大于墙高的 4/5 时，可按独立墙段验算高厚比。

2. 带壁柱墙的高厚比验算

（1）整片墙高厚比验算

$$\beta = \frac{H_0}{h_T} \leq \mu_1 \mu_2 [\beta] \tag{17-11}$$

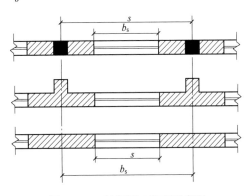

图 17-21　门窗洞口宽度示意图

式中 h_T——带壁柱墙截面的折算厚度，$h_T = 3.5i$。

i 为带壁柱墙截面的回转半径，$i = \sqrt{I/A}$；I、A 分别为带壁柱墙截面的惯性矩和截面面积。

《砌体结构设计规范》（GB 50003—2011）规定，当确定带壁柱墙的计算高度 H_0 时，s 应取相邻横墙间距。在确定截面回转半径 i 时，带壁柱墙的计算截面翼缘宽度 b_f 可按下列规定采用（取小值）。

1）多层房屋，当有门窗洞口时，可取窗间墙宽度；当无门窗洞口时，每侧翼墙宽度可取壁柱高度的 1/3。

2）单层房屋，可取壁柱宽加 2/3 墙高，但不大于窗间墙宽度和相邻壁柱间距离。

3）计算带壁柱墙的条形基础时，可取相邻壁柱间的距离。

（2）壁柱间墙的高厚比验算 壁柱间墙的高厚比可按无壁柱墙式（17-9）进行验算。此时可将壁柱视为壁柱间墙的不动铰支座。因此计算 H_0 时，s 应取相邻壁柱间距离，而且不论带壁柱墙体房屋的静力计算采用何种计算方案，H_0 一律按表 17-15 中的刚性方案取用。

3. 带构造柱墙高厚比验算

墙中设钢筋混凝土构造柱时，可提高墙体使用阶段的稳定性和刚度。但由于在施工过程中大多数是先砌墙后浇筑构造柱，所以应采取措施，保证构造柱墙在施工阶段的稳定性。

（1）整片墙高厚比验算

$$\beta = \frac{H_0}{h_T} \leqslant \mu_1 \mu_2 \mu_c [\beta] \tag{17-12}$$

式中 μ_c——带构造柱墙在使用阶段的允许高厚比提高系数，按下式计算：

$$\mu_c = 1 + \gamma \frac{b_c}{l} \tag{17-13}$$

γ——系数，对细料石、半细料石砌体，$\gamma = 0$；对混凝土砌块、粗料石、毛料石及毛砌体，$\gamma = 1.0$；对其他砌体，$\gamma = 1.5$；

b_c——构造柱沿墙长方向的宽度；

l——构造柱间距。

当确定 H_0 时，s 取相邻横墙间距。

为与组合砖墙承载力计算相协调，规定：当 $b_c/l > 0.25$ 时取 $b_c/l = 0.25$；当 $b_c/l < 0.05$ 时取 $b_c/l = 0$。构造柱间距过大，对提高墙体稳定性和刚度的作用已很小，考虑构造柱有利作用的高厚比验算不适用于施工阶段，此时，对施工阶段直接取 $\mu_c = 1.0$。

（2）构造柱间墙的高厚比验算 构造柱间墙的高厚比可按式（17-9）进行验算。此时可将构造柱视为壁柱间墙的不动铰支座。因此计算 H_0 时，s 应取相邻构造柱间距离，而且不论带壁柱墙体房屋的静力计算采用何种计算方案，H_0 一律按表 17-15 中的刚性方案取用。

《砌体结构设计规范》（GB 50003—2011）规定：设有钢筋混凝土圈梁的带壁柱墙或带构造柱墙，当 $b/s \geqslant 1/30$ 时，圈梁可视作壁柱间墙或构造柱间墙的不动铰支点（b 为圈梁宽度）。这是由于圈梁的水平刚度较大，能够限制壁柱间墙体或构造柱间墙体的侧向变形的缘故。如果墙体条件不允许增加圈梁的宽度，可按墙体平面外等刚度原则增加圈梁高度，以满足壁柱间墙或构造柱间墙不动铰支点的要求。

例 17-1 某办公楼平面布置如图 17-22 所示，采用装配式钢筋混凝土楼盖，纵横向承重墙厚度均为 190mm，采用 MU7.5 单排孔混凝土砌块、双面粉刷，一层用 Mb7.5 砂浆，二至三层用 Mb5 砂浆，层高为 3.3m，一层墙从楼板顶面到基础顶面的距离为 4.1m，窗洞宽均为 1800mm，门洞宽均为 1000mm，在纵横墙相交处和屋面或楼面大梁支承处，均设有截面为 190mm × 250mm 的钢筋混凝土构造柱（构造柱沿墙长方向的宽度为 250mm），试验算各层纵、横墙的高厚比。

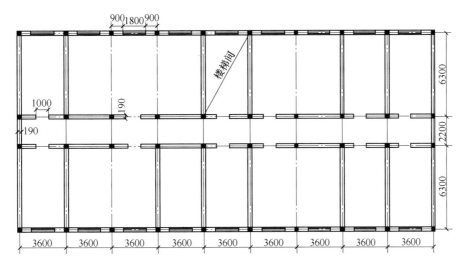

图 17-22　办公楼平面图

解：1. 纵墙高厚比验算

（1）静力计算方案的确定

横墙间距 $s_{\max} = (3.6 \times 3)\text{m} = 10.8\text{m} < 32\text{m}$，查表 18-14，属于刚性方案。

（2）一层纵墙高厚比验算（只验算外纵墙）

1）整片墙高厚比验算。

$s_{\max} = (3.6 \times 3)\text{m} = 10.8\text{m} > 2H = 8.2\text{m}$；查表 17-15 得：$H_0 = 1.0H = 4.1\text{m}$；

$\mu_1 = 1.0$；$[\beta] = 26$

$\mu_2 = 1 - 0.4 \dfrac{b_{\text{s}}}{s} = 1 - 0.4 \times \dfrac{1800}{3600} = 0.8 > 0.7$

$0.05 < \dfrac{b_{\text{c}}}{l} = \dfrac{250}{3600} = 0.069 < 0.25$；$\mu_{\text{c}} = 1 + \gamma \dfrac{b_{\text{c}}}{l} = 1 + 1.0 \times \dfrac{250}{3600} = 1.069$

$\beta = \dfrac{H_0}{h_{\text{t}}} = \dfrac{4.1 \times 10^3}{190} = 21.58 < \mu_1 \mu_2 \mu_{\text{c}} [\beta] = 1.0 \times 0.8 \times 1.069 \times 26 = 22.24$

满足要求。

2）构造柱间墙高厚比验算。

构造柱间距 $s = 3.6\text{m} < 4.1\text{m}$；查表 17-15 得 $H_0 = 0.6s = (0.6 \times 3.6)\text{m} = 2.16\text{m}$；$[\beta] = 26$

$$\mu_2 = 1 - 0.4 \frac{b_{\text{s}}}{s} = 1 - 0.4 \times \frac{1800}{3600} = 0.8 > 0.7$$

$$\beta = \frac{H_0}{h} = \frac{2.16 \times 10^3}{190} = 11.37 < \mu_1 \mu_2 [\beta] = 1.0 \times 0.8 \times 26 = 20.8$$

满足要求。

（3）二、三层纵墙高厚比验算（只验算外纵墙）

1）整片墙高厚比验算。

$s = (3.6 \times 3)\text{m} = 10.8\text{m} > 2H = 6.6\text{m}$，查表 17-15 得：$H_0 = 1.0H = 3.3\text{m}$；

$$\mu_1 = 1.0$$；$[\beta] = 24$；$\mu_2 = 1 - 0.4 \frac{b_{\text{s}}}{s} = 1 - 0.4 \times \frac{1800}{3600} = 0.8 > 0.7$

$$0.05 < \frac{b_{\text{c}}}{l} = \frac{250}{3600} = 0.069 < 0.25$$；$\mu_{\text{c}} = 1 + \gamma \frac{b_{\text{c}}}{l} = 1 + 1.0 \times \frac{250}{3600} = 1.069$

$$\beta = \frac{H_0}{h} = \frac{3.3 \times 10^3}{190} = 17.37 < \mu_1 \mu_2 \mu_c [\beta] = 1.0 \times 0.8 \times 1.069 \times 24 = 20.52$$

满足要求。

2）构造柱间墙高厚比验算。

构造柱间距 $s = 3.6\text{m}$；$H = 3.3\text{m} < s < 2H = 6.6\text{m}$

查表 17-15 得：$H_0 = 0.4s + 0.2H = (0.4 \times 3.6 + 0.2 \times 3.3)\text{m} = 2.1\text{m}$；$[\beta] = 26$

$$\mu_2 = 1 - 0.4 \frac{b_s}{s} = 1 - 0.4 \times \frac{1800}{3600} = 0.8 > 0.7; \mu_1 = 1.0$$

$$\beta = \frac{H_0}{h} = \frac{2.1 \times 10^3}{190} = 11.05 < \mu_1 \mu_2 [\beta] = 1.0 \times 0.8 \times 24 = 19.2$$

满足要求。

2. 横墙高厚比验算

（1）静力计算方案的确定

纵墙间距 $s_{max} = 6.3\text{m} < 32\text{m}$，查表，属于刚性方案。

（2）一层横墙高厚比验算

$$s_{max} = 6.3\text{m}; H = 4.1\text{m} < s < 2H = 8.2\text{m}$$

查表得

$$H_0 = 0.4s + 0.2H = (0.4 \times 6.3 + 0.2 \times 4.1)\text{m} = 3.34\text{m};$$

$$[\beta] = 26; \mu_1 = 1.0; \mu_2 = 1.0$$

$$\beta = \frac{H_0}{h} = \frac{3.34 \times 10^3}{190} = 17.58 < \mu_1 \mu_2 [\beta] = 1.0 \times 1.0 \times 26 = 26$$

满足要求。

（3）二、三层横墙高厚比验算

$$s = 3.6\text{m}; H = 3.3\text{m} < s < 2H = 6.6\text{m}$$

查表得

$$H_0 = 0.4s + 0.2H = (0.4 \times 6.3 + 0.2 \times 3.3)\text{m} = 3.18\text{m}$$

$$[\beta] = 24; \mu_1 = 1.0; \mu_2 = 1.0$$

$$\frac{b_c}{l} = \frac{190}{6300} = 0.03 < 0.05, \text{所以不考虑构造柱的影响，取} \mu_c = 1.0$$

$$\beta = \frac{H_0}{h} = \frac{3.18 \times 10^3}{190} = 16.74 < \mu_1 \mu_2 \mu_c [\beta] = 1.0 \times 1.0 \times 1.0 \times 24 = 24$$

满足要求。

第六节　砌体结构构造措施

在进行混合结构房屋设计时，不仅要求砌体结构和构件在各种受力状态下应具有足够的承载力，而且还要确保房屋具有良好的工作性能和足够的耐久性。然而到目前为止，有的砌体结构和构件的承载力计算尚不能完全反映结构和构件的实际抵抗能力，另外公式计算中均未考虑诸如温度变化、砌体的收缩变形等因素的影响。因此，为确保砌体结构的安全和正常使用，采取必要和合理的构造措施尤为重要。

混合结构房屋墙体构造要求主要包括以下三个力面：墙、柱高厚比的要求；墙、柱的一般构造要求；防止或减轻墙体开裂的主要措施。高厚比的要求在前面已详细讲述，本节主要研究墙、柱的一般构造要求及防止或减轻墙体开裂的主要措施。

一、墙、柱的一般构造要求

1. 砌体材料的最低强度等级

　　块体和砂浆的强度等级不仅对砌体结构和构件的承载力有显著的影响，而且影响房屋的耐久性。块体和砂浆的强度等级越低，房屋的耐久性越差，越容易出现腐蚀风化现象，尤其是处于潮湿环境或有酸、碱等腐蚀性介质时，砂浆或砖易出现酥散、掉皮等现象，腐蚀风化更加严重。此外，地面以下和地面以上墙体处于不同的环境，地基土的含水量大，基础墙体维修困难，为了隔断地面下部潮湿对墙体的不利影响，应采用耐久性较好的砌体材料并在室内地面以下室外散水坡面以上的砌体内采用防水水泥砂浆设置防潮层。因此，应对不同受力情况和环境下的墙、柱所用材料的最低强度等级加以限制。

　　地面以下或防潮层以下的砌体、潮湿房间的墙，所用材料的最低强度等级应符合表 17-1 的要求。

　　2. 墙、柱的截面、支承及连接构造要求

　　（1）墙、柱截面最小尺寸　墙、柱截面尺寸越小，其稳定性越差，越容易失稳，此外，截面局部削弱、施工质量对墙、柱承载力的影响更加明显。因此，承重的独立砖柱截面尺寸不应小于 240mm×370mm。毛石墙的厚度不宜小于 350mm，毛料石柱较小边长不宜小于 400mm。当有振动荷载时，墙、柱不宜采用毛石砌体。

　　（2）垫块设置　屋架、大梁搁置于墙、柱上时，屋架、大梁端部支承处的砌体处于局部受压状态。当屋架、大梁的受荷面积较大而局部受压面积又较小时，容易发生局部受压破坏。因此，对于跨度大于 6m 的屋架和跨度大于 4.8m 的砖砌体、跨度大于 4.2m 的砌块和料石砌体、跨度大于 3.9m 的毛石砌体，应在支承处砌体上设置混凝土或钢筋混凝土垫块；当墙中设有圈梁时，垫块与圈梁宜浇筑成整体。

　　（3）壁柱设置　当墙体高度较大且厚度较薄，而所受的荷载却较大时，墙体平面外的刚度和稳定性往往较差。为了加强墙体的刚度和稳定性，可在墙体的适当部位设置壁柱。当梁的跨度大于或等于 6m（采用 240mm 厚的砖墙时）、4.8m（采用 180mm 厚的砖墙或采用砌块或料石砌体时）、3.9m（采用毛石砌体时），其支承处宜加设壁柱，或采取其他加强措施。山墙处的壁柱宜砌至山墙顶部，屋面构件应与山墙可靠拉结。

　　（4）支承构造　混合结构房屋是由墙、柱、屋架或大梁、楼板等通过合理连接组成的承重体系。为了加强房屋的整体刚度，确保房屋安全、可靠地承受各种作用，墙、柱与楼板、屋架或大梁之间应有可靠的拉结。在确定墙、柱内力计算简图时，楼板、大梁或屋架视作墙、柱的水平支承，水平支承处的反力由楼板（梁）与墙接触面上的摩擦力承受。试验结果表明，当楼板伸入墙体内的支承长度足够时，墙和楼板接触面上的摩擦力可有效地传递水平力，不会出现楼板松动现象。相对而言，屋架或大梁较重要，而屋架或大梁与墙、柱的接触面却相对较小。当屋架或大梁的跨度较大时，两者之间的摩擦力不可能有效地传递水平力，此时应采用锚固件加强屋架或大梁与墙、柱的锚固。具体来说，支承构造应符合下列要求：

　　1）预制钢筋混凝土板的支承长度，在墙上不宜小于 100mm；在钢筋混凝土圈梁上不宜小于 80mm，板端伸出的钢筋应与圈梁可靠连接，且同时浇筑，并应按下列方法连接：板支承于内墙时，板端钢筋伸出长度不应小于 70mm，且与支座处沿墙配置的纵筋绑扎，用强度等级不低于 C25 的混凝土浇筑成板带；板支承于外墙时，板端钢筋伸出长度不应小于 100mm，且与支座处沿墙配置的纵筋绑扎，并用强度等级不低于 C25 的混凝土浇筑成板带；预制钢筋混凝土板与现浇板对接时，预制板端钢筋应伸入现浇板中进行连接后，再浇筑现浇板。

　　2）墙体转角处和纵横墙交接处应沿竖向每隔 400～500mm 设拉结钢筋，其数量为每 120mm 墙厚不少于 1 根直径 6mm 的钢筋；或采用焊接钢筋网片，埋入长度从墙的转角或交接处算起，对实心砖墙每边不小于 500mm，对多孔砖墙和砌块墙不小于 700mm。

　　3）支承在墙、柱上的吊车梁、屋架及跨度大于或等于 9m（对砖砌体）、7.2m（对砌块和料石砌体）的预制梁的端部，应采用锚固件与墙、柱上的垫块锚固，如图 17-23 所示。

（5）填充墙、隔墙与墙、柱连接　为了确保填充墙、隔墙的稳定性并能有效地传递水平力，防止其与墙、柱连接处因变形和沉降的不同引起裂缝，应采用拉结钢筋等措施来加强填充墙、隔墙与墙、柱的连接。

3. 混凝土砌块墙体的构造要求

为了增强混凝土砌块房屋的整体刚度，提高其抗裂能力，混凝土砌块墙体应符合下列要求：

1）砌块砌体应分皮错缝搭砌，上下皮搭砌长度不得小于 90mm。当搭砌长度不满足上述要求时，应在水平灰缝内设置不少于 2φ4 的焊接钢筋网片（横向钢筋的间距不宜大于 200mm），网片每端均应超过该垂直缝，其长度不得小于 300mm。

2）砌块墙与后砌隔墙交接处，应沿墙高每 400mm 在水平灰缝内设置不少于 2φ4、横筋间距不大于 200mm 的焊接钢筋网片（图 17-24）。

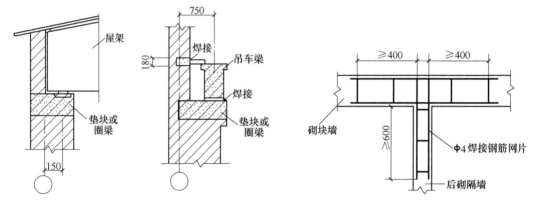

图 17-23　屋架、吊车梁与墙连接　　　　图 17-24　砌块墙与后砌隔墙连接

3）混凝土砌块房屋，宜将纵横墙交接处、距墙中心线每边不小于 300mm 范围内的孔洞，用不低于 Cb20 灌孔混凝土灌实，灌实高度应为墙身全高。

4）混凝土砌块墙体的下列部位，如未设圈梁或混凝土垫块，应采用不低于 Cb20 灌孔混凝土将孔洞灌实。

① 搁栅、檩条和钢筋混凝土楼板的支承面下，高度不应小于 200mm 的砌体。

② 屋架、梁等构件的支承面下，高度不应小于 600mm，长度不应小于 600mm 的砌体。

③ 挑梁支承面下，距墙中心线每边不应小于 300mm，高度不应小于 600mm 的砌体。

5）砌体中留槽洞及埋设管道时的构造要求。在砌体中预留槽洞及埋设管道对砌体的承载力影响较大，尤其是对截面尺寸较小的承重墙体、独立柱更加不利。因此，不应在截面长边小于 500mm 的承重墙体、独立柱内埋设管线；不宜在墙体中穿行暗线或预留、开凿沟槽，无法避免时应采取必要的措施或按削弱后的截面验算墙体的承载力。然而，对受力较小或未灌孔的砌块砌体，允许在墙体的竖向孔洞中设置管线。

6）夹心墙的构造要求。

① 为了保证夹心墙具有良好的稳定性和足够的耐久性，混凝土砌块的强度等级不应低于 MU10；夹心墙的夹层厚度不宜大于 100mm；夹心墙外叶墙的最大横向支承间距不宜大于 9m。

② 夹心墙叶墙间的连接。试验表明，在竖向荷载作用下，夹心墙叶墙间采用的连接件能起到协调内、外叶墙的变形并为内叶墙提供一定支撑的作用，因此连接件具有明显提高内叶墙承载力、增强叶墙稳定性的作用。在往复荷载作用下，钢筋拉结件可在大变形情况下避免外叶墙发生失稳破坏，确保内外叶墙协调变形、共同受力。因此采用钢筋拉结件能防止地震作用下已开裂

墙体出现脱落倒塌现象。此外，为了确保夹心墙的耐久性，应对夹心墙中的钢筋拉结件进行防腐处理。夹心墙叶墙间的连接应符合相关构造要求。

7）框架填充墙的构造要求。

①填充墙宜选用轻质砌体材料，可减轻结构重量、降低造价，有利于结构抗震。

②填充墙砌筑砂浆的强度等级不宜低于M5（Mb5、Ms5）。如果填充墙强度较低，当框架稍有变形时，填充墙体就可能开裂，在意外荷载或烈度不高的地震作用时，容易遭到损坏，甚至造成人员伤亡和财产损失。

③填充墙体墙厚不应小于90mm。

④用于填充墙的夹心复合砌块，其两肢块体之间应有拉结。

⑤填充墙与框架的连接，可根据设计要求采用脱开或不脱开方法，并满足其构造要求。有抗震设防要求时宜采用填充墙与框架脱开的方法。

二、圈梁的设置及构造要求

为了增强房屋的整体刚度，防止由于地基不均匀沉降或较大振动荷载等对房屋的不利影响，应在房屋的檐口、窗顶、楼层、吊车梁顶或基础顶面标高处，沿砌体墙水平方向设置封闭状的现浇钢筋混凝土圈梁。圈梁是指在砌体结构房屋中，在墙体内连续设置并形成水平封闭状的钢筋混凝土梁或钢筋砖梁。设在房屋檐口处的圈梁常称为檐口圈梁，设在基础顶面标高处的圈梁常称为基础圈梁。

1. 圈梁的设置

圈梁设置的位置和数量通常取决于房屋的类型、层数、所受的振动荷载以及地基情况等因素。

1）车间、仓库、食堂等空旷的单层房屋应按下列规定设置圈梁：砖砌体房屋，檐口标高为5～8m时，应在檐口标高处设置圈梁一道，檐口标高大于8m时，应增加设置数量；砌块及料石砌体房屋，檐口标高为4～5m时，应在檐口标高处设置圈梁一道，檐口标高大于5m时，应增加设置数量。

对有吊车或较大振动设备的单层工业房屋，除在檐口或窗顶标高处设置现浇钢筋混凝土圈梁外，尚应增加设置数量。

2）宿舍、办公楼等多层砌体民用房屋，且层数为3～4层时，应在檐口标高处设置圈梁一道。当层数超过4层时，应在所有纵横墙上隔层设置。多层砌体工业房屋，应每层设置现浇钢筋混凝土圈梁。设置墙梁的多层砌体房屋应在托梁、墙梁顶面和檐口标高处设置现浇钢筋混凝土圈梁。

3）建筑在软弱地基或不均匀地基上的砌体房屋，除按本节规定设置圈梁外，尚应符合现行国家标准《建筑地基基础设计规范》（GB 50007—2011）的有关规定。

2. 圈梁的构造要求

圈梁的受力及内力分析比较复杂，目前尚难以进行计算，一般均按如下构造要求设置。

1）圈梁宜连续地设在同一水平面上，并形成封闭状；当圈梁被门窗洞口截断时，应在洞口上部增设相同截面的附加圈梁。附加圈梁与圈梁的搭接长度不应小于其中到中垂直间距的二倍，且不得小于1m，如图17-25所示。

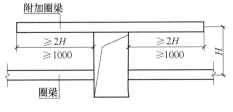

图17-25　附加圈梁

2）纵横墙交接处的圈梁应有可靠的连接，如图17-26所示。刚弹性和弹性方案房屋，圈梁应与屋架、大梁等构件可靠连接。

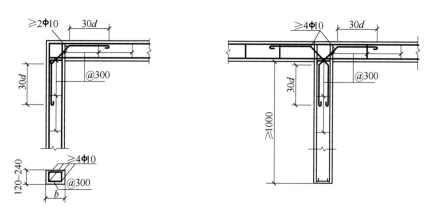

图 17-26 纵横墙交接处的圈梁的连接构造示意

3）钢筋混凝土圈梁的宽度宜与墙厚相同，当墙厚 $h \geq 240$mm 时，其宽度不宜小于 $2h/3$。圈梁高度不应小于 120mm。纵向钢筋不应少于 4 ϕ 10，绑扎接头的搭接长度按受拉钢筋考虑，箍筋间距不应大于 300mm。

4）圈梁兼作过梁时，过梁部分的钢筋应按计算用量另行增配。由于顶制混凝土楼（屋）盖普遍存在裂缝，因此目前许多地区大多采用现浇混凝土楼板。采用现浇钢筋混凝土楼（屋）盖的多层砌体结构房屋，当层数超过 5 层时，除在檐口标高处设置一道圈梁外，可隔层设置圈梁，并与楼（层）面板一起现浇。未设置圈梁的楼面板嵌入墙内的长度不应小于 120mm，并沿墙长配置不少于 2 ϕ 10 的纵向钢筋。

5）建造在软弱地基或不均匀地基上的砌体房屋，除按上述规定之外，圈梁的设置尚应符合国家现行《建筑抗震设计规范》（GB 50011—2010）的有关规定。

6）抗震设防的房屋圈梁的设置应符合《建筑抗震设计规范》（GB 50011—2010）的要求，具体要求如下：

① 装配式钢筋混凝土楼（屋）盖或木楼盖、木屋盖的砖房横墙承重时按表 17-17 的要求设置圈梁。纵墙承重时每层均应设置圈梁，且抗震横墙上的圈梁间距应比表内规定适当加密。现浇或装配整体式钢筋混凝土楼（屋）盖与墙体有可靠连接时，可不设圈梁，但楼板沿墙体周边应加强配筋并应与相应的构造柱钢筋可靠连接。

表 17-17 砖房现浇钢筋混凝土圈梁设置要求

墙 类 别	烈 度		
	6、7	8	9
外墙和内纵墙	屋盖处及每层楼盖处	屋盖处及每层楼盖处	屋盖处及每层楼盖处
内横墙	同上；屋盖处间距不应大于 7m；楼盖处间距不应大于 15m；构造柱对应部位	同上；屋盖处沿所有横墙，且间距不应大于 7m；楼盖处间距不应大于 7m；构造柱对应部位	同上；各层所用横墙

当在要求的间距内没有横墙时，应利用梁或板缝中配筋代替圈梁。圈梁宜与预制板设在同一标高处或紧靠板底。圈梁应闭合，遇有洞口圈梁应上下搭接。钢筋混凝土圈梁的截面高度不应小于 120mm，配筋应符合表 17-18 的要求。

为了加强基础的整体性和刚性而增设的基础圈梁，其截面高度不应小于 180mm，纵筋不应小于 4 ϕ 12。

表 17-18　砖房圈梁配筋要求

配　筋	烈　　度		
	6、7	8	9
最小纵筋	4Φ10	4Φ12	4Φ14
最大箍筋间距/mm	250	200	150

② 多层砌块房屋均应按表 17-19 的要求来设置现浇钢筋混凝土圈梁，圈梁宽度不小于 190mm，配筋不应小于 4Φ12，箍筋间距不应大于 200mm。

表 17-19　多层砌块房屋钢筋混凝土圈梁设置要求

墙　类	烈　　度	
	6、7	8
外墙和内纵墙	屋盖处及每层楼盖处	屋盖处及每层楼盖处
内横墙	同上；屋盖处沿所有横墙；楼盖处间距不应大于 7m；构造柱对应部位	同上；各层所有横墙

③ 蒸压灰压砖、蒸压粉煤灰砖砌体结构房屋；在 6 度 8 层、7 度 7 层和 8 度 5 层时，应在所有楼（屋）盖处的纵横墙上设置钢筋混凝土圈梁，圈梁的截面尺寸不应小于 240mm×180mm，圈梁纵筋不应小于 4Φ12，箍筋采用Φ6@200。其他情况下圈梁的设置和构造要求应符合上述条款的规定。

三、钢筋混凝土构造柱的设置和构造要求

1. 钢筋混凝土构造柱的设置

钢筋混凝土构造柱是指先砌筑墙体，而后在墙体两端或纵横墙交接处现浇的钢筋混凝土柱。唐山地震震害分析和近年来的试验表明：钢筋混凝土构造柱可以明显提高房屋的变形能力，增加建筑物的延性，提高建筑物的抗侧力能力，防止或延缓建筑物在地震影响下发生突然倒塌，或减轻建筑物的损坏程度。因此应根据房屋的用途、结构部位的重要性、设防烈度等条件，将构造柱设置在震害较重、连接比较薄弱、易产生应力集中的部位。

对于多孔普通砖，多孔砖房钢筋混凝土构造柱应按下列要求设置：

1) 构造柱设置部位，一般情况下应符合表 17-20 的要求。

表 17-20　砖房构造柱设置要求

房 屋 层 数				设置部位	
6 度	7 度	8 度	9 度		
四、五	三、四	二、三		外墙四周；错层部位；横墙与外纵墙交接处；大房间内外墙交接处；较大洞口两侧	7、8 度时，楼、电梯间的四角；隔 15m 或单元横墙与外纵墙交接处
六、七	五	四	三		隔开间横墙（轴线）与外墙交接处，山墙与内纵墙交接处；7~9 度时，楼、电梯间的四角
八	六、七	五、六	三、四		内墙（轴线）与外墙交接处，内墙的局部较小墙垛处；7~9 度时，楼、电梯间的四角；9 度时内纵墙与横墙（轴线）交接处

注：较大洞口指宽度大于 2m 的洞口。

2）外廊式和单面走廊式的多层房屋，应根据房屋增加一层后的层数，按表17-20的要求设置构造柱；且单面走廊两侧的纵墙均应按外墙处理。在外纵墙尽端与中间一定间距内设置构造柱后，将内横墙的圈梁穿过单面走廊与外纵墙的构造柱连接，以增强外廊的纵墙与横墙连接，保证外廊纵墙在水平地震效应作用下的稳定性。

3）教学楼、医院等横墙较少的房屋，应根据房屋增加一层后的层数，按表17-20的要求设置构造柱；当教学楼、医院的横墙较少的房屋为外廊式或单面走廊式时。应按表17-20中要求设置构造柱，但6度不超过四层、7度不超过三层和8度不超过二层时，应按增加二层后的层数对待。

2. 构造柱的构造要求

1）构造柱的作用主要是约束墙体，本身截面不必很大，一般情况下最小截面可采用240mm×180mm。目前在实际应用中，一般构造柱截面多取240mm×240mm。纵向钢筋宜采用4Φ12，箍筋间距不宜大于250mm，且在柱的上下端宜适当加密；7度时超过六层，8度时超过五层和9度时，构造柱纵向钢筋宜采用4Φ14，箍筋间距不应大于200mm；房屋四角的构造柱可适当加大截面及配筋。

2）构造柱与墙连接处应砌成马牙槎，并应沿墙高每隔500mm，设2Φ6拉结钢筋，每边伸入墙内不宜小于1.0m，但当墙上门窗洞边到构造柱边（即墙马牙槎外齿边）的长度小于1.0m时，则伸至洞边上。

3）构造柱与圈梁连接处，构造柱的纵筋应穿过圈梁，保证构造柱纵筋上下贯通。

4）构造柱可不单独设置基础，但应伸入室外地面下500mm或与埋深小于500mm的基础圈梁相连。

四、防止或减轻墙体开裂的主要措施

混合结构房屋墙体裂缝的形成往往并不是单一因素所导致的，而是内因和外因共同作用的结果，其中内因是混合结构房屋的屋盖、楼盖是采用钢筋混凝土，墙体则是采用砌体材料，这两种材料的物理力学特性和刚度存在明显差异。外因主要包括温度变化、地基不均匀沉降以及构件之间的相互约束等因素。

1. 砌体结构裂缝的特征及产生原因

（1）因地基不均匀沉降而产生的裂缝　支承整栋房屋的下部地基会发生压缩变形，当地基土质不均匀或作于地基上的上部荷载不均匀时，就会引起地基的不均匀沉降，使墙体发生外加变形，而产生附加应力。当这些附加应力超过砌体的抗拉强度时，墙体就会出现裂缝，如图17-27所示。

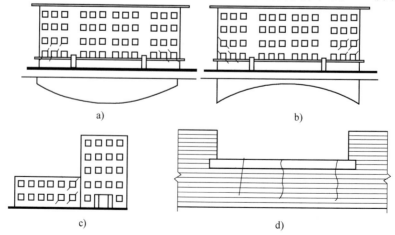

a)

b)

c)

d)

图 17-27　地基不均匀沉降引起的裂缝示意图

a）正八字形裂缝　b）倒八字形裂缝　c）斜向裂缝　d）垂直裂缝

（2）因外界温度变化和砌体干缩变形而产生的裂缝　砌体结构的屋盖一般是采用钢筋混凝土材料，墙体是采用砖或砌块。这两者的温度线膨胀系数相差比较大，钢筋混凝土的温度线膨胀系数为 $1.0 \times 10^{-5}/℃$，砖墙的温度线膨胀系数为 $0.5 \times 10^{-5}/℃$。所以在相同温差下，混凝土构件的变形要比砖墙的变形大一倍以上。两者的变形不协调就会引起因约束变形而产生的附加应力。当这种附加应力大于砌体的抗拉、弯、剪应力时就会在墙体中产生裂缝，如图 17-28、图 17-29 所示。

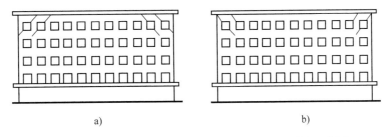

图 17-28　温度引起的正八字形裂缝和倒八字形裂缝示意图
a）正八字形裂缝　b）倒八字形裂缝

（3）因地基土的冻胀而产生的裂缝　地基土上层温度降到 0℃ 以下时，冻胀性土中的上部水开始冻结，下部水由于毛细管作用不断上升在冻结层中形成水晶，体积膨胀，向上隆起可达几毫米至几十毫米，其折算冻胀力可达 $2 \times 10^6 \mathrm{MPa}$，而且往往是不均匀的，建筑物的自重往往难以抗拒，因而建筑物的某一局部就被顶了起来，引起房屋开裂，如图 17-30 所示。

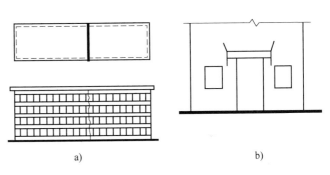

图 17-29　温度引起的垂直裂缝示意图
a）整体垂直裂缝　b）局部垂直裂缝

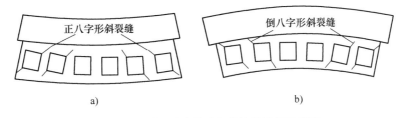

图 17-30　因地基冻胀引起的墙体裂缝示意图
a）正八字形斜裂缝　b）倒八字形斜裂缝

2. 砌体结构裂缝的主要防治措施

砌体结构出现裂缝是非常普遍的质量事故之一。砌体轻微细小裂缝影响外观和使用功能，严重的裂缝影响砌体的承载力，甚至引起倒塌。在很多情况下裂缝的发生与发展往往是大事故的先兆，对此必须认真分析，妥善处理。如前所述，引起砌体结构出现裂缝的因素非常复杂，往往难以进行定量计算，所以应针对具体情况加以分析，采取适当的措施予以解决。防止裂缝出现的方法主要有两种，一是在砌体产生裂缝可能性最大的部位设缝，使此处应力得以释放。二是加强该处的强度、刚度以抵抗附加应力。下面根据不同的影响因素，分析所要采取的预防措施。

（1）地基不均匀沉降引起裂缝的防止措施

1）合理设置沉降缝。在房屋体型复杂，特别是高度相差较大时或地基承载相差过大时，则宜用沉降缝将房屋划分为几个刚度较好的单元。沉降缝应从基础开始分开，房屋层数在二～三层时，沉降缝宽度为50～80mm；房屋层数在四～五层时，沉降缝宽度为80～120mm；房屋层数五层以上时，沉降缝宽度不小于120mm。施工中应保持缝内清洁，应防止碎砖、砂浆等杂物落入缝内。

2）加强房屋上部的刚度和整体性，合理布置承重墙间距。对于三层和三层以上的房屋，L/H比宜小于或等于2.5；提高墙体的抗剪能力，减少建筑物端部的门、窗洞口，增大端部洞口到墙端的墙体宽度。墙体内加强钢筋混凝土圈梁布置，特别要增大基础圈梁的刚度。

3）在软土地区或土质变化较复杂的地区，利用天然地基建造房屋时，房屋体型力求简单，不宜采用整体刚度较差、对地基不均匀沉降较敏感的内框架房屋。首层窗台下配置适量的通长水平钢筋（一般为3道焊接钢筋网片或$2\phi6$钢筋，并伸入两边窗间墙不小于600mm），或采用钢筋混凝土窗台板，窗台板嵌入窗间墙不小于600mm。

4）不宜将建筑物设置在不同刚度的地基上，如同一区段建筑，一部分用天然地基，一部分用桩基等。必须采用不同地基时，要妥善处理，并进行必要的计算分析。

5）合理安排施工顺序，先建造层数多、荷载大的单元，后施工层数少、荷载小的单元。

（2）温度差和砌体干缩引起裂缝的防止措施

1）为了防止或减轻房屋在正常使用条件下，由温度和砌体干缩引起的墙体竖向裂缝，应在墙体中设置伸缩缝。伸缩缝应设在因温度和收缩变形可能引起应力集中、砌体产生裂缝可能性最大的地方。砌体房屋伸缩缝的最大间距可按表17-21采用。

表 17-21　砌体房屋伸缩缝的最大间距　　　　　　　　（单位：m）

屋盖或楼盖类别		间　　距
整体式或装配整体式钢筋混凝土结构	有保温层或隔热层的屋盖、楼盖	50
	无保温层或隔热层的屋盖	40
装配式无檩体系钢筋混凝土结构	有保温层或隔热层的屋盖、楼盖	60
	无保温层或隔热层的屋盖	50
装配式有檩体系钢筋混凝土结构	有保温层或隔热层的屋盖、楼盖	75
	无保温层或隔热层的屋盖	60
瓦材屋盖、木屋盖或楼盖、轻钢屋盖		100

注：1. 对烧结普通砖、多孔砖、配筋砌块砌体房屋取表中数值；对石砌体、蒸压灰砂砖、蒸压粉煤灰砖和混凝土砌块房屋取表中数值乘以0.8的系数。当有实践经验并采取有效措施时，可不遵守本表规定。

　　2. 在钢筋混凝土屋面上挂瓦的屋盖应按钢筋混凝土屋盖采用。

　　3. 按本表设置的墙体伸缩缝，一般不能同时防止由于钢筋混凝土屋盖的温度变形和砌体干缩变形引起的墙体局部裂缝。

　　4. 层高大于5m的烧结普通砖、多孔砖、配筋砌块砌体结构单层房屋，其伸缩缝间距可按表中数值乘以1.3。

　　5. 温差较大且变化频繁地区和严寒地区不采暖的房屋及构筑物墙体的伸缩缝的最大间距，应按表中数值予以适当减小。

　　6. 墙体的伸缩缝应与结构的其他变形缝相重合，在进行立面处理时，必须保证缝隙的伸缩作用。

2）屋面应设置保温（隔热）层。

3）屋面保温（隔热）层或屋面刚性面层及砂浆找平层应设置分隔缝，分隔缝间距不宜大于6m，并与女儿墙隔开，其缝宽不小于30mm。

4）采用装配式有檩体系钢筋混凝土屋盖和瓦材屋盖。

5）在钢筋混凝土屋面板与墙体圈梁的接触面处设置水平滑动层，滑动层可采用两层油毡夹滑石粉或橡胶片等；对于长纵墙，可只在其两端的 2 ~ 3 个开间内设置，对于横墙可只在其两端各 $L/4$ 范围内设置（L 为横墙长度）。

6）顶层屋面板下设置现浇钢筋混凝土圈梁，并沿内外墙拉通，房屋两端圈梁下的墙体内宜适当设置水平钢筋。

7）顶层挑梁末端下墙体灰缝内设置 3 道焊接钢筋网片（纵向钢筋不宜少于 $2\phi4$，横筋间距不宜大于 200mm）或 $2\phi6$ 钢筋，钢筋网片或钢筋应自挑梁末端伸入两边墙体不小于 1m，如图 17-31 所示。

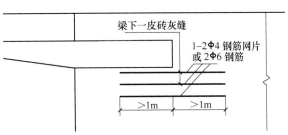

8）顶层墙体有门窗等洞口时，在过梁上的水平灰缝内设置 2 ~ 3 道焊接钢筋网片或 $2\phi6$ 钢筋，并应伸入过梁两端墙内不小于 600mm。

图 17-31　顶层挑梁末端钢筋网片或钢筋示意

9）顶层及女儿墙砂浆强度等级不低于 M5。

10）女儿墙应设置构造柱，构造柱间距不宜大于 4m，构造柱应伸至女儿墙顶并与现浇钢筋混凝土压顶整浇在一起。

屋面保温层施工时，从屋面结构施工完到做完保温层之间有一段时间间隔，这期间如遇高温季节则易因温度变化急剧而开裂，所以屋面施工最好避开高温季节。

遇有长的现浇屋面混凝土挑檐、圈梁时，可分段施工，预留伸缩缝，以避免混凝土伸缩对墙体的不良影响。

（3）地基冻胀引起裂缝的防止措施

1）一定要将基础的埋置深度置于冰冻线以下。不要因为是中小型建筑或附属结构而把基础置于冰冻线以上。有时设计人员对室内隔墙基础因有采暖而未置于冰冻线以下，从而引起事故。

2）在某些情况下，当基础不能做到冰冻线以下时，应采取换成非冻胀土等措施消除土的冻胀。

3）用单独基础。采用基础梁承担墙体重量，其两端支于单独基础上，基础梁下面应留有一定孔隙，以防止土的冻胀顶裂基础和砖墙。

第七节　无筋砌体结构构件的受压承载力计算

在砌体结构中，最常用的是受压构件，如墙、柱等。砌体受压构件的承载力主要与构件的截面面积、砌体的抗压强度、轴向压力的偏心距以及构件的高厚比有关。当构件的 $\beta \leqslant 3$ 时称为短柱，反之称为长柱。对短柱的承载力可不考虑构件高厚比的影响。

一、受压构件的受力分析

无筋砌体短柱在轴心受压情况（图 17-32a），其截面上的压应力为均匀分布，当构件达到极限承载力 N_{ua} 时，截面上的压应力达到砌体抗压强度。对偏心距较小的情况（图 17-32b），此时虽为全截面受压，但因砌体为弹塑性材料，截面上的压应力分布为曲线，构件达到极限承载力 N_{ub} 时，轴向压力侧的压应力 σ_b 大于砌体抗压强度 f。但 $N_{ub} < N_{ua}$。随着轴向压力的偏心距继续增大（图 17-32c、d），截面由出现小部分为受拉区大部分为受压区逐渐过渡到受拉区开裂且部分截面退出工作的受力情况。此时，截面上的压应力随受压区面积的减小、砌体材料塑性的增大而有所增加，但构件的极限承载力减小。当受压区面积减小到一定程度时，砌体受压区将出现竖向裂缝导致构件破坏。

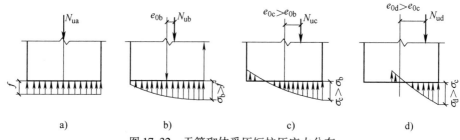

图 17-32 无筋砌体受压短柱压应力分布

a）轴心受压　b）偏心距较小　c）偏心距略大　d）偏心距较大

无筋砌体轴心受压长柱由于构件轴线的弯曲，截面材料的不均匀和荷载作用偏离重心轴等原因，不可避免地引起侧向变形，使柱在轴向压力作用下发生纵向弯曲而破坏。此时，砌体的材料得不到充分利用，承载力较同条件的短柱减小。偏心受压长柱在偏心距为 e 的轴向压力作用下，因侧向变形而产生纵向弯曲，引起附加偏心距 e_i，使得柱中部截面的轴向压力偏心距增大为 $(e+e_i)$，加速了柱的破坏。所以，对偏心受压长柱应考虑附加偏心距对承载力的影响。

砌体结构设计规范在试验研究的基础上，将轴向力偏心距和构件高厚比对受压砌体承载力的影响采用稳定性系数 φ 来反映。

二、受压构件的承载力计算公式

1. 计算公式

根据受压构件的受力原理，砌体受压构件的承载力按下式计算：

$$N \leqslant \varphi A f \tag{17-14}$$

式中　N——轴向力设计值，即荷载设计值产生的轴向力；

　　　A——截面面积；

　　　f——砌体的抗压强度设计值；

　　　φ——高厚比 β 和轴向力的偏心距 e 对受压构件承载力的影响系数，可按式（17-15）计算或根据砂浆强度等级、β 及 e/h 或 e/h_T 查表 17-22 ~ 表 17-24；

表 17-22　影响系数 φ（砂浆强度等级 ≥ M5）

β	e/h 或 e/h_T						
	0	0.025	0.05	0.075	0.1	0.125	0.15
≤3	1	0.99	0.97	0.94	0.89	0.84	0.79
4	0.98	0.95	0.90	0.85	0.80	0.74	0.69
6	0.95	0.91	0.86	0.81	0.75	0.69	0.64
8	0.91	0.86	0.81	0.76	0.70	0.64	0.59
10	0.87	0.82	0.76	0.71	0.65	0.60	0.55
12	0.845	0.77	0.71	0.66	0.60	0.55	0.51
14	0.795	0.72	0.66	0.61	0.56	0.51	0.47
16	0.72	0.67	0.61	0.56	0.52	0.47	0.44
18	0.67	0.62	0.57	0.52	0.48	0.44	0.40
20	0.62	0.595	0.53	0.48	0.44	0.40	0.37
22	0.58	0.53	0.49	0.45	0.41	0.38	0.35
24	0.54	0.49	0.45	0.41	0.38	0.35	0.32
26	0.50	0.46	0.42	0.38	0.35	0.33	0.30
28	0.46	0.42	0.39	0.36	0.33	0.30	0.28
30	0.42	0.39	0.36	0.33	0.31	0.28	0.26

（续）

β	e/h 或 e/h_T					
	0.175	0.2	0.225	0.25	0.275	0.3
≤3	0.73	0.68	0.62	0.57	0.52	0.48
4	0.64	0.58	0.53	0.49	0.45	0.41
6	0.59	0.54	0.49	0.45	0.42	0.38
8	0.54	0.50	0.46	0.42	0.39	0.36
10	0.50	0.46	0.42	0.39	0.36	0.33
12	0.49	0.43	0.39	0.36	0.33	0.31
14	0.43	0.40	0.36	0.34	0.31	0.29
16	0.40	0.37	0.34	0.31	0.29	0.27
18	0.37	0.34	0.31	0.29	0.27	0.25
20	0.34	0.32	0.29	0.27	0.25	0.23
22	0.32	0.30	0.27	0.25	0.24	0.22
24	0.30	0.28	0.26	0.24	0.22	0.21
26	0.28	0.26	0.24	0.22	0.21	0.19
28	0.26	0.24	0.22	0.21	0.19	0.18
30	0.24	0.22	0.21	0.20	0.18	0.17

表 17-23　影响系数 φ（砂浆强度等级 M2.5）

β	e/h 或 e/h_T						
	0	0.025	0.05	0.075	0.1	0.125	0.15
≤3	1	0.99	0.97	0.94	0.89	0.84	0.79
4	0.97	0.94	0.89	0.84	0.78	0.73	0.67
6	0.93	0.89	0.84	0.78	0.73	0.67	0.62
8	0.89	0.84	0.78	0.72	0.67	0.62	0.57
10	0.83	0.78	0.72	0.67	0.61	0.56	0.52
12	0.78	0.72	0.67	0.61	0.56	0.52	0.47
14	0.72	0.66	0.61	0.56	0.51	0.47	0.43
16	0.66	0.61	0.56	0.51	0.47	0.43	0.40
18	0.61	0.56	0.51	0.47	0.43	0.40	0.36
20	0.56	0.51	0.47	0.43	0.39	0.36	0.33
22	0.51	0.47	0.43	0.39	0.36	0.33	0.31
24	0.46	0.43	0.39	0.36	0.33	0.31	0.28
26	0.42	0.39	0.36	0.33	0.31	0.28	0.26
28	0.39	0.36	0.33	0.30	0.28	0.26	0.24
30	0.36	0.33	0.30	0.28	0.26	0.24	0.22

β	e/h 或 e/h_T					
	0.175	0.2	0.225	0.25	0.275	0.3
≤3	0.73	0.68	0.62	0.57	0.52	0.48
4	0.62	0.57	0.52	0.48	0.44	0.40
6	0.57	0.52	0.48	0.44	0.40	0.37
8	0.52	0.48	0.44	0.40	0.37	0.34
10	0.47	0.43	0.40	0.37	0.34	0.31
12	0.43	0.40	0.37	0.34	0.31	0.29
14	0.40	0.36	0.34	0.31	0.29	0.27
16	0.36	0.34	0.31	0.29	0.26	0.25
18	0.33	0.31	0.29	0.26	0.24	0.23
20	0.31	0.28	0.26	0.24	0.23	0.21

（续）

β	e/h 或 e/h_T					
	0.175	0.2	0.225	0.25	0.275	0.3
22	0.28	0.26	0.24	0.23	0.21	0.20
24	0.26	0.24	0.23	0.21	0.20	0.18
26	0.24	0.22	0.21	0.20	0.18	0.17
28	0.22	0.21	0.20	0.18	0.17	0.16
30	0.21	0.20	0.18	0.17	0.16	0.15

表 17-24 影响系数 φ（砂浆强度为0）

β	e/h 或 e/h_T					
	0	0.025	0.05	0.075	0.1	0.125	0.15
≤3	1	0.99	0.97	0.94	0.89	0.84	0.79
4	0.87	0.82	0.77	0.71	0.66	0.60	0.55
6	0.76	0.70	0.65	0.59	0.64	0.50	0.46
8	0.63	0.58	0.54	0.49	0.45	0.41	0.38
10	0.53	0.48	0.44	0.41	0.37	0.34	0.32
12	0.44	0.40	0.37	0.34	0.31	0.29	0.27
14	0.36	0.33	0.31	0.28	0.26	0.24	0.23
16	0.30	0.28	0.26	0.24	0.22	0.21	0.19
18	0.26	0.24	0.22	0.21	0.19	0.18	0.17
20	0.22	0.20	0.19	0.18	0.17	0.16	0.15
22	0.19	0.18	0.16	0.15	0.14	0.14	0.13
24	0.16	0.15	0.14	0.13	0.13	0.12	0.11
26	0.14	0.13	0.13	0.12	0.11	0.11	0.10
28	0.12	0.12	0.11	0.11	0.10	0.10	0.09
30	0.11	0.10	0.10	0.09	0.09	0.09	0.08

β	e/h 或 e/h_T					
	0.175	0.2	0.225	0.25	0.275	0.3
≤3	0.73	0.68	0.62	0.57	0.52	0.48
4	0.51	0.46	0.43	0.39	0.36	0.33
6	0.42	0.39	0.36	0.33	0.30	0.28
8	0.35	0.32	0.30	0.28	0.25	0.24
10	0.29	0.27	0.25	0.23	0.22	0.20
12	0.25	0.23	0.21	0.20	0.19	0.17
14	0.21	0.20	0.18	0.17	0.16	0.15
16	0.18	0.17	0.16	0.15	0.14	0.13
18	0.16	0.15	0.14	0.13	0.12	0.12
20	0.14	0.13	0.12	0.12	0.11	0.10
22	0.12	0.12	0.11	0.10	0.10	0.09
24	0.11	0.10	0.10	0.09	0.09	0.08
26	0.10	0.09	0.09	0.08	0.08	0.07
28	0.09	0.08	0.08	0.08	0.07	0.07
30	0.08	0.07	0.07	0.07	0.07	0.06

$$\varphi = \frac{1}{1 + 12\left[\dfrac{e}{h} + \sqrt{\dfrac{1}{12}\left(\dfrac{1}{\varphi_0} - 1\right)}\right]^2} \tag{17-15}$$

式中　e——荷载设计值产生的偏心距，$e = M/N$；

h——矩形截面的轴向力偏心方向的边长；

M——荷载设计值产生的弯距；

φ_0——轴心受压构件稳定系数，按式（17-16）计算。

$$\varphi_0 = \frac{1}{1 + \alpha\beta^2} \tag{17-16}$$

式中　α——与砂浆强度等级有关的系数，当砂浆强度等级大于或等于 M5 时，$\alpha = 0.0015$；当砂浆强度等级等于 M2.5 时，$\alpha = 0.002$；当砂浆强度为 0 时，$\alpha = 0.009$；

　　　β——构件高厚比，当 $\beta \leqslant 3$ 时，$\varphi_0 = 1.0$。

对 T 形或十字形截面受压构件，将式（17-15）中的 h 用 h_T 代替即可。h_T 是 T 形或十字形截面的折算厚度，$h_T = 3.5i$，i 指截面的回转半径。

2. 公式使用中注意的问题

1）对矩形截面构件，当轴向力偏心方向的截面边长大于另一方向的边长时，除按偏心受压计算外，还应对较小边长方向按轴心受压进行验算，验算公式为 $N \leqslant \varphi_0 A f$，$\varphi_0$ 可按式（17-16）计算也可查表 17-22～表 17-24 中 $e = 0$ 一栏。

2）由于砌体材料的种类不同，构件的承载能力有较大的差异，因此，计算影响系数 φ 或查表求 φ 时，构件高厚比 β 按下列公式确定。

对矩形截面　　　　　　　　　$\beta = \gamma_\beta \dfrac{H_0}{h}$ （17-17）

对 T 形截面　　　　　　　　　$\beta = \gamma_\beta \dfrac{H_0}{h_T}$ （17-18）

式中　γ_β——不同砌体材料构件的高厚比修正系数，按表 17-25 采用；

　　　H_0——受压构件的计算高度，按表 17-15 确定。

表 17-25　高厚比修正系数 γ_β

砌体材料的类别	γ_β
烧结普通砖、烧结多孔砖	1.0
混凝土及轻骨料混凝土砌块	1.1
蒸压灰砂砖、蒸压粉煤灰砖、细料石、半细料石	1.2
粗料石、毛石	1.5

注：对灌孔混凝土砌块砌体，$\gamma_\beta = 1.0$。

3）由于轴向力的偏心距 e 较大时，构件在使用阶段容易产生较宽的水平裂缝，使构件的侧向变形增大，承载力显著下降，既不安全也不经济。因此，《砌体结构设计规范》（GB 50003—2011）规定按内力设计值计算的轴向力的偏心距 $e \leqslant 0.6y$，y 为截面重心到轴向力所在偏心方向截面边缘的距离。

当轴向力的偏心距 e 超过 $0.6y$ 时，宜采用组合砖砌体构件，也可采取减少偏心距的其他可靠工程措施。

3. 双向偏心受压构件的承载力计算

以上分析偏心受压构件时，主要分析的是轴向压力沿截面某一个主轴方向有偏心距或同时承受轴心压力和单向弯矩作用的情况，即单向偏心受压。除此之外，工程上还会遇到轴向压力沿截面两个主轴方向都有偏心距或同时承受轴心压力和两个力向弯矩作用的情况。这种受力形式称为双向偏心受压（图 17-33），其受力性能比单向偏心受压复杂。试验表明，双向偏心受压构件在两个方向上偏心率（沿构件截面某方向的轴向力偏心距与该方向边长比值）的大小及其相对关系的改变,影响着构件的性能,使其有不同的破坏形态和特点。偏心距 e_h、e_b 的大小不同,则砌体的竖向裂缝、水平裂缝的出现与发展不同,而且砌体的破坏形式也不同。当两个方向的偏心率 e_h/h、e_b/b 均小于 0.2 时,砌体的受力、开裂以及破坏形式与轴心受压构件基本相同;当两个方向的偏心率达到 0.2 ~ 0.3 时,砌体内的竖向裂缝和水平裂缝几乎同时出现;当两个方向的偏心率达到 0.3 ~ 0.4 时,砌体内的水平裂缝首先出现;当一个方向的偏心率超过 0.4,而另一个方向的偏心率小于 0.1 时,砌体的受力性能与单向偏心受压基本相同。

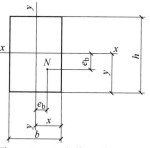

图 17-33 双向偏心受压截面

根据砌体双向偏心受压短柱的试验结果,并考虑纵向弯曲引起的附加偏心距的影响,《砌体结构设计规范》(GB 50003—2011)给出矩形截面双向偏心受压构件承载力的影响系数计算公式为:

$$\varphi = \cfrac{1}{1 + 12\left[\left(\cfrac{e_b + e_{ib}}{b}\right)^2 + \left(\cfrac{e_h + e_{ih}}{h}\right)^2\right]} \qquad (17\text{-}19)$$

$$e_{ib} = \cfrac{b}{\sqrt{12}}\sqrt{\cfrac{1}{\varphi_0} - 1}\left(\cfrac{\cfrac{e_b}{b}}{\cfrac{e_b}{b} + \cfrac{e_h}{h}}\right) \qquad (17\text{-}20)$$

$$e_{ib} = \cfrac{h}{\sqrt{12}}\sqrt{\cfrac{1}{\varphi_0} - 1}\left(\cfrac{\cfrac{e_h}{h}}{\cfrac{e_b}{b} + \cfrac{e_h}{h}}\right) \qquad (17\text{-}21)$$

式中　e_b、e_h——轴向力在截面重心 x 轴、y 轴方向的偏心距,e_b、e_h 宜分别不大于 $0.5x$ 和 $0.5y$;

　　　x、y——自截面重心沿 x 轴、y 轴至轴向力所在偏心方向截面边沿的距离;

　　　e_{ib}、e_{ih}——轴向力在截面重心 x 轴、y 轴方向的附加偏心距。

当一个方向的偏心率(e_h/h 或 e_b/b)不大于另一个方向的偏心率的 5% 时,可简化按另一个方向的单向偏心受压计算,其承载力的误差小于 5%。

例 17-2　某房屋中截面尺寸为 $400mm \times 600mm$ 的柱,采用 MU10 混凝土小型空心砌块和 Mb5 混合砂浆砌筑,柱的计算高度 $H_0 = 3.6m$,柱底截面承受的轴心压力标准值 $N_k = 220kN$(其中由永久荷载产生的为 170kN,已包括柱自重)。试计算柱的承载力。

解:查表 17-5 得砌块砌体的抗压强度设计值 $f = 2.22MPa$。

因为 $A = (0.4 \times 0.6)\,m^2 = 0.24m^2 < 0.3m^2$,故砌体抗压强度设计值 f 应乘以调整系。

$$\gamma_a = 0.7 + A = 0.7 + 0.24 = 0.94$$

由于柱的计算高度 $H_0 = 3.6m$,$\beta = \gamma_\beta H_0/b = 1.1 \times 3600/400 = 9.9$,按轴心受压 $e = 0$ 查表 17-22 得 $\varphi = 0.87$。

考虑为独立柱,且双排组砌,故乘以强度降低系数 0.7,则柱的极限承载力为:

$$N_u = \varphi\gamma_a fA = (0.87 \times 0.24 \times 10^6 \times 0.94 \times 2.22 \times 10^{-3} \times 0.7)\,kN = 305.0kN$$

柱截面的轴心压力设计值为:

$$N = 1.35S_{GK} + 1.4S_{QK} = (1.35 \times 170 + 1.4 \times 50)\,kN = 299.5kN$$

$N < N_u$,满足承载力要求。

例 17-3　某房屋中截面尺寸 $b \times h = 490mm \times 740mm$ 的柱,采用 MU15 蒸压灰砂砖和 M5 水泥砂浆砌筑,柱的计算高度 $H_0 = 5.4m$,柱底截面承受的轴心压力设计值 $N = 365kN$,弯距设计值

$M = 31\mathrm{kN \cdot m}$，试验算柱的承载力。

解：查表 17-3 得砌体的抗压强度设计值 $f = 1.83\mathrm{MPa}$

因为 $A = (0.49 \times 0.74)\mathrm{m}^2 = 0.36\mathrm{m}^2 > 0.3\mathrm{m}^2$，故调整系数 $\gamma_\mathrm{a} = 1.0$；但因采用水泥砂浆，所以应乘以调整系数 $\gamma_\mathrm{a} = 0.9$。

（1）偏心方向柱的承载力验算

轴向力的偏心距 $e = \dfrac{M}{N} = \dfrac{31}{365}\mathrm{mm} = 84.9\mathrm{mm} < 0.6y = (0.6 \times 370)\mathrm{mm} = 222\mathrm{mm}$

根据 $\beta = \gamma_\beta H_0/h = 1.2 \times 5400/740 = 8.76$，$e/h = 84.9/740 = 0.11$，查表 17-22 得 $\varphi = 0.66$

柱的极限承载力为：

$N_\mathrm{u} = \varphi\gamma_\mathrm{a}fA = (0.66 \times 0.9 \times 1.83 \times 10^{-3} \times 0.36 \times 10^6)\mathrm{kN} = 391.3\mathrm{kN} > N = 365\mathrm{kN}$

偏心方向柱的承载力满足要求。

（2）短边方向按轴心受压验算承载力

$\beta = \gamma_\beta H_0/b = 1.2 \times 5400/490 = 13.22$，查表 17-22 得 $\varphi = 0.79$

$N_\mathrm{u} = \varphi\gamma_\mathrm{a}fA = (0.79 \times 0.9 \times 1.83 \times 10^{-3} \times 0.36 \times 10^6)\mathrm{kN} = 468.4\mathrm{kN} > N = 365\mathrm{kN}$

短边方向的轴心受压承载力满足要求。

例 17-4 某单层厂房带壁柱的窗间墙截面尺寸如图 17-34 所示，柱的计算高度 $H_0 = 5.1\mathrm{m}$，采用 MU15 烧结粉煤灰砖和 M7.5 水泥砂浆砌筑，承受轴心压力设计值 $N = 255\mathrm{kN}$，弯距设计值 $M = 22\mathrm{kN \cdot m}$，试验算其截面承载力是否满足要求。

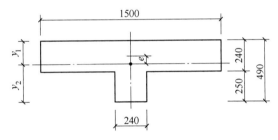

图 17-34 带壁柱窗间墙截面

解：（1）截面几何特征值计算

截面面积：$A = (1500 \times 240 + 240 \times 250)\mathrm{mm}^2 = 420000\mathrm{mm}^2$

截面重心轴：$y_1 = \left[\dfrac{1500 \times 240 \times 120 + 240 \times 250 \times (240 + 125)}{420000}\right]\mathrm{mm} = 155\mathrm{mm}$

截面惯性矩：

$I = \left[\dfrac{1500 \times 240^3}{12} + 1500 \times 240 \times (155 - 120)^2 + \dfrac{240 \times 250^3}{12} + 240 \times 250 \times (335 - 125)^2\right]\mathrm{mm}^4$

$= 51275 \times 10^5 \mathrm{mm}^4$

回转半径：$i = \sqrt{\dfrac{I}{A}} = \sqrt{\dfrac{51275 \times 10^5}{420000}}\mathrm{mm} = 110.5\mathrm{mm}$

截面折算厚度：$h_\mathrm{T} = 3.5i = (3.5 \times 110.5)\mathrm{mm} = 386.75\mathrm{mm}$

（2）承载力计算

轴向力的偏心距：$e = \dfrac{M}{N} = \dfrac{22}{255}\mathrm{mm} = 86.3\mathrm{mm} < 0.6y = (0.6 \times 155)\mathrm{mm} = 93\mathrm{mm}$

根据 $\beta = \gamma_\beta H_0/h_\mathrm{T} = 1.0 \times 5100/386.75 = 13.2$，$e/h_\mathrm{T} = 86.3/386.75 = 0.223$，查表 17-22 得 $\varphi = 0.39$。

查表17-3得砌体抗压强度设计值 $f = 2.07 \text{MPa}$，因为水泥砂浆，故应乘以调整系数 $\gamma_a = 0.9$。窗间墙截面极限承载力为：

$$N_u = \varphi \gamma_a f A = (0.39 \times 0.9 \times 2.07 \times 10^{-3} \times 0.42 \times 10^6) \text{kN} = 305.2 \text{kN} > N = 255 \text{kN}$$

$N < N_u$，满足承载力要求。

第八节 无筋砌体结构构件的局部受压承载力计算

一、局部均匀受压

1. 砌体局部抗压强度提高系数 γ

当砌体抗压强度设计值为 f 时，砌体局部均匀受压时的抗压强度可取为 γf；γ 称为砌体局部抗压强度提高系数。根据试验结果，γ 的大小与周边约束局部受压面积的砌体截面面积的大小以及局部受压砌体所处的位置有关，如图17-35所示。γ 可按式（17-22）确定：

$$\gamma = 1 + 0.35 \sqrt{\frac{A_0}{A_l} - 1} \tag{17-22}$$

式中 A_l——局部受压面积；

      A_0——影响砌体局部抗压强度的计算面积（图17-35），按下列规定采用：图17-35a，$A_0 = (a + c + h)h$；图17-35b，$A_0 = (b + 2h)h$；图17-35c，$A_0 = (a + h)h + (b + h_1 - h)h_1$；图17-35d，$A_0 = (a + h)h$；

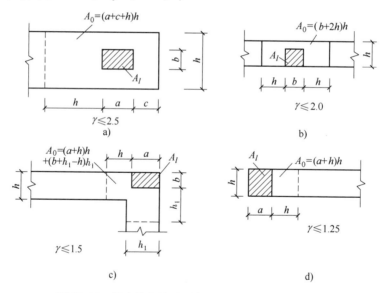

图 17-35 影响局部抗压强度的计算面积 A_0 及 γ 限值

   a、b——矩形局部受压面积 A_l 的边长；

      c——矩形局部受压面积的外边缘至构件边缘的较小距离，当大于 h 时，应取为 h；

  h、h_1——墙厚或柱的较小边长墙厚。

同时，为了避免 A_0/A_l 大于某一限值时会出现危险的劈裂破坏，γ 值不得超过图17-35中所注的相应值；对多孔砖砌体及按规定要求灌孔的砌块砌体，$\gamma \leqslant 1.5$；未灌孔的混凝土砌块砌体，$\gamma = 1.0$。

2. 局部均匀受压承载力计算

砌体截面中受局部均匀压力时的承载力按下式计算：

$$N_l = \gamma f A_l \qquad (17\text{-}23)$$

式中 N_l——局部受压面积 A_l 上的轴向力设计值；

$\qquad$ f——砌体的抗压强度设计值，可不考虑强度调整系数 γ_a 的影响。

二、梁端支承处砌体局部受压

1. 上部荷载对砌体局部抗压的影响

梁端支承处砌体的局部受压属于局部不均匀受压。如图 17-36 所示为梁端支承在墙体中部的局部受压情况。梁端支承处砌体的局部受压面积上除承受梁端传来的支承压力 N_l 外，还承受由上部荷载产生的轴向力 N_0（图 17-36a）。如果上部荷载在梁端上部砌体中产生的平均压应力 σ_0 较小，即上部砌体产生的压缩变形较小；而此时，若 N_l 较大，梁端底部的砌体将产生较大的压缩变形；由此使梁端顶面与砌体逐渐脱开形成水平缝隙，砌体内部产生应力重分布。上部荷载将通过上部砌体形成的内拱传到梁端周围的砌体，直接传到局部受压面积上的荷载将减少（图 17-36b）。但如果 σ_0 较大，N_l 较小，梁端上部砌体产生的压缩变形较大，梁端顶面不再与砌体脱开，上部砌体形成的内拱卸荷作用将消

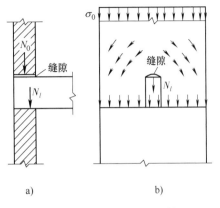

图 17-36 梁端支承在墙体
中部的局部受压

失。试验指出，当 $A_0/A_l > 2$ 时，可忽略不计上部荷载对砌体局部抗压的影响。《砌体结构设计规范》（GB 50003—2011）偏于安全，取 $A_0/A_l \geqslant 3$ 时，不计上部荷载的影响，即 $N_0 = 0$。

上部荷载对砌体局部抗压的影响，《砌体结构设计规范》（GB 50003—2011）用上部荷载的折减系数 ψ 来考虑。ψ 按下式计算：

$$\psi = 1.5 - 0.5\frac{A_0}{A_l} \qquad (17\text{-}24)$$

当 $A_0/A_l \geqslant 3$ 时，取 $\psi = 0$。

2. 梁端有效支承长度

梁端支承在砌体上时，由于梁的挠曲变形（图 17-37）和支承处砌体压缩变形的影响，在梁端实际支承长度 a 范围内，下部砌体并非全部起到有效支承的作用。因此梁端下部砌体局部受压的范围应只在有效支承长度 a_0 范围内，砌体局部受压面积应为 $A_l = a_0 b$（b 为梁的宽度）。

《砌体结构设计规范》（GB 50003—2011）给出梁端有效支承长度的计算公式为：

$$a_0 = 10\sqrt{\frac{h_c}{f}} \qquad (17\text{-}25)$$

式中 a_0——梁端有效支承长度，单位为 mm，当 $a_0 > a$ 时，取 $a_0 = a$；

$\qquad$ h_c——梁的截面高度，单位为 mm；

$\qquad$ f——砌体抗压强度设计值，单位为 MPa。

3. 梁端支承处砌体局部受压承载力计算

考虑上部荷载对砌体局部抗压的影响，根据上部荷载在局部受压面积上产生的实际平均压应力 σ_0' 与梁端支承压力 N_l 在相应面积上产生的最大压应力 σ_1 之和不大于砌体局部抗压强度 γf 的强度条件（图 17-38），即 $\sigma_{max} \leqslant \gamma f$，可推得梁端支承处砌体局部受压承载力计算公式为：

$$\psi N_0 + N_l \leqslant \eta \gamma A_l f \qquad (17\text{-}26)$$

式中 ψ——上部荷载的折减系数，按式（17-24）计算；

$\qquad$ N_0——局部受压面积内上部轴向力设计值，$N_0 = \sigma_0 a A_l$；

σ_0——上部平均压应力设计值；

N_l——梁端支承压力设计值；

η——梁端底面压应力图形的完整系数，一般取0.7，对于过梁和墙梁可取1.0；

A_l——局部受压面积，$A_l = a_0 b$；

a_0——梁端有效支承长度，按式（17-25）计算；

b——梁宽。

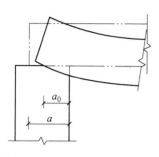

图 17-37 梁端有效支承长度

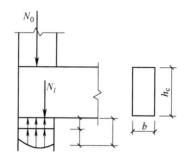

图 17-38 梁端支承处砌体应力状态

三、梁端垫块下砌体局部受压

梁端支承处的砌体局部受压承载力不满足式（17-26）的要求时，可在梁端下的砌体内设置垫块。通过垫块可增大局部受压面积，减少其上的压应力，有效地解决砌体的局部承载力不足的问题。

1. 刚性垫块的构造要求

当垫块的高度$t_b \geq 180mm$，且垫块自梁边缘起挑出的长度不大于垫块的高度时，称为刚性垫块。它不但可以增大局部受压面积，还可使梁端压力能较好地传至砌体表面。实际工程中常采用刚性垫块。刚性垫块按施工方法不同分为预制刚性垫块和与梁端现浇的刚性垫块，如图17-39所示。垫块一般采用素混凝土制作；当荷载较大时，也可采用钢筋混凝土制作。

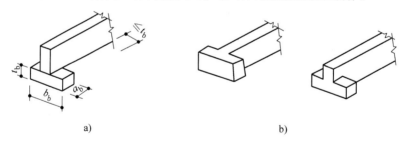

a)   b)

图 17-39 刚性垫块

a）预制刚性垫块 b）与梁现浇的刚性垫块

刚性垫块的构造应符合下列规定：

1）垫块的高度$t_b \geq 180mm$，自梁边缘算起的垫块挑出长度不宜大于垫块的高度t_b。

2）在带壁柱墙的壁柱内设置刚性垫块时（图17-40），其计算面积应取壁柱范围内的面积，而不

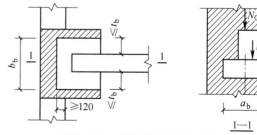

图 17-40 壁柱上设置垫块时梁端局部承压

应计算翼缘部分，同时壁柱上垫块伸入翼墙内的长度不应小于120mm。

3）现浇垫块与梁端整体浇筑时，垫块可在梁高范围内设置。

2. 垫块下砌体局部受压承载力计算

试验表明垫块底面积以外的砌体对局部受压范围内的砌体有约束作用，使垫块下的砌体抗压强度提高，但考虑到垫块底面压应力分布不均匀、偏于安全，取垫块外砌体的有利影响系数 $\gamma_1 = 0.8\gamma$；同时，垫块下砌体的受力状态接近偏心受压情况。故垫块下砌体局部受压承载力可按下式计算：

$$N_0 + N_l \leqslant \varphi \gamma_1 f A_{\mathrm{b}} \qquad (17\text{-}27)$$

式中 N_0——垫块面积 A_{b} 内上部轴向力设计值，$N_0 = \sigma_0 A_{\mathrm{b}}$；

　　σ_0——上部平均压应力设计值；

　　φ——垫块上的 N_0 及 N_l 合力的影响系数，可根据 e/a_{b} 查表 17-22 ~ 表 17-24 中 $\beta \leqslant 3$ 的 φ 值，$e = [N_l(a_{\mathrm{b}}/2 - 0.4a_0)]/(N_0 + N_l)$；

　　γ_1——垫块外砌体面积的有利影响系数，$\gamma_1 = 0.8\gamma$，但不小于 1.0；

　　γ——砌体局部抗压强度提高系数，按式（17-22）计算，并以 A_{b} 代替 A_l；

　　A_{b}——垫块面积，$A_{\mathrm{b}} = a_{\mathrm{b}} b_{\mathrm{b}}$；

　　a_{b}——垫块伸入墙内长度；

　　b_{b}——垫块宽度。

3. 梁端有效支承长度

当梁端设有刚性垫块时，梁端有效支承长度 a_0 考虑刚性垫块的影响，采用刚性垫块上表面梁端有效支承长度，按下式计算：

$$a_0 = \delta_1 \sqrt{\frac{h_{\mathrm{c}}}{f}} \qquad (17\text{-}28)$$

式中 　δ_1——刚性垫块的影响系数，按表 17-26 采用。

表 17-26　刚性垫块的影响系数 δ_1

σ_0/f	0	0.2	0.4	0.6	0.8
δ_1	5.4	5.7	6.0	6.9	7.8

注：表中其间的数值可采用插入法得到。

梁端支承压力设计值 N_l 距墙内边缘的距离可取 $0.4a_0$。

四、梁下设有长度大于 πh_0 的垫梁下砌体局部受压

在实际工程中，常在梁或屋架端部下面的砌体墙上设置连续的钢筋混凝土梁，如圈梁等。此钢筋混凝土梁可把承受的局部集中荷载扩散到一定范围的砌体墙上起到垫块的作用，故称为垫梁，如图 17-41 所示。

当梁下设有长度大于 πh_0 的钢筋混凝土垫梁时，由于垫梁是柔性的，当垫梁置于墙上，在屋面梁或楼面梁的作用下，相当于承受集中荷载的"弹性地基"上的无限长梁。在局部集中荷载作用下，垫梁下砌体受到的竖向压应力在长度 πh_0 范围内分布为三角形，应力峰值可达 $1.5f$。此时，垫梁下的砌体局部受压承载力可按下列公式计算：

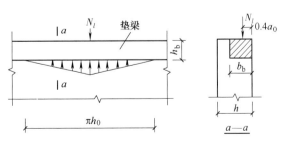

图 17-41　垫梁局部受压

$$N_0 + N_l \leqslant 2.4\delta_2 f b_b h_0 \tag{17-29}$$

$$N_0 = \frac{\pi b_b h_0 \sigma_0}{2} \tag{17-30}$$

$$h_0 = 2\sqrt[3]{\frac{E_b I_b}{Eh}} \tag{17-31}$$

式中　N_0——垫梁上部轴向力设计值，单位为 N；

　　　δ_2——垫梁底面压应力分布系数，当荷载沿墙厚方向均匀分布时取 1.0，不均匀时取 0.8；

　　　b_b——垫梁在墙厚方向的宽度，单位为 mm；

　　　h_0——垫梁折算高度，单位为 mm；

　E_b、I_b——垫梁的混凝土弹性模量和截面惯性矩；

　　　E——砌体弹性模量；

　　　h——墙厚，单位为 mm。

垫梁上梁端有效支承长度 a_0，可按设有刚性垫块时的式（17-28）计算。

第九节　砌体结构中的过梁、挑梁和雨篷

一、过梁的设计

为了承受门窗洞口上部墙体的重量和楼盖传来的荷载，在门窗洞口上沿设置的梁称为过梁。

1. 过梁的类型

过梁的类型主要有钢筋混凝土过梁、钢筋砖过梁、砖砌平拱过梁和砖砌弧拱过梁等几种不同的形式，如图 17-42 所示。

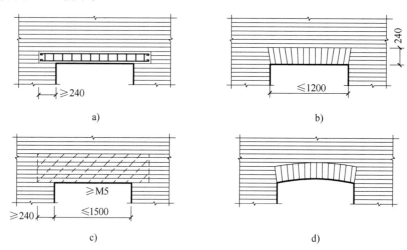

图 17-42　过梁的形式

a）钢筋混凝土过梁　b）钢筋砖过梁　c）砖砌平拱过梁　d）砖砌弧拱过梁

由于砖砌过梁延性较差，跨度不宜过大，因此对有较大振动荷载或可能产生不均匀沉降的房屋，应采用钢筋混凝土过梁。钢筋混凝土过梁端部支承长度不宜小于 240mm。

砖砌过梁一般适用于小型无不均匀沉降的非地震区的建筑物，过梁跨度，砖砌平拱过梁不超过 1.2m，钢筋砖过梁不超过 1.5m。砖砌过梁的构造要求应符合下列规定：

1）砖砌过梁截面计算高度内的砂浆不宜低于 M5。

2）砖砌平拱过梁用竖砖砌筑部分的高度不应小于 240mm。

3) 钢筋砖过梁底面砂浆层处的钢筋, 其直径不应小于5mm, 间距不宜大于120mm, 钢筋伸入支座砌体内的长度不宜小于240mm, 砂浆层的厚度不宜小于30mm。

2. 过梁上的荷载

过梁上的荷载有两种: 一种是仅承受墙体荷载, 第二种是除承受墙体荷载外, 还承受其上梁板传来的荷载。

试验表明, 如过梁上的砌体采用水泥混合砂浆砌筑, 当砖砌体的砌筑高度接近跨度的一半时, 跨中挠度的增加明显减小。此时, 过梁上砌体的当量荷载相当于高度等于1/3跨度时的墙体自重。这是由于砌体砂浆随时间增长而逐渐硬化, 参加工作的砌体高度不断增加, 使砌体的组合作用不断增强。当过梁上墙体有足够高度时, 施加在过梁上的竖向荷载将通过墙体内的拱作用直接传给支座。因此, 过梁上的墙体荷载应按如下取用。

1) 对砖砌体, 当过梁上的墙体高度 $h_w < l_n/3$ 时, 应按墙体的均布自重采用 (图17-43a), 其中 l_n 为过梁的净跨。当墙体高度 $h_w \geqslant l_n/3$ 时, 应按高度为 $l_n/3$ 墙体的均布自重采用 (图17-43b)。

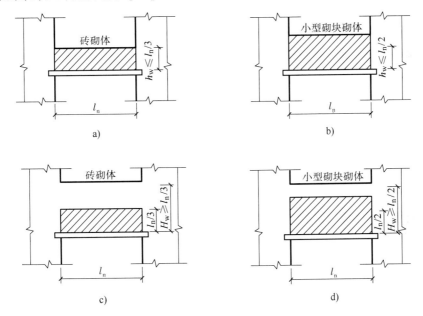

图 17-43 过梁上的墙体荷载

2) 对混凝土砌块砌体, 当过梁上的墙体高度 $h_w < l_n/2$ 时, 应按墙体的均布自重采用 (图17-43c)。当墙体高度 $h_w \geqslant l_n/2$ 时, 应按高度为 $l_n/2$ 墙体的均布自重采用 (图17-43d)。

对梁板传来的荷载, 试验结果表明, 当在砌体高度等于跨度的0.8倍左右的位置施加外荷载时, 过梁的挠度变化已很微小。因此可认为, 在高度等于跨度的位置上施加外荷载时, 荷载将全部通过拱作用传递, 而不由过梁承受。对过梁上部梁、板传来的荷载,《砌体结构设计规范》(GB 50003—2011) 规定: 对砖和小型砌块砌体, 当梁、板下的墙体高度 $h_w < l_n$ 时, 应计入梁、板传来的荷载。当梁、板下的墙体高度 $h_w \geqslant l_n$ 时, 可不考虑梁、板荷载。

3. 过梁的计算

钢筋混凝土过梁的承载力应按钢筋混凝土受弯构件计算。过梁的弯矩按简支梁计算, 计算跨度取 $(l_n + a)$ 和 $1.05l_n$ 二者中的较小值, 其中 a 为过梁在支座上的支承长度。在验算过梁下砌体局部受压承载力时, 可不考虑上部荷载的影响, 即取 $\psi = 0$。由于过梁与其上砌体共同工作, 构成刚度很大的组合深梁, 其变形非常小, 故其有效支承长度可取过梁的实际支承长度, 并取应

力图形完整系数 $\eta = 1$。

砌有一定高度墙体的钢筋混凝土过梁按受弯构件计算严格地说是不合理的。试验表明过梁也是偏拉构件。过梁与墙梁并无明确分界定义，主要差别在于过梁支承于平行的墙体上，且支承长度较长；一般跨度较小，承受的梁、板荷载较小。当过梁跨度较大或承受较大梁、板荷载时，应按墙梁设计。

二、挑梁的设计

在混合结构房屋中，因使用和建筑艺术的要求，往往将钢筋混凝土的梁或板悬挑在墙体外面，形成屋面挑檐、凸阳台、雨篷和悬挑楼梯、悬挑外廊等。这种一端嵌入砌体墙体内，一端挑出的梁或板，称为悬挑构件，简称挑梁。当埋入墙内的长度较大且梁相对于砌体的刚度较小时，梁发生明显的挠曲变形，将这种挑梁称为弹性挑梁，如阳台挑梁、外廊挑梁等；当埋入墙内的长度较短，埋入墙内的梁相对于砌体刚度较大，挠曲变形很小，主要发生刚体转动变形，将这种挑梁称为刚性挑梁。嵌入砖墙内的悬臂雨篷梁属于刚性挑梁。

1. 挑梁的受力特点与破坏形态

埋置于墙体中的挑梁是与砌体共同工作的。在墙体上的均布荷载 P 和挑梁端部集中力 F 作用下经历了弹性、带裂缝工作和破坏等三个受力阶段。有限元分析及弹性地基梁理论分析都表明，在 F 作用下挑梁与墙体的上、下界面竖向正应力 σ_y 的分布如图 17-44a 所示。此应力应与 P 作用下产生的竖向正应力 σ_0 叠加。由于挑梁以上墙体的前部和挑梁以下墙体的后部竖向受拉，当加荷至 $0.2 \sim 0.3F_u$ 时（F_u 为挑梁破坏荷载），将在挑梁以上墙体出现水平裂缝，随后在挑梁以下墙体出现水平裂缝，如图 17-44b 所

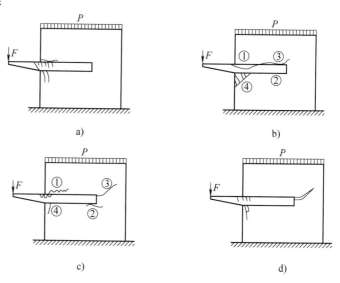

图 17-44 挑梁的破坏形态
a) 弹性阶段 b) 连裂缝工作阶段 c) 倾覆破坏 d) 局压破坏

示。挑梁带有水平裂缝工作到 $0.8F_u$ 时，在挑梁尾端的墙体中将出现阶梯形斜裂缝，其与竖向轴线的夹角 α 较大。水平裂缝不断向外延伸，挑梁下砌体受压面积逐渐减少，压应力不断增大，将可能出现局部受压裂缝。而混凝土挑梁在 F 作用下将在墙边稍靠里的部位出现竖向裂缝，在墙边靠外的部位出现斜裂缝。

挑梁可能发生下列三种破坏形态。

（1）挑梁倾覆破坏（图 17-44c） 当挑梁埋入端的砌体强度较高且埋入段长 l_1 较短，则可能在挑梁尾端处的砌体中产生阶梯形斜裂缝。如挑梁埋入端斜裂缝范围内的砌体及其他上部荷载不足以抵抗挑梁的倾覆力矩，此斜裂缝将继续发展，直至挑梁产生倾覆破坏。发生倾覆破坏时，挑梁绕其下表面与砌体外缘交点处稍向内移的一点 O 转动。

（2）挑梁下砌体局部受压破坏（图 17-44d） 当挑梁埋入端的砌体强度较低且埋入段长度 l_1 较长，在斜裂缝发展的同时，下界面的水平裂缝也在延伸，使挑梁下砌体受压区的长度减小、砌体压应力增大。若压应力超过砌体的局部抗压强度，则挑梁下的砌体将发生局部受压破坏。

（3）挑梁弯曲破坏或剪切破坏 挑梁由于正截面受弯承载力或斜截面受剪承载力不足引起

弯曲破坏或剪切破坏。

2. 挑梁的承载力验算

悬挑的钢筋混凝土构件本身的承载力，应按《混凝土结构设计规范》（GB 50010—2010）的规定进行计算，这里重点讨论挑梁的抗倾覆验算（图 17-45）和挑梁下砌体的局部受压承载力的计算以及有关构造要求。

（1）抗倾覆验算　假设计算倾覆点 O 距墙外边缘的距离为 x_0，砌体墙中钢筋混凝土挑梁的抗倾覆应按下式验算：

$$M_{ov} \leqslant M_r \qquad (17\text{-}32)$$

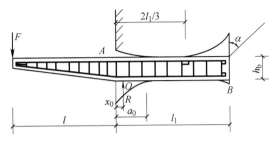

图 17-45　挑梁倾覆破坏示意图

式中　M_{ov}——挑梁的荷载设计值对计算倾覆点产生的倾覆力矩；

　　　M_r——挑梁的抗倾覆力矩设计值。

挑梁计算倾覆点至墙外边缘的距离可按下列规定采用：

当 $l_1 \geqslant 2.2h_b$ 时，　　　　　　$x_0 = 0.3h_b$ 　　　　　　　　　　（17-33）

且不大于 $0.31l_1$。

当 $l_1 < 2.2h_b$ 时，　　　　　　　$x_0 = 0.13l_1$ 　　　　　　　　　　（17-34）

式中　l_1——挑梁埋入砌体墙中的长度，单位为 mm；

　　　x_0——计算倾覆点至墙外边缘的距离，单位为 mm；

　　　h_b——挑梁的截面高度，单位为 mm。

当挑梁下有构造柱时，计算倾覆点到墙外边缘的距离可取 $0.5x_0$。

挑梁的抗倾覆力矩设计值可按下式计算：

$$M_r = 0.8G_r(l_2 - x_0) \qquad (17\text{-}35)$$

式中　G_r——挑梁的抗倾覆荷载，为挑梁尾端上部 45°扩散角的阴影范围（其水平长度为 l_3）内本层的砌体与楼面恒荷载标准值之和，如图 17-46 所示；

　　　l_2——G_r 的作用点至墙外边缘的距离。

在确定挑梁的抗倾覆荷载 G_r 时，应注意以下几点：

1）当墙体无洞口时，若 $l_3 > l_1$，则 G_r 中不应计入尾端部（$l_3 - l_1$）范围内的本层砌体和楼面恒载，如图 17-46b 所示。

2）当墙体有洞口时，若洞口内边至挑梁层端的距离 $\geqslant 370$mm，则 G_r 的取法与上述相同（应扣除洞口墙体自重），如图 17-46c 所示；否则只能考虑墙外边至洞口外边范围内本层的砌体与楼面恒载，如图 17-46d 所示。

（2）挑梁下砌体的局部受

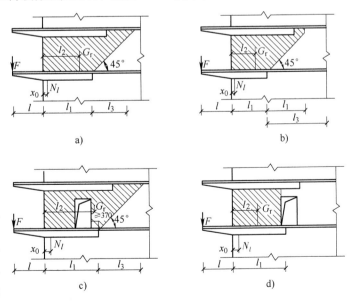

图 17-46　挑梁的抗倾覆荷载 G_r 的取值范围

a）$l_3 \leqslant l_1$　b）$l_3 > l_1$　c）洞在 l_1 之内　d）洞在 l_1 之外

压承载力验算　挑梁下砌体的局部受压承载力，可按下式验算：

$$N_l \leqslant \eta\gamma f A_l \tag{17-36}$$

式中　　N_l——挑梁下的支承压力，可取 $N_l = 2R$，R 为挑梁的倾覆荷载设计值；

η——梁端底面压应力图形的完整系数，可取 0.7；

γ——砌体局部抗压强度提高系数，如图 17-47a 所示，可取 1.25；如图 17-47b 所示，可取 1.5；

A_l——挑梁下砌体局部受压面积，可取 $A_l = 1.2bh_b$，b 为挑梁的截面宽度，h_b 为挑梁的截面高度。

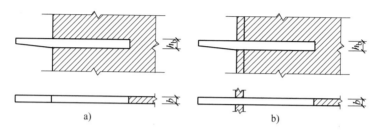

图 17-47　挑梁下砌体局部受压

挑梁下设构造柱或挑梁与圈梁整浇时，可不验算局部受压承载力。

（3）挑梁的构造要求　挑梁的设计除应符合现行混凝土结构设计规范外，尚应满足下列要求：

1）纵向受力钢筋至少应有 1/2 的钢筋面积伸入梁尾端，且不少于 $2\phi12$。其余钢筋伸入支座的长度不应小于 $2l_1/3$。

2）挑梁埋入砌体长度 l_1 与挑出长度 l 之比宜大于 1.2；当挑梁上无砌体时，l_1 与 l 之比宜大于 2。

3）施工阶段悬挑构件的抗倾覆问题，应由施工单位按实际施工荷载进行验算，必要时可加设临时支撑。

三、雨篷的设计

在住宅和公共建筑主要入口处，雨篷作为遮挡雨雪的构件，它与建筑类型、风格、体量有关。常见的雨篷由雨篷板和雨篷梁两部分组成。

雨篷板按悬挑板设计。受力钢筋布于板上部，钢筋伸入雨篷梁的长度应满足受拉钢筋的锚固要求。施工时切忌将板的上部受力钢筋踩塌，否则会造成事故。

雨篷梁除支承雨篷板外，还兼有过梁的作用，内力有弯矩、剪力、扭矩，按简支梁计算。

雨篷梁埋置于墙体内的长度 l_1 较小，一般 $l_1 < 2.2h_b$，属于刚性挑梁，在墙边的弯矩和剪力作用下，绕计算倾覆点 O 发生刚体转动。

雨篷梁等悬挑构件抗倾覆验算可按式（17-35）进行，其抗倾覆荷载 G_r 可按图 17-48 采用，图中 G_r 距墙外边缘的距离为 $l_2 = l_1/2$，$l_3 = l_n/2$。

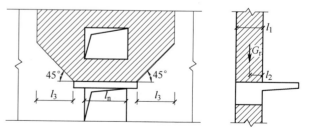

图 17-48　雨篷的抗倾覆荷载

雨篷板的受弯承载力计算和雨篷梁的受弯、受扭、受剪承载力计算按钢筋混凝土构件有关设计规定进行，此处从略。

小　结

一、砌体结构是指由砖或各种砌块用砂浆砌筑而成的砌体。常用的块材有天然石材和人工砖石两大类，应用较多的是砌块及毛石。块材的强度用 MU 表示。常用的砂浆有水泥砂浆、混合砂浆、非水泥砂浆和专用砌筑砂浆等，砂浆的强度一般用 M 表示。

二、材料的选择应考虑使用要求、使用环境、承受的荷载等因素。

三、砌体的强度取决于块材和砂浆的强度。

四、砌体结构的设计计算是以概率理论为基础的极限状态设计法，计算时应考虑砌体强度的调整。

五、砌体结构的静力计算方案要考虑结构的平面布置及楼盖类型，可分为弹性计算方案、刚性计算方案和刚弹性计算方案。

六、砌体结构必须进行高厚比验算，避免失稳破坏。

七、砌体的构造要结合施工、抗震等因素综合考虑，保证结构正常工作。应熟练掌握并正确应用。

八、砌体的承载力计算包括整体受压承载力计算和局部受压承载力计算，局部受压又分为局部均匀受压、梁端支承处砌体的局部受压、梁端设有垫块时垫块下砌体的局部受压等。

九、砌体中的过梁、挑梁和雨篷等式砌体结构常用的构件，需掌握其设计及构造。

课后巩固与提升

一、填空题

1. 砌块强度用_____表示，砂浆强度用_____表示。

2. 潮湿环境中应采用_____砂浆。

3. 蒸压灰砂普通砖和蒸压粉煤灰普通砖砌体砌筑时要用_____砂浆。

4. 施工阶段砂浆尚未硬化的新砌砌体的强度和稳定性，可按砂浆强度为_____进行验算。

5. 根据结构的承重体系和荷载的传递路线，房屋的结构布置可分为_____、_____、_____和_____。

6. 按房屋空间刚度大小，将砌体结构房屋静力计算方案分为_____、_____和_____三种。

7. 影响砌体房屋结构计算方案的主要因素是_____和_____。

二、选择题

1. 混合结构房屋的空间刚度与（　　）有关。

A. 块材和砂浆的强度　　　B. 屋盖类型和横墙间距　　　C. 有无山墙

2. 砌体房屋的静力计算方案根据（　　）分为三类。

A. 荷载的大小　　　B. 房屋的空间工作性能　　　C. 有无山墙

3. 由于轴向力的偏心距 e 较大时，构件在使用阶段容易产生较宽的水平裂缝，因此，《砌体结构设计规范》（GB 50003—2011）规定按内力设计值计算的轴向力的偏心距 e 要满足（　　）。

A. $e \leqslant 0.9y$　　　B. $e \geqslant 0.6y$　　　C. $e \leqslant 0.6y$

4. 梁端支承处的砌体局部受压承载力不满足要求时，可在梁端下的砌体内设置（　　）。

A. 垫块　　　B. 构造柱　　　C. 不作处理

5. 砌体结构的静力计算方案不包括（　　）。

A. 塑性计算方案　　　　　B. 刚性计算方案　　　　　C. 弹性计算方案

6. 当支承于砖砌体上的梁跨度大于（　　）时，其支承面下的砌体应设置混凝土或钢筋混凝土垫块。

A. 4.2m　　　　　　　　　B. 4.8m　　　　　　　　　C. 6m

7. 预制钢筋混凝土板的支承长度，在墙上不宜小于（　　）。

A. 100mm　　　　　　　　B. 120mm　　　　　　　　C. 240mm

8. 为保证墙体的整体性，墙体转角处和纵横墙交接处应沿竖向每隔（　　）设拉结钢筋。

A. 400～600mm　　　　　B. 300～500mm　　　　　C. 400～500mm

9. 钢筋混凝土圈梁纵向钢筋绑扎接头的搭接长度按（　　）考虑。

A. 受拉钢筋　　　　　　　B. 受压钢筋　　　　　　　C. 预应力钢筋

三、简答题

1. 在砌体结构中，块体和砂浆的作用是什么？砌体对所用块体和砂浆各有何基本要求？

2. 砌体的种类有哪些？各类砌体应用前景如何？

3. 选择砌体结构所用材料时，应注意哪些事项？

4. 试述砌体受压强度远小于块体的强度等级，而又大于砂浆强度（砂浆强度等级较小时）的原因。

5. 砌体结构耐久性设计考虑哪些方面？

6. 在混合结构房屋中，按照墙体的结构布置分为哪几种承重方案？其特点是什么？

7. 刚性方案房屋墙、柱的静力计算简图是怎样的？对刚性、刚弹性方案房屋的横墙有哪些要求？

8. 为什么要验算墙、柱的高厚比？

9. 过梁有几种？过梁上的荷载如何考虑？

10. 分析雨篷梁的受力特点。

四、计算题

1. 某实验楼部分平面图如图 17-49 所示，采用预制钢筋混凝土空心楼板，外墙厚为 370mm，内纵墙及横墙厚为 240mm，底层墙高 3.8m（从基础顶面到楼板顶面）；隔墙厚 120mm，高 3.3m，砂浆为 M5，砖为 MU10，纵墙上窗宽为 1800mm，门宽 1000mm。试验算纵墙、横墙及隔墙的高厚比。

2. 某柱的截面尺寸为 370mm×370mm，采用 MU10 烧结普通砖及 M5 水泥砂浆砌筑，柱的计算高度 $H_0 = 3.6m$，柱底截面处承受的轴心压力设计值 $N = 110kN$，试验算柱的承载力。

3. 某房屋砖柱截面尺寸为 370mm×490mm 的柱，采用 MU10 烧结多孔砖及 M5 混合砂浆砌筑，柱的计算高度 $H_0 = 3.2m$，柱顶截面处承受的轴心压力标准值 $N_k = 155kN$（其中永久荷载 128kN，已包括柱自重），试验算柱的承载力。

4. 某单层单跨仓库的窗间墙尺寸如图 17-50

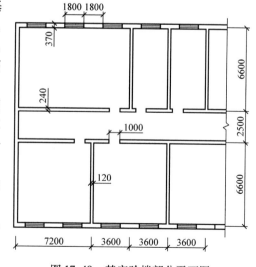

图 17-49　某实验楼部分平面图

所示。采用 MU10 烧结普通砖和 M5 混合砂浆砌筑。柱的计算高度 $H_0 = 5.5m$。当承受轴向压力设计值 $N = 195kN$，弯矩设计值 $M = 13kN \cdot m$ 时，试验算其截面承载力。

5. 某钢筋混凝土柱支承在砖墙上（图 17-51），柱的截面尺寸为 240mm×240mm，墙的厚度为 240mm，砖墙采用 MU10 烧结普通砖和 M7.5 混合砂浆砌筑。柱传来的轴心压力设计值 $N_0 = 140kN$，试验算柱下砌体局部受压承载力是否满足要求。

6. 入口处钢筋混凝土雨篷，尺寸如图 17-52 所示。雨篷板上均布恒荷载标准值 2.4kN/m^2，均布活荷载标准值 0.8kN/m^2，集中荷载标准值 1.0kN。雨篷的净跨度（门洞宽）为 2.0m，梁两端伸入墙内各 500mm。雨篷板采用 C20 混凝土、HPB235 级钢筋，试设计该雨篷。

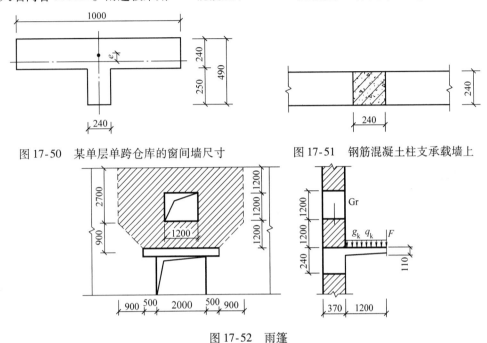

图 17-50 某单层单跨仓库的窗间墙尺寸   图 17-51 钢筋混凝土柱支承载墙上

图 17-52 雨篷

职 考 链 接

1. 【单项选择题】砖基本砌筑砂浆应用（　　）。
A. 白灰砂浆　　　　　B. 混合砂浆　　　　　C. 水泥砂浆　　　　　D. 粘土砂浆

2. 【单项选择题】属于砌体结构工程特点的有（　　）。
A. 生产效率高　　　　B. 保温性能好　　　　C. 自重大　　　　　　D. 抗震性能好
E. 可就地取材

3. 【单项选择题】砌筑砂浆强度等级不包括（　　）。
A. M2.5　　　　　　　B. M5　　　　　　　　C. M7.5　　　　　　　D. M10

4. 【单项选择题】砌体结构的特点有（　　）。
A. 抗压性能好　　　　B. 材料经济、就地取材　　　　C. 抗拉强度高
D. 抗弯性能好　　　　E. 施工简便

附　录

附录 A　钢筋和混凝土强度

附表 A-1　普通钢筋强度标准值

牌　号	符　号	公称直径 d/mm	屈服强度标准值 f_{yk}/（N/mm²）	极限强度标准值 f_{stk}/（N/mm²）
HPB 300	Φ	6～22	300	420
HRB 335 HRBF 335	Φ Φ^F	6～50	335	455
HRB 400 HRBF 400 RRB 400	Φ Φ^F Φ^R	6～50	400	540
HRB 500 HRBF 500	Φ Φ^F	6～50	500	630

附表 A-2　普通钢筋强度设计值　　　　　　（单位：N/mm²）

牌　号	抗拉强度设计值 f_y	抗压强度设计值 f_y'
HPB 300	270	270
HRB 335、HRBF 335	300	300
HRB 400、HRBF 400、RRB 400	360	360
HRB 500、HRBF 500	435	410

附表 A-3　预应力钢筋的强度标准值

种　类		符　号	公称直径 d/mm	屈服强度标准值 f_{pyk}/（N/mm²）	极限强度标准值 f_{ptk}/（N/mm²）
预应力螺纹钢筋	螺纹	Φ^T	18、25、 32、40、50	785	980
				930	1080
				1080	1230
消除应力钢丝	光面 螺旋肋	Φ^P Φ^H	5	—	1570
			7	—	1860
			9	—	1570
钢绞线	1×3 （三股）	Φ^S	8.6、10.8、 12.9	—	1570
				—	1860
				—	1960
	1×7 （七股）		9.5、12.7、 15.2、17.8	—	1720
				—	1860
				—	1960
			21.6	—	1860

附表 A-4　预应力钢筋的强度设计值　　　　（单位：N/mm²）

种　　类	极限强度标准值 f_{ptk}	抗拉强度设计值 f_{pyk}	抗压强度设计值 f'_{py}
中强度预应力钢丝	800	510	410
	970	650	
	1270	810	
消除应力钢丝	1470	1040	410
	1570	1110	
	1860	1320	
钢绞线	1570	1110	390
	1720	1220	
	1860	1320	
	1960	1390	
预应力螺纹钢筋	980	650	410
	1080	770	
	1230	900	

附表 A-5　混凝土强度标准值　　　　（单位：N/mm²）

强度	混 凝 土 强 度 等 级													
	C15	C20	C25	C30	C35	C40	C45	C50	C55	C60	C65	C70	C75	C80
f_{ck}	10.0	13.4	16.7	20.1	23.4	26.8	29.6	32.4	35.5	38.5	41.5	44.5	47.4	50.2
f_{tk}	1.27	1.54	1.78	2.01	2.20	2.39	2.51	2.64	2.74	2.85	2.93	2.99	3.05	3.11

附表 A-6　混凝土强度设计值　　　　（单位：N/mm²）

强度	混凝土强度等级													
	C15	C20	C25	C30	C35	C40	C45	C50	C55	C60	C65	C70	C75	C80
f_c	7.2	9.6	11.9	14.3	16.7	19.1	21.1	23.1	25.3	27.5	29.7	31.8	33.8	35.9
f_t	0.91	1.10	1.27	1.43	1.57	1.71	1.80	1.89	1.96	2.04	2.09	2.14	2.18	2.22

附录 B　钢筋面积表

附表 B-1　每米板宽内的钢筋截面面积表

钢筋间距/mm	当钢筋直径为下列数值时的钢筋截面面积/mm²												
	4	4.5	5	6	8	10	12	14	16	18	20	22	25
70	180	227	280	404	718	1122	1616	2199	2872	3635	4488	5430	7012
75	168	212	262	377	670	1047	1508	2053	2681	3393	4189	5068	6545
80	157	199	245	353	628	982	1414	1924	2513	3181	3927	4752	6136
90	140	177	218	314	559	873	1257	1710	2234	2827	3491	4224	5454
100	126	159	196	283	503	785	1131	1539	2011	2545	3142	3801	4909

（续）

钢筋间距/	当钢筋直径为下列数值时的钢筋截面面积/mm²												
mm	4	4.5	5	6	8	10	12	14	16	18	20	22	25
110	114	145	178	257	457	714	1028	1399	1828	2313	2856	3456	4462
120	105	133	164	236	419	654	942	1283	1676	2121	2618	3168	4091
125	101	127	157	226	402	628	905	1232	1608	2036	2513	3041	3927
130	97	122	151	217	387	604	870	1184	1547	1957	2417	2924	3776
140	90	114	140	202	359	561	808	1100	1436	1818	2244	2715	3506
150	84	106	131	188	335	524	754	1026	1340	1696	2094	2534	3272
160	79	99	123	177	314	491	707	962	1257	1590	1963	2376	3068
170	74	94	115	166	296	462	665	906	1183	1497	1848	2236	2887
175	72	91	112	162	287	449	646	880	1149	1454	1795	2172	2805
180	70	88	109	157	279	436	628	855	1117	1414	1745	2112	2727
190	66	84	103	149	265	413	595	810	1058	1339	1653	2001	2584
200	63	80	98	141	251	392	565	770	1005	1272	1571	1901	2454
250	50	64	79	113	201	314	452	616	804	1018	1257	1521	1963
300	42	53	65	94	168	262	377	513	670	848	1047	1267	1636

附表 B-2　钢筋的计算截面面积及公称质量表

直径 d /mm	不同根数直径的计算截面面积/mm²									单根钢筋 公称质量/（kg/m）
	1	2	3	4	5	6	7	8	9	
3	7.1	14.1	21.2	28.3	35.3	42.4	49.5	56.5	63.6	0.0555
4	12.6	25.1	37.7	50.3	62.8	75.4	88.0	100.5	113.1	0.0986
5	19.6	39	59	79	98	118	137	157	177	0.154
6	28.3	57	85	113	141	170	198	226	254	0.222
6.5	33.2	66	100	133	166	199	232	265	299	0.260
8	50.3	101	151	201	251	302	352	402	452	0.395
8.2	52.8	106	158	211	264	317	370	422	475	0.415
10	78.5	157	236	314	393	471	550	628	707	0.617
12	113.1	226	339	452	565	679	792	905	1018	0.888
14	153.9	308	462	616	770	924	1078	1232	1385	1.208
16	201.1	402	603	804	1005	1206	1407	1608	1810	1.578
18	254.5	509	763	1018	1272	1527	1781	2036	2290	1.998
20	314.2	628	942	1257	1571	1885	2199	2513	2827	2.466
22	380.1	760	1140	1521	1901	2281	2661	3041	3421	2.984
25	490.9	982	1473	1963	2454	2945	3436	3927	4418	3.853
28	615.8	1232	1847	2463	3079	3695	4310	4926	5542	4.834
32	804.2	1608	2413	3217	4021	4825	5630	6434	7238	6.313
36	1017.9	2036	3054	4072	5089	6107	7125	8143	9161	7.990
40	1256.6	2513	3770	5027	6283	7540	8796	10053	11310	9.865

附录 C　等截面三等跨连续梁常用荷载作用下内力系数

在均布荷载作用下：M = 表中系数 × ql^2；V = 表中系数 × ql；

在集中荷载作用下：M = 表中系数 × Pl；V = 表中系数 × P；

内力正负号规定：M——使截面上部受压，下部受拉为正；

$\qquad$ V——对邻近截面所产生的力矩沿顺时针方向者为正。

荷 载 图	跨内最大弯矩		支 座 弯 矩		剪 力			
	M_1	M_2	M_B	M_C	V_A	$V_{B左}$ / $V_{B右}$	$V_{C左}$ / $V_{C右}$	V_D
均布满跨 A△—B△—C△—D（l l l）	0.080	0.025	−0.100	−0.100	0.400	−0.600 / 0.500	−0.500 / 0.600	−0.400
均布 M_1 M_3 跨	0.101	—	−0.050	−0.050	0.450	0 / −0.550	0 / 0.550	−0.450
均布 中跨	—	0.075	−0.050	−0.050	0.050	−0.050 / 0.500	−0.500 / 0.050	0.050
均布 前两跨	0.073	0.054	−0.117	−0.033	0.383	−0.617 / 0.583	−0.417 / 0.033	0.033
均布 第一跨	0.094	—	−0.067	0.017	0.433	−0.567 / 0.083	0.083 / −0.017	−0.017
集中 P 三跨	0.175	0.100	−0.150	−0.150	0.350	−0.650 / 0.500	−0.500 / 0.650	−0.350
集中 P 两边跨	0.213	—	−0.075	−0.075	0.425	−0.575 / 0	0 / 0.575	0.425
集中 P 中跨	—	0.175	−0.075	−0.075	−0.075	−0.075 / 0.500	−0.500 / 0.075	0.075
集中 P P 前两跨	0.162	0.137	−0.175	−0.050	0.325	−0.675 / 0.625	−0.375 / 0.050	0.050
集中 P 第一跨	0.200	—	−0.010	0.025	0.400	−0.600 / 0.125	0.125 / −0.025	−0.025
集中 $P P$ 三跨	0.244	0.067	−0.267	0.267	0.733	−1.267 / 1.000	−1.000 / 1.267	−0.733
集中 $P P$ 两边跨	0.289	—	−0.133	−0.133	0.866	−1.134 / 0	0 / 1.134	−0.866
集中 $P P$ 中跨	—	0.200	−0.133	−0.133	−0.133	−0.133 / 1.000	−1.000 / 0.133	0.133
集中 $P P$ 前两跨	0.229	0.170	−0.311	−0.089	0.689	−1.311 / 1.222	−0.788 / 0.089	0.089
集中 $P P$ 第一跨	0.274	—	−0.178	0.044	0.822	−1.178 / 0.222	0.222 / −0.044	−0.044

注：等截面二、四、五等跨连续梁在常用荷载下的内力系数，可参考内力计算手册或其他钢筋混凝土结构书。

参 考 文 献

［1］中华人民共和国住房和城乡建设部. 工程结构通用规范：GB 55001—2021［S］. 北京：中国建筑工业出版社，2021.

［2］中华人民共和国住房和城乡建设部. 混凝土结构通用规范：GB 55008—2021［S］. 北京：中国建筑工业出版社，2022.

［3］中华人民共和国住房和城乡建设部. 混凝土结构设计规范：GB 50010—2010［S］. 北京：中国建筑工业出版社，2010.

［4］中华人民共和国住房和城乡建设部. 建筑结构可靠性设计统一标准：GB 50068—2018［S］. 北京：中国建筑工业出版社，2018.

［5］中华人民共和国住房和城乡建设部. 建筑结构荷载规范：GB 50009—2012［S］. 北京：中国建筑工业出版社，2012.

［6］中华人民共和国住房和城乡建设部. 砌体结构设计规范：GB 50003—2011［S］. 北京：中国计划出版社，2012.

［7］中华人民共和国住房和城乡建设部. 砌体结构工程施工质量验收规范：GB 50203—2011［S］. 北京：中国建筑工业出版社，2012.

［8］中华人民共和国住房和城乡建设部. 建筑抗震设计规范：GB 50011—2010［S］. 北京：中国建筑工业出版社，2010.

［9］中华人民共和国住房和城乡建设部. 建筑地基基础设计规范：GB 50007—2011［S］. 北京：中国计划出版社，2012.

［10］中华人民共和国住房和城乡建设部. 混凝土结构工程施工质量验收规范：GB 50204—2015［S］. 北京：中国建筑工业出版社，2015.

［11］施楚贤. 砌体结构［M］. 北京：中国建筑工业出版社，2003.

［12］汪霖祥. 钢筋混凝土结构及砌体结构［M］. 北京：机械工业出版社，2001.

［13］哈尔滨工业大学理论力学教研室. 理论力学［M］. 6 版. 北京：高等教育出版社，2002.